Le tourisme en France

A mes deux amis
randonneurs en souvenir de belles journées montagnardes,
en attendant l'escalade de la crête Carla et du
col du dentier et surtout avec toutes
mes amitiés

Le tourisme en France

Étude régionale

par

Alain MESPLIER

Agrégé de géographie
Ancien professeur à l'école hôtelière de Paris
et en BTS Tourisme

Bréal

1, rue de Rome – 93561 Rosny-sous-Bois cedex

Maquette et couverture : Joëlle Parreau

Dépôt légal : juillet 2008
ISBN : 978 2 7495 0651 7

Avant-propos

Cet ouvrage est avant tout un outil de travail destiné aux élèves se préparant aux carrières de la restauration, de l'hôtellerie et du tourisme. Il ne prétend pas dresser une liste exhaustive des richesses touristiques de notre pays ; il s'efforce de mettre en relief la personnalité de chacune des grandes régions d'accueil, en soulignant ses principaux attraits : paysages, patrimoine culturel, gastronomie...

Cette présentation s'appuie sur de nombreux documents – photographies, graphiques, cartes – pouvant faire l'objet d'une analyse personnelle ou collective. L'étude du fait touristique ne peut en effet se concevoir sans avoir recours aux guides, revues spécialisées ou autres supports pédagogiques que nous ne pouvons citer ici, tant ils sont nombreux.

L'auteur

Sommaire

Partie 1 • Le tourisme, aspects nationaux

1. Une activité économique fondamentale 19

A. Un patrimoine exceptionnel 20
B. Un grand du tourisme mondial 22
C. Un impact décisif dans l'économie 25

2. Une répartition inégale des flux 29

A. Disparités spatiales et temporelles 29
B. Le tourisme balnéaire et nautique 34
C. Le tourisme montagnard 36
D. Le tourisme rural 40
E. Le tourisme de santé 41
F. Les autres flux 43

3. Une progression continue des départs 45

A. Une démocratisation accélérée 45
B. Des disparités persistantes 48

4. Un hébergement diversifié en mutation constante 53

A. L'hôtellerie 53
B. Le triomphe du camping-caravaning 57
C. Les résidences secondaires 58
D. L'hébergement rural 59
E. Les villages et les centres de vacances 60

Partie 2 . Le tourisme, aspects régionaux

1. Le Nord 63

A. Une région que l'on dédaigne à tort 63

B. Et pourtant... 65

C. Un tourisme modeste mais varié 70

2. La Champagne et les Ardennes 77

A. Une région trop souvent délaissée 77

B. La Champagne : l'histoire et le vin, supports touristiques fondamentaux 80

C. Les Ardennes 87

3. Le Nord-Est : Lorraine, Alsace, Vosges 89

A. La personnalité régionale 89

B. La Lorraine 93

C. Les Vosges 97

D. L'Alsace 102

4. La Bourgogne et la Franche-Comté 109

A. La Bourgogne 109

B. La Franche-Comté 120

5. La région lyonnaise... et le couloir entre les montagnes 131

A. L'agglomération lyonnaise 131

B. Aux portes de Lyon 134

C. La vallée du Rhône 138

6. Les Alpes 145

A. La plus prestigieuse des montagnes 145

B. La montagne la plus fréquentée 149

C. Les Alpes du Nord 153

D. Les Alpes du Sud 163

7. Le Midi méditerranéen 169

A. Le premier espace touristique national 170

B. La Provence et la Côte d'Azur 175

C. Le Languedoc 190

8. La Corse 203
A. Un capital touristique de premier ordre 203
B. Des handicaps en partie surmontés 207
C. Les retombées de l' « or bleu » 211

9. Les Pyrénées 215
A. La diversité de la montagne pyrénéenne 215
B. Un tourisme encore trop discret 219
C. Un potentiel touristique insuffisamment valorisé 221

10. Le Sud-Ouest 237
A. Une terre de bien-être 237
B. Une grande tradition d'accueil 240
C. Les principales régions touristiques 242

11. Le Massif central 257
A. Un bastion de hautes terres aux paysages variés 257
B. Des réserves d'espace et d'air pur 260
C. Encore préservé des foules 264
D. Le Limousin : le cheval et l'eau 267
E. L'Auvergne : thermalisme et volcans 269
F. Causses et Ségalas : canyons et roquefort 272

12. Le Poitou et les Charentes 275
A. Une région de passage 275
B. Un tourisme littoral et populaire 277
C. Les Charentes 279
D. Le Haut-Poitou et la Vendée 285

13. Au fil de la Loire... 291
A. Un couloir de châteaux 291
B. Le jardin de la France 294
C. Une clientèle très diversifiée 294
D. Les régions touristiques 296

14. La Bretagne 303
A. L'empreinte de la mer 303
B. Une terre de traditions 307

C. Un tourisme estival florissant 310
D. Les régions touristiques bretonnes 313

15. La Normandie 323
A. Une unité historique plus que géographique 323
B. Dans la mouvance de Paris 327
C. Les régions touristiques normandes 329

16. Et Paris ? 337
A. Un site et une situation sans cesse valorisés 337
B. Un tourisme culturel intense 338
C. Un tourisme d'affaires incessant 346
D. L'hôtellerie privilégiée 347

17. Les départements et territoires d'outre-mer 351
A. La Guadeloupe et la Martinique 351
B. La Guyane 358
C. La Réunion, l'« île à grand spectacle » 360
D. La Nouvelle-Calédonie 365
E. La Polynésie 366

Table des photos

1. – Paysage du Cantal (© E. Boyard) 47
2. – Arras : beffroi et hôtel de ville (J. Boyer/©Images) 68
3. – La cathédrale d'Amiens (J. Feuillie/ © C.N.M.H.S./S.P.A.D.E.M.) 72
4. – La cathédrale de Reims (J. Feuillie/ © C.N.M.H.S./S.P.A.D.E.M.) 84
5. – L'ossuaire de Douaumont et le cimetière national (J. Feuillie/ © C.N.M.H.S./S.P.A.D.E.M.) 95
6. – Le vieux Colmar (J. Feuillie/ © C.N.M.H.S./S.P.A.D.E.M.) 108
7. – Beaune : l'Hôtel-Dieu (J. Feuillie/ © C.N.M.H.S./S.P.A.D.E.M.) 112
8. – Le Haut Jura : des prés et des bois (A. Mesplier) 124
9. – Les sources de la Loue (J.-L. Mathieu) 127
10. – Lyon : la basilique de Fourvière (J. Feuillie/ © C.N.M.H.S./S.P.A.D.E.M.) 135
11. – Villard-de-Lans (E. Boyard) 146
12. – La station de l'Alpe d'Huez (E. Boyard) 161
13. – Le Briançonnais (J.-L. Mathieu) 166
14. – L'île de Porquerolles (J.-L. Mathieu) 183
15. – La maison Carrée à Nîmes (J. Feuillie/ © C.N.M.H.S./S.P.A.D.E.M.) 196
16. – La cité de Carcassonne (Teissedre/©Images) 199
17. – Les aiguilles de Bavella (Arlaud/ © C.N.M.H.S./S.P.A.D.E.M.) 213
18. – Le cirque de Troumouse (P. Bernardi) 223
19. – Le cirque de Gavarnie (P. Bernardi) 223
20. – Lescun : aux abords de la haute montagne (F. Gohier/Explorer) 226
21. – Le Pic du Midi d'Ossau (P. Bernardi) 228
22. – Font Romeu (E. Boyard) 235
23. – Domme, ville périgourdine (J. Feuillie/ © C.N.M.H.S./S.P.A.D.E.M.) 253
24. – Les gorges du Tarn (J.-L. Mathieu) 258
25. – La citadelle de Vauban à Saint-Martin en Ré (E. Boyard) 281
26. – Cognac : les chais (J. Feuillie/ © C.N.M.H.S./S.P.A.D.E.M.) 282
27. – Le château de Chambord (J.-L. Mathieu) 298
28. – Le Finistère, littoral tourmenté (J.-L. Mathieu) 304
29. – Douarnenez (J.-L. Mathieu) 305
30. – Les enclos paroissiaux (C. Desenfant) 309
31. – Phare de Ploumanach', Côtes d'Armor (E. Boyard) 317
32. – Les cabines de plage d'Étretat (E. Boyard) 332
33. – Notre-Dame de Paris (E. Boyard) 340
34. – L'hôtel Concorde-La Fayette (A. Benainous/©Gamma) 348
35. – La beauté des plages tropicales : Saint-Anne en Martinique (E. Boyard) 354

Bibliographie

J.-J. Bavoux, *Les Littoraux français*, Colin U, 1997.
R. Béteille, *Le Tourisme vert*, Que sais-je ? n° 3 124, PUF.
G. Cazes, G. Lanquar et Y. Raynouard, *L'Aménagement touristique*, Que sais-je ? n° 1 892, PUF.
G. Cazes, *Le Tourisme en France*, Que sais-je ? PUF, 1995.
F. Deprest, *Enquête sur le tourisme de masse, l'Ecologie face au territoire*, Belin, 1997.
R. Lanquar, *Le Tourisme international*, Que sais-je ? n° 1 694, PUF.
R. Lanquar, *Economie du Tourisme*, Que sais-je ? n° 2 065, PUF.
R. Lanquar, *Sociologie du tourisme et des voyages*, Que sais-je ? n° 2 213, PUF.
O. Lazzaroti, *Les Loisirs à la conquête des espaces périurbains*, L'Harmattan, 1995.
J.-P. Lozato-Giotart, *Méditerrannée et Tourisme*, Masson, 1995.
J.-P. Lozato-Giotart, *Géographie du tourisme*, PUF.
J.-B. Treboul, *Les Stratégies des entreprises de tourisme*, PUF, 1998.
P. Violier, *L'Espace local et les Acteurs du tourisme*, Presses universitaires de Rennes, 1999.

Quelques définitions

Touriste :	personne qui se rend dans un pays autre que celui où elle a sa résidence habituelle pour y effectuer un séjour d'au moins 24 heures (ou une nuitée au moins), pour toute autre raison que celle d'y exercer une profession rémunérée.
Vacances :	séjours de quatre jours consécutifs ou davantage passés hors du domicile pour des motifs autres que professionnels, d'étude ou de santé.
Vacances d'été :	séjours comptabilisés entre le 1er mai et le 30 septembre.
Vacances d'hiver :	séjours comptabilisés entre le 1er octobre et le 30 avril.
Taux de départ :	rapport du nombre de personnes parties au moins une fois en vacances à la population totale des ménages.
Taux de mobilité :	rapport du nombre de séjours effectués dans la région de résidence au nombre de séjours passés hors de cette région.

Glossaire

Aber : vallée fluviale ennoyée par la mer lors de la remontée du niveau marin. On l'appelle aussi ria.

Albigeois : membres de sectes religieuses développées dans le midi de la France au XIIe s. La doctrine exigeait une abstinence totale de la chair, ce que les purs, ou « cathares » mettaient seuls en pratique ; elle refusait également de reconnaître l'incarnation de Dieu.

Angles : peuple germanique originaire du Schleswig actuel qui colonisa la Grande-Bretagne et donna le nom d'« Angleterre » au pays conquis.

Aquaculture : technique d'élevage des animaux et plantes aquatiques.

Baptistère : lieu de culte où se déroule le baptême.

Bastide : ville fortifiée du Midi, fondée dans un but politique ou militaire, qui se caractérise par un plan régulier et l'existence d'une place centrale encadrée d'arcades.

Camisards : protestants cévenols qui s'étaient soulevés à la suite de la révocation de l'Edit de Nantes (1685) par Louis XIV. Ils doivent leur nom à la chemise qu'ils portaient sur eux pour se reconnaître lors des embuscades.

Cannisses : barrières de roseaux. Elles sont en particulier utilisées dans le Midi pour protéger les cultures maraîchères du mistral.

Carbet : abri sommaire dans la forêt tropicale.

Cathare : voir Albigeois.

Contrat de pays : accord financier passé entre l'État et une partie de territoire permettant de conjuguer des aides financières pour assurer un meilleur développement économique.

Cristallier : montagnard qui recherchait les cristaux de roche ; les cristalliers étaient autrefois nombreux autour de Chamonix.

Diatomées : algues brunes microscopiques.

Épiphyte : plante fixée sur une autre lui servant de support.

Estran : portion de plage successivement couverte et découverte au fil des marées.

Horta : terre irriguée ; on la désigne le plus souvent sous le nom de huerta.

Lapiez : ciselures à la surface des roches calcaires provoquées par l'érosion karstique, c'est-à-dire la dissolution de la roche par les eaux de surface.

Magnanerie : bâtiment où l'on élevait des vers à soie en les nourrissant de feuilles de mûrier.

Mangrove : formation végétale des littoraux ou des bordures de cours d'eau dans les régions tropicales ; les palétuviers y sont souvent très nombreux.

Naissain : Jeunes mollusques après leur éclosion.

Oppidum : site généralement surélevé portant une fortification antique ou médiévale.

Palombe : pigeon sauvage migrant vers le sud à l'automne.

Pisé : mélange d'argile utilisé autrefois dans les régions humides pour la construction des murs.

Radôme : sphère de plastique destinée à protéger des antennes de radar.

Saxons : peuplade germanique vivant autour de l'Elbe et ayant envahi la Grande-Bretagne au Ve siècle.

Schlitte : sorte de traîneau servant autrefois à descendre les bûches de la montagne vosgienne.

Thermopyles : défilé de la Grèce où les habitants de Sparte résistèrent longuement aux Perses.

Triptyque : tableau à trois volets.

Vaudois : secte religieuse fondée par Valdo au XIIe siècle.

ZAD : Zone d'Aménagement Différé ; périmètre de terrains sur lequel la collectivité publique bénéficie d'une priorité d'achat ; mesure destinée à limiter la spéculation foncière.

Partie 1

Le tourisme, aspects nationaux

hoisr./push.
hisser – to the level of
au
premier rang.

devancer – to outstrip,

un milliard – a billion

l'élan – impetus

essor – development

décennies – decade.

recette – formula.

1

Une activité économique fondamentale

Le tourisme est aujourd'hui considéré comme une activité de première importance dans la plupart des pays développés et un nombre croissant de pays du Tiers Monde. Cette prise en compte résulte avant tout des traductions économiques et sociales d'un **fait de civilisation** qui a connu son plein épanouissement au xxe siècle. L'Organisation mondiale du tourisme estime en effet qu'en 2006, le nombre de touristes internationaux s'est élevé à 842 millions et les recettes correspondantes à 735 milliards de dollars.

La France occupe une place de choix dans le concert mondial, forte d'un exceptionnel patrimoine naturel et historique que les facilités de circulation ont permis de bien mettre en valeur. Depuis 1992, elle s'est en effet hissée au **premier rang des pays récepteurs**, devant l'Espagne, les États-Unis, et la Chine qui devance désormais l'Italie et qui devrait devenir dans moins de dix ans la première destination mondiale devant la France. Cette dernière profite de l'élan donné en 1989 par le **bicentenaire de la Révolution** qui a drainé vers l'hexagone de nombreux étrangers et procuré environ 2 milliards de francs de recettes supplémentaires pour le pays alors que les festivités lui ont coûté 430 millions de francs. **Les Jeux olympiques d'hiver** de 1992, puis la **coupe du monde de football** de 1998 ont consolidé cet élan en faisant mieux connaître le pays aux étrangers. Le tourisme international est appelé à connaître un essor soutenu dans les prochaines décennies. C'est du moins ce que déclare l'Organisation mondiale du tourisme en mai 1999, comme le rapporte le quotidien *Les Échos* :

> *« Le nombre de touristes internationaux devrait ainsi connaître une croissance ininterrompue, passant de 659 millions en 2000 à 1 milliard en 2010 et à 1,55 milliard en 2020. Avec plus qu'un doublement en vingt ans, la progression linéaire constatée depuis 40 ans (70 millions d'arrivées de touristes seulement en 1960, 286 millions en 1980), devrait donc se poursuivre. Les recettes, elles, devraient connaître une croissance exponentielle. Elles seraient multipliées par trois, bondissant de 621 milliards de dollars en 2000, à 1 550 milliards en 2010 et à 2 000 milliards en 2020. En 1960, les recettes touristiques mondiales atteignaient seulement 7 milliards de dollars et en 1980, 105 milliards. Au-delà de ce saut quantitatif, les parts régionales de marchés (en pourcentage des arrivées touristiques mondiales) vont connaitre une évolution majeure. La zone Asie-Pacifique à l'horizon 2020 devrait en effet représenter le quart du tourisme international, contre un peu plus de 14 % en 1995, alors que l'Europe, qui restera la première destination mondiale, passera en-dessous de la barre des 50 % (à 46 %) contre 59,5 % il y a quatre ans. »*

P. Chevilley, *Les Échos*, 27 mai 1999.

A Un patrimoine exceptionnel

1. Des horizons variés

La France doit une large part de son succès à une exceptionnelle **mosaïque de paysages** le plus souvent favorables au développement du tourisme :

– les hautes montagnes offrent des terrains de prédilection aux alpinistes et aux skieurs. C'est le cas des Alpes, avec les stations les mieux équipées du monde, comme La Plagne, Val-d'Isère, Morzine-Avoriaz, Les Arcs ou Serre-Chevalier, mais aussi des Pyrénées, avec des stations plus modestes, telles La Mongie et Gourette ;

– *les moyennes montagnes* favorisent également les sports d'hiver. Bien que le ski de piste y soit possible, comme à Super-Lioran dans le Massif central, aux Rousses dans le Jura, à Bussang dans les Vosges, elles s'orientent plutôt vers l'accueil des pratiquants du **ski de fond** lorsque les dénivellations sont insuffisantes. Le **climatisme** fait aussi de nombreux adeptes, et les lacs permettent la pêche, voire le nautisme et même la baignade pour les plus bas et les mieux abrités, comme ceux de Gérardmer dans les Vosges ou de Bonlieu dans le Jura ;

– *les plateaux* n'offrent certes pas les mêmes avantages, mais certains présentent des paysages grandioses qui ont permis le développement d'un tourisme de passage : gorges du Tarn, canyon du Verdon, gouffre de Padirac, aven Armand ;

– même *les plaines* déroulent parfois des paysages attrayants, à l'image de celles du comtat Venaissin ou du Roussillon, quadrillées de haies de cyprès et de canaux, comme les huertas espagnoles ;

– *les littoraux* enfin, présentent une extrême diversité : côtes à falaise du Boulonnais ou du pays de Caux, côtes rocheuses de Bretagne ou de Provence, longues plages de sable de Vendée, des Landes ou du Languedoc, côtes marécageuses de la Venise verte vendéenne ou de Camargue… ;

– la végétation elle-même multiplie les cadres favorables à l'épanouissement des loisirs : vastes forêts de feuillus ou de conifères servant de « poumon » aux grandes villes, de lieu de repos en montagne ; végétation méditerranéenne contribuant au dépaysement des touristes venus des régions septentrionales…

2. Un patrimoine culturel impressionnant

La France dispose d'un exceptionnel patrimoine (28 300 monuments classés et 1 200 musées) qui mobilise l'attention de ses habitants, mais aussi de très nombreux touristes étrangers. Il revêt des formes multiples et embrasse toute l'histoire de l'humanité :

– *grottes préhistoriques* de la vallée de la Vézère, dans le Massif central, ou encore de l'Ariège, comme celles de Niaux et du Mas-d'Azil ;

– *monuments antiques* tels le pont du Gard, les arènes d'Arles ou l'arc de Germanicus à Saintes ;

– *monuments médiévaux* : forteresses de Château-Gaillard et de Montségur ; cité fortifiée d'Aigues-Mortes ; églises romanes du Poitou ; abbayes catalanes ; fières cathédrales gothiques d'Île-de-France, de Picardie et de Champagne ;

– joyaux de la Renaissance symbolisés par les châteaux de la Loire et palais classiques comme celui de Versailles ;

– ouvrages d'art des XIXe et XXe siècles, tels le viaduc de Garabit, la tour Eiffel, Beaubourg, l'arche de la Défense ou le nouvel opéra de la Bastille ;

La France possède aussi le **plus riche musée du monde** avec le **Louvre**, relayé par bien d'autres musées parisiens, tels le Jeu de paume, le musée de l'Homme, les Invalides, ou provinciaux, comme ceux de Lille, Dijon et Marseille.

Enfin, il faudrait mentionner les **folklores régionaux** parfois demeurés très vivaces et qui constituent un élément d'attraction non négligeable pour certaines provinces, que ce soit la Bretagne, le Pays basque ou les DOM-TOM.

3. La première table du monde

La diversité des terroirs, des productions agricoles et les traditions culinaires favorisent l'épanouissement des arts de la table. Des **grands chefs** tels Bocuse, Troisgros, Ducasse et Blanc, sont de prestigieux ambassadeurs de la cuisine française et les meilleures tables du pays sont très demandées, au point qu'il faut souvent les réserver plusieurs semaines à l'avance. La France envisage de faire classer sa gastronomie au patrimoine mondial de l'humanité.

Les vins et les alcools contribuent également à la renommée du pays et sont pour une part consommés par des touristes étrangers de passage ou exportés. D'ailleurs, cognacs, champagnes, bordeaux et bourgognes contribuent pour une large part à l'excédent de la balance agro-alimentaire nationale.

4. Des réseaux de transport efficaces

Le réseau de communication français est l'un des plus importants et des plus denses du monde. Le développement du réseau autoroutier après 1960 a permis de faciliter les déplacements au moment des grandes migrations estivales et hivernales. La France compte aujourd'hui plus de **10 400 kilomètres d'autoroutes** bien reliées à celles des pays voisins.

Le réseau ferroviaire est considéré comme l'un des plus performants du monde et il bénéficie d'une harmonisation technique avec les pays voisins – sauf l'Espagne –, ce qui favorise les déplacements des touristes, et notamment des voyageurs d'affaires. La S.N.C.F. développe **un réseau T.G.V.** qui valorise la position du pays au cœur de l'Union européenne. De plus, elle multiplie les accords commerciaux avec les entreprises de transport ferroviaire des pays voisins.

L'aéroport de Paris (86 362 000 passagers en 2007) figure dans les premiers rangs mondiaux. Il est relayé par de grands aéroports régionaux, largement ouverts au trafic international, comme ceux de Nice (10 399 000 passagers) et de Lyon (7 320 000).

Des **ports de voyageurs**, proches de l'Angleterre (Calais, Boulogne) et de la Corse (Nice, Toulon, Marseille) enregistrent un trafic actif, d'autres ont développé de nouvelles liaisons, comme Sète vers les Baléares. Ces liaisons maritimes sont facilitées par la mise en service de car-ferries de grande capacité et de navires à grande vitesse.

5. De grandes facilités de circulation

À ses réseaux de transport performants, la France ajoute les atouts de **la libre circulation**. La création de la **Communauté européenne, aujourd'hui devenue l'Union européenne**, a facilité le déplacement des voyageurs en Europe occidentale grâce à la libre circulation des personnes, des marchandises, des services et des capitaux, effective depuis le 1er janvier 1993. Dans le cadre des accords de Schengen, les contrôles douaniers disparaissent et des facilités sont accordées aux ressortissants de l'Union européenne au passage des frontières ou dans les aéroports.

Notre pays profite aussi de sa **situation géographique**. Elle est pour bien des touristes américains ou japonais la première escale sur le sol européen. De même, les Britanniques, les Belges et les Néerlandais filant vers l'Espagne ou vers l'Italie, empruntent fréquemment les autoroutes et les nationales, s'arrêtent dans les restaurants et – pas toujours, hélas – passent une ou deux nuits dans les hôtels.

B Un grand du tourisme mondial

Autant d'atouts valent à la France de figurer parmi les premiers pays touristiques du monde. Deux grands types de flux se conjuguent sur le territoire : **une clientèle nationale** évaluée à 45 millions de touristes ; **une clientèle internationale**, venue de tous les horizons et dont l'effectif avoisine les 82 millions en 2007 (estimation). S'ajoutent à cela près de 120 millions d'excusionnistes pour la plupart venus des pays limitrophes.

1. Le premier pays récepteur du monde

a. Une progression constante des arrivées

En 2006, **79 millions de touristes étrangers** ont été enregistrés aux frontières françaises, ce qui place notre pays au 1er rang mondial, avec plus de 8 % des arrivées totales. Les recettes se sont élevées à 46,3 milliards de dollars, ce qui classe le pays au 3e rang mondial derrière les États-Unis et l'Espagne et laisse un solde positif de plus de 12 milliards de dollars.

Ces données traduisent une progression spectaculaire du tourisme international depuis la fin de la dernière guerre mondiale. Le nombre d'arrivées a plus que doublé au cours de chacune des deux dernières décennies et la progression est continuelle si l'on fait abstraction des années 1958 et 1968, marquées par des troubles politiques intérieurs.

Il faut ajouter à ces touristes **des dizaines de millions d'excursionnistes et de visiteurs** qui ne séjournent pas, mais qui apportent néanmoins de précieuses devises.

Les touristes étrangers en France

Année	Nombre d'arrivées aux frontières (en 1000)	Nombre de nuitées (en milliers)
1960	5 615	29 350
1970	13 700	127 000
1980	30 100	254 700
1990	53 000	—
1996	62 410	459 524
1997	66 864	—
1998	70 040	512 001
2000	75 500	497 000
2006	79 083	497 000

Sources : Direction du tourisme.

b. Des touristes en majorité européens

L'Europe fournit la grande majorité des touristes étrangers (86,6% en 2006, dernière enquête publiée), les pays **d'Europe occidentale** étant les premiers émetteurs, ce qui s'explique bien sûr par la géographie mais aussi par les facilités de circulation précédemment évoquées. Parmi ces pays, **le Royaume-uni figure au premier rang** (17,3 % des arrivées totales et 16,2 % des nuitées). Elle devance, dans l'ordre, l'Allemagne (16,5 % des arrivées et 16,2 % des nuitées), l'U.E.B.L. (12,4 % et 11,3 %), les Pays-Bas (9,8 % et 11,4 %), l'Italie (9,6 % et 7,3 %) et la Suisse (6,1 % et 5,2 %). Les pays de l'Est ne représentent encore qu'environ 4 % des arrivées, mais leur intégration dans l'Union européenne et la libéralisation des flux de personnes contribuent à gonfler les flux depuis quelques années. Une importante clientèle russe, aisée, fréquente ainsi la capitale, la Côte d'Azur et les stations de skis luxueuses. de plus, elle investit dans de somptueuses villas.

Les Amériques viennent au second rang des continents émetteurs, assurant 7 % des arrivées et 8,9 % des nuitées. Les **États-Unis** totalisent à eux seuls 4 % des flux (4,9 % des nuitées), loin devant le Canada. **L'Asie-Océanie** connaît une forte progression : 4,9 % des arrivées et 5,1 % des nuitées. A la clientèle japonaise qui vient toujours en tête s'ajoutent de nombreux Coréens et Chinois, ces derniers bénéficiant depuis peu de nouvelles facilités pour l'octroi de visas. L'Afrique et le Moyen-Orient n'assurent que 1,5 % des arrivées mais 3 % des nuitées. La clientèle aisée des pays pétroliers fréquente surtout Paris et les stations les plus célèbres du littoral azuréen.

c. Une manne pour les hébergements

La clientèle étrangère joue un rôle important dans les différents moyens d'hébergement. En 2007, elle représente ainsi 30 % des nuitées hôtelières pour l'ensemble du pays et 45 % en région Île-de-France. Durant cette même année, les touristes étrangers ont assuré 36 % des nuitées dans les campings de l'hexagone et ils sont presque aussi nombreux que les nationaux dans plusieurs régions comme Rhône-Alpes, Provence-Alpes-Côte d'Azur et la Corse. Cette fréquentation est cependant très fluctuante, tant en raison de la conjoncture économique que de la météorologie.

L'hôtellerie est d'autant plus fréquentée que les séjours sont généralement de brève durée et que les arrivants viennent assez souvent dans le cadre de **circuits culturels** ou de **voyages d'affaires**.

La fréquentation des différents hébergements varie selon les nationalités. C'est ainsi que les Américains privilégient toujours les établissements de luxe et de grand luxe, bien qu'ils se dirigent aussi de plus en plus vers des hôtels plus modestes en raison de la faiblesse du dollar par rapport à l'euro.

Les Européens se tournent par contre volontiers vers l'hôtellerie 3 étoiles, voire la petite hôtellerie, et certains d'entre eux, comme les Néerlandais, privilégient le camping. C'est pourquoi la dépense quotidienne moyenne d'un Japonais est en moyenne cinq fois supérirure à celle d'un Néerlandais. De plus, **la structure des dépenses** révèle de grandes disparités : les achats de souvenirs représentent près du tiers des dépenses pour un touriste japonais ou coréen contre moins de 10 % pour un Allemand et un Néerlandais.

2. ... mais 20 millions de séjours exportés

Si la France est un grand pays récepteur, elle est aussi un pays émetteur. en 2006, les Français ont effectué 20 millions de séjours à l'étranger et passé 159,4 millions de nuitées, chiffre à rapprocher des 164,8 millions de séjours et des 826,6 millions de nuitées enregistrés dans le cadre national.

Destination des 20 millions de voyages personnels effectués en 2006 par des Français à l'étranger

Destination	Séjours en %	Nuitées en %
Europe dont :	66	55,3
Espagne	15,9	15,6
Italie	11,2	9
Belgique, LuxembourgÎ	5,4	2,4
Allemagne	4,8	2,9
Royaume-Uni	4,4	3,1
Afrique	15,5	18
Amériques	7	10,7
Asie et Océanie	5,1	8,7
Outre-mer	3,7	6,1

Source : Direction du tourisme.

En été, les séjours à l'étranger des Français se déroulent pour les deux tiers en Europe, **les pays méditerranéens** figurant largement en tête des destinations. En plus de leurs plages, l'Italie et l'Espagne offrent un patrimoine architectural remarquable et un taux de change avantageux. La création de l'euro en 1999 interdit désormais les dévaluations compétitives qui ont longtemps permis à l'Italie et à l'Espagne de renforcer leur concurrence.

L'Afrique vient en seconde position. Ici aussi, le tourisme balnéaire domine. Le **Maghreb** totalise plus de 80 % des arrivées, concentrées sur le Maroc et la Tunisie à la suite des troubles qui affectent l'Algérie et qui entraînent le repli des flux touristiques. Il s'agit le plus souvent d'un tourisme de groupe, parfois pratiqué hors saison, en raison de prix particulièrement attractifs. De plus, les mouvements des émigrés maghrébins rendent les statistiques aléatoires. Le tourisme culturel se développe vers l'Afrique noire et il domine pour les destinations plus lointaines (Pérou, Sri-Lanka, Inde, Chine…), s'ajoutant alors à un tourisme d'affaires en essor constant, favorisé par la présence de filiales d'entreprises françaises dans de nombreux pays.

En hiver, les destinations sont comparables dans leurs grandes lignes. On note toutefois l'apparition de flux relativement plus importants vers les **pays alpins**, Suisse et Autriche, et vers les destinations lointaines, notamment vers l'Asie.

C Un impact décisif dans l'économie

1. Une balance touristique excédentaire

Le bilan des flux touristiques entre la France et l'étranger s'avère positif pour le pays. La France présente depuis 1960 une balance touristique excédentaire, à l'exception de trois années (1965, 1967 et 1968).

La balance touristique française de 1980 à 2006 (en millions d'euros)

Années	Recettes	Dépenses	Solde
1998	26 501	16 731	+ 9 770
2000	33 300	19 227	+ 14 073
2002	34 190	20 580	+ 13 610
2004	36 409	23 171	+ 13 239
2006	36 906	24 841	+ 12 065

Source : Direction du tourisme.

En 2006, avec 36,9 milliards d'euros soit 46,34 milliards de dollars, la France figure au 3e **rang mondial pour les recettes** tirées du tourisme international (6,3 % des recettes mondiales), derrière les États-Unis (85,7 milliards de dollars ; 11,7 % des recettes mondiales) et l'Espagne (51,1 milliards de dollars ; 7 % des recettes mondiales). Sa balance excédentaire contraste avec les lourds déficits enregistrés chaque année par le Royaume-Uni et surtout le Japon et la R.F.A.

La Chine se classe désormais au 5e rang pour les revenus du tourisme international. Elle talonne l'Italie et devance le Royaume-Uni et l'Allemagne.

2. Un élément important des échanges extérieurs

La balance touristique, grâce à son solde positif, constitue l'un des points forts des échanges extérieurs de la France. Elle constitue le poste le plus favorable, devant les échanges agro-alimentaires et l'automobile et permet de compenser en partie le déficit énergétique. Sans occuper dans l'économie nationale une place aussi importante qu'en Espagne, en Italie ou en Autriche, le tourisme représente cependant près de 10 % des exportations françaises de biens et de services.

3. Une consommation touristique de près de 150 milliards d'euros

À l'intérieur du pays, le tourisme au sens large représente en 2006 un chiffre d'affaires de **142,7 milliards d'euros**, c'est-à-dire comparable à celui de l'agriculture ou équivalent à près de la moitié du budget de l'État.

Selon le secrétariat d'État au Tourisme, la majeure partie des dépenses est effectuée auprès des activités marchandes caractéristiques, qu'il s'agisse **des hôtels, des cafés, des restaurants, des agences de voyages** ou des dépenses de loisirs touristiques. À cela s'ajoute la consommation d'hébergement non marchand (résidences secondaires, résidences des parents et amis), d'alimentation, de transports urbains, d'achats de souvenirs… mais aussi les frais de transport entre domicile et lieu de vacances, ainsi que la consommation paratouristique.

Le poids économique du tourisme est encore plus élevé dans certaines régions très prisées par les vacanciers et dépourvues de puissantes industries. C'est ainsi que la consommation touristique liée aux séjours avoisine ou dépasse **10 % du P.I.B. régional en Corse et dans le Languedoc-Roussillon**, est comprise entre 5 % à 10 % dans la majeure partie de la moitié sud du pays, ainsi qu'en Bretagne. Par contre, sa part est plus modeste dans l'est – le chiffre tombant à moins de 2 % en Champagne-Ardenne et en Lorraine –, ainsi que dans le Nord-Pas-de-Calais et en Haute-Normandie, c'est-à-dire dans des régions enregistrant des fréquentations assez faibles. PACA, avec 12 % de la dépense intérieure, devance Rhône-Alpes (10,6 %) et les Pays de la Loire (8,4 %).

4. Un générateur d'emplois

Le tourisme emploie, au sens strict, environ 775 000 personnes dans le pays. Ce chiffre traduit une nette progression des effectifs depuis 1975, ce qui confère à la branche un poids exceptionnel au moment où de nombreuses activités licencient des salariés. D'ailleurs les offres d'emploi dans l'hôtellerie-restauration dépassent largement la demande, ce qui s'explique en partie par les faibles salaires et des horaires de travail contraignants. Depuis 1980, le tourisme a représenté plus du cinquième des emplois créés et le secteur recense en moyenne 10 000 salariés de plus chaque année.

Il convient cependant de distinguer les emplois **permanents** et les **emplois saisonniers**. Ces derniers posent de graves problèmes sociaux dans les régions ne comptant qu'une brève saison touristique. Il faut aussi distinguer les emplois directement liés au tourisme (hébergement, restauration, syndicats d'initiative, transports…) et les emplois induits, c'est-à-dire ne dépendant que partiellement de l'activité touristique.

Saisonniers, les emplois liés au tourisme sont aussi trop souvent des emplois marqués par la **non-qualification du personnel**. Plus de 40 % des salariés employés dans les restaurants, les cafés et les hôtels sont dans ce cas. Seuls, les agences de voyages et les offices de tourisme possèdent un personnel qualifié, les cadres supérieurs représentant même plus de 15 % du total des emplois. La concurrence, l'évolution des techniques, des activités, de la clientèle, imposent de plus en plus une meilleure formation. Ceci est d'autant plus difficile que le turn-over est important dans la branche.

5. Les bénéfices de l'Union européenne

La réalisation du Grand Marché européen et la mondialisation des échanges touristiques, renforcée jusqu'en 2007 par l'abaissement progressif des tarifs aériens, rendent impérative une grande politique touristique pour la France, en raison du renforcement de la concurrence internationale. La mise en place du Marché unique affecte en effet le domaine touristique, par le biais de la politique des transports – comme le souligne l'ouverture du ciel français aux compagnies européennnes depuis le 1er avril 1997 et désormais aux compagnie américaines – mais aussi par la mise en place de normes communes, la protection accrue du consommateur et du touriste… et la politique régionale en faveur des régions économiquement défavorisées. Dans cette perspective, bien des entreprises spécialisées ont déjà commencé les grandes manœuvres pour renforcer leur position. Il suffit pour cela d'évoquer la **prise de contrôle d'Air Inter et d'U.T.A. par Air France**, il y a quelques années, ou les fusions et accords signés entre les voyagistes ou les autres sociétés spécialisées. Certes, l'échec du mariage entre Nouvelles Frontières et le Club Méditerranée a fait couler beaucoup d'encre, tant on attendait du rapprochement entre les deux entreprises conquérantes, mais bien d'autres accords ont été conclus. À titre d'exemples, rappelons la naissance de la holding regroupant des voyagistes (Go Voyages et Aquarius) et la cession par le Club Méditerranée, début 2008, de Jet Tours à Thomas Cook.

Cette concentration n'est sans doute pas achevée tant la **concurrence étrangère est rude**. La France est devancée en Europe par l'Allemagne et le Royaume-Uni. Le numéro 1 mondial, le groupe allemand Preussag-TUI, qui s'est hissé à ce rang après avoir acquis Thomson Travel Group en 1999, a un chiffre d'affaires qui excède vingt milliards d'euros, et sa clientèle dépasse les 20 millions de touristes. Par le biais des entreprises filiales ou sous contrôle, le groupe possède plus de 100 000 lits, dispose d'une flotte aérienne et gère un réseau de 3 300 agences de voyage. Il est désormais talonné par le groupe allemand C & N qui vient de racheter l'anglais Thomas Cook, auparavant contrôlé par l'américain Carson.

La concentration est en cours et les voyagistes moyens passent l'un après l'autre sous le contrôle des plus gros. Ainsi, le français Havas voyages qui était aux mains d'American Express a été cédé récemment à C & N et le groupe Nouvelles Frontières a été repris par Preussag. Les marques restent, mais la concentration économique et financière a lieu, comme ce fut le cas dans d'autres secteurs comme l'agro-alimentaire. La décision du groupe Preussag de vendre ses activités industrielles et sa filiale bâtiment en 2001, afin de disposer de ressources financières importantes, souligne l'appêtit de cette entreprise pour les activités tertiaires.

La moindre concentration des groupes français ne leur permet pas de réaliser des économies d'échelle comparables à celles de leurs rivaux. Ils s'appuient surtout sur un savoir-faire et sur une place solide sur les marchés de haut de gamme Depuis quelques années, les grands groupes de distribution, comme Carrefour et Leclerc se sont lancés sur le marché des voyages, misant sur l'importance de la clientèle fréquentant leurs magasins et sur des prix compétitifs. D'autres entreprises, comme Dégriftour, se spécialisent dans les voyages soldés, vendus à la dernière minute par le biais d'**Internet**. Ce dernier assure aujourd'hui une bonne part des réservations. La facilité offerte par ses services et la possibilité de proposer des vols et des séjours à tarifs très compétitifs contribuent à son succès et menacent l'existence même de bien des agences de voyages.

Par ailleurs, l'apparition de **compagnies aériennes à bas coûts**, telles **Ryanair** ou **Easy Jet**, qui proposent des vols à des prix défiant toute concurrence, bouleverse le marché touristique, notamment en Europe. Des services limités ou payants à bord, des avantages fiscaux nés de la localisation des sièges sociaux (Irlande par exemple) et une forte pression sur les salaires et la productivité ont contribué à leur succès. Les tarifs sont souvent très inférieurs à ceux des transports ferroviaires. Comme par ailleurs, les Français et leurs voisins européens morcellent de plus en plus leurs vacances, de nouvelles concurrences apparaissent, notamment en faveur des pays d'Europe centrale et orientale ou de destinations plus lointaines. Il est désormais moins coûteux pour une famille de passer une semaine sur une plage tropicale qu'une semaine aux sports d'hiver. Ici aussi, la mondialisation fait sentir ses effets.

Cependant, la montée rapide du prix des carburants menace la rentabilité de ces compagnies à bas coûts qui envisagent de multiplier les services payants à bord pour compenser l'augmentation de leurs charges.

La mondialisation des flux touristiques impose donc un gros effort de promotion de la part de la France. Il passe aussi par le développement de la publicité dans les pays étrangers. De nouveaux marchés sont prospectés, notamment en Asie, où des efforts importants sont faits auprès de la clientèle japonaise, mais aussi en Corée du Sud et en Chine. De même, la France se tourne désormais vers les pays de l'Est, susceptibles de fournir à moyen et long terme, une abondante clientèle à la suite de leur entrée dans l'Union européenne en 2004. La promotion doit également permettre à l'hexagone de mieux lutter contre la concurrence des pays méditerranéens qui ont entamé la rénovation de leurs infrastructures d'hébergement, notamment l'Espagne. Les Maisons de France, présentes dans de nombreux pays, répondent à cet impératif commercial.

2

Une répartition inégale des flux

meLa progression continuelle des départs en vacances depuis la seconde guerre mondiale ne s'est pas accompagnée d'une répartition uniforme des flux, tant dans l'espace que dans le temps. Il en résulte des déséquilibres spatiaux et temporels fâcheux que les pouvoirs publics et les collectivités locales s'efforcent de résoudre au mieux. Mais leurs efforts se heurtent souvent à des habitudes bien difficiles à modifier.

A Disparités spatiales et temporelles

I. Tous au même endroit...

Depuis vingt ans, la géographie du tourisme n'a guère subi de modifications spectaculaires au sein de l'hexagone. La destination privilégiée est restée la même, à savoir les littoraux. Ces derniers sont toujours préférés à la campagne, qui conserve la seconde place malgré une montée assez nette de la montagne, traduisant l'essor des sports d'hiver.

Répartition géographique des journées de vacances

	1964	1974	2007*
Mer	33,9	41,0	27,2
Campagne	35,2	30,8	35
Montagne	13,9	17,8	14,1
Ville	14,2	7,4	36,4
Circuit	2,8	3,0	(lac : 4)

Sources : Direction du tourisme. * : ce total, dans le cadre d'une nouvelle comptabilité, peut être supérieur à 100, plusieurs destinations étant données par les touristes.

L'importance relative des différentes destinations varie assez fortement selon les saisons et la durée des séjours tend à se réduire :

> « *Plus nombreux, les séjours sont aussi plus courts. Le nombre de séjours d'au moins quatre nuits est passé de 64 millions en 1989 à près de 76 millions en 1999, soit une augmentation de près de 20 % en dix ans, alors que la population a augmenté de moins de 4 %. dans le même temps, la durée moyenne des séjours est passée de 14,5 à 12 nuitées. Ce sont surtout les séjours d'été qui ont raccourci, passant de 17,2 à*

13,5 nuitées. (...) En France, les grandes régions touristiques n'ont pas changé entre 1994 et 1999. Les vacanciers plébiscitent toujours le littoral méditerranéen ou atlantique pour leurs séjours estivaux. La Haute-Savoie figure aussi parmi les départements les plus visités. L'hiver, ce sont les départements montagnards qui figurent en tête du palmarès, notamment le massif des Alpes, les Pyrénées, le Jura. À elles seules, les deux Savoie concentrent près de 20 % des nuitées d'hiver. Mais Paris, le Finistère et la Côte d'Azur sont aussi des destinations de prédilection. Environ 1 % des séjours se déroulent dans les DOM-TOM, mais l'outremer est plus fréquenté l'hiver (2,5 % des séjours). »

La lettre de l'observatoire du Tourisme, 2000.

Répartition des séjours et des nuitées des Français en 2006 (en %)

Région	Séjours	Nuitées
Alsace	1,5	1,2
Aquitaine	7	8,2
Auvergne	3,1	2,9
Basse-Normandie	3,7	3,4
Bourgogne	3,3	2,8
Bretagne	7,2	8,6
Centre	4,8	3,4
Champagne-Ardennes	1,7	1,1
Corse	0,7	1,5
Franche-Comté	1,6	1,8
Haute-Normandie	2,1	1,3
Ile-de-France	7,7	4,9
Languedoc-Roussillon	6,8	9,4
Limousin	1,4	1,5
Lorraine	2,5	1,9
Midi-Pyrénées	45,9	5,9
Nord-Pas-de-Calais	3,5	2,5
Pays de la Loire	8	7,6
Picardie	2,1	1,7
Poitou-Charentes	4,6	5
Provence-Alpes-Côte d'Azur	9,4	12,5
Rhône-Alpes	11,9	11,6

Source : Direction du Tourisme.

Au niveau de l'ensemble du pays, le tourisme se concentre donc dans la moitié méridionale, tant en été qu'en hiver. Cette situation se trouve confirmée par l'analyse des statistiques régionales. Toutes les régions situées au nord d'une ligne Le Havre-Briançon présentent un solde déficitaire ou très faiblement positif, le déséquilibre le plus marquant étant offert par l'Île-de-France. Au contraire, au sud de cette ligne, les régions présentent des soldes positifs qui peuvent atteindre des niveaux très élevés, comme en Provence-Alpes-Côte d'Azur ou en Languedoc-Roussillon.

2. ... et en même temps

Les vacances des Français ne sont pas mieux réparties dans le temps que dans l'espace. Elles sont essentiellement fonction des congés scolaires et des dates de fermeture des entreprises. En France, ces dernières ferment surtout en août. Certes, ce phénomène n'est pas strictement limité à la France, mais il atteint une ampleur inconnue chez certains de nos voisins, comme les Néerlandais et surtout les Allemands. Ceci s'explique en partie par la centralisation ancienne des pouvoirs. En République fédérale d'Allemagne les congés scolaires sont fixés au sein de chaque lander, plusieurs années à l'avance, et décalés, ce qui permet d'éviter des départs trop massifs.

3. De lourdes conséquences

La concentration spatiale et temporelle des vacances pose de redoutables problèmes dans bien des domaines :

– *sur le plan économique*, elle se traduit par un brutal arrêt de l'économie nationale qui ne fonctionne qu'à 60 % de ses possibilités durant le mois d'août et par des millions d'heures perdues dans les embouteillages, d'autant que 77 % des déplacements s'effectuent en voiture ou en car. Elle conduit aussi à des **surinvestissements** coûteux pour des hébergements ou du matériel qui ne servent à plein que durant de courtes périodes. C'est ainsi que la S.N.C.F. doit disposer d'un parc de voitures et de locomotives apte à répondre à la mise en place de nombreux trains supplémentaires lors des grands départs. Elle est même parfois contrainte d'emprunter des wagons aux pays voisins. De même, le tourisme a entraîné l'ouverture d'axes routiers qui sont en partie sous-utilisés hors des périodes de congés. Il exige aussi la construction de cabines téléphoniques supplémentaires, bouleverse les flux de ravitaillement (viandes, fruits...) et les circuits postaux traditionnels. Les investissements sont également difficilement rentables dans le domaine de **l'hébergement**. La concentration spatiale et temporelle provoque une importante spéculation foncière et immobilière.

– *sur le plan social*, les conséquences sont également dangereuses. Les déséquilibres entre l'offre et la demande et la nécessité de rentabiliser au maximum, en un bref laps de temps, des investissements parfois importants (hôtellerie, restaurants, remontées mécaniques, commerces...) conduit à la pratique de **tarifs élevés** qui écartent les catégories sociales les plus défavorisées. C'est ainsi que des stations comme Courchevel, Cannes, Monaco ou Antibes sont essentiellement fréquentées par une clientèle internationale ou nationale aisée, alors que la Vendée ou les Charentes accueillent une clientèle plus modeste. De même, le coût élevé de l'hébergement et des remontées mécaniques freine l'engouement pour les sports d'hiver.

– *sur le plan de l'environnement*, les dégâts sont souvent importants. Les réseaux d'égouts et les stations d'épuration – quand elles existent – ont du mal à faire face à la vague touristique. La fréquentation trop importante de certains lieux, comme les dunes du littoral picard, les sentiers de montagne, les plages mal équipées (région des Saintes-Maries-de-la-Mer) affecte aussi le milieu. De même, la construction d'une nouvelle station bouleverse parfois les conditions d'écoulement des eaux et se traduit par des catastrophes, comme à Bourg-Saint-Maurice en 1981, lorsque des torrents de boue ont déferlé sur les versants de la vallée de la haute Isère.

Nombre de jours de vacances d'été des Français par département d'accueil

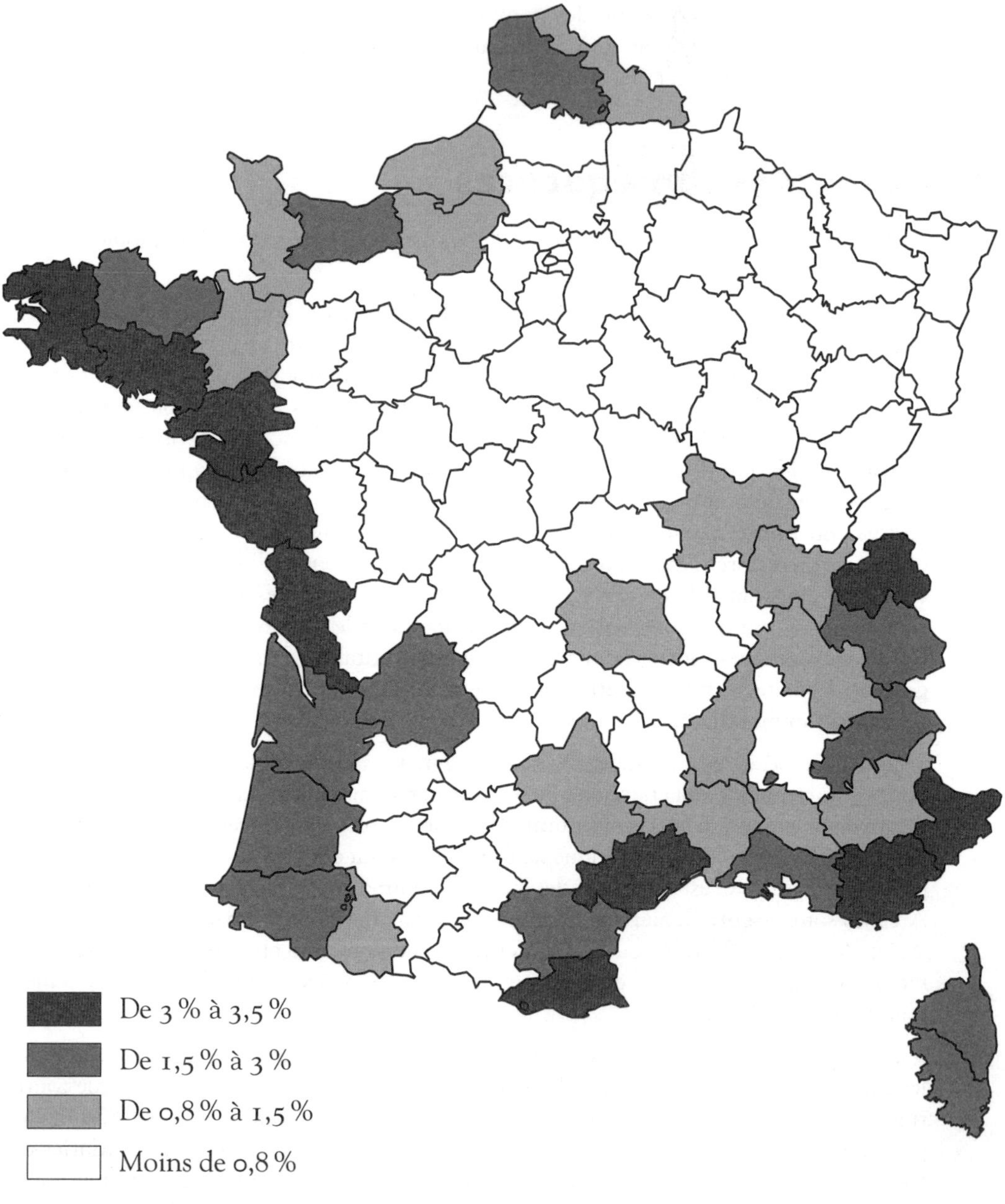

Nombre de jours de vacances d'hiver des Français par département d'accueil

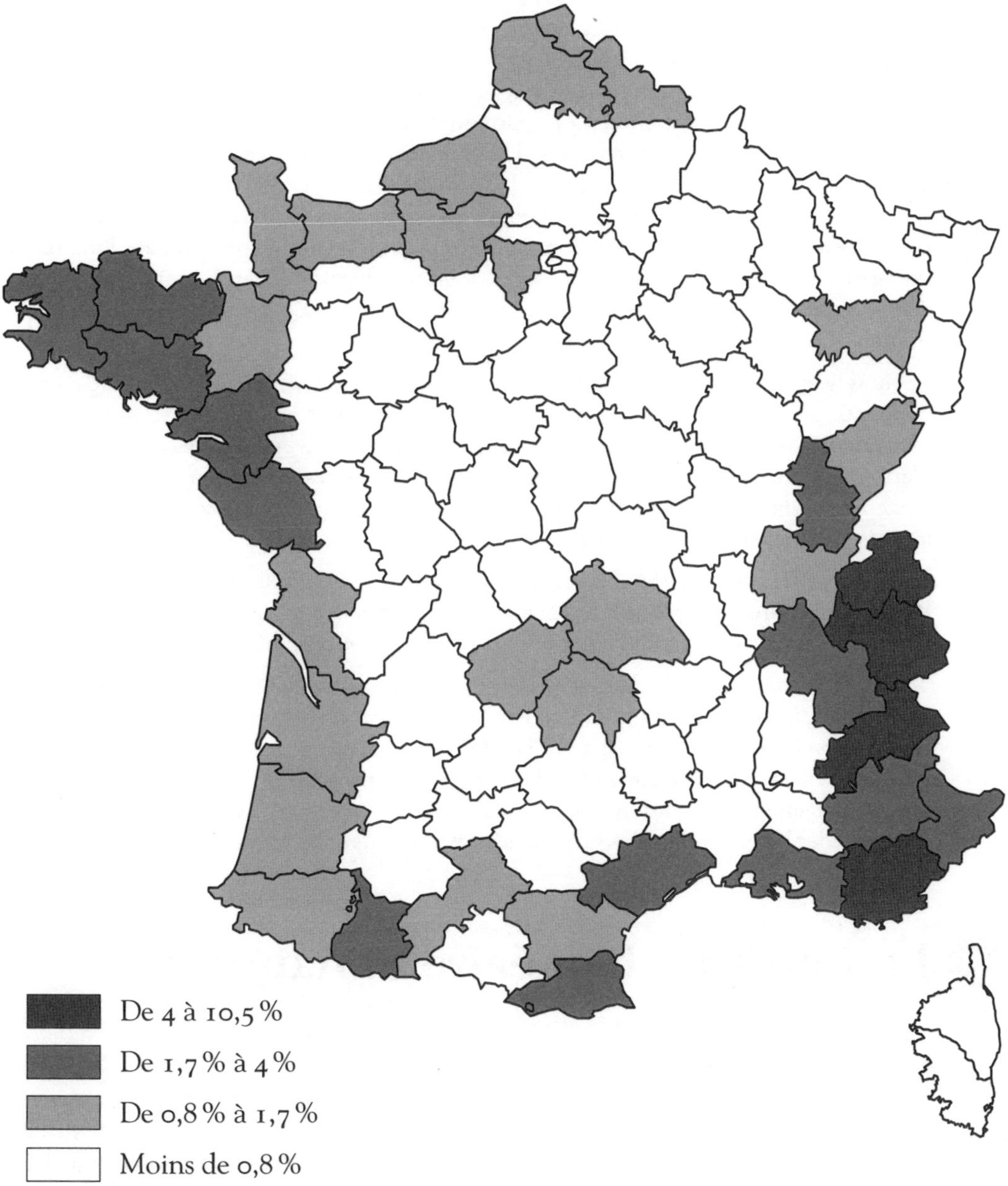

4. Des réactions encore trop timorées

Pour lutter contre la concentration des flux touristiques, les pouvoirs publics, mais aussi les professionnels du tourisme, ont mis en place de nombreuses mesures, tantôt destinées à **mieux répartir les flux** dans l'espace, tantôt orientées vers un **allongement profitable de la saison.**

C'est ainsi que les vacances scolaires sont fixées différemment dans l'hexagone qui est divisé en deux ou trois grandes zones. Si cela a permis d'écrêter quelque peu les pointes, notamment pour les sports d'hiver, le problème n'est pas pour autant résolu car la région parisienne pèse d'un tel poids dans le pays qu'il faudrait la scinder elle-même en plusieurs zones, ce qui poserait des problèmes insurmontables aux familles ayant des enfants scolarisés dans des communes différentes. **L'application des 35 h** (actuellement remise en cause) contribue, quant à elle, au développement des loisirs de proximité et à la multiplication des courts séjours. Par ailleurs, les entreprises de transport (S.N.C.F., Air France) ont instauré une **tarification modulée** selon les dates de départ, afin d'inciter les voyageurs à se détourner des traditionnels « grands départs ». L'instauration de l'opération « Bison futé » a également eu pour but d'échelonner départs et retours sur le réseau routier.

Les hôteliers, les propriétaires de meublés ou de gîtes ruraux varient également leurs tarifs en fonction de la période de l'année. Et de nombreuses stations de vacances ont souscrit récemment l'engagement de prolonger leur animation au-delà des dates habituelles, afin d'attirer une nouvelle clientèle « hors saison ». Enfin, les pouvoirs publics s'efforcent d'encourager la location à la semaine ou à la quinzaine afin de donner plus de souplesse aux réservations traditionnelles de juillet et d'août.

Des **entreprises**, pour éviter une coûteuse fermeture totale, incitent leurs salariés à échelonner leurs congés et proposent même parfois des **jours supplémentaires** à ceux qui acceptent de partir hors saison, notamment durant les mois d'hiver.

Toutes ces mesures sont évidemment très utiles, il n'en demeure pas moins que l'activité touristique demeure toujours concentrée sur deux mois en été, et sur environ trois semaines en hiver. Au niveau spatial, la diffusion du tourisme sur l'ensemble du territoire est bien esquissée, mais cela résulte davantage de la progression continuelle des départs que d'une réelle redistribution, comme l'ont d'ailleurs souligné les chiffres concernant la primauté des littoraux dans les principales destinations touristiques.

B Le tourisme balnéaire et nautique

1. Les premiers pas

Le tourisme balnéaire commence à être pratiqué en France à la fin du XVIIIe siècle, sur la Riviera niçoise et à Hyères. Il est surtout le fait **d'aristocrates aisés** parmi lesquels on compte de nombreux Anglais. Ces derniers sont également présents sur le littoral de la Manche, sur la rive anglaise d'abord – Brighton –, mais aussi sur les côtes normandes. Ce tourisme est essentiellement estival sur les côtes manchoises, mais il devient hivernal sur le littoral azuréen dans les années 1860-1914. Lords anglais, princes russes et grande bourgeoisie française se côtoient dans les palaces, tels le Ritz, et les casinos, de novembre à avril et tissent la trame des stations actuelles :

> « *Il y eut d'abord, vers 1870-1890 l'engouement pour certaines collines abritées et bien ensoleillées : Cimiez et quelques autres (mont Boron...) autour de Nice, la Californie au-dessus de Cannes, Valescure, près de Saint-Raphaël et Costebelle près de Hyères rivalisèrent pour attirer les hivernants aristocratiques, mais il semble que le succès même de ces sites suscita chez les éléments les plus en vue, anglais en particulier, le besoin d'en "inventer" de nouveaux : les Cap-d'Antibes, Ferrat, Martin devinrent les presqu'îles de riches résidences qu'elles sont restées d'ailleurs, jusqu'à nos jours. 1906-1912 fut la dernière vague de création, avec les palaces de bord de mer ; des audacieux (...) créèrent en quelques années les grands hôtels de la promenade des Anglais ou de la Croisette, détrônant, avant qu'ils ne soient amortis souvent, les palaces des collines ; non pas qu'ils aient pressenti les bains de mer mais parce que la clientèle plus mobile et plus "mondaine" désirait la proximité du centre et appréciait la vue directe sur la mer et la promenade.* »

Marc Boyer, *Le Tourisme*, Seuil, 1982.

2. Le triomphe de la saison estivale

Après la première guerre mondiale, le tourisme devient un **tourisme d'été** sur l'ensemble des littoraux. Le bronzage, les jeux de plages et la baignade triomphent. Les compagnies ferroviaires, parfois très liées aux stations, favorisent l'essor de la clientèle par des tarifs promotionnels et par de belles affiches publicitaires. La mode des bains de mer est définitivement lancée et l'instauration des premiers congés ne fait que renforcer l'attraction du littoral. Les grands palaces perdent une partie de leur clientèle, c'est l'époque des **pensions de famille** et de la petite hôtellerie. Le tourisme balnéaire lance de nouvelles stations, mais il reste souvent limité à celles qui bénéficient d'une gare.

Après la seconde guerre mondiale, l'essor est encore plus rapide. La progression spectaculaire du parc automobile permet une diffusion accélérée des flux estivaux (Maures, Landes, puis Vendée) et le camping facilite l'arrivée de catégories sociales plus modestes. Le littoral devient un gigantesque chantier qui voit se dresser des villages-vacances, des hôtels ultra-modernes (Cannes, Nice), des marinas, des immeubles collectifs ou des villas, selon des schémas d'urbanisation souvent contestables. **Le front de mer s'urbanise** tend à devenir dans certaines régions un véritable mur.

3. La vogue du tourisme nautique

Conjointement au tourisme balnéaire, se développe le tourisme nautique. Certes, la plaisance était déjà pratiquée avant la guerre par les riches propriétaires de yachts, souvent anglais, mais ce n'est réellement qu'après 1965-1970 qu'elle connaît une véritable révolution. Celle-ci tient d'abord à l'apparition de nouveaux bateaux, moins coûteux et faciles à transporter. L'introduction des plastiques, la construction en série et l'extension du marché permettent d'abaisser les coûts et d'attirer une nouvelle clientèle jeune et sportive. Dans le même temps, les écoles de voile se multiplient et les grandes compétitions nationales et internationales bénéficient, grâce aux mass-média et aux efforts des publicitaires, d'une audience considérable. De plus, les navigateurs français, tels **Éric Tabarly, Bruno Peyron** ou encore **Florence Arthaud** et **Christophe Auguin**, pour n'en citer que quelques-uns, enregistrent des succès prestigieux. Ce développement de la plaisance entraîne la construction de nombreux ports dans les principales stations balnéaires. Dans les marinas (baie des Anges à Nice ; Port-Camargue ; La Capte, près de Hyères) les plaisanciers profitent même d'un poste au pied de leur appartement.

La flotte de plaisance a plus que doublé en dix ans. En 2007, la France métropolitaine comptait plus de 885 000 bateaux de plaisance et les DOM 31 000. La majeure partie des unités était enregistrée dans les ports méditerranéens (environ 400 000) qui devançaient ceux de l'Atlantique, de la Manche et de la mer du Nord. Les ports de plaisance, en dépit de leur multiplication, ne suivent pas le même rythme ; ils peuvent cependant accueillir aujourd'hui 223 000 bateaux. Trois régions rassemblent 75 % des places : Bretagne (65 000), Provence-Alpes-Côte d'Azur (environ 60 000), et Littoral atlantique (43 000) . Les plus importants ports de plaisance du pays sont ceux de Port-Camargue (4 400), de La Rochelle (3 200) et de Saint-Cyprien (2 600).

Plus récemment, le surf, le wind-surf et la planche à voile ont attiré de nouveaux adeptes du tourisme nautique. Le surf, exigeant de forts rouleaux, ne se pratique que sur le littoral basque, mais la planche à voile – qui a aussi bénéficié de l'utilisation des plastiques et de la fabrication en série – peut se pratiquer sur tous les littoraux.

C Le tourisme montagnard

1. Encore les Anglais

Le milieu montagnard est longtemps demeuré à l'écart de la fréquentation touristique. Les hautes cimes effraient et si les marchands, les pèlerins et les soldats franchissent les Pyrénées et les Alpes, il faut toutefois attendre la fin du XVIIIe siècle pour voir un alpiniste, en l'occurrence un cristallier * de Chamonix, Jacques Balmat, triompher du mont Blanc (1786). Très vite, cet exploit fait des émules et Chamonix attire de nombreux sportifs, notamment des **Anglais**. Ces derniers fondent le « British Alpine Club » en 1857, bien avant le **Club alpin français** (1874) et constituent une part importante de la clientèle initiale des hôtels alpins.

2. La montagne « médecine des hommes »

Dans le même temps, la montagne bénéficie du succès du thermalisme, déjà pratiqué au temps des Romains, mais véritablement lancé sous le Second Empire, par les séjours de Napoléon III et Eugénie à Plombières ou Vichy. Les stations montagnardes comme Luchon, Aix-les-Bains, attirent une clientèle aisée, souvent la même que celle qui passe l'hiver sur la Côte d'Azur. Les hôtels sont aussi de grands palaces et le casino constitue l'attraction essentielle de ceux qui viennent « prendre les eaux ».

La montagne connait un peu plus tard le développement du climatisme. La salubrité de l'air, surtout au milieu des forêts, dans la moyenne montagne, favorise la construction de nombreux aériums, préventoriums, sanatoriums destinés à accueillir les personnes souffrant de l'appareil respiratoire, et même atteintes de tuberculose. Le plateau d'Assy, près de Megève et Saint-Hilaire-du-Touvet, au-dessus de la vallée de l'Isère sont alors des sites réputés. Après la seconde guerre mondiale, la découverte du B.C.G. et les progrès de la chimiothérapie entraînent une reconversion de la plupart de ces établissements en colonies de vacances ou en home d'enfants. Le séjour en altitude demeure cependant très prisé et les centres de vacances situés dans les montagnes accueillent chaque été des dizaines de milliers d'enfants. La majeure partie du tourisme de villégiature estivale reste motivée par l'attrait des paysages, certes, mais aussi par le souci de trouver un air pur.

3. L'essor des sports d'hiver

a. Un élargissement continuel de la clientèle

La vocation sportive du tourisme montagnard, qui se manifeste d'abord par l'alpinisme, se diversifie à partir des premières décennies du XXe siècle, grâce à l'essor des sports d'hiver. Introduite en France par le Grenoblois Duhamel, dans les années 1880, la pratique du ski se répand d'abord lentement. Les **Jeux olympiques d'hiver de Chamonix** (1924), les succès d'Émile Allais et la construction des premières remontées mécaniques marquent l'entre-deux guerres. Ce n'est toutefois qu'au cours de la décennie 1960 que le ski prend réellement son essor. L'automobile permet alors d'accéder aux stations élevées, les équipements se multiplient et la hausse du niveau de vie permet d'élargir la clientèle. Les J.O. de Grenoble (1968), puis d'Albertville (1992) confortent l'engouement.

En 2006, le ski a attiré 6,5 % **des Français**, contre 3 % en 1972. C'est un taux plus faible que celui de 1983-1984 et qui marque une stabilité des départs depuis une quinzaine d'années (7,1 % en 1989-1990). Environ 4 millions de sportifs se sont donc dirigés vers les stations de montagne, la presque totalité (95 %) restant fidèle aux stations françaises. Quelques dizaines de milliers d'entre elles préfèrent cependant les pistes suisses et dans une moindre mesure autrichiennes et italiennes. Les **Alpes du Nord** drainent 65 % de la clientèle, devançant largement les Alpes du Sud (16 %) et les Pyrénées, les autres massifs ne jouant qu'un rôle marginal.

Le marché des sports d'hiver marque incontestablement un palier depuis quelques années :

> *« Après les années euphoriques de développement débridé de la montagne, les difficultés persistantes d'enneigement ont révélé la fragilité financière structurelle des stations, surtout des plus petites soumises aux aléas des difficultés de trésorerie. Mais les mauvaises conditions atmosphériques des années 88-90 et 92-93 ne sont pas le seul signe de morosité. Le rythme de création de lits, qui se situait entre 35 000 et 40 000 unités par an entre 1985 et 1990, recule fortement depuis. (...) Le maintien du taux de fréquentation actuel des stations françaises (27 %) suppose une croissance annuelle de la clientèle française de 3 % et l'accueil, chaque année, de 75 000 touristes étrangers supplémentaires. Atteindre un tel objectif implique des changements en profondeur de l'économie des stations françaises. L'offre de loisirs est centrée essentiellement sur le ski alpin. Or, pour développer la clientèle, il faut toucher des personnes qui ne pratiquent pas ou peu ce sport. »*

Vincent VLES, *Les Stations touristiques*, Economica, 1996.

b. Quatre générations de stations

Cet essor s'est accompagné de la création de nombreuses stations. Celles-ci présentent des visages bien différents selon l'époque de leur construction, mais aussi selon l'équipement, l'architecture et l'altitude. Au total, la France dispose de 378 stations ou centres de ski, ce qui représente 4 000 remontées mécaniques. On distingue traditionnellement quatre générations de stations :

– *les stations de première génération* ne sont toutes pas nées du ski. Il s'agit le plus souvent de stations polyvalentes, telles Chamonix (alpinisme) ou Saint-Gervais-les-Bains (thermalisme). Elles sont greffées sur un noyau villageois et la vie de la station est indissociable de celle de la commune. D'ailleurs, les vieilles familles locales comme les Charlet ou les Ravanel à **Chamonix**, ou encore les Périllat à La Clusaz tiennent bien des hôtels ou des magasins d'articles de sports. Ces stations sont généralement situées à une altitude moyenne, elles furent desservies de bonne heure par la route et le rail (ou la gare n'est pas loin). Certaines, créées pour le ski, sont plus élevées, telles **Megève** (1 100 m), Serre-Chevalier (1 350 m), ou encore Val-d'Isère, lancée en 1935. Ces stations disposent en général d'un bon équipement sportif et connaissent une double saison. Leur architecture est très variée, la construction de la station s'étant faite sans plan directeur.

– *les stations de deuxième génération*, telles **Courchevel**, **Chamrousse**, Méribel-les-Allues, Orcières-Merlette ou Les Orres, sont le plus souvent des stations d'altitude, parfois construites avec l'aide des collectivités locales : le conseil général de la Savoie à Courchevel, la commune à Vars. Elles font l'objet d'un plan d'aménagement global, les terrains viabilisés étant ensuite construits selon la formule du lotissement. Plus proches des pistes, ces stations bénéficient également d'un bon enneigement et d'un domaine skiable plus étendu, rarement morcelé.

– *les stations de troisième génération*, souvent qualifiées de « stations intégrées » se sont développées après 1960. Elle font l'objet d'une totale planification. Les capitaux sont presque toujours privés. Réunis par le promoteur, ils lui permettent d'acquérir les terrains – des alpages le plus souvent –, de construire les immeubles, les hôtels et les remontées mécaniques, ainsi que les équipements récréatifs. La vente des appartements, parfois selon la formule de la multi-propriété, permet de rembourser les capitaux empruntés. Ces stations sont nombreuses en France : **Val-Thorens**, Flaine, **Tignes, Les Arcs**, La Plagne, Les Ménuires... **Isola 2000**. Situées à haute altitude, au milieu des champs de neige, ces « usines à skis » sont avant tout sportives, d'autant qu'elles bénéficient d'un équipement exceptionnel. Par contre, leur architecture – souvent des barres d'immeubles ou des tours – est très controversée, malgré quelques innovations : placages de bois à Avoriaz, façades biseautées à Flaine, construite par le grand architecte M. Breuer... De plus, la saison estivale pose des problèmes. Les stations essaient de développer une vocation sportive avec le tennis, le ski d'été (Tignes), le tir à l'arc, voire des stages photo ou des séminaires.

– *les stations de quatrième génération* sont souvent situées à des altitudes plus modestes. Elles présentent un équipement de moindre envergure, mieux contrôlé par la commune et elles s'efforcent de respecter l'environnement en ayant recours à des constructions traditionnelles de type chalet. L'hébergement rural tient une bonne place et l'hôtellerie est généralement modeste. **Bonneval-sur-Arc** est l'un des meilleurs exemples de cette génération de stations de sports d'hiver qui montrent un certain retour « aux sources ».

Cet équipement traduit les atouts de la haute montagne, par rapport à la moyenne montagne, qui reste davantage soumise aux aléas climatiques :

« La "crise" de l'enneigement des pentes et des cimes a montré la fragilité d'un secteur économique qui repose totalement sur la qualité et l'épaisseur de son tapis blanc et qui a investi depuis le début des années 80 entre 700 et 800 millions de francs chaque année pour moderniser et renforcer son parc de remontées mécaniques. Les stations de basse et moyenne altitude, devenues de véritables entreprises aux performances commerciales souvent remarquables lorsque la neige est au rendez-vous, sont aussi des lieux à haut risque climatique lorsque la neige est absente.

Longtemps décriées en raison de l'agression qu'elles peuvent représenter pour le milieu alpin, les stations de haute altitude perchées comme Val-Thorens et Tignes, au-dessus de 2000 mètres d'altitude, ont fait une nouvelle fois la démonstration qu'elles étaient des îlots de prospérité dans une montagne en crise. Une avalanche de skieurs les a submergées à Noël, et pendant tout le mois de janvier, en faisant augmenter de 50 % le chiffre d'affaires de leurs remontées mécaniques. Elles seules offraient en effet une couche de neige suffisamment abondante. »

Claude FRANCILLON, *Le Monde*, 09-02-1988.

4. Une nouvelle vocation : la protection de la nature

La France est venue tardivement à la protection de la nature par l'instauration de périmètres protégés. Dès 1872, les Américains créent le parc national de Yellowstone, et le Canada (Waterton Lakes National Park en 1885), l'Afrique du Sud, la Suède et bien d'autres pays nous devancent en ce domaine. La première réserve créée en France fut celle des Sept-Îles en Bretagne, en 1912.

Aujourd'hui, le pays compte plus de **40 réserves naturelles importantes** (128 au total), dont de nombreuses en montagne : Néouvielle dans les Pyrénées, Aiguilles-Rouges dans les Alpes... Elles sont destinées à assurer la survivance des espèces menacées, comme l'ours brun ou le vautour des Alpes.

Les parcs nationaux, au nombre de six en métropole (un autre en Guadeloupe) sont également tous situés en montagne, à l'exception de celui de Port-Cros (1963) en Méditerranée : Vanoise (1963), Pyrénées occidentales (1967), Cévennes (1970), Écrins (1973), Mercantour (1979). Créés pour protéger la flore et la faune, ils comprennent deux types d'espaces : le « parc » *stricto sensu*, où les constructions sont interdites et la chasse et la pêche strictement réglementées, et une zone dite « périphérique » destinée à promouvoir les activités agricoles et touristiques. Parfois s'ajoute une « réserve intégrale » dont l'accès peut être prohibé. Peu peuplés, les parcs connaissent une intense fréquentation estivale permettant de réanimer certains villages où des « maisons du Parc » exposent les richesses du milieu local et dressent un tableau des activités traditionnelles. Le parc de la Vanoise et celui des Pyrénées-Occidentales accueillent chacun plus de 400 000 visiteurs par an.

Les parcs régionaux sont moins typiquement montagnards. Véritables « poumons de verdure » des grandes agglomérations, ils jouent un grand rôle dans le tourisme dominical des citadins et portent bien des résidences secondaires et des campings. La France en compte actuellement 44, qui représentent 10 % du territoire national et englobent 2 700 000 habitants. Plusieurs d'entre eux s'étendent sur des régions montagneuses, comme les parcs des Vosges, du Morvan, du Pilat, du Vercors, du Queyras, du Lubéron, du

Haut-Languedoc et des Volcans-d'Auvergne. Il faut y ajouter celui de la Martinique, qui couvre la majeure partie des reliefs de l'île.

D Le tourisme rural

La campagne constitue un milieu bien apprécié des touristes français. C'est une destination traditionnelle pour un bon nombre de citadins qui ont conservé des attaches avec leur village d'origine et qui retournent chaque année dans la **maison familiale** qui leur servira souvent de résidence de retraite. D'autres pratiquent le camping ou louent un gîte afin d'échapper au rythme trépidant de la ville, mais aussi pour fuir l'affluence des bords de mer. S'y ajoute un flot sans cesse croissant d'étrangers, notamment d'Allemands, de Néerlandais et de Belges, favorisés par le change et qui trouvent, dans des campagnes moins densément peuplées que les leurs, des résidences secondaires à un prix avantageux.

Le tourisme rural est un **tourisme diffus**, particulièrement difficile à comptabiliser. Quelques régions, telles le Lot, le Périgord, le Morvan, l'Yonne, l'Ardèche, émergent cependant. Elles le doivent à la beauté de leurs paysages, aux possibilités gastronomiques ou sportives qu'elles offrent, mais aussi parfois au dynamisme du marché immobilier. C'est ainsi que l'existence de nombreux manoirs a facilité l'arrivée d'étrangers dans le Périgord.

Le tourisme vert bénéficie également des efforts de promotion et des aménagements réalisés à l'initiative des particuliers, des communes, des départements ou de l'État. Outre l'essor des différentes formes d'hébergement rural, il faut mentionner la création de nombreux plans d'eau, comme dans le Limousin, l'essor du tourisme fluvial qui permet de valoriser les campagnes traversées, l'organisation de « circuits culturels » entre les châteaux, les églises ou les résidences des grands écrivains (vallée du Loir) ou encore la vogue des roulottes hippomobiles. Autant de pierres apportées à la valorisation d'un milieu rural parfois menacé par l'hémorragie démographique, comme dans la Creuse.

Le tourisme rural a souffert de la démocratisation du tourisme et il recherche une **nouvelle clientèle**. Ce tourisme vert représente plus de deux cents millions de nuitées par an et le chiffre d'affaires, difficile à estimer avec précision, doit dépasser 35 milliards de francs. Il doit bénéficier dans les prochaines années des efforts développés tant par l'État que par les institutions européennes pour éviter la dépopulation de certaines régions rurales déjà bien exsangues à la suite de plus d'un siècle d'exode de leur population. Le tourisme permet en effet de maintenir en vie bien des villages où les résidences secondaires sont parfois plus nombreuses que les principales. Il ne permet cependant pas aux hôtels isolés de survivre, à moins que la proximité d'une grande ville ou l'abondance du gibier – Dombes, Sologne – augmente la fréquentation et allonge la saison.

Le **tourisme fluvial** trouve sans cesse de nouveaux adeptes pour parcourir dans des bateaux spécialisés les canaux de Bourgogne et du Nord, les cours d'eau du Centre et des Pays de la Loire et plus encore le canal du Midi :

> « *Vieux de trois siècles, le canal du Midi fut conçu et réalisé par Pierre Paul Riquet. Long de 254 km, c'est un véritable chef-d'œuvre du génie civil. Sa modernisation entreprise dans les années 70 n'en a pas modifié le visage. Peu à peu, la navigation touristique s'est substituée au trafic commercial. (...) Plus de 300 bateaux de loisirs empruntent ce long corridor ombragé de platanes – ils on en fait été plantés récem-*

ment –, qui file tout droit de Toulouse à Castelnaudary, avant de s'agripper aux premiers contreforts du Minervois, puis d'effectuer le grand plongeon à partir des 9 écluses de Fonséranes à Béziers – un véritable escalier d'eau qui permet de franchir un dénivelé de 21,5 m – vers la plaine côtière et l'étang de Thau. (...) À Castelnaudary démarre un itinéraire historique (découverte du pays cathare), gastronomique (cassoulet, confit et foie gras) et viticole (le canal séparant les vignobles du Minervois et des Corbières jusqu'à Narbonne). À travers 64 écluses et 103 ouvrages d'art innovants pour l'époque – le premier pont-canal de France à Répudre ou le tunnel naturel de Malpas – le canal "vadrouille" sur 240 km.»

J. Ramon, *Les Échos*, 27-07-1998.

E Le tourisme de santé

Si la mer, la montagne et la campagne figurent en tête des destinations, il est possible de faire un autre classement permettant de distinguer le tourisme d'agrément, le tourisme d'affaires et le tourisme de santé. Ce dernier occupait une place importante au siècle passé mais il connaît une crise certaine, qui touche surtout le thermalisme. C'est d'autant plus regrettable que la France dispose en ce domaine d'un remarquable potentiel.

1. Un potentiel imposant

Avec 1 200 sources et plus de 100 stations thermales classées, la France possède le **premier potentiel européen.** La majeure partie de ces stations se situe au sud d'une ligne Bordeaux-Sedan, le Massif central (La Bourboule, Royat, Le Mont-Dore) ; les Pyrénées (Amélie-les-Bains, Cauterets, Ax-les-Thermes) et les Alpes (Aix-les-Bains, Uriage, Allevard) en totalisant le plus grand nombre.

Les sources présentent une grande diversité, tant par leur température (Chaudes-Aigues 82 °C, Argelès-Gazost 11 °C) que par la composition de leurs eaux (sulfurées, radioactives et sodiques à Ax-les-Thermes ; ferrugineuses à Forges-les-Eaux, bicarbonatées chlorurées à Chatelguyon), ce qui permet de répondre à diverses indications médicales.

Les principales stations thermales françaises

	Nombre de curistes		
Stations	**1970**	**1988**	**2006**
Dax	20 190	52 860	50 500
Aix-les-Bains	37 540	51 670	28 670
Gréoux-les-Bains	4 500	26 250	28 500
Amélie-les-Bains	9 470	35 330	25 460
Amnéville	-	-	14 780
Bagnères-de-Luchon	19 720	35 200	14 651
Barbotan	*	22 930	14 405

2. Une clientèle pourtant insuffisante

En dépit de l'abondance et de la diversité des eaux, le thermalisme français ne connaît qu'un **succès limité**. La clientèle reste très inférieure à celle qu'enregistrent l'Allemagne et l'Italie où respectivement 2,5 % et 2 % de la population pratiquent les cures contre moins de 0,8 % en France. Dans l'hexagone, **le nombre total de curistes s'est élevé à 492 000 en 2006**, ce qui traduit une baisse sensible ces dernières années. S'ajoutent à cela environ 300 000 accompagnants, ce qui permet de dégager un chiffre d'affaires global de près de 7 milliards de francs dans les stations.

Cette désaffection des Français pour leurs stations thermales s'explique par la conjonction de multiples facteurs :

– *le corps médical* est souvent réservé à l'égard des vertus du thermalisme. Pourtant des enquêtes effectuées dans l'est de la France montrent que les cures conduisent à une baisse de la consommation de médicaments et de l'absentéisme ;

– *les contraintes imposées par la Sécurité sociale* obligent les curistes à effectuer un traitement de dix-huit à vingt et un jours. Dans les pays voisins, des cures brèves et répétées sont acceptées ;

– *la faiblesse du remboursement*. L'indemnité forfaitaire ne suffit pas à assurer la totalité des dépenses de transport et d'hébergement ; or, presque tous les curistes sont aujourd'hui des assurés sociaux contre 67 % en 1970 ;

– *les stations* elles-mêmes ne disposent pas toujours d'installations modernes et d'hébergements adaptés à la nouvelle clientèle. Les palaces, qui accueillaient autrefois une clientèle aisée ont été démolis ou transformés en appartements. Les thermes sont parfois éloignés de l'hôtel et l'animation fait souvent défaut. Le casino et le kiosque à musique, symboles des années de gloire, ne suffisent plus à distraire la clientèle constituée souvent de personnes âgées ou d'enfants, comme à La Bourboule ;

– *les stations françaises sont souvent hyperspécialisées* alors que les stations concurrentes d'Italie et d'Allemagne visent une clientèle plus large et sont beaucoup moins orientées, vers les soins médicaux.

Pourtant, certaines stations se sont efforcées de moderniser leurs installations (Aix-les-Bains et Dax), de diversifier leur clientèle en développant les infrastructures sportives (plans d'eau, tennis à Vichy) ou encore des cures anti-stress (Vittel) ou anti-tabac (Marlioz). Certains hôtels se sont dotés de salles de gymnastique ; des stations se sont associées pour des campagnes publicitaires (la « Chaîne du soleil » regroupant des stations pyrénéennes et Gréoux-les-Bains) ; d'autres ont cherché un second souffle dans la saison d'hiver en développant les équipements sur les champs de neige voisins (Cauterets, Ax-les-Thermes-Le Saquet). Ces efforts sont souvent payants, mais ils ne sont pas le fait de toutes les stations, et la fréquentation demeure en partie liée au niveau des prestations accordées par la Sécurité sociale.

Les grandes stations concentrent une énorme part de la clientèle, ne laissant que des miettes à de nombreuses autres dépourvues de moyens de promotion et moins animées durant la saison.

3. L'essor de la thalassothérapie

Lancée par l'ancien champion cycliste Louison Bobet, la thalassothérapie a connu un développement continuel au cours des vingt dernières années. Utilisant les vertus thérapeutiques de l'eau de mer, elle a donné naissance à des complexes de soins et à des hôtels modernes. Les centres se répartissent tout au long du littoral :

– *sur la Manche* : Le Touquet, Trouville, Deauville, Granville, Saint-Malo, Perros-Guirec et Roscoff sont les plus importants ;

– *sur l'Atlantique*, ce sont ceux de Bénodet, de Carnac, de Quiberon et de Biarritz ;

– *sur la Méditerranée*, Saint-Raphaël, Cannes, La Ciotat et Marseille en possèdent également.

Au total, la thalassothérapie a enregistré une spectaculaire progression de sa clientèle depuis 20 ans. On compte plus d'une soixantaine d'instituts contre dix-huit en 1978. Longtemps pratiquée par une clientèle aisée et par des sportifs de haut niveau, **la thalassothérapie se démocratise** lentement et les instituts s'intègrent aujourd'hui à des hôtels plus modestes. La clientèle y cherche souvent un moyen d'effacer le stress et la fatigue à l'occasion de séjours qui excèdent rarement une semaine.

F Les autres flux

1. Le tourisme culturel

Il est extrêmement difficile à définir car les statistiques font souvent défaut. La France dispose d'un patrimoine exceptionnel, avec **12 000 monuments** classés et **1 200 musées**. Ceux-ci sont dispersés sur tout le territoire, mais les principales régions visitées, tant par les Français que par les étrangers sont toujours Paris, le Val de Loire, la Provence, ainsi que quelques sites ou monuments prestigieux plus isolés, comme le Mont-Saint-Michel en Normandie, le Haut-Kœnigsbourg en Alsace, Rocamadour ou le musée préhistorique des Eyzies-de-Tayac.

Il faut ajouter les innombrables bibliothèques dont dispose le pays, et en premier lieu celles de la capitale, ainsi que les festivals d'art dramatique ou de musique organisés notamment en Provence et dans la vallée du Rhône, ou encore les festivals du film (Cannes, Deauville, Avoriaz…) qui sont aussi des manifestations du tourisme d'affaires.

2. Le tourisme d'affaires

Le tourisme d'affaires est encore plus difficile à cerner que le tourisme culturel car les statistiques sont encore plus rares et souvent peu fiables. Il est pour une part concentré à Paris, la capitale disposant du fait de son poids économique et politique d'un net avantage sur les autres villes, avantage renforcé par la convergence des axes de communication et par l'organisation de grandes manifestations comme la Foire de Paris, le Salon de l'agriculture et les autres salons professionnels, congrès et défilés de mode. **Paris** est aussi **la pre-**

mière ville de congrès en Europe devant Londres. Disposant de nombreuses salles de réunions et d'un équipement hôtelier sans égal dans le pays, elle attire aussi bien des étrangers lors des grandes présentations de mode qui ont contribué à façonner une image flatteuse de la capitale. Toutefois, les congrès et salons se multiplient également en province .

3. Le tourisme industriel

Le tourisme industriel connaît un spectaculaire essor depuis quelques années, se développant dans toutes les régions. De la visite d'une ancienne mine du Nord à la découverte des industries agro-alimentaires, les supports sont très variés :

> « *Depuis 1991, les touristes peuvent visiter la chaîne de montage ultra-moderne des derniers-nés de la gamme Airbus (A330 et A340) de l'Aérospatiale, le hall ayant été spécialement conçu pour pouvoir accueillir des visites sans entraver les processus de production. Le succès va croissant. Le cap des 70 000 visiteurs sera dépasssé cette année. (...) Ces bons scores confirment l'engouement pour le tourisme industriel pour lequel Midi-Pyrénées est en passe de devenir une région-phare, avec d'autres sites reconnus comme les caves de Roquefort et la centrale nucléaire de Golfech. De son côté, l'Aérospatiale, qui a créé une Aérothèque, pourra voir son initiative confortée à Toulouse avec le projet de cité de l'Espace que souhaite lancer la ville en partenariat avec les industriels locaux.* »
>
> J.B., *Les Échos*, 11-08-1994

4. Le tourisme religieux

Le tourisme religieux concerne essentiellement deux villes en France : Lourdes et Lisieux. La première constitue l'un des grands foyers de l'Europe occidentale. La ville accueille chaque année plusieurs millions de malades et de pélerins venus de tous les coins de France et même de nombreux pays étrangers. Il en résulte des retombées économiques considérables pour l'hôtellerie, la restauration, mais aussi pour les innombrables magasins de souvenirs qui s'échelonnent le long des rues.

3

Une progression continue des départs

A Une démocratisation accélérée

Si le tourisme ne date pas du XXe siècle, c'est cependant au cours de celui-ci qu'il a connu son plein épanouissement, s'étendant à l'ensemble des catégories sociales et touchant la totalité du territoire.

1. La France, pionnier du tourisme

La France a joué un rôle considérable dans le développement du tourisme bien qu'au départ, les Britanniques aient souvent eu des initiatives décisives. Le mot tourisme dérive d'ailleurs d'un terme anglais : « *the tour* », périple qu'accomplissaient les jeunes aristocrates d'Outre-Manche sur le continent pour parfaire leur éducation.

Le tourisme s'est développé dès le XIXe siècle, grâce à l'engouement des étrangers et des nationaux pour certains sites, grâce aussi à la rapidité de l'équipement ferroviaire. Les lieux les plus fréquentés sont alors les littoraux, les stations thermales et Chamonix. Le tourisme demeure très ponctuel, souvent lié à l'initiative de quelques hommes : Napoléon III à Vichy, Plombières et Biarritz, le duc de Morny à Deauville, les banquiers Pereire à Arcachon, lord Brougham à Cannes…

La clientèle est dans sa majeure partie constituée **d'aristocrates ou de grands bourgeois**, qui fréquentent, une **hôtellerie prestigieuse**. Les stations développent les équipements de luxe : casinos, hippodromes et golfs. Quelques trains acquièrent la célébrité grâce à ce tourisme aristocratique tels le *Train bleu* ou l'*Orient-Express*.

2. L'explosion touristique de l'après-guerre

Le tourisme connaît déjà de profondes transformations entre les deux guerres mondiales, notamment par l'instauration des congés payés (deux semaines) en 1936, à la suite des accords Matignon signés avec le patronat et une délégation de la C.G.T. sous l'égide du gouvernement :

> *« Les deux grandes villes industrielles du Nord, Roubaix et Tourcoing, sont devenues villes mortes. Les sirènes qui appellent, chaque matin, 60 000 ouvriers, se sont tues ; la chanson des métiers qui, depuis deux siècles, berce les deux villes s'est éteinte…*

Les rues sont vides et désertes… Les usines, toutes les usines textiles, ont mis bas leurs feux le samedi 25 juillet à 17 heures, et ne les rallumeront plus que le 10 août au matin… La plus grande partie des travailleurs a gagné la Belgique proche, où notre billet de cent francs semble valoir deux cents francs ou presque et où les pauvres ont la sensation d'être de nouveaux riches. D'autres ont gagné le littoral… Pour ceux qui sont demeurés, la ville de Roubaix a élaboré tout un programme de fêtes gratuites et sportives. Elles n'attireront probablement pas grand monde. La vraie fête, les ouvriers et ouvrières se la donnent en aspirant, à pleins poumons, le bon air des champs et de la mer, l'air de la liberté… »

A. NAVADIC, *L'Intransigeant*, 29 juillet 1936.

Ce n'est toutefois qu'après 1950 que le tourisme devient réellement un fait de société à la faveur d'un développement spectaculaire. Ce dernier se traduit avant tout par une démocratisation de la clientèle, une diversification des formes de tourisme et une diffusion spatiale des flux.

Cette croissance accélérée résulte de la convergence de multiples facteurs d'ordre technique, économique, social ou politique :

– *la généralisation et l'allongement des congés payés* ainsi que la réduction du temps de travail hebdomadaire (35 h) facilitent les départs des salariés en été et favorisent l'essor du tourisme de week-end, notamment autour des grandes agglomérations. Dans le même temps, les mesures prises en faveur des retraités – reversement des pensions, tarifs promotionnels sur les transports, voyages organisés par des organismes spécialisés ou les municipalités – et des enfants et adolescents – colonies plus nombreuses, classes de découverte du milieu – permettent le développement accéléré des départs.

Évolution des départs en vacances des Français de 1964 à 2007

	1964	1974	2007*
Nombre de personnes parties en vacances (en millions)	20,3	24,9	44,5
Taux de départ (en %)	43,6	50,1	73
Nombre de séjours (en millions)			
en France	27,4	33,5	170,2
à l'étranger	3,8	5,6	20,1
Total	31,2	39,1	190,2
Nombre de journées de vacances (en millions)			
en France	541	622	834,8
à l'étranger	70	123,5	161,6
Total	611	745,5	996,4

Sources : INSEE 2001 et Direction du Tourisme.
* Autre définition statistique : voyages personnels.

– *la hausse du niveau de vie*, surtout lors des années 1945-1975, autorise les familles à consacrer une part croissante de leur budget aux loisirs (plus de 10 % contre 5,5 % en 1960).

– *la modernisation des transports* contribue également à la mobilité des populations. La « seconde révolution » qui les affecte est marquée par l'augmentation générale des vitesses (trains d'affaires tels le T.G.V. ou les Trans-Europe-Express ; avions), l'accroissement rapide du parc automobile (28 millions de véhicules en France en 2008), l'aug-

Paysage du Cantal

mentation du confort et de la sécurité et, enfin, l'abaissement des coûts de transport (vols à la demande ou charters, carte Inter-rail…).

– *l'apparition de nouveaux sports* : surf, planche à voile… et l'essor rapide des plus anciens (ski, navigation de plaisance) avec un matériel de plus en plus sophistiqué.

Il en résulte une progression continuelle de la mobilité des Français. En 2007, **le taux de départ atteint 73 %** pour l'ensemble des voyages et 63,6 % pour les voyages personnels de plus de 4 jours (vacances). Ces chiffres situent notre pays dans les premiers rangs mondiaux, aux côtés de la Suisse, des pays scandinaves et du Royaume-Uni. Au cours des dernières années, la baisse du niveau de vie et la persistance du chômage ne se sont pas traduites par une baisse spectaculaire des taux de départ, mais plutôt par un raccourcissement de la durée des séjours, par une vigilance accrue quant aux dépenses annexes (distractions…) et par le choix d'hébergements moins coûteux. Il faut souligner que les séjours à l'étranger se sont développés plus rapidement encore que les séjours à l'intérieur du pays.

B Des disparités persistantes

Si plus de la moitié des Français prennent aujourd'hui des vacances, il n'en demeure pas moins que d'importantes disparités persistent, d'ordre géographique ou social.

1. Les citadins les plus mobiles

Les taux de départ varient d'abord selon la région de résidence tant en raison du cadre de vie qui incite plus ou moins à l'évasion que de l'importance de l'urbanisation. La région du sud-ouest présente ainsi des taux de départ plus faibles que les régions industrielles et urbaines de l'Île-de-France et de Rhône-Alpes. De même, le Limousin, région rurale, présente un taux inférieur à la moyenne nationale.

La prépondérance des citadins dans les flux touristiques est encore plus manifeste si l'on affine l'analyse au niveau de la commune de résidence. Les taux de départ augmentent parallèlement à la taille de la commune, Paris présentant les chiffres les plus élevés, ce qui s'explique par les contraintes du cadre de vie, mais aussi par les facilités de communication, une attention plus grande accordée à la publicité et des revenus généralement plus élevés. Des études plus précises ont montré que, parmi les citadins, ceux qui résident en appartement sont plus mobiles que ceux qui vivent dans une maison individuelle. Les écarts entre citadins et ruraux tendent cependant à diminuer, le taux de départ ayant plus sensiblement progressé chez les seconds. En 2007, ces taux de départ (voyages personnels) dépassent 85 % dans l'agglomération parisienne et moins de 70 % dans les communes rurales.

2. Le reflet des disparités socio-économiques

Le taux de départ varie également selon les catégories socio-professionnelles. Les cadres supérieurs (taux de départ 92,1 %) et les cadres moyens (85,8%) partent plus que les exploitants et les salariés agricoles (70,2 %). Il faut cependant souligner que, là aussi, la fourchette s'est considérablement resserrée puisque l'écart était de l'ordre de 1 à 7 en 1964. Les différences s'expliquent par :

– *des raisons financières*. Les revenus des petits exploitants et des salariés agricoles, ainsi que du personnel de service, sont moins élevés que ceux des chefs d'entreprise, des ingénieurs ou encore des commerçants (taux de départ 62,2 %) ;

– *des obligations professionnelles* inégalement contraignantes. Les agriculteurs, et plus particulièrement les éleveurs, ne peuvent pas prendre aisément des vacances. Leur taux de départ a progressé toutefois rapidement à la faveur de la mécanisation, du développement des coopératives, de l'entraide – mieux acceptée par les jeunes agriculteurs et de l'abandon de l'élevage au profit des cultures, moins mobilisatrices.

Le facteur « revenu » joue, en définitive, un rôle primordial dans le taux de départ en vacances, comme le soulignent d'ailleurs les grandes différences notées dans les départs aux sports d'hiver, vacances beaucoup plus coûteuses que celles d'été. Les cadres supérieurs et les professions libérales présentent le taux de départ le plus élevé, suivis par les cadres moyens. À l'opposé, les ouvriers et le personnel de service, les exploitants et salariés agricoles, (bien que ce soit la « morte-saison ») partent peu.

3. Les jeunes d'abord

Les taux de départ varient enfin avec l'âge. Les moins de 13 ans partent le plus. Cela s'explique par la longueur des congés scolaires, par l'essor des colonies de vacances, et par les vacances moins coûteuses passées en famille, notamment chez les grands-parents. Ces jeunes partent aussi durant une longue période (environ 30 jours/an). Pour les 14 à 39 ans, le taux de départ progresse avec l'âge, c'est-à-dire avec l'insertion et la promotion sociales. Par ailleurs, le service national immobilisait jusqu'alors durant dix mois une partie de la jeunesse, ce qui pesait sur les statistiques des 20-24 ans. Ce facteur ne joue plus avec la suppression du service national.

Au-delà de 40 ans, les taux de départ diminuent en raison d'un moindre désir d'évasion (départ des enfants du foyer, choix de la résidence de retraite dans un lieu moins contraignant…) mais aussi, pour les plus âgés, parfois par l'incapacité physique. Le taux de départ a cependant progressé, même pour les sexagénaires et septuagénaires. Ceci s'explique par les actions entreprises en faveur du « troisième âge » par les communes et les organismes de retraite (Caisse nationale des retraites ouvrières) pour promouvoir des déplacements à moindre coût, notamment hors saison. Elle traduit également la revalorisation des retraites, la présence, parfois, de deux retraites dans les foyers – conséquence de l'essor du travail féminin –, ou du reversement d'une partie de la pension de l'époux décédé.

4. Le développement du tourisme social

Le maintien des inégalités au niveau des départs en vacances explique les efforts faits depuis longtemps par les pouvoirs publics, les associations, les entreprises… pour permettre le départ des plus défavorisés. Les actions revêtent des formes variées :

– création d'hébergements touristiques offrant des séjours à des prix modérés : auberges de jeunesse, colonies de vacances, maisons familiales ;

– primes, aides, subventions accordées aux enfants par les municipalités pour partir en colonie ;

– chèque-vacances qui permet aux salariés à revenu modeste de profiter d'une aide de leur employeur, proportionnelle à la somme qu'ils économisent pour leurs congés.

Malgré ces efforts, bien des habitants de l'hexagone ignorent encore les vacances annuelles. Toutefois, toutes ces mesures et la reprise économique récente ont contribué à relancer la progression d'un taux de départ qui avait été affecté par la crise.

5. La vogue des parcs de loisirs

L'essor du tourisme et des loisirs a entraîné au cours des dernières années une multiplication des projets de parcs d'attractions dans bien des régions de France. Le premier a été ouvert à Merlimont, dans le Nord-Pas-de-Calais, en 1956. Aujourd'hui le pays compte :

- 10 grands parcs à thème de dimension nationale, voire internationale ;
- une cinquantaine de parcs récréatifs de rayonnement régional ;
- une dizaine de parcs aquatiques ;
- environ 120 parcs botaniques ;
- un millier d'écomusées.

La vogue de ces parcs atteint toutes les régions en raison des avantages escomptés au niveau de l'emploi et de la rentabilité élevée attendue des investissements. La prolifération de ces sites est cependant risquée. Les premières réalisations n'ont pas toujours enregistré le succès économique attendu et les actionnaires ont dû se lancer dans de nouveaux investissements dans l'espoir d'élargir leur clientèle. Quelques réalisations connaissent un grand succès.

C'est le cas du **parc Astérix** à Plailly, dans l'Oise, qui attire plus de 2 millions de visiteurs chaque année. Disneyland Paris, ouvert en 1992 près de la ville nouvelle de Marne-la-Vallée, à 37 km à l'est de la capitale, s'étend sur plus de 2 000 ha. Il fournit plus de 10 000 emplois directs et environ 40 000 emplois induits. Il accueille chaque année 12 millions de personnes. En 2007, le **Futuroscope**, parc européen de l'image, a accueilli 1,7 millions de visiteurs dans ses diverses salles de projection qui recourent aux technologies cinématographiques les plus sophistiquées : écrans géants, cinéma en relief… mais sa fréquentation décline depuis plusieurs années malgré un renouvellement des attractions. Par contre, la Lorraine sidérurgique, sinistrée sur le plan économique, avait placé une partie de ses espoirs dans le parc des Schtroumpfs, situé dans une ancienne aciérie à Hagondange. Ce parc symbolisait l'avènement du tertiaire comme moteur économique de cette fin de siècle, mais il a connu la faillite et a été repris par un groupe étranger, Walibi, en 1990.

Les parcs de loisirs en France

D'après *Le Monde*, 27-07-1989

4

Un hébergement diversifié en mutation constante

La France dispose de moyens d'hébergement nombreux et variés, qui la placent dans les premiers rangs mondiaux. Ces moyens d'hébergement ont connu une évolution rapide au cours des trois dernières décennies, qui s'est notamment traduite par une rénovation du parc hôtelier, l'expansion des campings, et l'apparition de nouveaux types d'hébergement comme la résidence en multi-propriété ou encore le camping-car, sans oublier les péniches adaptées au tourisme fluvial ou les roulottes hippomobiles.

A L'hôtellerie

I. Un parc important et diversifié

La France métropolitaine compte 17 721 **hôtels homologués**, soit 614 500 chambres. S'ajoutent à ce chiffre le parc des hôtels non classés, dont le recensement est difficile. Il s'agit de petits établissements très dispersés en milieu urbain comme en milieu rural.

Le nombre d'hôtels a diminué depuis 1970, date à laquelle le pays comptait environ 52 000 établissements. Ce déclin ne s'est cependant pas accompagné d'une baisse parallèle de la capacité d'hébergement en raison de l'augmentation continuelle de la taille moyenne des différentes unités. Il n'a pas touché non plus toutes les catégories.

En France, les hôtels sont divisés en deux groupes : les hôtels de tourisme, homologués, et les hôtels non classés, autrefois dits de préfecture. Ce classement se réfère à des normes quantitatives (nombre de chambres, surface des locaux…) et qualitatives (équipement sanitaire, chauffage, ascenseur…).

a. Le déclin continuel des hôtels non homologués

Les hôtels non classés n'ont cessé de décliner depuis la seconde guerre mondiale. Il s'agit le plus souvent de vieux hôtels de petite capacité, tenus par des propriétaires assez âgés, notamment en milieu rural. Leur disparition résulte de la conjugaison de deux phénomènes :

– *les anciens hôteliers*, lors de leur départ à la retraite, ne trouvent pas de jeunes pour prendre le relais en raison de la lourdeur des investissements et d'une rentabilité souvent aléatoire ;

– *les hôteliers plus dynamiques*, et bénéficiant d'une situation plus favorable à proximité d'une route fréquentée ou au sein d'une commune touristique, modernisent leur établissement et réussissent à le faire entrer dans la catégorie des hôtels homologués.

b. La progression des hôtels de tourisme

Au contraire, les hôtels de tourisme, classés en **cinq catégories** en fonction de leurs équipements et de leurs prestations, n'ont cessé de se développer durant la même période. Ils constituent désormais la majeure partie de la capacité hôtelière au niveau national.

Il s'agit d'établissements de taille plus importante que les précédents, cette taille augmentant d'ailleurs avec la catégorie : 34,4 chambres pour les hôtels sans étoile, 21 chambres pour les une étoile, 28 chambres pour les deux étoiles, 45 pour les trois étoiles, 75 pour les quatre étoiles et luxe.

2. La montée des chaînes

En dehors de la modernisation accélérée consécutive à la modernisation du parc hôtelier, l'hôtellerie française a connu durant les décennies 70 et 80 une autre transformation, marquée par l'essor rapide de nouvelles structures.

a. les chaînes intégrées

Déjà esquissées au début du siècle, les chaînes intégrées se sont développées, essentiellement à l'initiative des capitaux privés, encore que l'État ou les entreprises qu'il contrôle aient aussi pris une part importante à leur développement.

> « *La grande chaîne intégrée (… est le fait) d'une société ou d'un groupe qui ignore les méthodes de l'hôtellerie artisanale : à partir d'un plan de développement, dans le cas présent, les managers de la chaîne opèrent sur plusieurs fronts : la création d'hôtels, le rachat d'établisements existants ou la prise en main de la gestion et de la commercialisation de maisons dont les murs ne font pas partie des propriétés de la chaîne. La dernière possibilité pour ce type de marché est la franchise, accord avec un indépendant, même si la véritable vocation de la chaîne intégrée n'est pas vraiment là. Ces grands groupes préfèrent en effet contrôler tant juridiquement que financièrement les hôtels qui portent leur enseigne afin d'offrir un produit cohérent et homogène. Les deux formules les plus fréquentes dans le domaine réservé des grandes sociétés hôtelières intégrées sont donc soit la propriété totale de l'hôtel, soit la location des murs ; la chaîne peut alors agir à sa guise comme tout locataire de locaux commerciaux.* »

Denis PERRIN, *L'Hôtellerie*, Presses universitaires de France, 1983.

Ces chaînes intégrées s'efforcent de limiter leur prix de revient par la création de **services commerciaux communs** et par l'ouverture d'une **centrale d'achat** pour les plus grandes. Elles profitent également d'un budget publicitaire important permettant d'élargir leur clientèle aux dimensions d'un pays, voire du monde. Disposant d'une centrale de réservation informatisée, elles accélèrent ainsi la commercialisation de leurs chambres, améliorent leux taux de remplissage, accroissant ainsi la rentabilité des investissements.

S'adressant en priorité aux hommes d'affaires, les chaînes ont d'abord développé leur capacité autour des grands aéroports, comme avec l'Hilton d'Orly, puis au cœur de la capitale, avec le Hilton Suffren ou l'Intercontinental. Elles se sont ensuite développées dans les grandes métropoles régionales : Sofitel et Concorde à Toulouse… Il s'agit au départ d'une hôtellerie de haut de gamme.

Rapidement, les chaînes privilégient d'autres implantations – stations balnéaires, villes industrielles, proximité des gares, autoroutes – et elles élargissent leur marché vers une clientèle plus modeste – Novotel, Formule 1 –. Elles se spécialisent enfin dans l'accueil des congrès et autres séminaires en se dotant de nombreuses salles de réunion à capacité modulable.

En 2000, les chaînes intégrées contrôlent en France plus du tiers des chambres homologuées. Les chaînes françaises sont souvent bien placées sur le marché national, mais aussi en Europe et dans le monde. Ainsi, le groupe **Accor** – qui réunit Novotel, Mercure, Sofitel, Ibis/Urbis, Formule 1 et quelques autres établissements en gestion, compte plus de 3 000 hôtels en métropole et à l'étranger. À cet exemple, on peut ajouter les chaînes Envergure (Campanile, Première classe…) et Concorde (Concorde-Lafayette, Lutétia, Crillon…), ainsi que des groupes étrangers tels Forte ou Holliday Inn.

b. Les chaînes volontaires

Des hôteliers se sont associés au sein de ces chaînes volontaires afin d'assurer une meilleure promotion de leur établissement, de réduire les frais de publicité et de bénéficier si possible d'une centrale de réservation. Les adhérents peuvent également compter sur l'existence d'une centrale d'achats qui permet de s'approvisionner à meilleur compte.

Les hôtels appartenant à des chaînes volontaires sont beaucoup plus **diffus** sur le territoire national que ceux des chaînes intégrées. Les principales chaînes françaises sont Logis de France, Châteaux et Hôtels indépendants, Best Western, Relais et Châteaux, Inter-hôtel, Minotel (ex-France-Accueil), les Relais du silence…

c. Une adaptation continuelle au marché

En 2008, l'Île-de-France concentre 13,6 % des hôtels de tourisme (2 362) mais 24,9 % des chambres (149 092) en raison de la présence de quelques très grands établissements comme le Concorde-La Fayette ou le Novotel. elle précède Rhône-Alpes (2 166 hôtels ; 66 676 chambres), Provence-Alpes-Côte d'Azur (2 070 hôtels ; 58 289 chambres) et Midi-Pyrénées (1 199 hôtels et 38 494 chambres). La localisation de ces établissements souligne donc la prépondérance de la capitale, des littoraux et des Savoies, se calquant ainsi parfaitement sur la carte des régions touristiques. La localisation en fonction des catégories présente toutefois quelques différences, à savoir que les établissements les plus modestes apparaissent assez diffus, alors que les hôtels de haut de gamme se concentrent pour leur presque totalité dans la capitale et en Provence-Alpes-Côte d'Azur si l'on excepte ceux qui équipent les principales métropoles régionales et quelques stations huppées comme Courchevel ou Deauville.

L'hôtellerie française, en dépit de son importance et de sa diversité, n'attire qu'une faible part des touristes nationaux. Elle n'assure plus aujourd'hui, avec les pensions de famille, que que 15 % des nuitées des touristes nationaux se déplaçant dans le cadre de voyages personnels. Certes, la clientèle étrangère recourt davantage à l'hébergement hôtelier, mais les flux sont plus limités et surtout plus concentrés spatialement. Ce rôle modeste tient pour une large part au coût relativement élevé de l'hébergement hôtelier. Ce sont d'ailleurs les clientèles les plus aisées qui utilisent l'hôtel durant leurs vacances. Cette désaffection tient aussi pour une part à une certaine discordance entre l'offre et la demande. C'est ainsi que les hôtels littoraux et, dans une moindre mesure montagnards, sont le plus souvent ouverts pour une durée très limitée, ce qui pose de redoutables problèmes, tant au niveau du recrutement d'une main d'œuvre qualifiée que de la rentabilité des investissements. Les hôtels, qui sont souvent conduits à refuser du monde durant la haute saison, voient leur fréquentation chuter brutalement à la fin de la saison touristique.

L'hôtellerie française évolue cependant rapidement pour répondre aux aspirations changeantes de la clientèle. C'est ainsi que des établissements à prix modeste (environ 30 euros la nuit) se sont multipliés le long des grands axes routiers et autoroutiers à l'image des hôtels Formule 1 du groupe Accor. Par ailleurs, le vieillissement de la population conduit à l'apparition de nouveaux types d'établissements :

> « *Au pied du vieux village de Mougins, juste derrière Cannes, un hôtel vient d'ouvrir. Planté sur un carrefour entre un jardin public et un centre commercial, cette bâtisse dont les toitures de tuile et les murs roses abritent cent vingt chambres, paraît banale. Le nom qui marque la façade – Hotelia – n'attire pas non plus l'attention. (...) Le hall d'entrée, spacieux et confortable, sur lequel ouvrent la réception, un salon de télévision et quelques boutiques, n'a rien de particulier non plus. Les clients, en revanche, surprennent. Leur moyenne d'âge est de quatre-vingt-trois ans. Pour eux, ou plutôt pour elles car il y a une grande majorité de dames, les chaises roulantes, les cannes anglaises et les déambulateurs sont des instruments familiers. Et c'est à pas menus que les plus valides cheminent entre les massifs de fleurs du jardin.*
>
> *(...) Nous sommes dans ce qu'on appelle aujourd'hui un "hôtel du grand âge". Une formule originale dont les "promoteurs" résument ainsi la "composition" : deux molécules d'hôtellerie "trois étoiles" et une molécule de clinique. (...) Hotelia reste pourtant un hôtel. Les clients – pour la plupart des retraités du voisinage – viennent s'y installer sans préavis et pour la durée qu'ils souhaitent : un week-end, quelques semaines ou plusieurs mois. Ils peuvent même y élire domicile pour le reste de leur existence. (...) L'hôtellerie, elle-aussi, va connaître son "papy-boom".* »
>
> Marc Ambroise-Rendu, *Le Monde*, 07-06-1988.

D'autre part, pour capter de nouvelles clientèles, l'hôtellerie multiplie les initiatives, modulant ses prix, multipliant les animations et développant de vastes campagnes publicitaires. C'est l'amorce d'une véritable guerre commerciale, qui affecte même les établissements de prestige :

> « *À la fin des années 80, je me faisais 1 000 francs de pourboire par jour. Aujourd'hui, 400 francs, c'est royal » soupire, nostalgique, un groom du Crillon. Les temps sont durs, même sous les lustres à facettes et les lambris dorés des hôtels de luxe, dont la moitié de la clientèle reste composée de riches particuliers. La guerre du Golfe, la fin des « années fric » et les coupes claires dans les budgets voyages d'affaires ont terni l'éclat des palaces du monde entier. Même à New York, le célèbre hôtel Pierre (2 000 francs la nuit) doit brader ses chambres durant les périodes creuses.*
>
> *Mais c'est à Paris que la chute est la plus vertigineuse. En 1996, le taux d'occupation moyen des palaces y a plafonné à 54,9 % (presque 10 % de moins qu'en 1991) ; la recette moyenne par chambre est tombée à 3 219 francs (contre 4 000*

francs il y a quelques années). Faute de cash, plusieurs établissements ont renoncé à rénover tous leurs étages. Ainsi, le Meurice, propriété de l'Agha Khan, a condamné une série de chambres, trop inconfortables pour être louées.

Malgré ces difficultés, les vrais palaces restent l'objet de toutes les convoitises. Ce petit club très fermé compte moins de 70 membres dans le monde dont quatre seulement à Paris (le Ritz, le Crillon, le Bristol et le Plaza Athénée). Fascinées par ces bâtiments prestigieux et chargés d'histoire, les plus grosses fortunes du monde s'arrachent à prix d'or des établissements presque toujours déficitaires, à cause de leurs charges de personnel, très lourdes. De fait, les hôtels de luxe échappent aux calculs de rentabilité classiques. »

François GENTHIAL, *Capital*, avril 1997.

B Le triomphe du camping-caravaning

1. Un développement tous azimuts

L'hébergement de plein air, camping et caravaning, concerne aujourd'hui 5,8 % des nuitées passées dans le cadre de voyages personnels, mais près de 15 % de celles des estivants en vacances; sa part relative n'a d'ailleurs pas cessé de progresser depuis 1964, date à laquelle il ne représentait encore que 11,4 % de l'hébergement à la belle saison.

La France métropolitaine compte aujourd'hui 8 052 terrains de camping classés, municipaux, associatifs ou privés, totalisant 927 261 emplacements. Ce dernier chiffre traduit plus qu'un doublement depuis 1970, essor qui souligne également l'apparition de terrains de plus en plus grands.

Le succès du camping résulte d'abord du faible coût relatif de cette forme d'hébergement. L'investissement reste modéré et l'amélioration constante du matériel permet un amortissement plus facile. Ceci explique que les catégories sociales les plus modestes le privilégient au détriment des autres types d'hébergement. Mais le camping est aussi un véritable retour à la nature – surtout pratiqué sous forme de camping sauvage ou de camping à la ferme ; c'est pourquoi il attire aussi une clientèle plus aisée, désireuse de rompre avec certaines contraintes.

L'extension du parc automobile et l'apparition de la caravane ont permis de gagner de nouveaux adeptes. Certes, l'investissement est plus élevé, mais le confort y gagne et la caravane peut servir de résidence secondaire hors saison, pour peu qu'elle soit parquée à la campagne, sur un terrain loué ou possédé. Elle peut aussi servir durant les sports d'hiver grâce à l'équipement spécial des caravaneiges, comme à Serre-Chevalier et à Megève.

Le camping-car, dernier arrivé, amorce un développement spectaculaire bien que les prix d'achat et de location demeurent élevés. Moins contraignant que la caravane lors des déplacements, il oblige par contre ses utilisateurs à un rangement quotidien en cas de tourisme itinérant.

Les terrains de camping-caravaning, comme les hôtels homologués, font l'objet d'un classement. Celui-ci se fait en fonction de la surface accordée à chaque emplacement, mais aussi des prestations fournies (sanitaires, eau chaude, piscine...). Ces dernières années, les terrains classés deux et trois étoiles ont connu la progression la plus rapide. Ils regroupent les trois quarts de l'ensemble des emplacements.

2. Les littoraux privilégiés

L'hébergement de plein air se concentre pour une large part sur les littoraux atlantiques et méditerranéens. Les départements offrant les plus fortes capacités sont : la Vendée (56 500 emplacements), le Var (48 975), la Charente-Maritime, l'Hérault et les Landes. L'assurance d'un été sec est un impératif !

Le camping se pratique cependant sur l'ensemble du territoire, même sur le littoral du Pas-de-Calais et en Normandie, régions où les étés sont cependant moins favorables. Il faut souligner que dans les Alpes, la partie méridionale de la chaîne est plus favorisée que les Savoies.

C Les résidences secondaires

1. Un phénomène typiquement français

La résidence secondaire est en France un fait de société. On compte en effet près de 4 résidences secondaires pour cent habitants, un des plus forts taux du monde. Le phénomène s'explique par les vertus accordées au placement dans la pierre, mais aussi par une urbanisation plus tardive que dans bien d'autres pays d'Europe occidentale. De nombreux citadins ont conservé des liens avec leur village et retournent passer leurs vacances dans la maison familiale ou dans celle qu'ils ont fait construire. Les résidences secondaires assurent le cinquième de l'hébergement touristique.

Le marché très porteur a attiré la convoitise de bien des promoteurs qui ont acquis de vastes terrains, les ont lotis et assurent eux-mêmes la construction des immeubles ou des maisons individuelles. Le recours à des techniques de construction industrialisées et la taille des chantiers leur permettent de proposer des prix d'appel particulièrement convaincants.

2. Des localisations préférentielles

Les résidences secondaires (2 852 000) ne se répartissent pas également sur tout le territoire.

Elles ont d'abord privilégié les zones rurales situées à proximité des grandes agglomérations : la Normandie et l'Yonne autour de Paris, les monts du Lyonnais et du Forez autour de l'axe Lyon-Saint-Étienne, les calanques à proximité de Marseille.

Elles se sont ensuite progressivement étendues aux littoraux avec les interventions massives de promoteurs spécialisés comme Merlin ou Ribourel, en particulier en Vendée et en Normandie, avant de s'étendre aux massifs montagneux. Leur nombre augmente plus lentement depuis plusieurs années. C'est dans le Languedoc-Roussillon et en Corse qu'elles ont progressé le plus rapidement au cours des dernières années, mais ce sont les régions Provence-Alpes-Côte d'Azur et Rhône-Alpes qui abritent toujours les effectifs les plus importants, avec respectivement 436 720 et 330 250 unités. Viennent ensuite le Languedoc-Roussillon, la Bretagne et les Pays de la Loire. Aux constructions neuves s'ajoutent de nombreuses demeures restaurées qui reprennent avec plus ou moins de bonheur les caractères de l'architecture locale traditionnelle.

D L'hébergement rural

1. Des formes variées

Parmi les locations meublées saisonnières, l'hébergement rural occupe une place spécifique. Il a connu un développement rapide au cours des quinze dernières années à la faveur de la vogue du tourisme vert et de la pratique de tarifs particulièrement attractifs. Cette formule présente en outre de multiples avantages : elle permet aux agriculteurs de bénéficier de revenus complémentaires, ce qui est vital dans bon nombre de régions pour éviter la dépopulation, elle met en contact les citadins et les ruraux, elle permet aussi aux exploitants de maintenir en bon état le patrimoine immobilier. Il faut dire que le Crédit agricole octroie souvent des prêts à des taux avantageux aux agriculteurs désireux d'aménager de tels hébergements.

> « *Les implantations sont en premier lieu d'un type diffus, sans logique de réseau. C'est le tourisme itinérant, plus ou moins spontané, issu de petites dynamiques locales, parfois associé à l'agritourisme. Dans les hauteurs périphériques et le long de la Gartempe existe un fort potentiel locatif dû à l'abandon d'exploitations agricoles : restauration du bâti pour en faire des résidences secondaires (Limoges n'est pas loin : usage des citadins) ou des logements de type gîtes ruraux, dépendant d'exploitations agricoles. D'autres initiatives tentent de cibler une clientèle spécifique: gites de pêche à l'initiative de particuliers (La Bussière), accueil à la ferme, gîtes d'enfants, gîtes équestres. Cette forme de tourisme est encouragée par des communes soucieuses de valoriser leur patrimoine : villages de vacances (Compreignac : chalets de bois), pêche en étangs aménagés ou rivière, canoë-kayak, randonnée (le fléchage des sentiers est souvent fait par des bénévoles : sentiers des moines à Mortemart, sentier des narcisses à Châteauponsac).* »
>
> P. Violier, *L'Espace rural et les acteurs du tourisme*, Presses universitaires de Rennes, 1999.

Les gîtes ruraux privés sont les types d'hébergement les plus connus. En 2008, la Fédération nationale des gîtes de France, qui en regroupe l'immense majorité, en comptabilise 43 854 **en métropole** et plus de 1 200 dans les DOM-TOM. Ces gîtes font l'objet d'un classement qui n'est pas sans rappeler celui des hôtels puisqu'il prend également en compte les caractéristiques techniques des hébergements : taille, confort... mais aussi l'environnement et l'aspect extérieur.

Il existe bien d'autres types d'hébergements en milieu rural : chambres d'hôte, camping à la ferme, gîtes d'étape, ou encore gîtes familiaux et villages de gîtes éclatés.

2. La domination du Sud

La répartition géographique des gîtes ruraux souligne la prépondérance des régions situées au sud d'une ligne Le Havre-Genève. La région Rhône-Alpes en recense 6 150, soit 14 % du total métropolitain. Elle est suivie par Midi-Pyrénées (4 540), la Bretagne (4 283) et Provence-Alpes-Côte d'Azur (3 631). La domination de Rhône-Alpes est tout aussi manifeste pour les autres formes d'hébergement rural.

E Les villages et les centres de vacances

1. Des villages à vocation variée

Les villages de vacances sont « *des ensembles d'hébergement faisant l'objet d'une exploitation globale de caractère commercial ou non, destinée à assurer des séjours de vacances et de loisirs selon un prix forfaitaire comportant la fourniture de repas ou les moyens individuels pour les préparer et l'usage d'équipements collectifs permettant des activités de loisirs sportifs et culturels* » (décret du 25 mai 1968).

En 2000, la France compte 892 villages de vacances agréés réunissant 260 600 lits. La majeure partie d'entre eux se localisent dans les régions littorales, comme en Provence-Alpes-Côte d'Azur et en Aquitaine et dans les régions montagneuses, en particulier dans les Savoies. Ici encore, la région Rhône-Alpes vient en tête pour la capacité d'hébergement.

Ces villages de vacances sont de **deux types** :

– les villages de vacances à vocation sociale et familiale sont à but non lucratif. Ils sont le plus souvent gérés par des associations, des comités d'entreprise ou encore des organismes sociaux tels V.V.F., Villages-vacances-famille, créé en 1959. Un cas particulier est celui des **Maisons familiales de vacances** destinées aux familles à revenus modestes. Les prix pratiqués sont plus bas, en échange de quoi, les usagers doivent assurer quelques services. Ces Maisons familiales accueillent 650 000 personnes par an, ce qui correspond à plus de 8 millions de nuitées.

– les villages de vacances à caractère commercial sont par contre à but lucratif. Ils sont souvent les émanations d'agences de voyage ou de clubs de vacances. La plus belle réussite est sans aucun doute le **Club Méditerranée**. Créé en 1950, il contrôle aujourd'hui 80 villages (59 en Europe, 11 sur le continent américain et 10 en Asie) comptant 55 072 lits et il s'appuie sur 1,3 million de clients répartis dans le monde entier. Visant d'abord une clientèle jeune et sportive, le Club a construit ses premiers villages sur les littoraux méditerranéens, avant de se lancer dans des investissements plus lointains, qu'il s'agisse de l'Afrique, des Caraïbes ou du Pacifique, puis de miser sur les sports d'hiver, l'équitation et plus récemment la croisière. À la clientèle française s'ajoutent des étrangers de plus en plus nombreux, qu'il s'agisse d'Européens, d'Américains et de Japonais.

2. Les centres de vacances

Ils regroupent les **colonies de vacances** et les **camps d'adolescents**. Destinés à accueillir une clientèle jeune, ils se sont développés à la fin du XIXe siècle. Le plus souvent, ils sont gérés par des organismes sociaux, des communes ou des comités d'entreprise. Ils enregistrent en moyenne plus de 1,5 million de séjours annuels, essentiellement concentrés sur les littoraux et les montagnes. Ces centres de vacances sont de plus en plus souvent utilisés hors de la période estivale par des classes dites de découverte, créées dans les écoles primaires, avec l'aide des municipalités. Ces hébergements accueillent aussi des classes de neige.

Les auberges de jeunesse accueillent aussi de nombreux touristes, bien qu'elles soient beaucoup moins développées que dans certains pays européens (R.F.A., pays scandinaves). En 2008, les auberges, réparties entre deux organisations, sont au nombre de 178 et offrent 26 500 lits. La Bretagne (3 050) précède Rhône-Alpes (3 014 lits), Provence-Alpes-Côte d'Azur, l'Île-de-France et l'Alsace.

Partie 2

Le tourisme, aspects régionaux

1

Le Nord

> *« De vastes horizons monotones, un relief d'une désolante médiocrité. (...) Cette platitude du paysage semble encore aggravée par la "maussaderie" générale du climat. (...) Dans ce pays à première vue si ingrat (... les hommes) se pressent en foule. Les villages pullulent, les villes foisonnent... »*
>
> G. Jorré, *La France, géographie, tourisme*, Larousse, 1952.

Les régions du Nord-Pas-de-Calais et de Picardie, qui couvrent 5,8 % de la superficie du pays et regroupent 9,6 % de la population française, n'enregistrent que 4,2 % des nuitées touristiques des Français en 2006. La faiblesse du tourisme dans cette partie du territoire national ne date pas d'aujourd'hui. Certes, Le Touquet a eu son heure de gloire dès la fin du XIXe siècle, en attirant de riches estivants parisiens et britanniques, et les stations de la Côte d'Opale portent encore bien des villas de la bourgeoisie du Nord, construites dans les années 1900, mais la région n'a jamais connu une fréquentation comparable à celle des autres espaces littoraux. Elle fait en effet souvent figure de repoussoir pour le touriste potentiel qui lui attribue, à tort, une image défavorable, fondée sur des clichés qu'il convient ici de corriger.

Bien que les deux régions ne soient pas tout à fait comparables sur les plans économiques et touristiques, il a semblé préférable de les réunir ici, tout en laissant à un autre chapitre l'analyse de la partie méridionale de la Picardie, qui est sous l'influence directe de la capitale.

A Une région que l'on dédaigne à tort

1. L'image d'un « pays noir »

L'emprise des industries de la première génération – houille, sidérurgie, textiles – qui ont tant contribué à l'essor économique et urbain confère à une partie de cette région l'image d'un « **pays noir** » marqué par les silhouettes des chevalements, des cheminées d'usines, des fumées et des terrils, souvent associés à des demeures ouvrières monotones, qu'il s'agisse des corons comme à Anzin ou Hénin-Liétard, ou insalubres, telles les « courées » de Roubaix, aujourd'hui disparues. La crise de ces piliers industriels régionaux a multiplié les friches industrielles : les carreaux déserts des mines, les usines abandonnées renforcent l'austérité des paysages, notamment dans la vallée de la Sambre.

Cette marque de l'industrie n'est cependant pas générale ; elle ne caractérise qu'une partie de la France du Nord et laisse aux paysages ruraux bien de l'espace. De plus, cette **activité industrielle ancienne** ou **actuelle** constitue souvent en elle-même un **support touristique**, qu'il s'agisse d'organiser la visite d'entreprises, la découverte de l'extraction houillère dans les musées du bassin, ou d'admirer l'ascenseur à péniches des Fontinettes, près d'Arques.

À cette image un peu exagérée de « pays noir », la France du Nord ajoute celle de « **plat pays** ». C'est notamment le fait de la Flandre, où le moindre relief fait figure de montagne, comme le souligne la toponymie (monts des Cats, 164 m; mont Cassel, 159 m) mais c'est aussi le cas, dans une moindre mesure, sur les plateaux crayeux de l'Artois, du Soissonnais ou du Cambrésis. Par contre, l'Avesnois, la Thiérache et le Boulonnais offrent des paysages plus variés où la trame du bocage ajoute parfois son charme au relief collinaire.

2. Un ciel souvent maussade

Aux fumées d'usines, l'imagerie populaire ajoute volontiers le gris du ciel et les vents froids. Certes, le climat nordique est l'un des moins favorables du pays, mais il ne se différencie pas fondamentalement du climat parisien. De plus, les littoraux anglais et belges, voire danois, qui enregistrent des températures estivales moins favorables, connaissent une intense fréquentation touristique, ce qui prouve bien les limites de la critique populaire.

Le climat du nord, un handicap ?

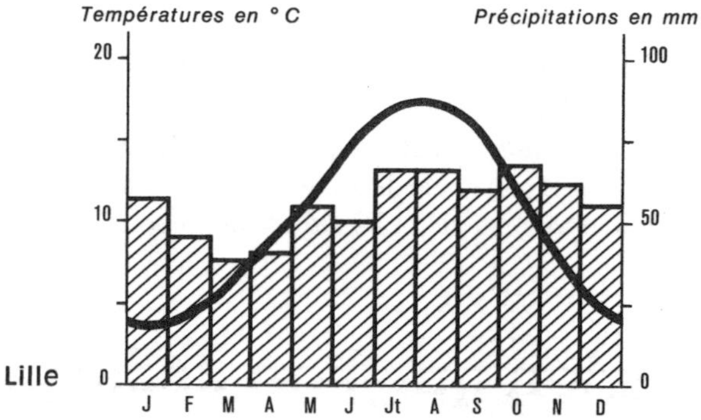

Ce climat est avant tout caractérisé par son instabilité. Celle-ci résulte de la fréquence et de la vigueur des perturbations d'ouest, réactivées par leur passage au-dessus de la Manche ou de la mer du Nord. Les hivers ne sont cependant guère plus froids qu'à Paris (2,5 °C à Lille en janvier). La proximité de la mer modère la durée du gel (60 jours à Lille) et l'enneigement mais favorise les brouillards, au début et en fin d'hiver. En été, les températures souffrent de la latitude et de l'ambiance maritime, et la moyenne de juillet (17,2 °C à Lille) est l'une des plus basses enregistrées dans l'hexagone, tout en étant il est vrai comparable à celle de Brest, voire de La Baule. Juin est le mois le plus sec d'une saison estivale souvent contrariée par des pluies assez fréquentes mais peu abondantes.

Le total pluviométrique est en effet modeste (650 mm à Calais, 908 mm à Hirson), plus faible sur les littoraux que sur les hauteurs intérieures du Haut-Boulonnais et du Haut-Artois. Par contre, l'ensoleillement est limité : 1 720 heures par an au Touquet, contre 1 920 à Dinard ou 2 055 à Carnac. Le ciel est souvent gris et le nombre de jours de pluies avoisine 150, chiffre cependant inférieur à celui de bien des régions bretonnes et normandes.

Des **nuances régionales** apparaissent, tant en fonction du relief, pourtant modeste, que de la distance vis-à-vis de la mer. C'est ainsi que les étés sont plus chauds à Beauvais qu'à Lille, que le Cambrésis offre un ciel souvent plus clair que la Flandre, même si son total pluviométrique est supérieur, et que l'hiver se fait rude en Thiérache, où les vents d'est sont plus fréquents.

B Et pourtant…

Victime de son cadre naturel, de son ciel maussade et de ses paysages industriels, le Nord de la France ne présente aucun des critères actuellement en vogue pour retenir les touristes : pas de littoraux ensoleillés et de mer chaude, pas de montagnes… Pourtant, il possède bien des attraits touristiques, qui tiennent avant tout à ses populations, à son histoire et à ses villes.

1. Un grand carrefour européen

L'absence de relief, l'essor industriel et la densité de population (97 hab./km² en Picardie, 325 hab./km² dans le Nord-Pas-de-Calais) ont favorisé le développement précoce des moyens de communication. La région compte aujourd'hui l'un des réseaux régionaux les plus denses et les plus performants.

Les **autoroutes** A1 et A2 mettent respectivement Lille et Valenciennes à moins de 2 h 30 de Paris et se prolongent vers Bruxelles et les principales agglomérations belges. L'autoroute Lille-Dunkerque assure les liaisons est-ouest, avec l'axe Calais-Reims-Dijon, et fait de l'agglomération lilloise la plaque tournante des transports régionaux, d'autant qu'elle bénéficie du principal aéroport (56 000 passagers en 1956, 1 052 000 en 2007). L'ouverture de l'autoroute A16, entre Boulogne et Abbeville, profite à la Côte d'Opale, en facilitant les déplacements des Parisiens. Autoroutes et routes portent un trafic touristique particulièrement dense à l'époque des vacances estivales, et dans une moindre mesure hivernales, assurant les départs des Belges, des Néerlandais, et surtout des Britanniques vers les plages ou les pistes de ski.

Le **tunnel sous la Manche**, qui a constitué en son temps l'un des plus grands chantiers du monde, a été inauguré le 6 mai 1994. Emprunté par les T.G.V., il complète et concurrence le trafic maritime et les compagnies se livrent une incessante guerre commerciale. Les cars-ferries font de **Calais** (11 513 000 voyageurs en 2007) le premier port de voyageurs de France. Dunkerque (1 945 000) et Boulogne (700 000 passagers) sont aussi très actifs.

Le **réseau ferroviaire** est également très dense. Le trafic de voyageurs est essentiellement méridien, la région bénéficiant de gares importantes sur les grandes lignes ouest-européennes, desservies par les trains d'affaires : Paris-Lille, par Arras et Douai ; Paris-

Le Nord de la France

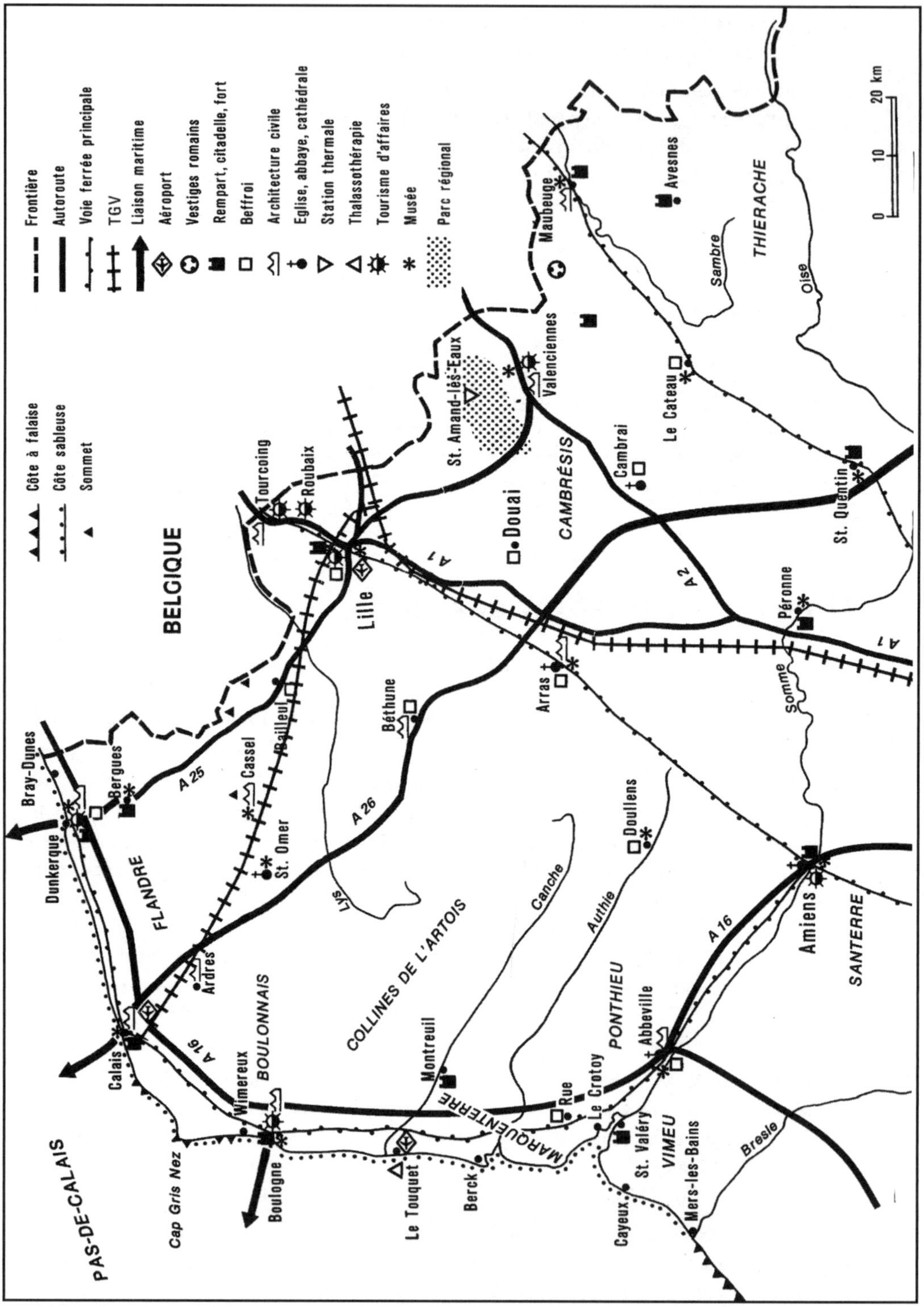

Bruxelles-Amsterdam. De plus, la desserte par le **T.G.V. Nord** renforce le carrefour régional lillois. Cette ligne, qui a coûté 18,5 milliards de francs, est interconnectée à Roissy avec les autres T.G.V. et met Lille à 1 h de Paris. Plus tard, elle joindra Cologne et Amsterdam. Par contre, le tracé de cet axe, qui passe à 40 km d'Amiens, prive la capitale picarde d'un moyen de transport moderne.

Le Nord peut aussi compter sur le réseau navigable le plus important du pays. Longtemps voué au seul trafic des marchandises, et en partie porté au gabarit européen, il attire depuis quelques années l'intérêt des autorités régionales, désireuses de développer le **tourisme fluvial**, tout en aménageant le cadre paysager de ces voies d'eau dont la longueur excède 600 km. Des ports ont été construits à Armentières, Aires-sur-la-Lys et Bouchain.

2. Le champ de bataille de l'Europe

Région de passage dépourvue de frontière naturelle, le Nord de la France a connu une histoire mouvementée. Disputée tour à tour entre Français et Anglais durant la guerre de Cent Ans, puis entre le royaume et l'Espagne lors du règne de Louis XIV (le traité d'Utrecht de 1713 trace la frontière définitive), elle eut à subir les affrontements des deux conflits mondiaux au XXe siècle. Si tous ces combats ont apporté ruines et désolation, ils constituent parfois des supports touristiques d'une certaine importance :

– les *champs de bataille* abondent : Bouvines, Crécy, Azincourt, Lens, Les Dunes, Wattignies, Vimy, Dunkerque…

– *l'architecture militaire* offre une extrême diversité de constructions, des forteresses médiévales comme celles de Boulogne, de Liettres, de Montreuil, aux fortifications de Vauban, présentes tout au long de la frontière : Dunkerque, Lille, Valenciennes, Cambrai, Le Quesnoy, Avesnes, Guise…

– les *cimetières militaires* et le mémorial canadien de Vimy rappellent la guerre des tranchées, la région ayant été traversée par la fameuse « zone rouge », symbole de combats et de destructions. La guerre de 1939-1945 est également représentée par les blockhaus du « mur de l'Atlantique » dont certains basculent dans les eaux de la Manche ou de la mer du Nord, sous l'attaque des vagues.

3. Un contact de civilisations : des cathédrales aux beffrois

Terre d'invasion, le Nord est aussi une terre de contact. Contact linguistique entre parlers romans et parlers germaniques, comme le rappellent bien des noms de villes et de villages. Contacts économiques et artistiques aussi, qui se traduisent au Moyen Âge par les allées et venues des pèlerins et des marchands entre l'Italie du Nord et la Flandre, puis par l'influence flamande sur l'architecture et l'art régionaux lors du faste bourguignon du XVe siècle.

Ce contact se traduit dans les paysages ruraux et urbains. Alors que les gros villages ponctuent les campagnes découvertes des plateaux crayeux du sud, l'habitat dispersé triomphe en Flandre, prolongeant les traits des pays de la mer du Nord. De même plusieurs générations de villes peuvent être distinguées :

Arras : beffroi et hôtel de ville

– *au sud de la Picardie*, les villes se sont développées autour de leur **cathédrale**, telles Senlis, Beauvais, Soissons, ou d'un château et de l'église adjacente, offrant aujourd'hui au visiteur des quartiers anciens, aux rues étroites, dominées par la silhouette impressionnante des édifices religieux. Les grandes cathédrales appartiennent à l'école gothique de l'Île-de-France.

– *au nord* d'une ligne Boulogne-Arras-Cambrai, on entre dans l'aire des **villes commerçantes** dont le marché est devenu la grand-place, bordée par l'hôtel de ville surmonté de son **beffroi**, originalité architecturale qui confère à ces villes une bonne part de leurs attraits.

> *« Initialement tours de guet pour abriter les cloches, puis utilisé pour mettre à l'abri chartes et trésors, ils sont devenus depuis symboles des libertés communales. Souvent abattus, toujours relevés, ils dominent à Arras, Douai, Dunkerque et Boulogne, Bergues et Béthune. Les vastes places et les rues animées. (...) Des beffrois, des clochers descend, les jours de fêtes, le son argentin des carillons, mêlant cantiques, berceuses et chants guerriers. Le concert des cloches attire les amateurs, les jours de liesse, à Bergues, Douai, Saint-Amand et Avesnes en particulier. »*
>
> *Nord-Pas-de-Calais*, délégation régionale du Tourisme, Lille.

Les grand-places sont également bordées de maisons de style flamand baroque qui confèrent au cœur de ces villes du Nord un patrimoine touristique exceptionnel.

4. Une société chaleureuse

Est-ce pour compenser le climat maussade ou l'austérité des paysages industriels ? Toujours est-il que les populations nordistes manifestent une solidarité proverbiale, qui a permis d'assurer sans problèmes l'assimilation de migrants originaires de nombreux pays lorsque la mine recrutait (Polonais, Italiens...). Cette solidarité, tissée au fil des conflits sociaux et récemment illustrée par le film «Bienvenue chez les ch'tis» se manifeste de multiples façons.

Le folklore est particulièrement vivace. Il s'exprime lors des nombreux **carnavals, kermesses ou ducasses** qui animent la plupart des villes, surtout en Flandre, et rappellent « joyeuses entrées » des souverains d'autrefois. Ces festivités s'accompagnent souvent de la sortie des « géants », immenses mannequins d'osier que possèdent près d'une centaine de villes, les plus célèbres étant le Gayant de Douai, accompagné de son épouse Marie Gagenon et de ses enfants, ou le Gargantua de Bailleul. Fanfares et chorales participent également à ces carnavals. Bien des villes organisent aussi des braderies – la plus célèbre étant celle de Lille – durant lesquelles greniers et caves se vident sur les trottoirs, tandis que les restaurants font le plein. La solidarité s'exprime également dans le dynamisme des clubs sportifs et des sociétés d'archers, de joueurs de quilles, de lanceurs de fléchettes, de coulonneux (colombophiles) ou encore de coqueleux (éleveurs de coqs de combat).

Les réjouissances se traduisent aussi par des repas plantureux, que les « ch'timi » accompagnent de bière, la région du Nord-Pas-de-Calais assurant près du quart de la production nationale. Chaque région a ses spécialités :

> *« Les pommes de terre, frites ou non, tiennent une grande place dans la cuisine familiale. Mais elles ne font qu'accompagner d'autres plats savoureux. Comme entrée, une flamiche, tarte aux poireaux, aux oignons ou une andouillette d'Arras (...) ou de*

la langue fumée de Valenciennes, des harengs fumés, marinés, en filets ou au gratin (...). Et puis des plats mitonnés, riches en saveurs chaleureuses, telles les carbonnades à la flamande, bœuf à la casserole arrosé de bière ou la potée artésienne (...), le lapin aux pruneaux ou le boudin sucré aux raisins. En Flandre, pas de repas froid sans le potj vleesch *: veau, lard, poulet et lapin en gelée. (...) La Thiérache est fière de ses fromages tendres, le roi en est le maroilles (...). Chaque ville a sa "couque", son gâteau, sa tarte (... des) bonbons aussi : "petits quinquins" de Lille, "gayantines" de Douai, "bêtises" de Cambrai... »*

Nord-Pas-de-Calais, comité régional de Tourisme, Lille.

C Un tourisme modeste, mais varié

1. Un tourisme d'abord régional

Région de passage, le Nord de la France ne retient guère les touristes. Le Nord-Pas-de-Calais et la Picardie enregistrent en effet des flux modestes. Ainsi, en 2007 le Nord-Pas-de-Calais n'a réceptionné que 2,5 % des nuitées de vacances et la Picardie 2,1 %, ce qui classe respectivement ces régions aux 14e et 16e rangs du pays.

La clientèle touristique varie également entre les deux régions. Le Nord-Pas-de-Calais est caractérisé par un tourisme intra-régional : près des deux tiers des séjours d'été sont le fait de résidents des deux départements, les nordistes prisant notamment les plages situées à faible distance des grandes agglomérations industrielles. L'Île-de-France et la Picardie assurent une part importante de la clientèle extra-régionale. En Picardie au contraire, l'Île-de-France vient au 1er rang pour les séjours importés, devant le Nord-Pas-de-Calais. Par ailleurs, les Picards sont moins fidèles à leur région, la plupart d'entre eux gagnent en été les espaces méridionaux.

À cette clientèle nationale s'ajoutent les arrivées des étrangers dans le cadre d'un tourisme de passage et, plus rarement, de séjour. Ces derniers représentent en 2007 environ 33 % de la clientèle hôtelière dans le Nord-Pas-de-Calais et 27 % en Picardie. Les chiffres pour le camping sont inversés, avec respectivement 39 % et 61 %. Les Britanniques dominent largement la clientèle et l'ouverture du tunnel sous la Manche entraîne déjà un afflux de capitaux en provenance d'Outre-Manche : de nombreux Anglais investissent dans la construction de villas littorales à proximité de Calais et d'innombrables excursionnistes viennent faire des achats en France.

Au total, les deux régions n'occupent qu'une place modeste dans le domaine de l'hébergement, tant en ce qui concerne l'hôtellerie homologuée (Nord-Pas-de-Calais 11e ; Picardie 20e) que les gîtes ruraux. Le classement est un peu meilleur pour le camping, en dépit de conditions naturelles défavorables ; le Nord-Pas-de-Calais figure en effet au 9e rang régional et la Picardie au 13e. Les terrains se concentrent dans les régions littorales, l'Aisne et l'Oise ne rassemblant que 9 % des emplacements totaux.

2. Un tourisme surtout littoral et urbain

À l'intérieur des deux régions, le tourisme est pour une large part une activité urbaine ou littorale, les milieux ruraux n'accédant souvent à la fonction touristique que par l'intermédiaire des résidences secondaires ou des loisirs dominicaux d'une population en grande majorité citadine.

a. La Picardie

En Picardie, **l'influence parisienne** triomphe, surtout au sud d'une ligne Beauvais-Soissons. Chantilly, Senlis, Crépy-en-Valois, Ermenonville et le parc Astérix de Plailly (Oise) sont incorporés dans la zone de loisirs de la capitale et les vallées du Thérain, de l'Oise et de l'Ourcq voient proliférer les résidences secondaires, qui deviennent souvent principales avec le temps.

Le reste de la région doit sa fréquentation à son patrimoine architectural, notamment religieux, à son passé douloureux et à son littoral, la monotonie de ses plaines qui comptent parmi les plus fertiles de France, ne contribuant pas à retenir le vacancier. Seule, au nord-est, la Thiérache offre des paysages plus mouvementés, mais sa situation périphérique et son climat sont des handicaps difficiles à combler.

Le tourisme culturel privilégie les villes, pourvues de **cathédrales** gothiques prestigieuses (**Beauvais, Laon, Amiens et Soissons**), de beffrois, comme Albert et Saint-Riquier, ou encore de fortifications comme Laon, Péronne ou Doullens. **Amiens** est sans conteste la ville touristique la plus animée, profitant également de ses vieilles maisons, de ses musées et des pittoresques jardins maraîchers de la vallée de la Somme (les hortillonnages), couloir de verdure où les poissons et surtout le gibier d'eau abondent. Amiens profite également de son activité industrielle et commerciale pour concentrer une large part du tourisme d'affaires régional.

Le littoral picard long de 40 kilomètres, présente une grande originalité :

> « *Le littoral picard, littoral d'accumulation, récent et bas, comprend trois éléments successifs de la mer vers l'intérieur : les cordons et flèches d'accumulation littorale, les dépressions basses humides, marécageuses, en arrière enfin la falaise morte. Ce dispositif général est interrompu à trois reprises par les grands estuaires des trois fleuves côtiers : Somme, Authie et Canche. (...) Les flèches littorales avancent vers le nord tendant à barrer les estuaires et à détourner les courants de marée vers l'autre rive qui se trouve ainsi attaquée en falaise. Suivant la terminologie locale, le cordon littoral qui avance est le poulier et le secteur opposé attaqué par la mer est le musoir.* »
>
> P. Flattrès, *Nord et Picardie*, Flammarion.

Actif au Moyen Âge, le commerce maritime a disparu, laissant à la pêche (Saint-Valéry, Le Crotoy, Le Hourdel) et au tourisme l'animation exclusive du littoral. Les stations ont profité de la proximité de Paris et accueilli dès la seconde moitié du XIXe siècle une clientèle familiale. Elles demeurent bien modestes, alignées en front de mer, comme Mers ou Ault, ou développées le long d'un axe routier reliant un vieux village à la côte comme à Mahon-Plage. **Saint-Valéry** est le centre le plus actif, bien qu'il souffre de l'ensablement et de la pollution de la Somme. En arrière des dunes littorales, les Bas-Champs picards ont été transformés en polders. Les marécages, ou molières, servaient de refuge aux

La cathédrale d'Amiens

oiseaux migrateurs et la chasse prospérait jusqu'au jour où, pour remédier à la disparition de certaines espèces, une réserve, puis un parc ornithologique furent créés. Plus de 300 espèces de migrateurs peuvent être observées sur des parcours soigneusement aménagés de ce parc du Marquenterre.

b. Le Nord-Pas-de-Calais

Dans le Nord et le Pas-de-Calais, le tourisme privilégie également le **littoral** et plus encore les villes, en dépit des efforts d'aménagement activement poursuivis pour favoriser une diffusion dans le milieu rural. Le littoral conjugue les avantages du tourisme de passage, du tourisme d'affaires et du tourisme de villégiature. Les deux premiers sont surtout développés dans les trois grands ports, qui présentent une certaine spécialisation.

Calais est d'abord un port de voyageurs, mais il profite également de son hôtel de ville de style flamand et de son musée de la dentelle, activité séculaire de la cité.

Boulogne, premier port de pêche du pays, concentre ses activités touristiques dans la ville haute, ceinte de remparts et abritant un fier beffroi permettant de découvrir le port et le Boulonnais, espace rural que les citadins apprécient en fin de semaine. Le parc Nausicca attire plus de 600 000 visiteurs par an.

Quant à **Dunkerque**, la ville des corsaires et en premier lieu de Jean Bart, elle a connu une extension considérable de ses activités depuis vingt ans, à la faveur de l'aménagement d'un nouveau port qui a permis le développement de l'industrie (sidérurgie et pétrochimie). Durement affectée par la crise, la ville connaît un certain renouveau à la faveur de l'implantation de nouvelles entreprises, comme Péchiney. La ville abrite aussi un remarquable musée des Beaux-Arts, avec de nombreux tableaux des écoles flamande et hollandaise.

La **Côte d'Opale** est aussi vouée au tourisme balnéaire et nautique. Prolongeant le littoral picard, sableux et plat, elle a fait l'objet d'une urbanisation rapide, que tente aujourd'hui de freiner le Conservatoire du littoral en acquérant des réserves foncières. Stella-Plage, Hardelot, Wimereux, Wissant, accueillent une clientèle régionale variée, juxtaposant les villas 1900 de la bourgeoisie industrielle, les terrains de campings et les lotissements plus récents. Deux stations dominent, recrutant leur clientèle sur un horizon plus lointain : Berck, spécialisée dans le traitement des maladies osseuses, et surtout **Le Touquet-Paris-Plage**.

> *« Les dunes du Touquet, longtemps sauvages, furent achetées à l'État par un particulier qui les boisa en pins maritimes. (...) Le premier lotissement fut lancé en 1876. L'affaire fut reprise au début du siècle par une société anglaise, Le Touquet Syndicate, qui donna un grand développement à l'agglomération naissante. (...) La plupart des grandes familles du Nord y ont une propriété et beaucoup de Nordistes relativement aisés tiennent à y passer au moins une partie de leurs vacances. L'agglomération est double : d'une part, en bordure de mer, une ville balnéaire dense, à plan en damier, aux rues parallèles à la plage (...) d'autre part, à l'intérieur, vers la forêt, aux environs du golf, une ville résidentielle diffuse, avec de belles villas en de vastes parcelles plantées de pins. »*
>
> P. FLATTRÈS, *Nord et Picardie*, Flammarion.

Le Touquet attire aussi des Parisiens et des Britanniques, forte de ses infrastructures récréatives et sportives (casino, hippodrome) et elle s'efforce de diversifier ses activités en organisant des compétitions de char à voile et d'enduro. Au nord du cap Blanc-Nez, le tourisme littoral diminue, Malo-les-Bains et Bray-Dunes recevant surtout les Dunkerquois.

En dehors du littoral, le tourisme est plus diffus, appuyé sur un tissu urbain particulièrement dense, et, comme cela a déjà été signalé, riche d'un patrimoine architectural varié.

– *à l'ouest, la Flandre* est le « plat pays » par excellence. Le *Blooteland* – ou pays nu – et le *Houtland* – pays au bois – se succèdent d'ouest en est, dominés par les hauteurs des « monts ». C'est le pays des canaux innombrables – les *watergangs* – et des moulins, soigneusement conservés à l'image du Noord Meulen de Hondschoote. Saint-Omer, surnommée la « Venise du Nord », qui possède de vieilles demeures et une magnifique basilique, et les villes fortes de Bergues et de Gravelines sont les sites les plus fréquentés.

– *les plateaux crayeux de l'Artois et du Cambrésis* sont moins pittoresques. Deux villes concentrent la majorité des flux : Arras et Cambrai. Développée au Moyen Âge autour de l'abbaye bénédictine de Saint-Vaast, **Arras**, ville natale de Robespierre, est une ville d'art. La grand-place, la petite place des Héros et leurs alentours constituent un ensemble monumental exceptionnel :

> *« (Ce) sont de remarquables exemples du style flamand des XVIIe et XVIIIe siècles (...). Toutes ces maisons à arcades, de dimensions et de décor différents, s'accordent-elles par leur appareil de briques et pierres, leurs pilastres et chaînages, leurs pignons à volutes et frontons curvilignes. Jadis ornées d'enseignes sculptées dont quelques-unes subsistent, les façades reposent sur des arcades à colonnes monolithes qui protégeaient des intempéries marchands et chalands fréquentant les marches. (... L'hôtel de ville), endommagé en 1934 et reconstruit dans le style flamboyant dresse sa belle façade aux arches inégales, à l'ouest de la place des Héros. »*

Guide vert Michelin, *Nord de la France, Champagne-Ardenne.*

Sa cathédrale, de style classique, et l'ancienne abbaye Saint-Vaast, qui abrite le musée des Beaux-Arts, sont les autres joyaux de la cité, qui fut le témoin des combats de la grande guerre. C'est d'ailleurs à proximité que se dresse le mémorial canadien de Vimy. Cambrai, ancienne ville forte, qui eut Fénelon pour archevêque, doit également sa fréquentation touristique à son beffroi, à son musée (toiles de Rubens) et au campanile de son hôtel de ville, surmonté des célèbres jacquemarts.

– *du bassin houiller*, qui forme une écharpe ouest-est, entre Auchel et Valenciennes, émergent les villes anciennes qui disposent d'un patrimoine architectural faisant cruellement défaut aux cités austères nées de l'essor de la mine et qui ne sont animées que par un modeste tourisme d'affaires et par les visites d'entreprises ou de musées « industriels ». Pourtant, de nombreux efforts sont faits pour aménager les anciens espaces industriels en créant des parcs de loisirs et en transformant un ancien terril en piste de ski !

Béthune, ancienne place forte de Vauban, conserve comme Douai un impressionnant beffroi, et Valenciennes, très endommagée en 1940-1944, doit son surnom d'« Athènes du Nord » aux nombreux artistes qu'elle a vu naître, entre autres Watteau et Carpeaux. Valenciennes, au cœur d'une vallée industrielle devant faire face à une difficile reconversion, profite également du parc régional de Saint-Amand-les-Eaux, véritable « poumon » des villes du Nord, proche de l'unique station thermale régionale (6 100 curistes en 2006), dotée d'un casino actif.

– *à l'est de la région, l'Avesnois* assure un peu une fonction récréative grâce à ses paysages verdoyants, à ses étangs, ses forêts et ses bonnes tables, connues en particulier par leurs fromages, maroilles et boulette d'Avesnes.

– *Lille* (1 900 000 hab. dans l'aire urbaine en 2008) concentrent une large part des activités touristiques régionales, non seulement en ce qui concerne le tourisme d'affaires, mais aussi le tourisme culturel ou de passage.

La métropole nordiste, née dans les bras de la Deule, conserve dans sa « vieille ville » activement restaurée depuis quinze ans, l'essentiel d'un patrimoine architectural varié, qui rappelle les vicissitudes de la cité, ballottée durant des siècles entre les influences françaises et flamandes, voire espagnoles. Le palais Rihour témoigne du gothique bourguignon (XVe siècle), l'ancienne Bourse (XVIIe siècle) de la belle architecture flamande, avec ses maisons accolées aux façades sculptées de guirlandes, de médaillons, et de cariatides. Le XVIIe siècle se retrouve également dans les demeures à pilastres du « rang de Beauregard », dans l'impressionnante citadelle de Vauban et dans la Nouvelle Bourse et son beffroi, édifiés au début du XXe siècle. Les musées abondent dans cette métropole culturelle qui s'enorgueillit de compter l'une des plus vastes librairies d'Europe. Celui des Beaux-Arts est l'un des plus riches du pays ; toutes les écoles de peinture y sont représentées, des primitifs flamands aux impressionnistes. Il éclipse quelque peu celui des Arts et Traditions populaires, installé dans le vieil hospice Comtesse (XVIe-XVIIIe siècles), et le Musée industriel et commercial.

L'hébergement dans le Nord de la France en 2008

Départements	Hôtels homologués (chambres)	Campings (emplacements)	Villages de vacances (lits)	Gîtes ruraux (nombre)
Aisne	1 963	2 537	—	93
Oise	3 582	2 801	—	85
Somme	2 578	16 179	321	259
Nord	10 299	11 867	80	363
Pas-de-Calais	6 814	24 183	1 659	513

Sources : Direction du Tourisme et Fédération nationale des gîtes de France.

Capitale touristique du Nord et candidate malheureuse aux Jeux olympiques de 2004, Lille en est également **la capitale économique**, ce qui lui permet de concentrer une bonne part des hôtels de la conurbation qu'elle forme avec Roubaix et Tourcoing, villes du textile. Elle bénéficie d'un **tourisme d'affaires** important, profitant de la convergence des voies de communication, de la présence des sièges sociaux de nombreuses entreprises et d'une foire commerciale qui enregistre chaque année plus de 300 000 entrées. Le T.G.V. Nord renforce cette vocation :

> *« L'intégration à l'espace européen, la transformation de Lille en "eurométropole" voulue par son maire, Pierre Mauroy, constituent l'enjeu de demain. La ville s'est âprement battue pour obtenir chez elle le croisement des T.G.V., leur pénétration dans la ville en aménageant la gare souterraine de Lille-Europe. Entre celle-ci et la vieille gare de Lille-Flandre s'est mis en place sur plusieurs dizaines d'hectares un nouveau centre international d'affaires, Euralille, dominé par deux grandes tours, inauguré en 1994. Cette "turbine tertiaire" (...), qui devrait permettre à la ville de se mesurer avec les grandes capitales voisines a connu un difficile démarrage en rai-*

son de la crise immobilière. Mais aujourd'hui les bureaux manquent, ce qui a conduit au lancement d'Euralille 2 dans le prolongement du premier, les travaux devant se poursuivre jusqu'en 2010. En même temps, d'autres grands aménagements sont terminés : le Centre international de transports de Tourcoing, l'Eurotéléport de Roubaix qui permet aux entreprises de l'agglomération de se connecter à bas prix avec le réseau mondial de télécommunication satellitaire.

Au centre d'un marché communautaire de plus de 100 millions d'habitants, à proximité de Paris, de Londres et de Bruxelles, plaque tournante pour les autoroutes et les T.G.V., Lille s'impose déjà comme métropole transfrontalière en raison de son étroite union avec les villes belges voisines. Elle veut davantage : échapper à l'attraction parisienne (que renforce peut-être le T.G.V. ?), se hausser à un rang international. Si sa candidature aux Jeux olympiques de 2004 n'a pas été retenue, elle a reçu une compensation en étant désignée par les ministres européens afin de devenir pour l'année 2004 la capitale culturelle de l'Europe. »

M. Baleste, *La France, les 22 Régions*, A. Colin, 2001.

2

La Champagne et les Ardennes

« La Champagne se prête aux exigences variées du tourisme : elle montre à l'étranger sa parure de cathédrales (…) elle dévoile au curieux le cadre de grands événements historiques (…) enfin elle offre au gourmet le vin doré et mousseux dont son terroir a gardé l'exclusif secret et qui n'a nulle part ailleurs d'équivalent. »

Marie Bécet, *La France, géographie, tourisme*, Larousse, 1952.

La Champagne et les Ardennes sont réunies au sein d'une même région qui rassemble quatre départements (Ardennes, Aube, Marne et Haute-Marne) et s'étend sur 25 600 km². Cette région ne présente pas d'unité géographique ou historique.

Étirée entre l'Île-de-France et le Nord-Pas-de-Calais d'une part, et la Lorraine d'autre part, elle offre des paysages très diversifiés mais qui ne se prêtent cependant pas à une intense fréquentation touristique. La proximité de la capitale ne s'est pas traduite par des flux de loisirs comparables à ceux qu'enregistrent la Normandie, le Val de Loire ou la Bourgogne.

A Une région trop souvent délaissée

1. Au dernier rang des régions d'accueil

La région Champagne-Ardenne figure à l'avant dernier rang des régions françaises pour les nuitées effectuées dans le cadre de voyages personnels en 2006, avec seulement 1,1 % du total national. Elle ne retient même pas un grand nombre de ses habitants. Le taux de départ en vacances de ces derniers, qui fluctue assez fortement, reste inférieur à la moyenne française, et plus de 75 % des partants préfèrent passer leurs congés d'été dans une autre région. Ils filent, comme la majeure partie de leurs concitoyens, vers les littoraux ensoleillés et les montagnes. Pourtant, **la clientèle régionale** figure en bonne place dans l'effectif des touristes régionaux, juste derrière les résidents de l'Île-de-France, preuve supplémentaire du mince attrait que suscite la région champardennaise auprès des habitants des autres parties de l'hexagone.

À ces effectifs nationaux s'ajoutent des flux étrangers qui représentent respectivement 32 % et 58 % des nuitées dans les hôtels et les campings. Néerlandais, Britanniques et Allemands fournissent l'essentiel des effectifs. Le tourisme n'occupe cependant qu'une place très modeste dans l'économie régionale.

Cette faiblesse du tourisme de villégiature ne doit cependant pas faire oublier que la région enregistre un fort tourisme de passage mais qui n'est que rarement suivi d'un long séjour dans l'un des différents moyens d'hébergement. Ceci s'explique par la position de carrefour qu'occupe la Champagne au sein du territoire français et par la proximité de l'agglomération parisienne. De nombreux citadins viennent en effet passer quelques heures dans la région durant le week-end, le temps de visiter quelques caves, d'admirer la cathédrale de Reims ou de faire de la planche à voile sur les lacs.

2. Une capacité d'hébergement modeste, mais en progrès

À tourisme de séjour modeste, capacité d'hébergement réduite. La Champagne-Ardenne ne dispose en effet que d'un nombre assez réduit d'hôtels ou de campings. Son classement en ce domaine confirme les propos antérieurs : 19e rang pour l'hôtellerie classée et 22e pour les campings ! Même les résidences secondaires font pâle figure : 29 591 ; seule l'Alsace, trois fois moins étendue, présente un chiffre inférieur.

La situation s'améliore cependant assez rapidement. Si le déclin de l'hôtellerie non homologuée est plus rapide que la moyenne nationale depuis 1970, les **progrès du camping et de l'hôtellerie classée** sont significatifs.

Ces progrès sont cependant encore insuffisants, notamment dans certaines villes qui ont vu leur tourisme d'affaires progresser à la faveur de la décentralisation d'entreprises parisiennes. Tel est le cas à Reims ou à Châlons-en-Champagne.

L'hébergement dans la région Champagne-Ardenne de la France en 2008

Départements	Hôtels homologués (chambres)	Campings (emplacements)	Villages de vacances (lits)	Gîtes ruraux (nombre)
Ardennes	989	2 834	—	122
Aube	1 928	1 534	150	153
Marne	3 954	2 023	—	103
Haute-Marne	1 605	1 593	—	107

Sources : Direction du Tourisme et Fédération nationale des gîtes de France.

La région ne compte que deux villes disposant d'un parc hôtelier important : Reims, qui concentre près de la moitié de la capacité départementale, et Charleville-Mézières. De plus, la structure du parc hôtelier révèle l'importance des établissements modestes : les zéro et une étoile représentent 22 % de la capacité totale et les deux étoiles 48 %. La région ne compte que 13 établissements de luxe mais leur nombre a doublé en 10 ans.

3. Des régions de passage pourtant...

La Champagne et l'Ardenne, privées d'un tourisme de séjour florissant sont pourtant des régions de passage et même pour la première nommée un **véritable carrefour entre Paris et l'Est** du pays d'une part, entre **mer du Nord et Méditerranée** d'autre part. Ces facilités de circulation s'expliquent par la modestie du relief, par la présence de dépressions méridiennes longeant les « côtes » et de nombreuses vallées se dirigeant vers l'Ouest (Seine, Aube, Marne, Aisne).

La Champagne et les Ardennes

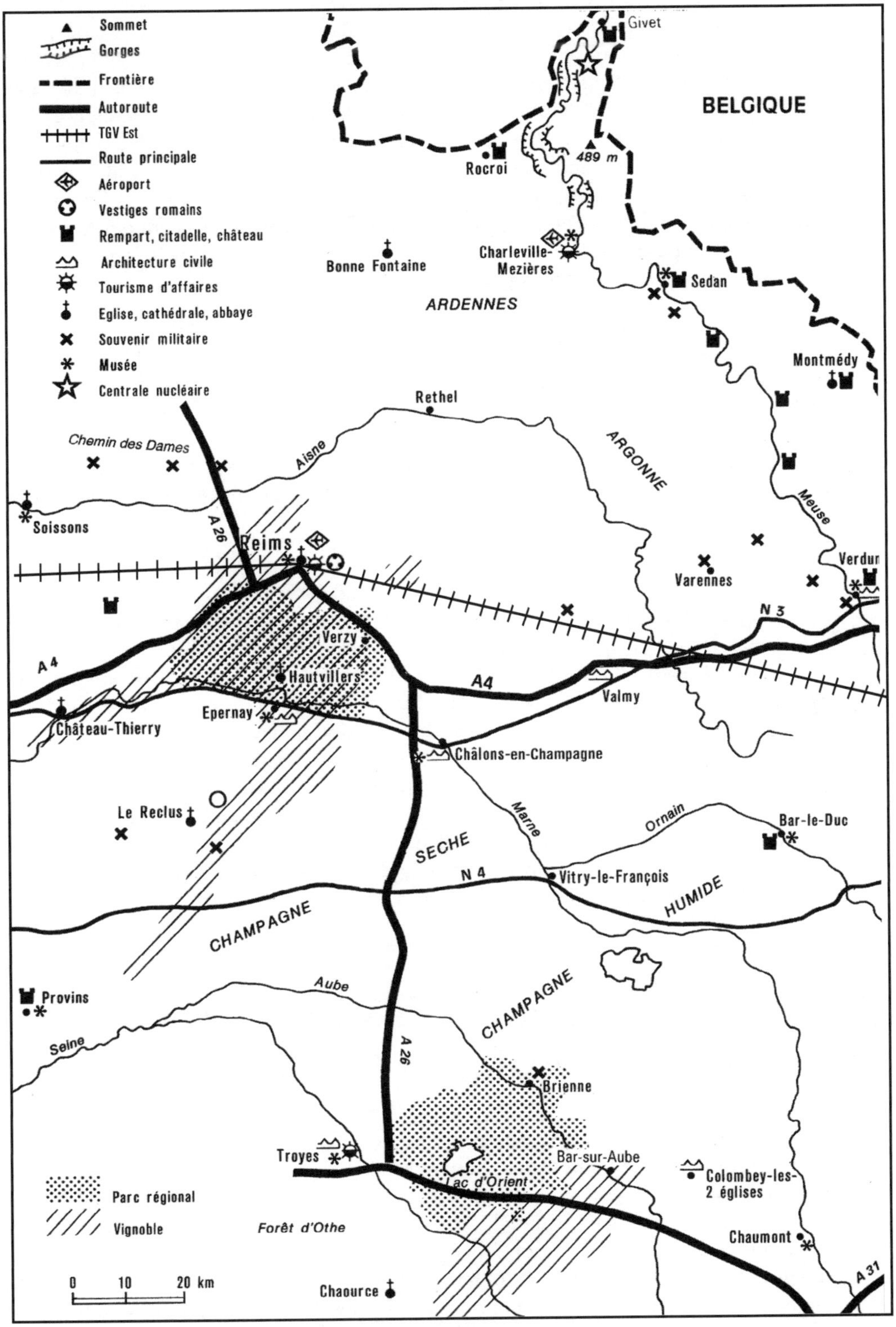

Ces axes de circulation furent utilisés très tôt par les marchands… et par les guerriers. Le vase de Vix (voir chapitre Bourgogne), retrouvé près de Châtillon-sur-Seine, prouve que plusieurs siècles avant notre ère, des liens existaient déjà avec la Méditerranée, et les voies romaines subsistent encore par endroits. Mais c'est au Moyen Âge que la vocation de carrefour trouve son plein épanouissement. Situées sur les routes qui mènent de l'Italie à la Flandre et à la mer du Nord, **les foires de Champagne** sont les grands centres commerciaux de l'Occident aux XIIe et XIIIe siècles. Protégées militairement et favorisées financièrement par les comtes de Champagne, elles sont presque continuelles, se déplaçant simplement de ville en ville. Lagny, Bar-sur-Aube, et surtout Troyes et Provins attirent ainsi des marchands venus de loin pour vendre des soieries, des draps, des épices… Ces foires déclineront au XIVe siècle, ruinées par la concurrence des liaisons maritimes entre Méditerranée et Flandre et par l'insécurité qui accompagne la guerre de Cent Ans.

Terres chargées d'histoire, Champagne et Ardennes sont aussi des terres meurtries. Si certaines batailles n'ont guère laissé de souvenirs (champs Catalauniques au Ve siècle ; campagne de France de Napoléon en 1814, avec les combats de Montmirail, Château-Thierry, Champaubert), d'autres servent parfois de supports touristiques. C'est notamment le cas des terribles affrontements de la guerre de 1914-1918, avec la célèbre **bataille de la Marne**, ou encore de la percée allemande de mai 1940 dans les Ardennes. Forteresses, cimetières militaires, musées rappellent en bien des endroits le douloureux passé de ces régions, « remparts de la capitale ».

Aujourd'hui, les principaux axes de communication sont **orientés ouest-est** ; ils ont même été renforcés par l'ouverture de l'**autoroute A4 Paris-Metz**, l'aménagement de la nationale 4 entre Paris et Nancy et la mise en service de la **ligne TGV** entre Paris et Strasbourg. Les flux méridiens sont moins importants, tant dans le domaine routier que ferroviaire. Ils sont en effet reportés en grande partie sur les marges de la région, par exemple sur les autoroutes Lille-Paris ou Bruxelles-Paris ou sur l'autoroute du Soleil. Toutefois, la **liaison autoroutière Calais-Reims-Dijon** permet de capter une large partie de la clientèle britannique, voire belge, se dirigeant vers les plages méditerranéennes. Cet axe profite par ailleurs de la réalisation du tunnel sous la Manche. Au nord, l'Ardenne n'offre certes pas les facilités de circulation de la Champagne, mais elle ne constitue pas non plus un obstacle de taille. La vallée de la Meuse et la route de piémont, de Valenciennes à Thionville, en partie aménagée en « voie rapide » et longée par la voie ferrée Calais-Bâle, témoignent des possibilités offertes.

B La Champagne : l'histoire et le vin, supports touristiques fondamentaux

La Champagne, plus étendue et plus peuplée que les Ardennes accueille la grande majorité des touristes comptabilisés dans l'ensemble régional. Elle le doit avant tout à **la proximité de la capitale**, à son **vignoble** et au joyau gothique qu'est la **cathédrale de Reims** ; elle ajoute à cela quelques attraits historiques non négligeables qui favorisent une certaine diffusion du tourisme. Celui-ci demeure cependant très inégalement réparti ; il est vrai que les paysages champenois n'offrent pas tous des horizons séduisants. La géographie touristique tend à accentuer les contrastes entre les différentes parties de la province.

Celle-ci associe en effet trois types de « pays » sur un espace limité par la côte de l'Île-de-France à l'ouest, l'Aisne au nord, les plateaux du Barrois et de la Basse-Bourgogne à l'est et l'Yonne au sud :

– *un vaste plateau crayeux* : la Champagne sèche ;

– *une dépression humide*, bocagère en Champagne humide et forestière en Argonne ;

– *des côtes ou cuestas*, comme celle de l'Île-de-France.

1. La côte de l'Île-de-France

a. L'ourlet prestigieux du vignoble

La côte de l'Île-de-France, qui forme un arc de cercle de Montereau à l'Aisne, porte dans sa partie centrale l'un des plus prestigieux vignobles du monde. Ce vignoble, en cours d'extension, couvre 32 000 hectares sur les 34 000 que compte la zone viticole strictement définie par la loi. Il s'étire sur une longueur de 120 km et sur une largeur de 300 m à 2 km, fournissant un peu plus d'un million d'hectolitres par an, avec des variations annuelles très marquées. C'est ainsi que les dernières récoltes des années 80 ont permis de reconstituer des stocks qui diminuaient dangereusement.

Le vignoble, proche de la limite septentrionale de croissance de la vigne, profite d'une bonne exposition, de sols à dominante calcaire, vite égouttés et vite réchauffés. Il se limite aux pentes, pour éviter les gelées printanières qui touchent les bas-fonds des vallées encore que les vignerons disposent aujourd'hui de « chaufferettes » destinées à prévenir les dégâts du gel. Connaissant une récente extension, Il forme trois grands ensembles :

– ***la montagne de Reims.*** Autrefois spécialisée dans les vins rouges, elle continue à en produire (le bouzy), mais cette production est devenue marginale et sert en partie à l'élaboration des champagnes rosés ;

– ***la vallée de la Marne*** porte un quart du vignoble, surtout étendu sur la rive droite, mieux exposée. Ay, Cumières, Hautvillers, Dormans... sont des gros villages vivant presque exclusivement de la vigne ;

– Plus au sud encore, ***la côte des Blancs***, s'étire d'Épernay à Bergères-les-Vertus. Cramant, Oger, Avize et Vertus sont les principaux bourgs viticoles.

À ces trois grandes régions de production, il faut ajouter quelques communes de l'Aube, entre Bar-sur-Seine et Bar-sur-Aube, qui ont obtenu, au début du siècle, de figurer sur la liste d'appellation « champagne ».

Si le vignoble est ancien (il existait au Moyen Âge) ce n'est qu'au XVIIIe siècle qu'il acquiert ses lettres de noblesse grâce à la « champagnisation », procédé auquel est lié le nom de dom Pérignon, moine de l'abbaye d'Hautvillers :

> *« Pour que le vin ait droit à l'appellation champagne, seule une partie du jus obtenu peut être utilisée. Cette quantité est fixée chaque année par arrêté préfectoral, en accord avec les organismes professionnels.*
>
> *Bien avant ces règles strictes, les vignerons de Champagne avaient inventé le "fractionnement des moûts", autre garantie de qualité. La "cuvée" (premier jus de pressage) est séparée des première et deuxième "tailles" (les jus suivants). Une fois cla-*

rifiés, les vins provenant des différents crus et cépages (mais il peut s'agir uniquement de chardonnay pour le "blanc de blancs") sont ensuite assemblés pour l'obtention du goût "maison" selon les secrets du chef de cave. Le produit du mariage est mis en bouteilles. Le vin vieillit ainsi lentement pendant un an (c'est la loi), trois ans pour les millésimés, souvent beaucoup plus.

La seconde fermentation s'accompagne de la formation d'un dépôt qui doit être extrait de la bouteille. C'est l'origine d'une opération spectaculaire qui a toujours retenu le plus d'attention. Les bouteilles à "dégorger" sont placées durant une dizaine de jours sur les pupitres inclinés, le goulot tourné légèrement vers le bas. Chaque jour, un homme spécialisé, le "remueur", donne une inclinaison plus accentuée à chaque bouteille, en la faisant "vibrer". Il y faut une dextérité particulière. On procède ensuite au "dégorgement". Aujourd'hui, de plus en plus, on utilise la réfrigération du goulot pour fixer définitivement le dépôt et l'enlever sans risque. »

Expression, 8-1990.

Pinot noir, pinot meunier et chardonnay sont les seuls cépages utilisés pour ce champagne dont la renommée dépasse les frontières de l'hexagone. Près de 30 % de la production sont exportés, notamment vers le Royaume-Uni, l'Italie, la Belgique, la R.F.A. et les États-Unis.

Le vignoble est très morcelé. 90 % de sa superficie est entre les mains de 14 600 vignerons, le reste étant contrôlé par 205 maisons de négoce. La superficie moyenne des exploitations est réduite : 1,5 hectare, mais cette superficie suffit largement à faire vivre une famille. Près de 5 000 vignerons conservent leurs raisins et commercialisent eux-mêmes leur champagne, ce sont les récoltants-manipulants. D'autres, plus nombreux, adhèrent à une coopérative qui pressure le raisin, assure le stockage et parfois même veille à la champagnisation et à la commercialisation. Il existe environ 150 coopératives et leur nombre s'est rapidement accru depuis 1970.

Mais ce sont toujours les **négociants** qui contrôlent le marché. Ces grandes maisons, dont les plus anciennes ont plus de deux siècles (Chanoine, 1730 ; Moët, 1743), possèdent environ 13 % du vignoble. Elles achètent du raisin aux vignerons pour compléter leurs vendanges et contrôlent 70 % des ventes de champagne. Les plus importantes d'entre elles vendent chacune plus de 3 millions de bouteilles par an. Ces maisons siègent presque toutes à Reims (Ponsardin, Mumm, Piper Heidsieck, Taittinger, Krug) ou à Épernay, de part et d'autre de l'avenue de Champagne (Moët-et-Chandon-Mercier, Laurent Perrier).

Sur cette côte de l'Île-de-France, le vignoble est l'un des principaux supports touristiques. La visite des innombrables propriétés, suivie de dégustations et parfois d'achats attire de nombreux visiteurs, parmi lesquels les étrangers sont de plus en plus nombreux. Des **caves** sont creusées dans le calcaire où la température (10 °C-11 °C) et l'hygrométrie sont constantes, ce qui permet une bonne conservation des vins. À Épernay, la capitale du vignoble, les caves Mercier, visitées en train, s'étendent sur plus de 18 km.

Le vignoble a aussi ses musées. Le plus beau se situe à Épernay, dans le château Perrier, de style Louis XIII ; mais il en existe bien d'autres, comme à Moussy ou à Ay, et l'**abbaye d'Hautvillers** rappelle le souvenir de **dom Pérignon**. De plus le vignoble favorise le tourisme d'affaires. L'hôtellerie et les restaurants de la région doivent une bonne part de leur chiffre d'affaires aux négociants et aux représentants, ainsi qu'à leurs hôtes.

b. Reims, la cité du sacre

La côte de l'Île-de-France présente un deuxième point fort pour l'activité touristique avec la ville de Reims. L'ancienne capitale des Rèmes, promue capitale provinciale après la conquête romaine doit son rayonnement à son passé religieux, commerçant et artistique.

Reims est d'abord la cité des rois de France. Ceux-ci tinrent à se faire sacrer dans la ville où, en 496, **Clovis** reçut le baptême de Rémi, l'archevêque de la ville. Parmi ces sacres, celui de Charles VII, voulu par Jeanne d'Arc, reste le plus célèbre. La cérémonie se déroulait dans la **cathédrale Notre-Dame**, le plus prestigieux monument de la ville et l'une des plus belles réalisations de l'art gothique. La cathédrale, commencée en 1211 et achevée vers 1475, a été gravement endommagée par les bombardements durant la première guerre mondiale. Elle présente une façade extraordinaire par sa finesse et son élan, garnie d'innombrables statues et portant une immense rosace dont les vitraux ont été restaurés. Surnommée la « cathédrale des anges » à cause de ses belles statues, dont celle de l'« Ange au sourire », la cathédrale présente aussi un intérieur remarquable. Parfois y sont exposées de grandes tapisseries du XVIIe siècle.

Près de la cathédrale, le **musée du Tau**, résidence royale lors des sacres, conserve le trésor de la cathédrale, composé des pièces du sacre, mais aussi les statues de la façade, remplacées par des copies sur Notre-Dame. Le musée des Beaux-Arts, situé dans l'ancienne abbaye Saint-Denis, abrite de nombreuses toiles de maîtres hollandais et français (Philippe de Champaigne, Le Nain, Boucher, Millet, Renoir, ...). Éclipsée par la cathédrale, la **basilique Saint-Rémi** est une ancienne abbatiale bénédictine mêlant roman et gothique ; elle vaut surtout par son chœur, ses vitraux et le tombeau de Saint-Rémi.

Reims (292 000 hab. dans l'aire urbaine) est aussi **une ville d'affaires**. Spécialisée dans le commerce des laines dès le XIe siècle, elle a considérablement diversifié ses activités, en partie grâce à l'arrivée d'entreprises parisiennes. Elle vit aussi du champagne et honore la table régionale par quelques grands restaurants (Boyer, avec *les Crayères*). Le champagne est à la base de nombreux plats régionaux (poularde au champagne) mais il n'est cependant pas le seul élément de la gastronomie régionale. D'autres vins, non champagnisés, conservent une bonne image : bouzy, déjà cité (« coq au bouzy »), cumières, coteaux-champenois. S'y ajoute la renommée des fromages (cendré de Champagne, chaource) et de l'andouillette de Troyes.

En dehors du vignoble et des monuments rémois, l'essentiel du tourisme se concentre sur les lieux historiques où se déroulèrent les combats de la Grande Guerre. Les **cimetières militaires**, les tables panoramiques et les musées égrènent ainsi les itinéraires les plus connus : le chemin des Dames, entre Reims et Laon, où se dresse l'une des plus anciennes cathédrales gothiques de France ; les marais de Saint-Gond, au sud d'Épernay, où fut arrêtée l'offensive allemande en septembre 1914...

La proximité de Paris favorise par ailleurs les visites dominicales qui s'appuient en partie sur l'extension des résidences secondaires, en particulier dans la vallée de la Marne.

2. La Champagne crayeuse

À l'est de la côte de l'Île-de-France s'étend la Champagne crayeuse. C'est un immense plateau calcaire aux horizons monotones :

> « *Une vaste plaine toute nue, toute blanche, toute propre. Rien que de grands champs, et fort soignés, au long de routes droites. Ça et là, un panache de fumée blanche aussi, ou les tours non moins éclatantes d'un silo. Pas d'autre relief, à pre-*

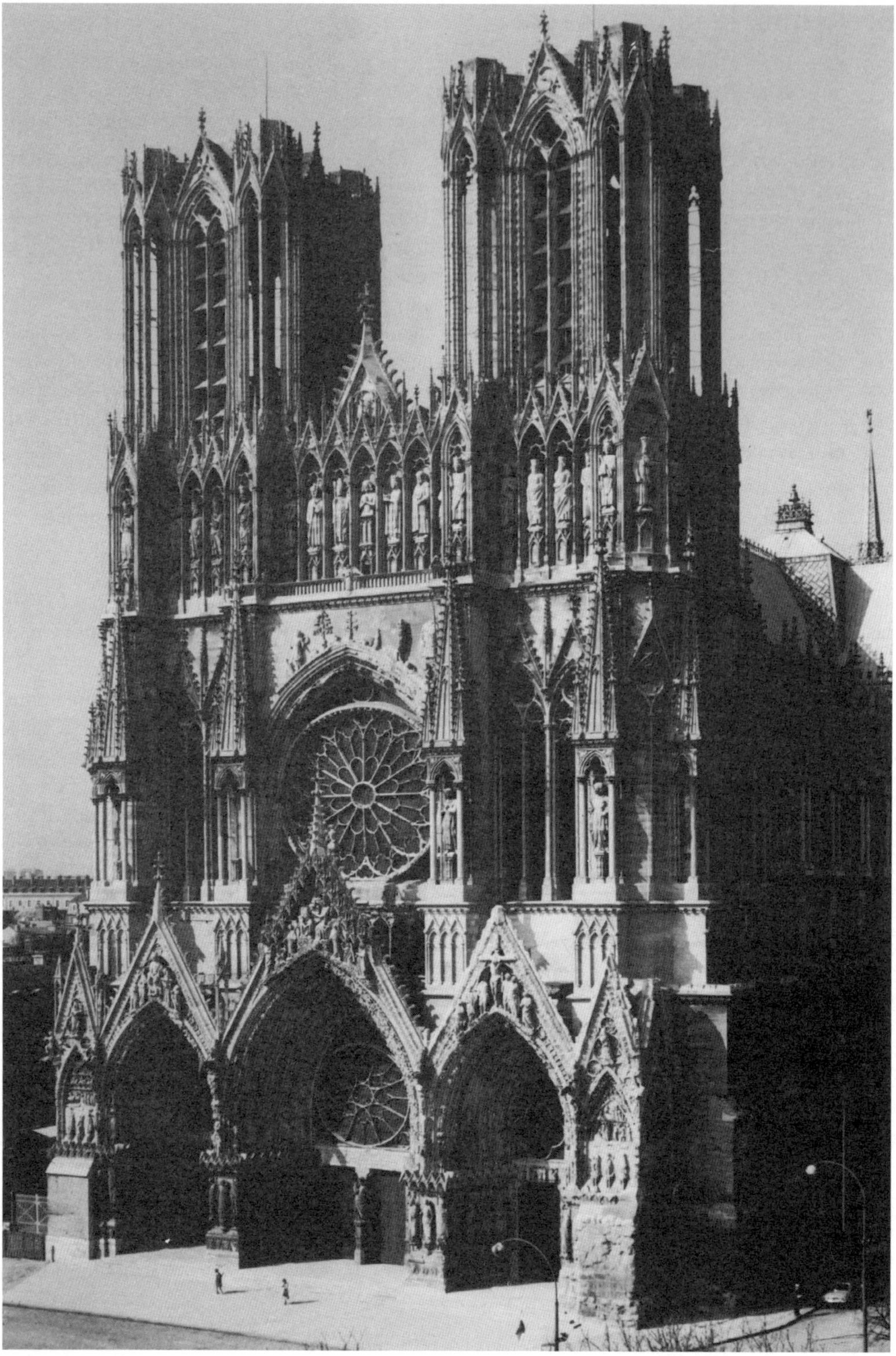

La cathédrale de Reims

mière vue : pas même une maison. Puis, en regardant bien, on voit que ce n'est pas vraiment plat, ni vraiment nu, ni vraiment vide. Le terrain a ses mouvements et, loin de la route nationale, derrière ces longues croupes qui méritent à peine le nom de collines s'esquisse un vallon où se tapit un petit village, qui n'ose pas montrer même le bout de son clocher, et dont les murs blafards ont la teinte du sol : une discrétion toute champenoise. »

R. BRUNET, *Champagne, Pays de Meuse, Basse Bourgogne*, Flammarion, 1981.

Autant dire que cette immense plaine est le plus souvent traversée au plus vite par les touristes et que les vallées concentrent la majeure partie de la population. C'est là en effet que l'eau, rapidement absorbée sur le plateau, reparaît sous forme de sources : les sommes. Cette Champagne était autrefois qualifiée de « **pouilleuse** » en raison de sa pauvreté. La roche était souvent à nu et sur les « savarts » (sorte de lande piquetée de broussailles) erraient quelques troupeaux de moutons. Le paysage changea une première fois au XIXe siècle avec la plantation d'immenses parcelles de pins d'Autriche. Après 1950, nouveau bouleversement : les bois sont abattus, la terre retournée, d'énormes quantités d'engrais sont apportées et la Champagne « pouilleuse » devient une **terre de céréales et de betteraves**, aux immenses parcelles géométriques. Bouleversement économique mais point touristique, même si la **chasse** retrouve quelque intérêt avec la disparition de la myxomatose, qui décimait les lapins, et le lâcher de gibier d'élevage.

Le tourisme, comme le peuplement, se limitent aux principales vallées, laissant le plateau aux fermes isolées et aux camps militaires. Au nord, Rethel, sur l'Aisne, a été totalement reconstruite après les dommages de 1940. Elle offre un beau panorama sur la vallée et porte une église originale faite de deux sanctuaires juxtaposés. Plus au sud, sur la Marne, **Châlons** est plus attirante. C'est la seule véritable ville de la Champagne crayeuse – ou sèche – et la capitale régionale. Carrefour de circulation, centre administratif et militaire, Châlons conserve de son rayonnement médiéval quelques beaux monuments. En premier lieu de nombreuses églises (cathédrale gothique Saint-Étienne, Notre-Dame-en-Vaux, église Saint-Jean). Près de la ville, l'immense basilique de Notre-Dame-de-l'Épine, édifiée aux XVe et XVIe siècles, est un haut-lieu de pèlerinage.

Sur la Seine, **Troyes**, ancienne capitale de la Champagne, aux foires médiévales prospères, allie le tourisme culturel au tourisme d'affaires. Le premier repose sur un important patrimoine architectural duquel émergent bien des églises (cathédrale Saint-Pierre-et-Saint-Paul ; église Saint-Nizier ; basilique Saint-Urbain), de nombreux musées (musées historiques de Troyes et de la Champagne; musée de la Bonneterie ; musée des Beaux-Arts ; maison de l'Outil et de la Pensée ouvrière) et de vieilles demeures : hôtels Renaissance et XVIIe siècle et surtout maisons à pans de bois et étages en encorbellements qui annoncent déjà la Champagne humide proche, dépourvue de pierre de construction.

Quant au tourisme d'affaires, il a longtemps gravité autour de la **bonneterie**, dont Troyes est la capitale incontestée. Touchée par la crise, cette activité a été relayée par d'autres activités industrielles. Troyes profite également de la proximité des étangs et du **parc régional** de la Forêt-d'Orient.

3. L'arc oriental : lacs et forêts

La côte de Champagne, grossièrement parallèle à celle de l'Île-de-France constitue la limite orientale de la Champagne sèche. Au-delà, les paysages changent totalement ; aux horizons dénudés et déserts succèdent de vastes forêts et des bocages sur un relief plus tourmenté qui séduit davantage les touristes.

a. La Champagne humide

Au sud-est, la Champagne humide s'étend sur une centaine de kilomètres, entre la Marne et l'Armançon. Les maisons à pans de bois et à colombages, les haies et les prairies donnent parfois aux paysages des airs normands. De curieuses églises de bois comme celle de Lentilles attirent quelques visiteurs. Mais le tourisme s'est surtout développé autour des **lacs**, enserrés pour une large part dans le périmètre d'un parc naturel régional.

Ces lacs sont des retenues destinées à limiter les crues de la Seine. Les plus importantes de ces retenues sont celles du Der (4 800 hectares) et d'**Orient** (2 300 hectares). Elles ont été aménagées en **bases de loisirs** pour les Troyens... et pour les Parisiens :

> *« S'il reste encore assez d'eau en juillet, août et surtout septembre sont beaucoup moins agréables. Conçu le premier (1926-1965), le lac d'Orient en souffre plus que le lac de Der (1970-1975), où des digues submersibles permettent de conserver des bassins bien pourvus d'eau pendant ces deux mois. On s'est efforcé de diversifier l'usage des lacs. Il a fallu créer des plages en apportant du sable – les fonds sont naturellement vaseux – et placer des estacades flottantes pour suivre l'évolution du niveau de l'eau. Le lac de Der a cinq bases nautiques, dont une réservée au motonautisme et au ski nautique, des espaces réservés aux baignades, ou à la pêche en barque, ou à la chasse; on y trouve encore une base d'aviron abritée, des campings, une héronnière. Tout un complexe touristique se crée autour du port de Nuisement. (...) »*
>
> R. Brunet, *Champagne, Pays de Meuse, Basse-Bourgogne*, Flammarion.

À l'intérieur du parc, créé en 1970 sur 64 000 hectares, Brienne-le-Château possède de vieilles halles et surtout un musée consacré à Napoléon qui fit ici ses études militaires et livra l'un des derniers combats de la campagne de France, en 1814.

b. La côte des Bars et le plateau de Langres

Au-delà de la Champagne humide, la Haute-Marne souffre de l'éloignement de la capitale, de l'insuffisance des communications et de l'absence de grande ville. Pourtant les paysages sont agréables. La vigne couvre une partie des coteaux au sud de Bar-sur-Aube, et la forêt, immense, abonde en gros gibier.

Les centres touristiques sont cependant modestes et bien éparpillés. **Colombey-les-Deux-Églises** est sorti de l'oubli depuis que le **général de Gaulle** y repose. **Bourbonne-les-Bains**, spécialisée dans le traitement des rhumatismes et des fractures, augmente régulièrement sa clientèle (9 600 curistes en 2006, 14e rang national). Chaumont, ancienne capitale du Bassigny conserve quelques anciennes maisons autour des restes de fortifications. Quant à Langres, dont les impressionnants remparts sont mieux conservés, elle offre au visiteur d'intéressants musées (faïenceries, meubles, antiquités régionales...) et une cathédrale originale, mêlant le roman bourguignon et le gothique. Tout cela ne suffit cependant pas à sortir la région de son isolement, comparable à celui des plateaux voisins de la Haute-Saône.

c. L'Argonne : une forêt et des défilés célèbres

Au nord, la Champagne sèche laisse place, au-delà de l'Aisne, à une profonde forêt : l'Argonne. Celle-ci couvre un vaste plateau de grès dont l'altitude oscille entre 200 m et 300 m, mais qui forme un obstacle gênant pour les relations entre la Champagne et la Lorraine. Les passages portent d'ailleurs le nom évocateur de « défilés ».

Massif forestier presque désert et espace de chasse privilégié, l'Argonne doit à l'histoire l'essentiel d'une fréquentation touristique qui demeure très modeste. Ses « défilés » parfois appelés « les thermopyles* de la France » (défilés des Islettes, de Lachalade...) ont souvent été des couloirs d'invasion. Et c'est en effet l'histoire qui a fait connaître la région. Sainte-Menehould et **Varennes-en-Argonne** rappellent la fuite de Louis XVI en 1791. Un peu plus à l'ouest, le **moulin de Valmy** témoigne toujours du succès remporté par les sans-culottes, sous les ordres de Dumouriez et de Kellermann, sur les troupes prussiennes de Brunswick. En 1914-1918, la région fut aussi le théâtre de combats meurtriers, comme l'attestent les terrains encore bouleversés qui bordent la route de la « Haute-Chevauchée ».

C Les Ardennes

Les Ardennes, confrontées à une importante désindustrialisation, font figure de région austère comparée à la Champagne voisine et elles restent en dehors des flux de loisirs des Parisiens. Deux types de paysages s'opposent ici : un plateau boisé et presque désert et des vallées peuplées et industrieuses.

1. Le plateau ardennais : une forêt giboyeuse

Le département ne comprend qu'une partie du massif hercynien qui s'étend sur la partie orientale de la Belgique. Les altitudes demeurent modestes ; le plateau ardennais, qui s'élève vers le sud-est, culmine à 504 m à la Croix-de-Scaille. Pourtant **le climat y est rude**. Les hivers sont froids et longs (100 jours de gel), la neige n'est pas rare et le vent du nord, ici dénommé l'« biche », souffle fréquemment. Les étés sont chauds, mais souvent arrosés. C'est à l'automne que les paysages sont les plus beaux, lorsque les brouillards nappent la forêt qui s'empourpre. Le plateau est presque totalement recouvert par une épaisse **forêt de feuillus** (hêtres, chênes, charmes) au sous-bois tapissé de hautes fougères. Sur des sols imperméables de schistes et de grès, la forêt laisse place dans les dépressions à des tourbières ou à des marécages.

Ce massif forestier est un réservoir de verdure pour les citadins des vallées. Des lacs naturels ou artificiels ont été dotés de bases de loisirs, comme celui des Vieilles-Forges, dans la vallée de la Faux, qui constitue l'axe touristique le plus fréquenté du plateau ardennais, à proximité des remparts de Rocroi où le Grand Condé arrêta les Espagnols en 1643. Près de ces lacs, outre quelques résidences secondaires, ce sont les campings qui assurent la majeure partie de l'hébergement : le département regroupe d'ailleurs 39 % des emplacements offerts dans l'ensemble de la région.

À cette animation estivale s'ajoute, dès l'automne, **la chasse**. Celle-ci est particulièrement fructueuse, la forêt abritant de nombreux sangliers et chevreuils. Les tableaux de chasse figurent parmi les plus beaux du pays. Ceci contribue à attirer des Parisiens et, par conséquent, à remplir des hôtels et plus encore des restaurants où l'on sert une cuisine rustique et plantureuse :

> *« Les tableaux de chasse à l'automne s'étalent généreusement sur les marchés tel celui de la place Ducale de Charleville, face aux belles arcades taraudées et ridées par le temps. Les gibiers se transforment grâce à un art culinaire bien particulier à la venaison en noisettes de marcassin, en selle de chevreuil sauce chasseur, en civet de lièvre à l'ardennaise, en bécasse au champagne, en grives de sorbier que l'on appelle aussi "roussettes". (...) Les terrines et les pâtés sont variés tandis que les rivières procurent les poissons qui fourniront la succulente petite friture, le brochet à la royale, la truite farcie ou délicieusement mariée au merveilleux jambon des Ardennes. »*
>
> *Pays et Gens de Champagne et des Ardennes*,
> Larousse et Sélection du Reader's Digest, 1983.

2. Les vallées : de citadelles en usines

La vallée de la Meuse constitue l'axe essentiel des communications, surtout au sud, où elle emprunte sur une partie de son cours la dépression humide qui entoure le massif. C'est d'ailleurs dans cette partie que se situent les principales villes, au carrefour de la vallée et de la route Valenciennes-Thionville. Ces villes de la Meuse sont avant tout des **villes industrielles**, spécialisées dans la métallurgie (fonderie, quincaillerie, appareils de chauffage) et parfois dans le textile. Plus qu'à un tourisme d'affaires qui reste modeste, ces villes doivent leur faible fréquentation à leur passé et à leurs citadelles

– **Charleville-Mézières,** la capitale régionale, conserve de son rôle stratégique des **fortifications Vauban**. Toutefois la **place Ducale**, construite au XVIIIe siècle, constitue le principal attrait. Bordée de pavillons de briques et de pierres, aux larges arcades et aux toits couverts d'ardoises mauves, elle est inspirée de la place des Vosges de Paris. La ville possède aussi un musée consacré au folklore régional et au poète Arthur Rimbaud qui composa ici *Le Bateau ivre*.

– ***Sedan***, ville natale du maréchal de Turenne, a subi bien des dégâts lors de l'offensive de 1940. Reconstruite, elle s'enorgueillit de posséder l'un des plus vastes châteaux-forts d'Europe, édifié du XIIIe au XVIIe siècle et partiellement transformé en musée archéologique et militaire. Sedan s'est dotée d'un vaste plan d'eau pour les amateurs de baignade et de voile.

Au-delà de Charleville-Mézières, **la Meuse** s'encaisse profondément dans le massif ardennais, exagérant ainsi l'impression de relief et offrant d'innombrables panoramas le long de ses méandres (roches de Laifour, dames de Meuse). Les villes, également vouées à la métallurgie sont de petite taille (Revin, Fumay, Givet) et peu visitées. Quant à la centrale nucléaire de Chooz, si elle attire des visiteurs, elle suscite aussi des inquiétudes, même au-delà des frontières.

3

Le Nord-Est : Lorraine, Alsace, Vosges

« Adieu, Meuse endormeuse et douce à toute enfance...
Toi qui passes toujours et qui ne pars jamais...
Ô Meuse inaltérable, ô Meuse que j'aimais. »

Charles Péguy

Le Nord-Est de la France regroupe **deux régions historiques,** l'Alsace et la Lorraine, séparées par une moyenne montagne dont elles se partagent les versants : les Vosges. Ces deux régions constituent une zone de transition entre le bassin parisien et l'Allemagne rhénane, mais aussi des couloirs de circulation – notamment l'Alsace – entre l'Europe du Nord et l'Europe méridionale.

À ce titre, l'Alsace et la Lorraine devraient compter au rang des grandes régions touristiques nationales. Or, ceci est loin d'être le cas : en 2007, la Lorraine (avec les Vosges) ne figure qu'au 15e rang des régions d'accueil, et le classement de l'Alsace (21e) est encore plus modeste.

Il s'agit donc avant tout de **régions de passage**, qui ne parviennent pas encore à retenir longtemps les touristes et qui doivent l'essentiel de leur activité touristique aux brèves visites culturelles et gastronomiques et à leurs propres habitants.

Souvent associées dans une histoire politique et militaire tourmentée, les deux provinces n'en présentent pas moins des différences fondamentales quant à leurs paysages naturels et à leurs traditions, ce qui se traduit par des orientations touristiques très diversifiées.

A La personnalité régionale

1. Une histoire souvent douloureuse

L'Alsace et la Lorraine, associées dans la Lotharingie impériale par le traité de Verdun en 843, ont été durant des siècles l'objet d'une rivalité entre leurs puissants voisins. Ce n'est qu'en 1648, à l'issue de la désastreuse guerre de Trente Ans que la souveraineté française fut reconnue sur l'Alsace et les Trois Évêchés (Toul, Metz et Verdun). La Lorraine dut attendre la mort du dernier duc, Stanislas Leszczynski, en 1766, avant de rejoindre la couronne royale.

Ce rattachement à la France fut interrompu à la suite de la guerre franco-prussienne de 1870-1871, qui plaça l'Alsace et une grande partie de la Lorraine sous tutelle germanique. La « revanche » de 1914-1918 consacra le retour des deux provinces à la France avant que la défaite de 1940 ne les replace à nouveau sous l'influence allemande jusqu'à l'écroulement du Reich.

Ces « bastions » de l'Est, ces « marches frontières » ont été influencés et affectés par ces tiraillements entre la France et l'Allemagne :

– ***les fortifications*** de toutes époques sont innombrables sur ces territoires meurtris : châteaux-forts de l'époque médiévale sur les hauteurs vosgiennes ; ouvrages de Vauban (Neuf-Brisach, Nancy, Bitche, Thionville) ; « ligne de fer » dressée à la fin du XIXe siècle sur les Hauts-de-Meuse et les côtes de Moselle ; ligne Maginot enfin, de Huningue à Sedan, avec des ouvrages colossaux comme ceux du Hackenberg.

– ***les souvenirs militaires*** sont également nombreux, souvent commémorés par un musée. Ce sont les deux dernières guerres qui ont laissé le plus de lieux de souvenirs : pour 1914-1918, le Linge, le Vieil Armand dans les Vosges, et bien entendu Verdun qui reçoit plusieurs centaines de milliers de touristes chaque année ; pour 1939-1945, le Struthof, camp de déportation.

Si ce passé douloureux a donc profondément meurtri les deux régions, provoquant des destructions considérables, il justifie aujourd'hui d'importants flux de visiteurs, composés pour une part d'anciens combattants des deux camps.

2. Un carrefour de civilisations

« Après une romanisation qui a laissé quelques traces, l'Alsace est envahie par les Germains, notamment les Alamans et les Francs, aux IIIe et IVe siècles. Les Alamans avaient formé un « empire » centré autour du lac de Constance (Bade et Suisse alémanique). L'Alsace fit partie de la Lotharingie, mais garda des relations suivies avec le royaume de Germanie ainsi qu'avec la France. La langue germanique devint langue courante, sauf dans quelques vallées vosgiennes où le parler roman s'est maintenu.

L'époque de la Renaissance-Réforme est capitale pour l'Alsace. Les échevins de Strasbourg introduisent la Réforme, dans la ville, en 1529. Mulhouse l'accepte la même année, Colmar ne l'introduisant qu'en 1575. (...)

L'Alsace est rattachée à la France en 1648 ; Strasbourg, après 1681 et Mulhouse en 1798. La révocation de l'édit de Nantes n'est pas appliquée et l'Alsace va conserver, par la suite, de nombreux statuts spécifiques. »

F. REITEL, *La France dans ses régions*, SEDES, 1994.

La frontière entre parlers roman et germanique a pris le Nord-Est en écharpe, suivant grossièrement la ligne des Vosges. Ceci explique aujourd'hui les différences dans la toponymie entre les deux régions. Alors que les noms de villages en « court » ou en « ville » sont nombreux en Lorraine, les suffixes « heim » (foyer, maison), « berg » (montagne), « bach » (ruisseau) abondent en Alsace. Cette dernière région a d'ailleurs conservé son dialecte et la plupart des Alsaciens parlent ou comprennent parfaitement l'allemand, ce qui n'est pas sans avantage pour recevoir une clientèle touristique proche et très mobile.

Les influences germaniques, françaises, voire italiennes, champenoises ou bourguignonnes ont contribué à doter le Nord-Est de la France d'un patrimoine architectural et culturel remarquable. L'Alsace et la Lorraine ont en effet été du VIe siècle au XVIe siècle des carrefours commerciaux mais aussi artistiques. L'art roman est marqué par l'influence rhénane ; les cathédrales gothiques (Metz) traduisent le style des bâtisseurs champenois ; la peinture de la Renaissance trouve une part de son inspiration en Bourgogne et en Flandre ; enfin, le style classique qui marque Nancy et Lunéville souligne le triomphe de l'art français.

Les deux provinces n'en possèdent pas moins leur propre personnalité, perceptible à travers les mentalités, les traditions et même les paysages urbains et ruraux. C'est ainsi que les villages lorrains et alsaciens présentent au touriste des visages bien différents :

> *« La maison lorraine type est une maison-bloc en profondeur, construite en pierre, emportant deux ou trois travées parallèles, habitation, grange, étable (...) Ces maisons sont habituellement jointives par leur pignon : il en résulte que la pièce centrale de la demeure, généralement la cuisine, ne peut prendre jour que par le toit, au moyen d'une "flamande" (...) pour la même raison, les toits sont nécessairement en pente faible, rarement plus de 30°. Leur couverture (est) en tuiles creuses emboîtées (... Ce) type de maison qui prédomine dans les campagnes lorraines conduit presque inévitablement au village-rue. (...) Tout autre est la maison alsacienne plus haute, plus desserrée, plus avenante. Dans cette plaine dépourvue de pierre, elle est construite en colombage et en torchis, ce dernier recouvert d'un lait de chaux blanc sur lequel se détache l'entrecroisement des poutres foncées, souvent sculptées. (...) Le toit, très raide, à l'origine couvert de chaume, l'est aujourd'hui de tuiles plates, trop fréquemment remplacées par la tuile mécanique. L'habitation, souvent pourvue d'un étage, repose sur un soubassement de pierre qui en rehausse le rez-de-chaussée. Son pignon est toujours tourné vers la rue et elle s'ouvre sur une cour à laquelle donne accès une monumentale porte cochère décorée d'inscriptions. »*

E. JUILLARD, *L'Alsace et la Lorraine*, Flammarion.

3. Une situation géographique aujourd'hui valorisée

Le retour de la paix et la création de l'Union européenne ont largement profité au Nord-Est français, en facilitant la mise en place de nouvelles infrastructures de transport et en supprimant les formalités douanières, ce qui a permis d'attirer de nombreux touristes étrangers. Le Nord-Est dispose aujourd'hui d'un excellent réseau de transport, en dépit de l'obstacle vosgien.

- L'**autoroute A4 Paris-Metz** et sa prolongation vers Sarrebruck et Strasbourg ont reporté vers le nord une partie du trafic ouest-est, mais la **nationale 4**, Paris-Nancy, bien aménagée, la concurrence fortement. Les Vosges sont franchies par le col de Saverne, le tunnel routier de Sainte-Marie-aux-Mines ou contournées par le nord et plus encore le Sud (porte d'Alsace ou de Bourgogne).

- À ces flux ouest-est s'ajoutent des flux méridiens, très importants entre Thionville et Nancy d'une part, entre Strasbourg et Mulhouse d'autre part. Cette intensité du trafic s'explique en partie par le passage d'Allemands, voire de Luxembourgeois et de Néerlandais en partance vers les plages méditerranéennes.

– Le réseau ferroviaire est également satisfaisant. Le **TGV Est** permet désormais des liaisons rapides vers Paris et facilite les flux vers l'Allemagne. Elle a largement contribué à l'ouverture de la région. Les autres lignes importantes sont toutes électrifiées et les locomotives modernes polycourants assurent des liaisons continues entre la France et l'Allemagne. Les principaux axes sont Paris-Strasbourg et Strasbourg-Mulhouse en ce qui concerne le trafic de voyageurs. La capitale alsacienne n'est qu'à 4 heures de Paris, ce qui facilite le tourisme d'affaires… mais contrarie les liaisons aériennes. Les liaisons ferroviaires sont moins satisfaisantes au niveau des transports intrarégionaux, les voyageurs devant effectuer des changements assez fréquents. L'Alsace connaît le trafic le plus important ; Strasbourg est, de loin, la première gare de voyageurs du Nord-Est. Aux liaisons avec Paris ou l'Allemagne s'ajoute en effet un important trafic nord-sud, avec notamment des Intercity, bien que la rive allemande connaisse un trafic encore plus dense.

– ***Les transports aériens*** se sont bien développés durant la dernière décennie, malgré la concurrence de grands aéroports de l'autre côté des frontières (Francfort, Luxembourg) et la relative proximité de Paris (à 300 km de Nancy et de Metz). Les aéroports se sont efforcés de densifier leurs liaisons vers l'étranger pour valoriser leurs fonctions et pour tenter de rentabiliser leurs installations. Une éventuelle collaboration avec des agglomérations allemandes voisines a même été évoquée pour élargir la clientèle (projet commun pour Strasbourg et Karlsruhe près d'Haguenau), l'exemple de Mulhouse s'avérant payant. C'est en effet parce qu'il sert également à la ville de Bâle que l'aéroport de **Mulhouse** figure au premier rang régional (4 269 000 passagers en 2007).

Il est suivi par celui de Strasbourg (1 733 000 passagers), ce qui confirme la primauté de l'Alsace. La Lorraine, plus proche de Paris, ne possède quant à elle, que des aéroports assez modestes. Metz-Nancy-Lorraine a enregistré 345 000 passagers en 2007.

4. La marque de la continentalité

Le Nord-Est présente un climat à tendance continentale, qui influence quelque peu la fréquentation touristique. L'éloignement de la mer et l'altitude – surtout dans les Vosges – expliquent l'originalité de ce climat marqué par :

– ***une forte amplitude thermique annuelle***. Celle-ci atteint 17,5 °C à Nancy et dépasse 18,5 °C à Strasbourg. Les hivers sont froids, marqués par des vents assez forts. La neige est fréquente sur les plateaux lorrains et les Vosges où l'épaisseur peut atteindre 3 m. Si le ski est possible, des redoux fréquents fragilisent le manteau neigeux et détournent une partie de la clientèle vers les Alpes. Les étés sont chauds, mais les orages sont nombreux, ce qui contrarie un peu le tourisme de villégiature ;

– ***des nuances régionales accusées***, particulièrement au niveau des précipitations. La présence du massif vosgien explique ces différences climatiques. La Lorraine, exposée aux vents d'ouest, enregistre des précipitations régulières au cours de l'année ; au contraire, l'Alsace, bien abritée, connaît un maximum d'été et présente un total pluviométrique annuel bien inférieur à celui de sa voisine : moins de 500 mm à Colmar contre 710 mm à Nancy. C'est d'ailleurs en Alsace que le climat prend véritablement un aspect continental.

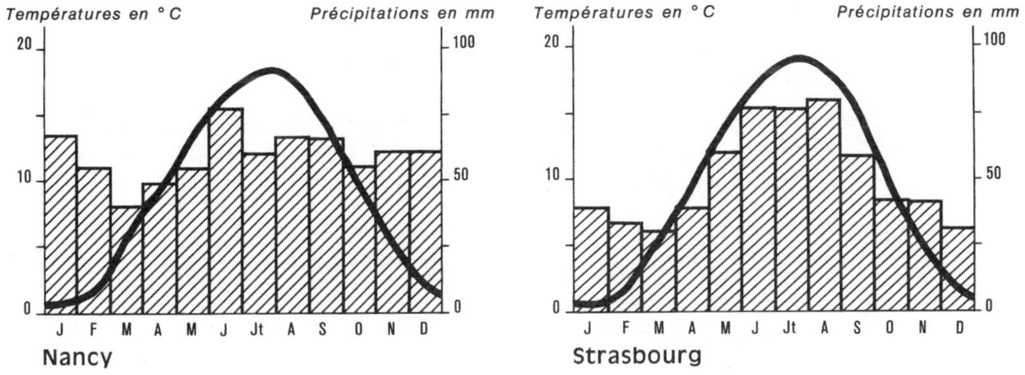

Le climat de l'Est de la France

B La Lorraine

1. Une région austère, aux paysages bien ordonnés

> *« Champs de bataille et villes de garnison, paysages noircis par la poussière et la fumée des industries, ciels nuageux, habitants froids et peu "causants" : on pourrait encore allonger la liste de ces clichés dévalorisants et passablement injustes, véhiculés, on ne sait pourquoi, à l'encontre d'une province qui ne le mérite pas. »*
>
> Guide Hachette, 1984.

La Lorraine, en proie à une désindustrialisation importante, offre au touriste des paysages souvent austères, où la forêt abonde. À première vue, il ne s'agit pas d'horizons favorables au tourisme. Et, de fait, la région ne compte pas parmi les grandes zones d'accueil du pays. Bien que les statistiques soient largement faussées par la présence du département des Vosges dans le total régional, elles permettent de souligner la modestie de la fréquentation : 15,7 millions de nuitées pour la clientèle française en 2006 (15e rang). Il faut ajouter à ce chiffre de nombreux séjours étrangers, notamment dans les Vosges. Ils représentent 19 % de la clientèle totale dans les hôtels et 66 % des nuitées dans les campings. Les Allemands, les Belges et les Néerlandais constituent l'essentiel de la clientèle. La région recrute surtout ses touristes parmi ses habitants ou ceux des régions proches ; son aire d'attraction touristique est beaucoup plus étroite que celles de la Franche-Comté et plus encore des Alpes.

Si l'on exclut les Vosges, la fréquentation touristique est bien modeste. Le tourisme culturel et le tourisme d'affaires sont les seuls importants, le premier triomphant dans les vallées occidentales, le second dans les grandes villes et dans la Lorraine industrielle du nord. Les paysages lorrains ne sont cependant pas dépourvus d'attraits et sont plus variés qu'on ne le pense généralement.

2. Le pays des Côtes

a. De plateau en vallée

La Lorraine occidentale appartient au Bassin parisien et présente une succession de couches sédimentaires de dureté et d'épaisseur inégales, relevées vers l'est et entaillées par l'érosion qui a dégagé des paysages caractéristiques, opposant :

– des plateaux calcaires, secs, soumis aux vents d'ouest, en partie couverts de forêts et offrant l'image typique de longs villages-rues alignés le long de la route principale ;

– des côtes ou ***cuestas*** orientées est ou sud-est et portant des arbres fruitiers et des vignes, notamment autour de Toul ;

– *des dépressions humides* drainées par des rivières généralement orientées sud-nord. Ces dépressions, où les prairies sont nombreuses, concentrent la population et les voies de communications.

Le tourisme est peu développé dans cette Lorraine occidentale. Il s'agit avant tout d'un tourisme culturel que l'on pourrait aussi qualifier de « tourisme du souvenir ». Il se traduit par des flux importants lors des grandes cérémonies commémoratives, mais sans que le passage soit suivi d'un long séjour, ce qui contrarie les investissements touristiques.

En dehors de quelques centres isolés comme Ligny-en-Barrois ou Bar-le-Duc, point de départ de la **voie Sacrée** (route stratégique ayant permis d'assurer la défense de Verdun), ou encore de la butte de Sion-Vaudémont, la « colline inspirée » chère à Barrès et véritable sanctuaire de la Lorraine religieuse et patriotique, c'est la vallée de la Meuse qui concentre la majeure partie des attraits. Le fleuve coule tantôt au pied des côtes, tantôt s'épanouit dans une large vallée où il méandre paresseusement. Au sud, c'est le pays de Jeanne d'Arc. Domrémy, son village natal, où elle est honorée d'un musée, et Vaucouleurs, première étape de son périple guerrier, vivent du souvenir de la Pucelle. Plus en aval commence le couloir stratégique, ponctué de forts, de places-fortes et de cimetières militaires. **Verdun** est le symbole et le centre le plus actif de ce tourisme du souvenir. Sise sur des hauteurs, la ville présente une histoire douloureuse, marquée par de nombreux sièges (1792, 1870 et surtout 1916). En effet, plus qu'à ses édifices religieux qui rappellent qu'elle fut l'un des Trois Évêchés lorrains, (cathédrale Notre-Dame et palais épiscopal), la ville doit son activité touristique aux terribles combats de février 1916 à août 1917. Les témoignages de cette hécatombe (500 000 morts) sont nombreux :

– ***l'ossuaire de Douaumont*** rassemble les restes des soldats français tombés lors des combats. Il est jouxté d'un immense cimetière militaire national ;

– ***la tranchée des baïonnettes*** témoigne de la violence des bombardements qui ensevelirent deux compagnies et bouleversèrent tout le paysage ;

– ***les forts de Vaux et de Douaumont*** permettent de découvrir les couloirs et les abris d'ouvrages pris et repris durant les combats ;

– plus loin de Verdun, la butte de Moutfaucon, les Éparges, la cote 304, le Mort-Homme soulignent l'ampleur de la guerre des tranchées.

Une partie de la zone des combats est aujourd'hui englobée dans la partie occidentale du parc régional de Lorraine. Situé au sud de la Woëvre, ce parc, où abondent les forêts et les étangs, sert de poumon aux grandes agglomérations de la vallée de la Moselle et aux cités industrielles des vallées de la Fensch et de l'Orne. Les résidences secondaires se multiplient dans les vieux villages viticoles qui jalonnent la côte, notamment au nord-ouest de Toul.

L'ossuaire de Douaumont et le cimetière national

b. La vallée de la Moselle

La vallée de la Moselle forme l'épine dorsale de l'économie et du tourisme lorrain. Elle porte en effet les principales villes et constituent un axe majeur de communication, concentrant une part prépondérante du tourisme d'affaires et du tourisme de passage. Deux villes, qui rivalisent toujours pour le titre de capitale régionale, dominent l'activité touristique : Nancy et Metz, qui disposent d'une **gare TGV** commune, située entre les deux villes.

Nancy (410 000 hab. dans l'aire urbaine) l'emporte pour la fréquentation touristique. Elle le doit à son prestigieux passé. Fondée au XIe siècle et fortifiée au XIVe siècle, comme le rappelle la porte de la Craffe, Nancy connut son heure de gloire au XVIIIe siècle. Elle devint alors ville ducale lorsque Louis XV fit de son beau-père, Stanislas Leszczynski (ex-roi de Pologne) le souverain lorrain. Celui-ci dota la ville de remarquables constructions qui font de Nancy l'un des plus beaux exemples de l'art du XVIIIe siècle. La **place Stanislas** en constitue le joyau. Elle est encadrée de pavillons élégants, dus à l'architecte Héré, de grandes grilles de fer forgé rehaussées d'or de Jean Lamour, et de fontaines, dues à Guibal. L'un de ses pavillons abrite le musée des Beaux-Arts, riche en œuvres italiennes (Le Tintoret) et en toiles de l'école française classique et contemporaine (Delacroix, Courbet, Bonnard, Modigliani). Un arc de triomphe, élevé par Stanislas à la gloire de Louis XV conduit de cette place à celle de la Carrière, également aménagée par Héré et Lamour. À peu de distance, l'ancien palais ducal, orné d'une porte éblouissante, mêlant le flamboyant et le style Renaissance, est transformé en musée historique lorrain. L'église des Cordeliers conserve les tombeaux des ducs de Lorraine, à l'exception de celui de Stanislas qui se trouve à l'église Notre-Dame-de-Bon-Secours, construite au XVIIIe siècle.

Ville d'art, confirmée par le dynamisme de l'école de Nancy au début du XXe siècle (meubles, vitraux, verreries) l'ancienne cité ducale est aussi un centre important pour le tourisme d'affaires. Son rayonnement s'étend sur une large partie de la Lorraine. Plusieurs villes voisines sont également des centres touristiques. C'est notamment le cas de **Lunéville**, le « Versailles » lorrain, dont le château est dû à un élève de Mansart. Édifié au début du XVIIIe siècle à l'initiative du duc Léopold, il devint la résidence favorite de Stanislas et attira de nombreux écrivains, dont Diderot et Voltaire. Lunéville compte aussi sur ses musées de la Faïence, du Vélo et de la Moto pour retenir ses visiteurs. À l'ouest de Nancy, Toul doit ses touristes à sa cathédrale de style flamboyant et à ses églises.

Metz (129 000 hab., 430 000 dans l'aire urbaine), au confluent de la Seine et de la Moselle, est un carrefour et un site défensif. Fortifiée à plusieurs reprises, elle subit de nombreux assauts : Charles Quint échoua contre ses remparts, Bazaine y capitula contre les Prussiens en 1870, les Allemands y résistèrent longuement en 1944. De ses fortifications, il ne reste aujourd'hui que la porte des Allemands. La ville abrite l'une des plus belles églises gothiques de France, la cathédrale Saint-Étienne, aux vitraux couvrant plus de 6 000 m² et réunissant des styles très variés, du XIIIe siècle au XXe siècle. Les églises sont également nombreuses dans cet ancien évêché.

L'ouverture de l'autoroute A4 a permis à la ville de confirmer sa vocation de carrefour. Celle-ci lui avait valu dès le Moyen Âge un rayonnement prodigieux comme le rappelle le musée d'Art et d'Histoire. Carrefour routier, Metz est également un carrefour ferroviaire et profite de cette situation qui efface en partie l'image de « ville de garnison » acquise entre les deux guerres. Le tourisme d'affaires progresse, mais l'essor industriel tarde cependant et la ville a souffert du déclin des activités sidérurgiques régionales. Elle profite de l'aéroport Metz-Nancy-Lorraine (345 000 passagers en 2007).

En aval de la Moselle, **Thionville** est une ancienne ville forte, comme Longwy, située plus à l'ouest sur la Chiers. Ces deux cités sont devenues des « villes du fer » à la suite de la mise en exploitation du minerai local, à la fin du XIXe siècle. Les paysages, souvent très boisés, ont été bouleversés par l'essor industriel et le tourisme est rare en dépit de l'existence de quelques châteaux-forts et de la visite d'entreprises. Même le tourisme d'affaires a diminué dans cette région durement touchée par le déclin de l'exploitation des mines de fer et par la crise sidérurgique. Signe de la reconversion des activités, le **parc des Schtroumpfs** d'Hagondange, situé dans une ancienne aciérie désaffectée, a été repris par le groupe Walibi. Près de là, la station thermale d'**Amnéville**, qui a reçu 14 680 curistes en 2006, dispose du 5° casino de France et d'un zoo (500 000 visiteurs par an).

2. Le plateau lorrain

À l'est de la Meuse s'étend le plateau lorrain, au relief monotone et aux paysages verdoyants, marqués par de nombreuses prairies au sud et par les silhouettes métalliques des installations industrielles du bassin minier au nord (Forbach, Merlebach…). Le tourisme se concentre dans deux régions :

– au sud, le **thermalisme** l'emporte. **Vittel** a su rénover ses installations et diversifier ses activités, en s'orientant vers l'accueil des sportifs ou des hommes d'affaires en mal de détente. La station dispose aussi d'un vaste palais des Congrès depuis 1970. Ceci lui permet de maintenir une activité importante en dépit de la stagnation de sa clientèle de curistes (3 010 en 2006). Le Club Méditerranée s'y est installé ; il profite de l'importance des parcs et d'environs boisés et vallonnés. Quant à Contrexéville, spécialisée dans le traitement de l'obésité et des rhumatismes, elle souffre depuis plusieurs années d'un net repli de sa clientèle : elle n'a compté que 574 curistes en 2006.

– plus au nord, le pays des étangs a vu sa vocation récréative affirmée par la création du **parc régional de Lorraine**. Des bases de loisirs ont été aménagées et à Marsal, une maison du Sel permet de retracer l'évolution des techniques d'exploitation de la richesse souterraine locale. Ici encore la grande majorité des touristes est constituée de régionaux et la capacité d'hébergement des installations demeure réduite.

3. Un tourisme populaire

La Lorraine accueille donc le plus souvent une clientèle populaire, du moins en ce qui concerne la clientèle de séjour. La clientèle de passage est beaucoup plus diversifiée à la fois au niveau de sa composition sociale et de son origine géographique. La région n'occupe qu'un rang modeste dans la hiérarchie nationale, tant en ce qui concerne la capacité hôtelière (16e rang pour l'hôtellerie classée) que le développement des campings (14e rang).

L'hébergement en Lorraine en 2008

Départements	Hôtels homologués (chambres)	Campings (emplacements)	Villages de vacances (lits)	Gîtes ruraux (nombre)
Meurthe-et-Moselle	3 648	1 240	128	106
Meuse	956	2 532	80	91
Moselle	5 008	7 542	395	151
Moselle	4 026	6 480	1 285	533

Sources : Direction du Tourisme et Fédération nationale des gîtes de France.

La plupart des équipements sont situés dans le massif vosgien (30 % des chambres classées, 36 % des places de camping), alors que la Meuse fait figure de parent pauvre, ce qui confirme la répartition géographique du tourisme de séjour qui privilégie avant tout la montagne.

C Les Vosges

1. Une montagne moyenne dissymétrique

Les Vosges forment un massif en forme d'amande de 125 km de long, entre la porte de Bourgogne et la frontière allemande, et d'environ 60 km de large. Il ne présente que des altitudes modestes. Les sommets arrondis, qui portent le nom de **ballons**, sont surtout localisés au sud-est du massif : ballon de Guebwiller, ou Grand Ballon, 1 426 m ; Hohneck, 1 352 m ; ballon d'Alsace, 1 247 m. Ces sommets portent cependant l'empreinte des glaciations quaternaires comme le montrent les lacs de cirque (lac Blanc, lac Noir) et les lacs de barrages morainiques (Gérardmer, Retournemer, Longemer), lieux privilégiés de randonnées pour les premiers, de tourisme balnéaire et nautique pour les seconds, situés à plus basse altitude.

Le Nord-Est

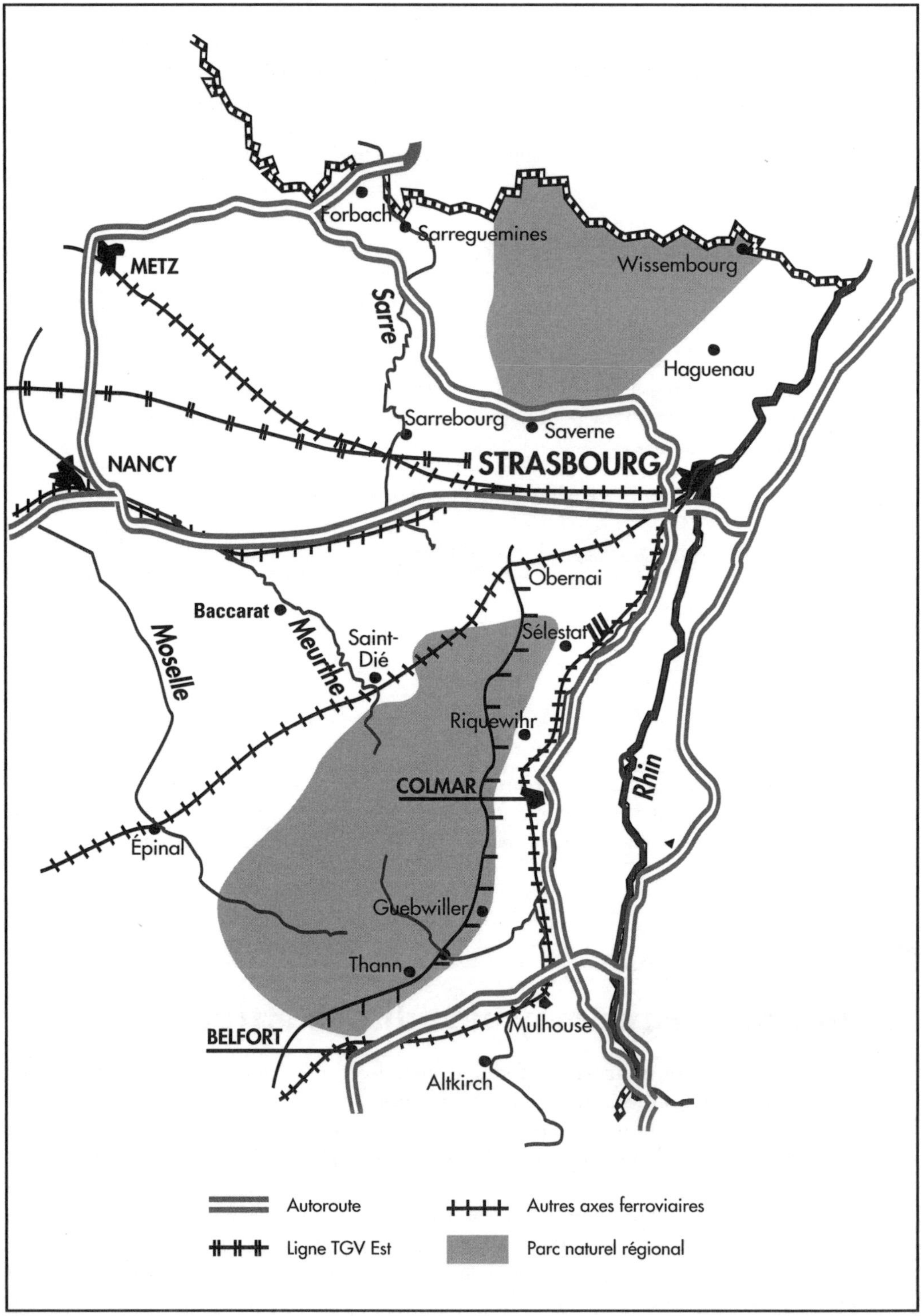
Forbach
Sarreguemines
Wissembourg
METZ
Sarre
Haguenau
Sarrebourg
Saverne
NANCY
STRASBOURG
Obernai
Baccarat
Meurthe
Saint-Dié
Sélestat
Moselle
Riquewihr
COLMAR
Rhin
Épinal
Guebwiller
Thann
Mulhouse
BELFORT
Altkirch
Autoroute
Autres axes ferroviaires
Ligne TGV Est
Parc naturel régional

Les Vosges présentent une double opposition, entre le versant lorrain et le versant alsacien d'une part, entre le sud et le nord d'autre part :

– ***le versant lorrain*** est en pente douce. Il est parcouru par de grandes rivières dont les vallées ont été modelées par de longues langues glaciaires et où se localisent les principales villes (Épinal, Remiremont, Saint-Dié). Au contraire, le versant alsacien est très raide. Il présente des dénivelés qui atteignent 900 m par endroits et les rivières sont très pentues. Presque toutes confluent avec l'Ill, affluent du Rhin ; elles permettent une pêche fructueuse.

– ***les Vosges du Sud*** sont les plus élevées, en raison du plissement alpin qui a basculé l'ensemble du massif vers le nord-ouest. Elles sont constituées de roches cristallines résistantes à l'érosion. Le relief contrarie les communications et les cols sont élevés : col de Bussang 734 m ; col de la Schlucht, 1 138 m. C'est pourtant **la partie la plus touristique du massif**, tant en été qu'en hiver. Situées au nord du col de Saales, les Vosges gréseuses sont beaucoup moins élevées. Elles culminent autour de 1 000 m (Donon) et prennent souvent l'aspect de plateaux entaillés de vallées étroites dont les versants sont sculptés par l'érosion, offrant parfois des silhouettes fantastiques.

2. Une forêt plus qu'une montagne

Le climat vosgien est assez rude, bien qu'il n'atteigne pas la rigueur de celui du Jura. Nous avons vu que la neige pouvait être abondante, bien qu'irrégulière, et que l'humidité était importante. Ceci favorise la pousse de l'arbre. Et, en effet, la forêt couvre la majeure partie de la montagne. Les hêtres forment la majorité du peuplement, surtout sur le versant lorrain, plus arrosé, mais les sapins et plus encore les épicéas progressent à la faveur des reboisements. Au total, la forêt vosgienne couvre plus de 300 000 ha et les taux de boisement dépassent 60 % sur la majeure partie du massif mais les pluies acides occasionnent de graves dommages. Sur les sommets battus par les vents, les Hautes Chaumes sont des pâturages d'altitude encore très utilisés en été par les bergers :

> *« (Les exploitations agricoles) minuscules ne pourraient se maintenir sans la transhumance qui se pratique sur les hautes chaumes du 15 mai au 15 octobre. Les fermes d'été appelées "chaumes" s'échelonnent de 1 000 à 1 250 m d'altitude, tapies dans un creux et généralement reconstruites après les combats de 1914-1918. Elles sont la propriété des communes. Les familles s'y transportent en été et y exploitent parfois un restaurant voire une pension. On y trouve une laiterie-fromagerie avec sa cheminée et son chaudron de cuivre de 200 à 250 l où l'on prépare le fromage appelé "géromé" du côté lorrain et "munster" du côté alsacien. Chaque chaume fait estiver ainsi de 40 à 80 bêtes en bonne partie prêtées par d'autres fermiers. Mais tout cela est modeste et fragile, en voie de régression rapide. L'essentiel du munster aujourd'hui se fabrique dans des usines de plaine. »*

Étienne JUILLARD, *L'Alsace et la Lorraine*, Flammarion.

La forêt favorise le tourisme, offrant un cadre agréable pour les promenades et la villégiature, un espace giboyeux et donnant champignons et myrtilles en grande quantité. Elle joue aussi un rôle important dans l'économie régionale, fournissant de nombreuses scieries et fabriques de meubles. L'exploitation est facilitée par la grande emprise de la propriété domaniale et communale. Les paysans sont souvent bûcherons, et les anciennes techniques de travail sont évoquées dans bien des fêtes locales et au **musée de la Schlitte*** de Muhlbach, dans la vallée de Munster.

3. Une vocation touristique qui s'affirme

Le tourisme devient peu à peu un élément essentiel de l'économie vosgienne, tant à la faveur de son développement que du déclin des activités traditionnelles de la montagne qui ne peuvent plus assurer assez d'emplois à la population. En effet, le textile succombe rapidement face à la concurrence des pays en voie de développement. Il s'était développé à l'initiative des entreprises mulhousiennes sur le versant alsacien au XVIIIe siècle, puis sur le versant lorrain après l'annexion de 1871. L'industrie vosgienne reste spécialisée dans le filage et le tissage du coton et dans le tissage du lin (Gérardmer). Elle livre encore une part importante du linge de maison de qualité utilisé en France.

Le tourisme, lui, progresse régulièrement. Il fournit plus de 6 000 emplois directs ou induits dans les Vosges, département qui a rapidement développé ses hébergements et ses activités depuis une vingtaine d'années.

Le tourisme vosgien reste en effet pour une large part un tourisme populaire, de week-end ou de séjour de brève durée. Il est assez diffus dans le massif, mais le centre de gravité se localise dans la partie méridionale, forte de ses hauts sommets et de ses lacs.

a. Les Vosges du Nord

Les Vosges du Nord, qui débordent quelque peu sur la région alsacienne, basent leur fréquentation sur l'existence de nombreux **châteaux**, souvent perchés sur des éperons, comme ceux de Falckenstein et de Fleckenstein, mais aussi sur les souvenirs militaires et sur la forêt. Cette dernière est englobée depuis 1976 dans un **parc régional** de 118 500 ha et les villages concernés ont fait un remarquable effort pour développer l'hébergement rural, notamment en créant des gîtes éclatés. Toutefois, la situation périphérique de la région au sein de l'hexagone et la modestie des altitudes contrarient le développement d'un tourisme de masse. La clientèle est constituée pour une large part de régionaux ou d'Allemands.

b. Les Hautes Vosges

Les Vosges centrales et méridionales connaissent une fréquentation plus importante. Elles concentrent en effet la majeure partie des attraits :

– ***les altitudes les plus élevées***. Elles permettent le développement de stations de sports d'hiver. Les plus importantes sont situées au sud : **Gérardmer** (6 400 lits, 20 remontées), La Bresse-Hohneck (7 000 lits, 28 remontées), Le Bonhomme… On estime la fréquentation dominicale de ces stations à plus de 50 000 skieurs venus d'Alsace, du Palatinat et du pays de Bade. L'enneigement reste cependant irrégulier ;

– ***les lacs les plus fréquentés***, celui de Gérardmer étant le plus attractif. La commune de Gérardmer est le premier centre touristique vosgien ; elle s'honore d'ailleurs de posséder le plus ancien office de Tourisme du pays. De plus, ses environs offrent au promeneur cascades (saut des Cuves), panoramas (roche du Diable) et forêts ;

Le cœur touristique des Vosges

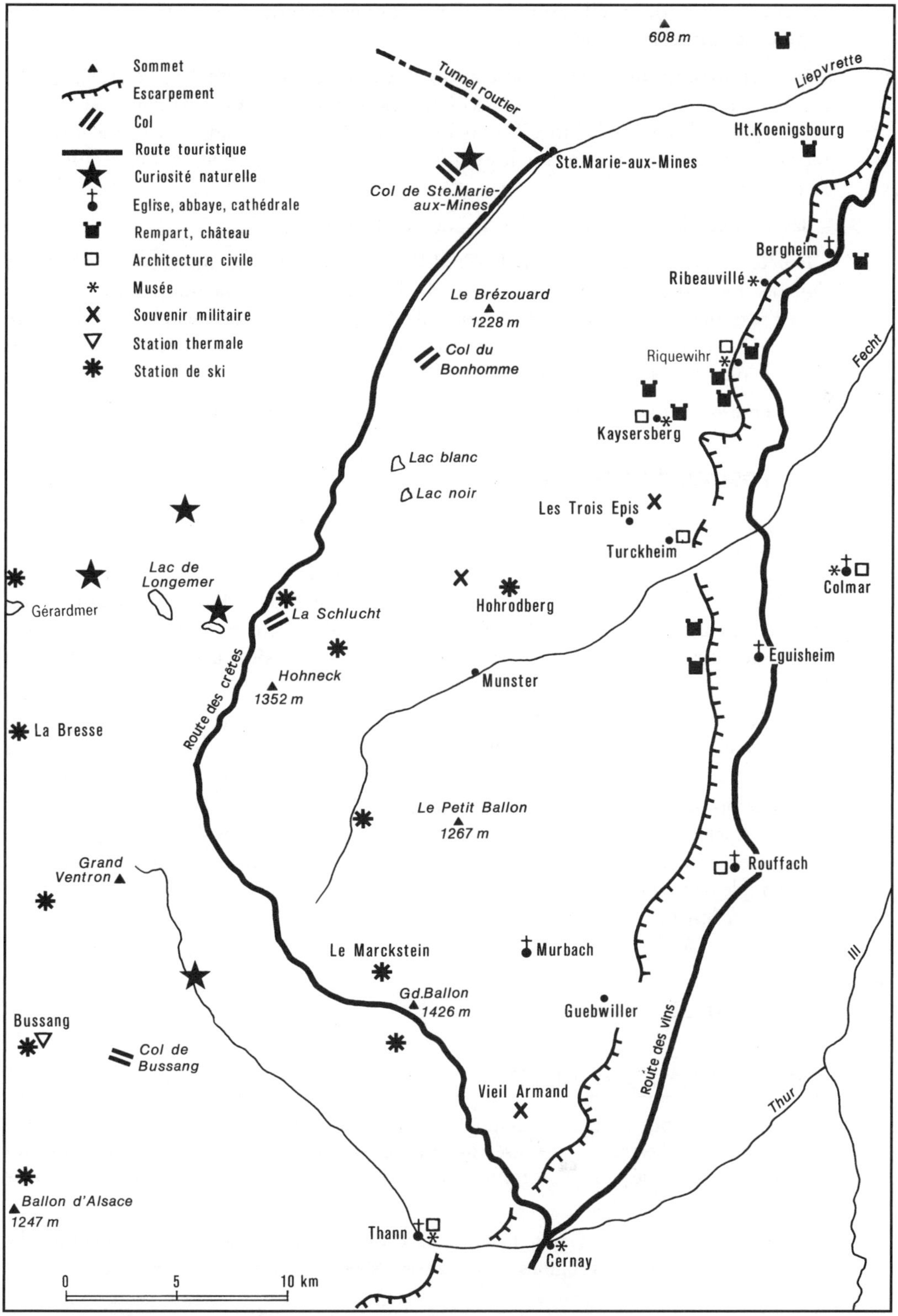

– ***les plus belles vues sur la plaine d'Alsace***, grâce à la célèbre route des Crêtes, le « chemin des écoliers » du tourisme vosgien. Construite durant la Grande Guerre pour ravitailler le front français, elle est aujourd'hui jalonnée de **fermes-auberges** où les produits régionaux sont à l'honneur ;

– ***les souvenirs militaires les plus nombreux***. À l'est de cette route des Crêtes, les monuments commémoratifs et les cimetières militaires abondent : le **Vieil Armand**, où périrent près de 30 000 hommes, le Linge… et pour la seconde guerre mondiale le camp de déportation du Struthof qui recevait les convois *Nuit et Brouillard* de prisonniers voués à l'extermination ;

– ***des stations de repos*** comme Bussang ou Les Trois-Épis ;

– ***le pèlerinage le plus fréquenté*** du Nord-Est : Sainte-Odile. Le mont Sainte-Odile est l'un des hauts-lieux du tourisme vosgien. Il offre une vue magnifique sur la plaine d'Alsace et porte un couvent dans la chapelle duquel se trouve le sarcophage de la sainte du VIIe siècle. Ce sommet est entouré par le « mur païen », enceinte constituée d'énormes blocs de pierre dressés plusieurs siècles avant notre ère ;

– ***une couronne de châteaux-forts*** au-dessus de la plaine d'Alsace.

c. Les Vosges occidentales

Les Vosges occidentales connaissent surtout un **tourisme de passage**. Celui-ci privilégie les villes des vallées de la Meurthe et de la Moselle. Saint-Dié compte sur ses églises romanes et gothiques et sur l'abbaye de Moyenmoutier. Baccarat honore d'un remarquable musée sa cristallerie fondée au XVIIIe siècle. Sur la Moselle, Remiremont et plus encore **Épinal** sont les centres les plus visités. Épinal, ville carrefour, possède le musée des Vosges et de l'imagerie. C'est dans cette ville que se perpétue la tradition des célèbres « images » de la fabrique Pellerin, fondée au XVIIIe siècle.

Au sud-ouest, à l'exception de Mirecourt, centre de lutherie, le tourisme dépend presque exclusivement du **thermalisme. Plombières-les-Bains**, déjà connue des Romains et orientée vers le traitement des maladies digestives et des rhumatismes, a connu son heure de gloire lors du Second Empire. Elle maintient sa clientèle (3 900 curistes en 2006) mais d'anciens palaces ont dû être revendus en appartements. Bains-les-Bains, orientée vers le traitement des artères et du cœur est moins connue (4 000 curistes) ; comme Plombières, elle offre de belles promenades en forêt, grâce à l'aménagement de sentiers cyclables et de parcours pédestres.

D L'Alsace

I. Des Vosges au Rhin

L'Alsace, région historique, s'individualise également au point de vue géographique. Elle correspond pour l'essentiel au fossé rhénan, s'étirant sur 180 km du nord au sud et sur environ 40 km d'ouest en est. Limitée par le Rhin et les Vosges, elle présente en réalité trois ensembles de paysages :

– *à l'ouest*, le versant vosgien est un talus élevé, de forte déclivité, profondément entaillé par les vallées. Il est bordé par des **collines**, qualifiées de « sous-vosgiennes », couvertes de vignobles ;

– *au centre*, de **larges terrasses alluviales** construites par le Rhin lors des périodes froides du quaternaire, sont en partie couvertes d'un lœss fertile qui permet de riches cultures, notamment dans le Kochersberg ;

– *près du Rhin*, les **rieds** (ou marais) associent les forêts, les labours et les pâturages en des paysages moins pittoresques et bien moins fréquentés.

2. Des paysages souriants

Les paysages alsaciens contrastent de manière saisissante avec ceux de l'austère Lorraine et avec le moutonnement boisé des Vosges. « Quel beau jardin ! » s'était exclamé Louis XIV en découvrant la plaine d'Alsace, et le touriste actuel confirme cette **impression d'opulence et de coquetterie** que dégagent la campagne, les villes et les villages.

Cette impression tient d'abord à l'extrême diversité des cultures sur un parcellaire souvent très morcelé, qui multiplie les couleurs quelle que soit la saison. Les champs de blé et de betteraves alternent avec les houblonnières, les cultures de tabac ou d'asperges et les jardins maraîchers, autour de villages masqués par des vergers qui forment de gigantesques bouquets au printemps.

Villes et villages confirment cette opulence et ravissent le visiteur, notamment les bourgs viticoles des collines. Parfois entourés de remparts ou flanqués de portes monumentales, ces bourgs, remarquablement entretenus, abritent ces **maisons à colombages**, aux toits pentus et aux balcons fleuris qui ornent bien des cartes postales et constituent l'un des charmes de la province. Sur les places se dresse parfois une fontaine sculptée.

Les Alsaciens perpétuent les traditions par de nombreuses fêtes qui donnent l'occasion de ressortir le costume régional que même les aïeules ne portent plus en temps ordinaire mais qui illustre bien la personnalité de la province. Ces **fêtes** célèbrent les cigognes (Cernay), mais plus encore les bases de la cuisine régionale : fête du houblon à Haguenau, de la bière à Munster, du vin à Riquewihr, de la choucroute à Colmar.

3. Une table renommée

L'Alsace figure parmi les plus prestigieuses étapes gastronomiques du pays. La table alsacienne est l'une des motivations essentielles pour le tourisme. La province offre un éventail extraordinaire de restaurants où l'on peut apprécier les ressources du terroir, de la ferme-auberge du versant vosgien, où le repas est simple et la chambre peu coûteuse, à la « Winstub » strasbourgeoise, débit de vin servant des repas dans une atmosphère chaleureuse, appréciée de la clientèle locale, ou encore au « caveau » des **bourgs viticoles** permettant de comparer les mérites des différents crus. Les grandes tables sont également nombreuses, bien plus qu'en Lorraine et dans les Vosges. Les têtes d'affiche ont pour nom Émile Jung, avec *le Crocodile* et Westermann avec le *Buerehiesel* à Strasbourg, Haeberlin avec *l'Auberge de l'Ill* à Illhaeusern, Gaertner avec *Aux Armes de France* à Ammerschwihr et Pierre Irrmann avec *le Chambard* à Kaysersberg…

Les plats typiques sont légion, et les convives des mariages les savouraient presque tous autrefois lors des interminables et pantagruéliques repas qui accompagnaient les cérémonies. Les asperges, la tarte à l'oignon, le foie gras (20 % de la production nationale) ser-

AU CROCODILE

Monique et Emile Jung

Crème de Petits Pois et sa Royale de Laitue, Tuile de Grisons 16
Brochette de grosses Langoustines, Pain aux Céréales grillé, Brousse au Thym Citron et Roquette 48
Foie d'Oie cuit au Torchon, Chutney de Melon à la Badiane 43
Palette de Primeurs sur Tapenade, Réduction de Poivron rouge "Plume" (basses calories) 32
Salade de Homard "bleu", Carpaccio de Fenouil et Tomate confite en Oliviade 78
Thon en Tartare et "snacké", Avocat à l'Huile de Sésame et Salade d'Herbes 38
Foie de Canard grillé aux Pommes Golden, Jus d'Agrumes au Gingembre 44

Sandre rôti et Laitance de Carpe,
Poêlée de Rattes et Petits Pois, Écume crémeuse aux Girolles 44

Bar de Ligne au Curcuma, Coulis de Manioc aux Pousses d'Épinards 52

Grosses Langoustines et Purée de Courgettes,
Vinaigrette à la Brunoise d'Artichaut et Tomate au Basilic 49

Cabillaud épais en Croûte de Citron, Écrasée de Pommes Roseval et Olives violettes 42

Homard "bleu" cuit au Court-Bouillon,
Haricots tarbais, Persillade de Moules et Encornets au Safran 78

Blanc de Poulette fermière d'Alsace en Pot-au-feu à la Coriandre
Galette de Riz croustillant "Plume" (basses calories) 39

Filet de Bœuf (origine France), grosses Frites "Maison"
et Artichaut Poivrade, Béarnaise Ibérique 47

Carré d'Agneau au Romarin et Lait d'Ail
Tian de Légumes confits et Fougasse à la Tomate 49

Paillasson de Mignon et Ris de Veau aux Vert et Blanc de Blettes, Jus de Braisage au Lime 52
Pied et Oreille de Porc truffé en Crépinette, Chou nouveau et Miessele en Cocotte 48

Foie de Canard en Croûte de Sel,
et Fruits du Verger au Vinaigre balsamique (2 personnes) 56 p.pers.

Sélection de Fromages affinés par Cyrille Lorho, Meilleur Ouvrier de France
et de la Chèvrerie des Embetschés à Lapoutroie 19

LES DESSERTS CROCODILE

Gaspacho aux Fruits d'Été 18
Mille-Feuille crémeux aux Framboises, Crème Anglaise 18
Melon et Fraises en Gelée de Pomme sur Sablé aux Épices 18
Meringue glacée à l'Extrême, Poêlée de Fruits rouges et Sorbet Litchi 21
Légèreté au Yaourt et Gelée d'Amaretto, Espumas à l'Abricot 18

(dessert à commander en début de repas)
Crème brûlée à froid au Chocolat amer 18
Tartelette Amandine à l'Ananas et Banane, Sauce au Chocolat 19
Lingot scintillant au Chocolat "Mexique", Cocktail à la Fleur de Cactus et Vodka 18
Pêche poêlée au Romarin, Glace au Lait d'Amande 18
Le Dessert du Moment 18

Certains plats de la carte peuvent être servis en portion réduite
Le prix appliqué sera de moitié, majoré de 5 euros

Menu du restaurant *le Crocodile* à Strasbourg (chef E. Jung)

vent d'entrées. La choucroute, le coq au riesling, le *Baëckeoffe* (potée de viande accompagnée de pommes de terre, d'oignons et de vin blanc), la *Flammeküche* (sorte de pizza) ou la matelote d'anguilles constituent des plats plus copieux. Le munster ou le *Bibeleskäs* (fromage blanc aux échalotes) précèdent les innombrables tartes aux quetsches, aux mirabelles, aux cerises ou aux myrtilles ou encore les *Krapfen* (beignets fourrés de confitures) qui servent de desserts. Quant aux boissons et alcools, ils ne manquent pas non plus : bières, vins blancs, marc de gewurtztraminer, kirsch, alcools de poire, de quetsche, de framboise…

Les vins constituent l'une des richesses de la table alsacienne. Le vignoble tapisse les collines sous-vosgiennes, entre 200 m et 400 m d'altitude. Il bénéficie d'une bonne exposition, abrité des vents d'ouest par les sommets vosgiens et profitant de ce fait de précipitations réduites et d'automnes lumineux. Les sols sont variés, à dominante gréseuse au nord, granitique au sud, calcaire par endroits. Le vignoble couvre aujourd'hui 14 500 ha en A.O.C. Il avait connu une grande expansion lors de l'occupation allemande de 1871 à 1918, la qualité ayant alors été sacrifiée à la quantité pour satisfaire un marché très demandeur. Après le retour à la France, la qualité a retrouvé ses droits. La production avoisine 1,1 million d'hectolitres par an, la presque totalité en vins blancs. À la différence des autres vignobles français, le vin est ici désigné par le nom du cépage. Sept cépages répondent à l'appellation A.O.C. :

> *« Le sylvaner, le plus répandu, particulièrement dans le Bas-Rhin donne des vins fruités et frais parfois légèrement pétillants qui sont fins dans les bonnes expositions ou assez légers dans les situations ordinaires. Le pinot blanc, ou klevner, donne un vin souple et nerveux. Le pinot gris ou anciennement tokay d'Alsace, donne un vin blanc souple, capiteux et corsé. Le riesling donne un vin blanc sec au bouquet délicat, au fruité exquis, fin et racé. Le muscat d'Alsace existe en deux variétés : le vieux muscat d'Alsace et le muscat Ottonel qui donnent un vin blanc sec et fruité. Le gewurtztraminer, donne un vin blanc sec corsé, au bouquet caractéristique, d'une grande élégance. »*

R. Piallat et P. Deville, *Œnologie et crus des vins*,
Éditions Jérôme Villette, 1983.

Ce vignoble est très morcelé entre 6 000 viticulteurs et de nombreuses propriétés ont moins d'un hectare. Beaucoup de vignerons vinifient eux-mêmes leur production et la commercialisent mais les coopératives ont progressé depuis 1945. Toutefois, les grands négociants, qui avaient acquis le contrôle du marché lors des crises de mévente du début du XXe siècle, jouent toujours un rôle important.

4. Un tourisme de passage dominant

L'Alsace connaît surtout un tourisme de passage, basé sur ses richesses gastronomiques, son patrimoine architectural et sur sa vocation de carrefour européen. Les chiffres enregistrés au niveau des séjours d'été ne reflètent donc pas avec précision le volume de l'activité touristique de la région qui dispose d'une capacité d'hébergement diversifiée mais parfois insuffisante dans certaines villes ou lors de certaines manifestations.

L'hébergement en Alsace en 2008

Départements	Hôtels homologués (chambres)	Campings (emplacements)	Villages de vacances (lits)	Gîtes ruraux (nombre)
Bas-Rhin	10 626	5 443	1 828	769*
Haut-Rhin	7 989	6 126	506	762*

Sources : Direction du Tourisme et Fédération nationale des gîtes de France. * derniers chiffres connus.

La répartition inégale des hébergements souligne les disparités géographiques et structurelles du tourisme alsacien. C'est ainsi que la suprématie hôtelière du Bas-Rhin s'explique par le nombre des établissements strasbourgeois destinés à recevoir la clientèle d'affaires et de passage, alors que le développement des campings dans le Haut-Rhin résulte de l'attrait des contre-forts vosgiens, lieux de villégiature.

Le tourisme privilégie surtout les **collines sous-vosgiennes** et les **grandes villes** de la plaine. Les rives du Rhin restent à l'écart de la fréquentation, bien que la visite des centrales hydroélectriques construites au fil de l'eau (Fessenheim, Rhinau, Vogelgrün...), le passage incessant des chalands, des automoteurs et des navires de croisière, et les opérations d'éclusage attirent de nombreux spectateurs. Le Rhin est en effet devenu un véritable escalier de centrales hydroélectriques (avec en plus une centrale nucléaire à Fessenheim) à la faveur d'un aménagement entrepris dès le XIXe siècle et destiné à faciliter la navigation sur un fleuve abondant. C'est aujourd'hui la plus belle artère de navigation intérieure du monde. Le canal d'Alsace qui dédouble le fleuve sur son tracé alsacien a permis d'aménager quelques bases nautiques (Strasbourg) et favorise le tourisme d'affaires à travers l'implantation de vastes zones industrielles. Par ailleurs, de nombreuses croisières sont organisées sur le Rhin, notamment au départ de Strasbourg.

a. Le Piémont vosgien : de ville en vigne

L'écharpe du vignoble, qui s'étire sur près de 100 km des portes de Strasbourg à Guebwiller et sur une largeur de 1 ou 2 km, est parcourue par la **route des Vins**. Cet itinéraire touristique permet d'admirer des villes qui comptent parmi les plus typiques et les mieux conservées d'Alsace : Molsheim, Obernai, Riquewihr, Kaysersberg, ville natale du docteur Schweitzer... Haltes ponctuées de dégustations et de visites de musées, qui permettent également d'admirer les innombrables forteresses *(burgs)* qui ponctuent les hauteurs vosgiennes, témoins de l'importance de la route de piémont au Moyen Âge (la fameuse *Bergstrasse*). Ces châteaux-forts ont été presque tous rasés sur ordre de Richelieu après la guerre de Trente Ans, mais leurs ruines demeurent impressionnantes à l'image de celles qui entourent Eguisheim. Un château émerge de l'ensemble : le **Haut-Kœnisbourg**, qui reçoit environ 500 000 visiteurs par an. Cette place forte qui fut la plus puissante d'Alsace fut détruite au milieu du XVIIe siècle, mais, offerte par la ville de Sélestat à l'empereur Guillaume II en 1899, elle fut remise en état sur ordre de ce dernier. Si la restauration, parfois un peu trop fantaisiste et pompeuse a fait l'objet de nombreuses critiques, elle permet d'imaginer ce que furent ces forteresses alsaciennes, repaires de seigneurs pillards. Plusieurs des monumentales salles intérieures ont été décorées et meublées, avec notamment de belles collections d'armures. Le château offre en outre l'un des plus beaux panoramas sur la plaine alsacienne.

Ce piémont vosgien donne aussi accès aux vallées qui descendent des Vosges et bien des villes se sont installées à ces carrefours routiers. Certaines offrent de beaux monuments comme la collégiale gothique de Saint-Thiébault à Thann, l'église de style roman rhénan de Murbach ou l'hôtel de ville Renaissance de Munster.

b. Les villes de la plaine

Strasbourg (713 000 hab. dans l'aire urbaine, avec Kehl) est sans conteste la ville la plus fréquentée. Elle doit sa primauté à ses fonctions commerciales et industrielles, créatrices de tourisme d'affaires, à son rôle de capitale européenne mais aussi à son patrimoine architectural. Ce sont les Romains qui firent la fortune du site d'Argentorate en y établissant un camp et en y faisant converger les routes. Située entre l'Ill et le Rhin, dans une région marécageuse dépourvue de pierres de construction, la ville grandit rapidement après les invasions du vᵉ siècle et promue vassale directe de l'empereur germanique, elle devint une ville de foire, une étape pour la batellerie rhénane et un foyer universitaire. Après l'annexion française de 1680, un nouveau souffle est donné et de solides maisons de grès s'intercalent entre les constructions médiévales de bois et de briques, ce qui a contribué à donner à la ville une partie de ses attraits actuels. Plusieurs quartiers concentrent en effet les flux de visiteurs :

– ***la Petite France***, ancien quartier des pêcheurs, des meuniers et des tanneurs, dont les vieilles maisons des XVIᵉ et XVIIᵉ siècles à encorbellements, galeries et pans de bois se mirent dans l'eau du canal ;

– ***le quartier de la cathédrale***. Construite du XIᵉ au XVᵉ siècle, le joyau de grès rose qu'est la cathédrale Notre-Dame est sans conteste le principal monument de la ville. Elle dresse son unique tour à 142 m au-dessus du sol ; ses portails et son immense rosace comptent parmi les plus beaux du pays. L'intérieur est tout aussi splendide : immenses vitraux des XIIᵉ, XIIIᵉ et XIVᵉ siècles, chaire en gothique flamboyant, horloge astronomique du XIXᵉ siècle portant de nombreux automates, somptueuses tapisseries du XVIIᵉ siècle… La cathédrale est entourée de vieilles demeures, dont la célèbre maison Kammerzell, bijou d'architecture bourgeoise alsacienne du XVIᵉ siècle et aujourd'hui occupée par un restaurant. Le **château des Rohan** avoisine Notre-Dame. Construit par le prince-évêque de Strasbourg sous le règne de Louis XV, cet édifice de style classique abrite de riches musées consacrés à la peinture, à l'archéologie et à la céramique.

– *les quartiers du XIXᵉ siècle* sont caractérisés par de larges avenues et des édifices gothico-Renaissance, reflets de l'architecture prussienne.

Le rayonnement culturel et artistique de Strasbourg est confirmé par l'existence de bien d'autres **musées** (Musée alsacien, Musée historique, musée d'Art Moderne), d'un festival de musique et de trois universités.

Strasbourg, dont l'aéroport est actif (1 733 000 passagers en 2007), enregistre aussi un important **tourisme d'affaires, dynamisé par l'arrivée du TGV**. Elle le doit à son rayonnement commercial (sa foire attire 500 000 personnes), à ses industries en partie nées de l'activité de son port fluvial, et à son statut de « capitale européenne ». Strasbourg abrite en effet le Conseil de l'Europe et les sessions du Parlement européen, ce qui contribue beaucoup à l'activité des hôtels et des restaurants. Ceci explique le combat qu'a poursuivi la ville pour conserver ces sessions, alors que Bruxelles souhaiterait accueillir le Parlement. La métropole alsacienne a par ailleurs tiré parti de la réconciliation franco-allemande pour développer sa fonction touristique. Il suffit de fréquenter ses restaurants ou ses boutiques pour se rendre compte de l'importance des visiteurs d'outre-Rhin, favorisés par un change avantageux.

Colmar, plus modeste par la taille (90 000 habitants) est souvent qualifiée du titre de « plus belle ville d'Alsace ». Elle doit ce prestige à la remarquable conservation de son patrimoine architectural, à l'importance des manifestations folkloriques, à ses liens avec le vignoble proche, et à la vitalité du dialecte alsacien chez ses habitants. Outre les

vieilles maisons et les ruelles tranquilles du quartier des Tanneurs ou des anciennes demeures de pêcheurs et de bateliers du quartier de la Petite Venise – au bord de la Lauch –, Colmar offre à ses visiteurs de belles églises et le fabuleux **musée d'Unterlinden** qui reçoit plus de 350 000 visiteurs par an. Il contient, dans un ancien couvent de dominicaines, au cloître de grès rose, de nombreux chefs-d'œuvre de l'école de peinture rhénane, dont le célèbre retable d'Issenheim peint au XVIe siècle par M. Gothardt (ou Nithardt), dit Mathias Grunewald. Il abrite aussi d'imposantes collections d'armes et d'armures, des collections d'art moderne et des témoignages divers de l'histoire alsacienne. Colmar est aussi un centre d'excursions de premier ordre, tant en direction du vignoble que des Vosges ou encore de la ville fortifiée de Neuf-Brisach.

Le vieux Colmar

Mulhouse (275 000 hab. dans l'aire urbaine) dispose avec Bâle d'un important aéroport (4 269 000 passagers en 2007). Modeste bourgade d'artisans, de commerçants et de vignerons jusqu'au milieu du XIXe siècle, **Mulhouse** connaît une rapide expansion à la faveur du développement des industries textiles. Spécialisée dans l'impression sur toile (les « indiennes ») et dans le filage et le tissage du coton, la ville, à forte tradition calviniste, profite aussi au XXe siècle du gisement de potasse voisin. La fermeture des mines et le déclin des activités textiles ont durement affecté la ville lors des dernières décennies. Dépourvue d'un grand patrimoine architectural, Mulhouse trouve dans ses racines industrielles ses attraits touristiques. Au tourisme d'affaires, elle ajoute en effet **trois grands musées** respectivement consacrés à **l'automobile**, au **chemin de fer** et à **l'impression sur étoffe**. Elle reste toutefois un peu en dehors des principaux flux touristiques, comme la région du Sundgau qui la jouxte au sud, région rurale couverte de pâturages et de forêts et parsemée d'étangs. Un havre de calme et de repos mais victime de la concurrence des Vosges et du Jura.

4

La Bourgogne et la Franche-Comté

« D'abord unies, longtemps séparées, solidaires par la convergence de leurs intérêts. Bourgogne et Franche-Comté appartiennent bien au même ensemble : celui qui, au cœur de la moitié la plus active de la France, entend tirer pleinement parti de sa position entre le monde rhénan et le monde méditerranéen. »

R. Brunet et F. Claval, *Découvrir la France*, Larousse.

Cette position entre l'Europe moyenne et l'Europe méditerranéenne se traduit par l'intensité des trafics autoroutiers et ferroviaires qui emportent chaque année des millions de touristes vers les plages du sud ou les champs de neige des Alpes, faisant de la vallée de la Saône l'épine dorsale des flux de loisirs en Europe occidentale.

Bourgogne et Franche-Comté profitent inégalement de leur situation. La première, forte de sa table et de son patrimoine architectural, enregistre des flux touristiques supérieurs à la seconde, mais essentiellement constitués de visiteurs d'un jour. Au contraire, la Franche-Comté, moins bien desservie, connaît des séjours de plus longue durée, grâce à ses forêts et à ses sommets.

A La Bourgogne

La Bourgogne est une région aux limites indécises, que l'histoire a fréquemment déplacées et la division administrative actuelle (4 départements : Côte-d'Or, Nièvre, Saône-et-Loire, Yonne) ne coïncide pas avec la Bourgogne touristique, espace écartelé entre les influences lyonnaise, ligérienne et parisienne, véritable kaléidoscope où se côtoient les hauteurs brumeuses du Morvan, l'opulente côte d'Or, la secrète Puisaye, les riantes vallées de l'Yonne et de l'Armançon… et les activités industrielles du Creusot.

Pourtant la Bourgogne existe et elle attire. Elle est d'abord **la terre des grands vignobles et des abbayes**, même si elle recèle bien d'autres richesses pour ses visiteurs.

1. Un art de vivre

a. L'or du vignoble

La table bourguignonne doit sa célébrité à ses vins. Développé dès l'occupation romaine, le vignoble bourguignon a connu un essor précoce à la faveur des déplacements des ducs, véritables ambassadeurs du terroir, puis, à partir du XVIIIe siècle, de la généralisation du vieillissement destiné à répondre à la demande du marché britannique. Foudroyé par le phylloxéra, apparu en 1878, il s'est assez rapidement reconstitué, mais en se limitant aux meilleurs terroirs, négligeant la plaine et ses brouillards givrants ainsi que les plateaux, soumis aux vents d'ouest. C'est sur les coteaux, bien exposés à l'est et au sud-est qu'il triomphe, sur des sols calcaires ou marno-calcaires secs et rapidement réchauffés.

Aujourd'hui, le vignoble s'étend sur environ 15 000 hectares, qui se répartissent pour l'essentiel entre la côte d'Or, le Mâconnais et le Chablis, l'Auxerrois et l'Avallonnais n'assurant que des productions limitées. Morcelé entre plus de 5 000 exploitants, il est planté de **cépages de qualité** : le **pinot noir** fournit les grands vins rouges, le **chardonnay** les blancs les plus appréciés, laissant à l'aligoté les vignobles plus modestes.

Une réglementation très complexe (prenant en compte le climat, la nature du sol, l'exposition, le cépage...), et souvent déroutante pour le néophyte, distingue des appellations régionales (bourgogne, mâcon, ...), sous-régionales (comme côtes-de-nuits, côtes-de-beaune-villages), communales (corton, santenay, savigny...) ou locales, avec les clos et les « climats », ces dernières désignant les crus les plus prestigieux :

> *« Le classement des vins est une affaire extraordinairement complexe, plusieurs fois reprises depuis les premiers efforts qui datent de 1861, mais qui n'étaient qu'indicatifs, jusqu'aux décrets qui, depuis 1905, fixent des contraintes et des exigences. Il repose sur la délimitation de clos, de climats, de communes ou de groupements. Le clos date du Moyen Âge : c'était alors un quartier de parcelles protégées du troupeau communal, appartenant au seigneur, au moine, ou même à des particuliers. (...) La plupart sont morcelés en de nombreuses parcelles et même le Clos de Vougeot a été divisé en 1889. Les climats sont des ensembles de parcelles très homogènes au regard de la qualité des cépages des conditions physiques de la culture : tout le vignoble est composé d'une juxtaposition de "climats" dont certains seuls atteignent la grande notoriété. Les vins les plus chers et les plus renommés viennent de certains clos ou climats dont ils portent le seul nom : Montrachet (7 ha) et Romanée-Conti (1,8 ha) en sont les princes ; mais Richebourg (1 ha) Musigny, Romanée, La Tâche, le Chambertin (le plus grand, 28 ha), Les Bonnes-Mares, Clos-Vougeot, Grands-Échezeaux, Corton (...), d'autres encore, sont de grands seigneurs. »*
>
> R. BRUNET et F. CLAVAL, *Bourgogne, Franche-Comté*, Larousse, 1973.

Les visites de caves, du musée du Vin de Beaune, les innombrables dégustations, les cérémonies d'intronisation comme celle de la confrérie des chevaliers du Tastevin, la vente des vins des hospices de Beaune en novembre, donnent lieu à une incessante animation à laquelle participent en nombre croissant les étrangers, Anglais, Belges, Néerlandais sur la route des vacances, mais aussi et surtout Allemands, parfois venus le temps d'un week-end grâce à l'autoroute.

b. Une exceptionnelle concentration de grandes tables

Les vins ne sont pas les seuls titres de gloire de la gastronomie bourguignonne, déjà célèbre au temps des ducs qui festoyaient dans les immenses salles de leur palais. Escargots, jambon persillé, cochonnailles du Morvan, saupiquet (jambon à la sauce), bœuf bourguignon, andouillette d'Arnay-le-Duc, coq au chambertin, pauchouse (matelote de poissons d'eau douce au vin blanc), gibier de Puisaye... constituent les mets de choix de repas plantureux ouverts par un « kir » et clôturés par la dégustation du marc local.

Étape fréquente sur la route des vacances, la Bourgogne possède bien des grandes tables. *Lameloise* à Chagny, *l'Espérance* à Vézelay, *la Côte St-Jacques* à Joigny, *Greuze* à Tournus et *la Côte-d'Or* à Saulieu, figurent parmi les plus recherchées.

2. Une terre d'histoire et d'art

a. Préhistoire et Gaule

Lieu de passage naturel, couverte de forêts et hérissée de buttes précocement fortifiées, la Bourgogne conserve de nombreux témoignages d'une occupation précoce, dont les grottes d'Arcy et la roche de Solutré sont les plus fréquemment visitées. Bibracte fut la capitale des Éduens avant la conquête romaine dont **Alésia** (Alise-Sainte-Reine) rappelle le souvenir. À l'occupation des légions succéda celle des Burgondes, qui donnèrent leur nom à la région, puis les divisions carolingiennes marquèrent la séparation entre Bourgogne et future Franche-Comté, la Saône faisant office de frontière naturelle.

b. Le temps des monastères

C'est à l'**art roman** que la Bourgogne doit aujourd'hui une large part de son prestige architectural. Devenue terre d'accueil pour les moines fuyant les raids vikings (les moines de Noirmoutier s'installent à Tournus avec les reliques de saint Philibert), elle commence à se couvrir d'édifices imposants dès le xe siècle : abbatiale de Tournus, basilique de **Vézelay**. Mais c'est la fondation du monastère de **Cluny**, en 910, qui marque les débuts du rayonnement religieux de la province et d'une école architecturale proprement bourguignonne. Dépendant du seul pape, dirigée par de grands abbés (Odon, Hugues, Pierre le Vénérable) qui réforment la règle de saint Benoît, l'abbaye rayonne sur la vie intellectuelle et spirituelle de tout l'Occident chrétien, acquérant dans le même temps une puissance temporelle considérable. L'art clunisien, marqué par l'emploi des arcs brisés, la présence de clochers carrés ou octogonaux, de contreforts peu massifs et d'une décoration très riche, s'étend rapidement dans la région (Paray-le-Monial, églises du Brionnais) puis déborde les frontières du royaume, l'abbaye comptant plus de 1 400 « filles » dès le XIIe siècle.

À la richesse clunisienne s'oppose vite la rigueur de **Cîteaux**, fondée par saint Robert en 1098. Prônant un retour aux règles primitives, imposant la pauvreté, interdisant les études profanes, les cisterciens, grands défricheurs de l'Occident, obtiennent la protection papale et essaiment dans toute la chrétienté, développant un art rigoureux, austère, avec des églises sans clocher et sans sculpture dont la région porte encore quelques exemples, tels Fontenay.

Ce rayonnement de l'art roman bourguignon explique l'essor tardif des édifices gothiques, qui ne se rencontrent que dans la moitié Nord du pays, à l'image des cathédrales de Sens et d'Auxerre ou encore Saint-Martin-de-Clamecy.

c. Le legs des ducs

Après la direction des Capétiens, le duché de Bourgogne passe sous la domination des Valois qui, de Philippe le Hardi à **Charles le Téméraire**, étendront leur emprise sur la Flandre, l'Artois, la Champagne, la Franche-Comté..., rivalisant avec le roi de France jusqu'à la victoire de Louis XI qui annexe définitivement le duché à la couronne.

Résidant à Dijon, les « grands ducs d'Occident » font venir de nombreux artistes de leurs autres possessions, et notamment de Flandre, facilitant l'éclosion d'une **école burgondo-flamande** qui se répand sur une partie de l'Europe au XIVe et surtout au XVe siècle. Les souvenirs de ses fastes demeurent nombreux : palais ducal (plus tard enserré dans des édifices classiques de Mansart) et musée des Beaux-Arts de Dijon (l'un des plus riches d'Europe), **hôtel-Dieu de Beaune**, nombreux hôtels particuliers et surtout chartreuse de Champmol avec le célèbre *Puits de Moïse*, socle de calvaire dû au sculpteur flamand Sluter.

Beaune : l'Hôtel-Dieu

3. Une grande étape touristique

a. Un grand carrefour

La Bourgogne peut d'autant mieux valoriser son patrimoine culturel et sa table qu'elle occupe une position exceptionnelle dans les réseaux de transport nationaux et ouest-européens. L'axe fondamental demeure la **vallée de la Saône**, qui s'ouvre au nord vers la Lorraine et au-delà, par les vallées de la Meuse et de la Moselle, vers les pays du Benelux, mais aussi vers l'Allemagne par la vallée du Doubs et la porte d'Alsace, et, au sud, vers Lyon et les rivages méditerranéens. Sur cette branche méridienne viennent se greffer de multiples ouvertures :

– au nord-ouest, vers Paris, à travers le Morvan et l'Auxois puis par les vallées de l'Yonne et de ses affluents ;

– au sud-est, vers la Loire par les vallées de l'Arroux et de la Bourbince ;

– à l'est, vers la Suisse et l'Italie par les tunnels et les cols jurassiens ;

– au sud-est, vers les Alpes du nord par la cluse de Nantua.

Ce carrefour, déjà très fréquenté dans la Gaule romaine et au Moyen Âge, où il se trouvait sur le trajet des marchands joignant l'Italie du nord et la Flandre, s'est encore renforcé depuis un siècle avec l'essor du chemin de fer, puis de l'automobile. **Dijon** a longtemps tenu le rôle directeur du trafic régional, surtout dans le domaine ferroviaire, mais le réseau autoroutier favorise davantage sa rivale séculaire Beaune, et la ligne du T.G.V. a fixé au Creusot-Montceau-les-Mines son arrêt bourguignon, déplaçant vers le sud le centre de gravité des transports. Toutefois, la capitale régionale s'efforce actuellement de valoriser sa position exceptionnelle au sein de la Communauté européenne :

> « *La Bourgogne est un grand carrefour français sur l'isthme européen qui joint la Méditerranée à la fois à la mer du Nord et au Bassin parisien. Elle s'ouvre aussi vers la Loire, mais de façon médiocre, et à l'est des plaines de la Saône, vers l'Allemagne, la Suisse, l'Italie du Nord. Elle unit la Seine et le Rhône, les deux plus grandes villes françaises et les deux plus puissantes régions : Île-de-France et Rhône-Alpes, qui lui sont voisines. Elle appartient au grand axe économique français, en même temps qu'elle se situe sur un grand axe européen nord-sud (...). Le réseau autoroutier est le plus dense du pays après celui de l'Île-de-France, très complet avec l'axe majeur Paris-Beaune-Marseille, le plus fréquenté de France, sur lequel se sont greffées les autoroutes Beaune-Mulhouse, Nancy-Dijon, Mâcon-Genève, Calais-Dijon, Dijon-Dôle. Le T.G.V., à son tour, a équipé la région, mettant, grâce à des raccordements, les villes bourguignonnes à 1 h 40 de Paris.(...) Trois carrefours bourguignons s'alignent donc aujourd'hui sur l'axe de la Saône : Dijon, Beaune, Mâcon, qui sont aussi les trois grandes gares de voyageurs. Dijon, par ailleurs, est mal reliée à la Nièvre, elle-même isolée et qui se tourne vers Paris, voire vers Clermont-Ferrand. L'autoroute Nevers-Paris, en projet, ne progresse guère.* »
>
> C. Vareille, dans *La France, les 22 Régions*, A. Colin, Paris, 2000.

b. Un équipement remarquable

L'hébergement en Bourgogne en 2008

Départements	Hôtels homologués (chambres)	Campings (emplacements)	Villages de vacances (lits)	Gîtes ruraux (nombre)
Côte-d'Or	5 735	3 340	411	319
Nièvre	1 822	3 983	238	277
Saône-et-Loire	4 871	4 687	50	641
Yonne	2 472	2 829	315	188

Sources : Direction du Tourisme et Fédération nationale des gîtes de France.

Étape traditionnelle, la Bourgogne, outre ses bonnes tables, bénéficie d'un développement assez rapide de ses capacités d'hébergement qui n'occupent encore qu'une place modeste, la région se classant au 12e rang pour l'hôtellerie homologuée et au 17e rang pour les campings. Ceci s'explique par la rapidité des transports modernes : les touristes de passage ne s'attardent pas dans la région, se contentant souvent d'y manger et d'y visiter un ou deux monuments.

Dijon, Beaune et Mâcon concentrent une part importante des hôtels, ajoutant une clientèle d'affaires croissante à la clientèle de passage. De même, l'ouverture des axes autoroutiers s'est accompagnée de la construction de nouveaux établissements qui concurrencent rudement les hôtels familiaux installés au long de la nationale 6. Les campings sont plus diffus. Le nombre des emplacements a presque doublé depuis 1970 et il approche des 15 000 en 2001. Un effort a également été fait pour les gîtes ruraux, notamment en Saône-et-Loire. Bien que leur nombre demeure modeste, ils ont permis d'améliorer les revenus de quelques familles paysannes.

Quant aux **résidences secondaires**, elles sont partout présentes, notamment dans les vallées. Elles appartiennent aux Parisiens dans l'Yonne et la Nièvre, aux Dijonnais en Côte-d'Or et aux Lyonnais sur les marges méridionales, confirmant ainsi l'ouverture de la région sur les espaces extérieurs. La fonction de passage se traduit également dans le solde des séjours touristiques. Figurant au 14e rang national pour les nuitées (19,1 millions en 1999), la Bourgogne ajoute à la clientèle nationale, qui provient pour l'essentiel de l'axe Paris-Méditerranée, une importante clientèle originaire des autres pays européens. C'est notamment le cas des Allemands, des Belges et des Suisses qui n'hésitent pas à venir passer plusieurs jours dans la région pour acheter quelques bons crus ou effectuer la visite des monuments les plus prestigieux. L'hôtellerie et plus encore la restauration doivent à ces mouvements une importante partie de leur chiffre d'affaires.

4. Les « pays » bourguignons

Même si leurs habitants se sentent tous Bourguignons, les différentes régions qui composent la province offrent des visages variés qui expliquent l'inégale répartition du tourisme.

a. L'Yonne : le week-end des Parisiens

La Basse-Bourgogne prolonge jusqu'au Morvan les paysages du Bassin parisien. Aux plateaux et aux molles collines consacrés à la grande culture céréalière et peu peuplés, s'opposent les chapelets urbains des vallées humides de l'Yonne, de l'Armançon, du Serein et du Cousin. C'est là que se multiplient les **résidences secondaires des Parisiens**, notamment sur les versants abrités. Longtemps considérée comme l'« enfant terrible » de la Seine, en raison de la violence de ses crues, l'Yonne est aujourd'hui assagie par la construction de multiples barrages de retenue sur ses affluents les plus dangereux. Ayant servi d'axe de transport pour les billes de bois du Morvan destinées à la capitale, la rivière accueille aujourd'hui les *house-boats* qui profitent aussi de l'existence des **canaux bourguignons**, creusés aux XVIIIe et XIXe siècles (Nivernais, Bourgogne, Centre).

Au nord, **Sens**, rappelle son passé religieux avec la cathédrale Saint-Étienne, l'une des premières nefs gothiques édifiées en France, toujours entourée de rues étroites où les vieilles demeures abondent. Siège d'un puissant archevêché qui fournit deux papes, elle fut aussi ville drapante avec des foires animées. La ville borde le **pays d'Othe**, défriché sous la conduite des cisterciens au Moyen Âge, mais toujours verdoyant et ombragé, ou l'exode rural libère de vieilles fermes pour d'éventuels acquéreurs.

À l'ouest, la **Puisaye**, pays de l'écrivain Colette, à l'écart des grands axes routiers, déroule son bocage, ses prés et ses étangs. Il conserve un artisanat voué à la céramique (Saint-Amand) et possède de beaux châteaux (Saint-Sauveur et surtout Saint-Fargeau, qui abrita la Grande Mademoiselle en exil), mais trouve dans la chasse des recettes touristiques plus substantielles.

La Bourgogne

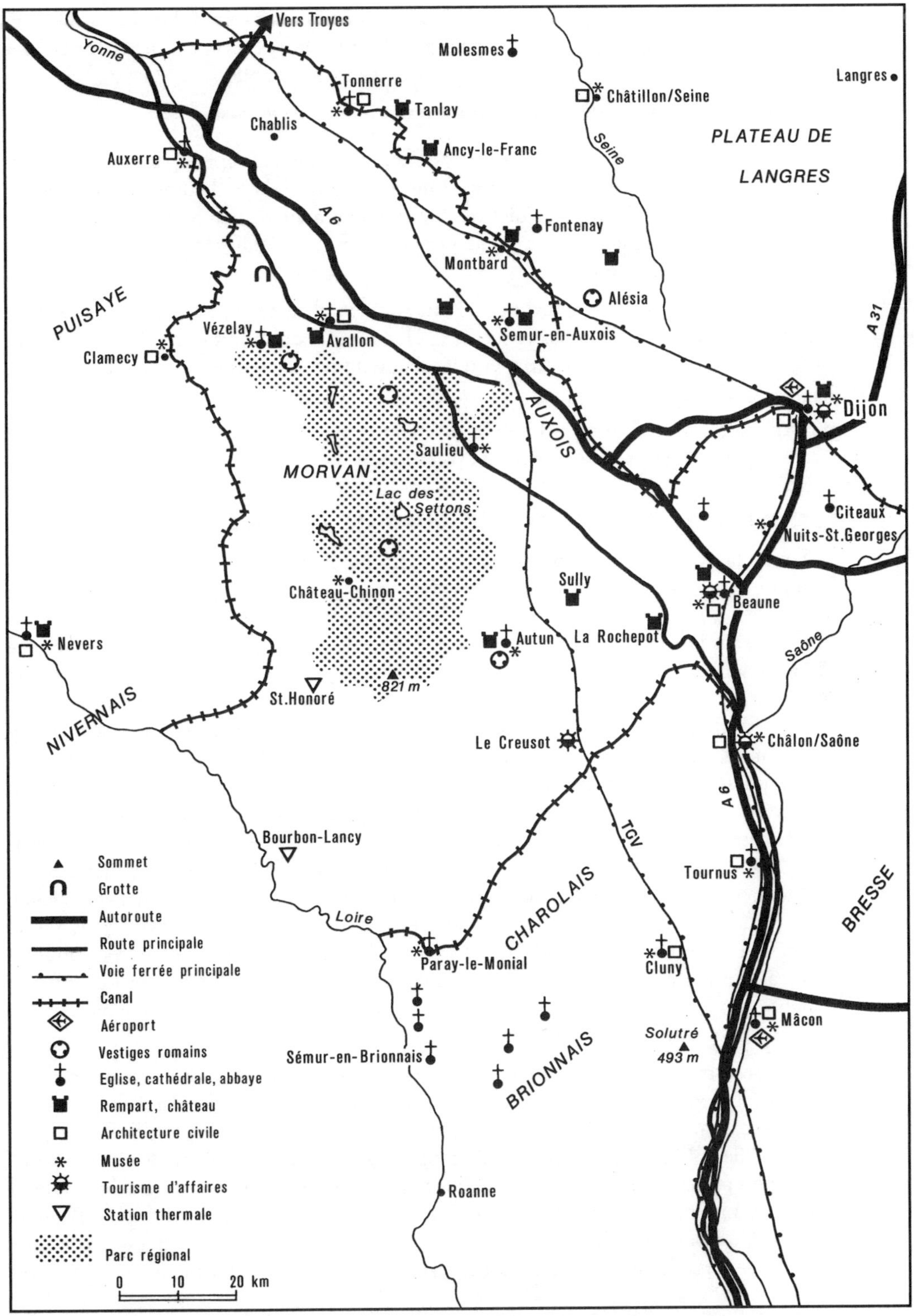

La région porte des vignobles, centrés sur les vallées de l'Yonne pour ceux de l'Auxerrois (rouges d'Irancy et blancs) et du Serein pour celui, plus connu, du **Chablis**. Ce dernier comptait au Moyen Âge parmi les plus vastes de France et couvrait encore 60 000 hectares avant le phylloxéra. Il avoisine aujourd'hui 4 000 hectares et produit des vins blancs secs (cépage chardonnay, aligoté et sauvignon) parmi lesquels on distingue les chablis grand cru, les chablis premier cru, les chablis et les petits chablis.

Bien situées sur les voies de passage, trois villes accaparent les visiteurs :

– ***Auxerre***, la capitale économique de l'Yonne, ancienne cité épiscopale, ville de couvents et d'églises, étagée sur un coteau. Elle possède avec la cathédrale Saint-Étienne (XIIIe-XVIe siècle) et l'abbaye bénédictine de Saint-Germain, deux monuments imposants, dans une vieille ville bien conservée qui s'oppose aux vastes quartiers modernes, témoins d'un essor industriel récent ;

– ***Tonnerre*** est la patrie du chevalier d'Éon. À ses vieilles demeures et à son église bien endommagée durant la dernière guerre, elle ajoute un hôpital célèbre fondé par Marguerite de Bourgogne, en 1293, et doté d'une immense charpente de chêne ;

– ***Joigny*** est l'une des villes préférées des Parisiens, halte gastronomique et lieu de promenade. C'est à proximité, à Laroche-Migennes, que les trains à vapeur s'arrêtaient autrefois pour « faire de l'eau » entre Paris et Dijon.

b. Terre-Plaine et Morvan : la bordure du Massif central

La Terre-Plaine constitue la zone de contact entre le Bassin parisien et le Massif central. C'est une dépression humide mollement vallonnée et drainée par les cours d'eau dévalant du Morvan. L'élevage des bœufs charolais est l'activité essentielle. **Saulieu**, autrefois ville-étape sur la route du Midi, a connu une longue éclipse à la suite de la mise en service de l'autoroute A6, mais elle retrouve une nouvelle animation à la faveur de sa renommée gastronomique. **Avallon** occupe une position stratégique sur une butte granitique ; elle conserve d'ailleurs de cette fonction des remparts, des tours, un beffroi ainsi que de nombreuses maisons médiévales. **Vézelay** ou « la colline éternelle » est un haut-lieu de la chrétienté, témoin d'une histoire prestigieuse. Dès le XIe siècle, les pèlerins viennent en nombre se recueillir dans l'abbaye sur les reliques de Marie-Madeleine. Vézelay devient l'un des principaux points de départ vers Saint-Jacques-de-Compostelle, puis des croisades vers Jérusalem (Philippe Auguste et Richard Cœur-de-Lion s'y réunissent). Ruinée par la concurrence d'un sarcophage trouvé en Provence et authentifié par le pape comme étant celui de Marie-Madeleine, l'abbaye est vendue sous la révolution puis rasée. Viollet-le-Duc restaure la basilique qui dispose d'éléments architecturaux exceptionnels : le portail en plein cintre au tympan et au liteau finement sculptés, une nef romane immense, aux pierres polychromes, un vaste fronton central gothique. C'est sans conteste l'un des fleurons de l'art bourguignon.

Plus à l'est, formant transition entre le Morvan et les plateaux de la Bourgogne calcaire, l'Auxois n'est pas seulement une grande voie de passage entre Lyon et Paris, qu'emprunte l'autoroute, mais aussi un des espaces touristiques les plus fréquentés de la Bourgogne. Constitué de collines, de croupes entaillées par les cours d'eau, il est riche en sites fortifiés. Le plus prestigieux, mais aussi le moins bien conservé est sans conteste celui d'**Alésia** dont les remparts ont été reproduits sur l'archéodrome qui jouxte l'autoroute à Beaune. Les autres ont pour nom Époisses, Châteauneuf, Commarin, et surtout **Semur**, véritable ville close, perchée sur un éperon qu'entoure un méandre de l'Armançon. Le manoir

Renaissance de Bussy-Rabutin, où fut exilé sur l'ordre de Louis XIV l'impertinent auteur de l'*Histoire amoureuse des Gaules*, est aujourd'hui transformé en musée. Plus au nord, Montbard, active cité métallurgique, conserve le parc et quelques édifices du temps de Buffon, le grand naturaliste, et côtoie **l'abbaye de Fontenay**, l'une des « filles » de Cîteaux. La Bourgogne développe également ses musées industriels comme le Musée régional de la sidérurgie, qui rappelle l'ancienne forge de Buffon.

Le Morvan, qui culmine à 902 m au Haut Folin, est exposé de plein fouet aux vents humides d'ouest et peut conserver certains hivers son manteau neigeux durant plusieurs semaines. Ces fortes précipitations, ajoutées à un sous-sol granitique imperméable explique l'abondance des eaux. La rudesse du climat, la médiocrité des sols et l'attraction de Paris ont favorisé un exode rural précoce. Pour compléter leurs maigres revenus, les Morvandiaux assuraient autrefois des charrois à l'aide de leurs bœufs (« la galvache ») et veillaient au transport de leurs bois vers la capitale ; les femmes devenaient nourrices des enfants de l'aristocratie parisienne ou accueillaient les pupilles de l'Assistance publique (« les Petits Paris »). Vidé d'une large partie de ses habitants, le Morvan, qui ne peut vivre de l'élevage et de la forêt, compte sur le tourisme. Il dispose en effet de nombreux atouts :

– Les fermes abandonnées se vendent comme ***résidences secondaires*** à des prix inférieurs à celles de l'Yonne ou de la Normandie ;

– ***lacs, rivières et étangs*** attirent de nombreux pêcheurs et la forêt abrite un abondant gibier ;

– les réservoirs des Settons, de Panessière, du Crescent sont équipés pour le ***nautisme*** ;

– le ***patrimoine historique*** n'est pas négligeable : sarcophages mystérieux de Quarré-les-Tombes, monastère de la Pierre-qui-Vire, village martyr de Dun-les-Places.

La création en 1970 du **parc régional** de 173 000 hectares confirme cette nouvelle orientation économique dont Autun doit également tirer parti. Fondée par Auguste au Ier siècle avant J.-C., Autun est devenue l'une des plus grandes villes de la Gaule gallo-romaine, dotée d'un forum, d'un théâtre, d'un capitole… avant de connaître un nouvel âge d'or dans le cadre du duché de Bourgogne. Elle conserve des vestiges importants de cette splendeur passée : porte d'Arroux, porte Saint-André et vestiges du théâtre, cathédrale romane Saint-Lazare et musée Rolin, riche en antiquités et en peintures.

c. La Bourgogne des grands vins

À l'austérité du Morvan et du plateau de Langres s'oppose la riante côte d'Or. À l'abri des vents d'ouest, face à l'immense vallée de la Saône, elle constitue le cœur de la Bourgogne historique et culinaire, celle des terroirs méticuleusement entretenus et des villes commerçantes.

Dijon (340 000 hab. dans l'aire urbaine), capitale historique et économique de la Bourgogne, est demeurée en grande partie une ville commerçante en dépit d'une rapide industrialisation au cours des vingt dernières années. Née d'un *castrum* installé sur la voie Agrippa, elle a perdu la plupart de ses monuments anciens lors de l'incendie gigantesque de 1137, mais porte toujours témoignage des grandes heures du duché au cœur de sa vieille ville. Celle-ci est riche de nombreux hôtels (du XIIIe au XVIIe siècle), d'églises gothiques comme Sainte-Bénigne – qui possède une remarquable crypte romane – ou Notre-Dame, du **palais ducal** évidemment, précédé de la belle place en hémicycle de Mansart et forte de ses musées qui abritent des sculptures de Sluter, de Rude, les tombeaux de plusieurs ducs, mais aussi d'impressionnantes collections de peintures, de Rubens, Véronèse, Le Titien... à Picasso. La ville a fait un gros effort pour ses infrastructures touristiques, creusant, par exemple un vaste lac artificiel (le lac Kir) pour les sports nautiques et développant les foires commerciales afin de valoriser sa position sur un grand axe européen.

C'est entre Dijon et Chagny que le vignoble acquiert ses lettres de noblesse. Sur près de 60 km de longueur, mais sur une largeur qui n'excède jamais 2 kilomètres et descend souvent à quelques hectomètres, la vigne tapisse la côte, gagnant même l'arrière côte lorsque les sols et l'exposition s'y prêtent, produisant alors des vins moins prestigieux, mais souvent de bonne garde. Plusieurs ensembles peuvent être distingués :

– ***la côte de Nuits***, au Nord, relaie après Fixin la côte dijonnaise, productrice de rosés (marsannay). Elle produit bon an, mal an avec son arrière-côte, quelque 37 000 hl de vin d'appellation dont près de 5 000 hl de premiers ou de seconds grands crus. C'est le domaine des grands bourgognes rouges : Chambertin, Musigny, le Clos-de-Vougeot, Romanée-Conti, Grand-Échézeaux... **Nuits-Saint-Georges** est le centre du négoce ; ce sont ses négociants qui eurent l'idée de la confrérie des Chevaliers du Tastevin pour contribuer à faire connaître le vignoble à l'étranger ;

– au sud, ***la côte de Beaune***, au relief plus vallonné, aux vallées affluentes élargies, produit des rouges et des blancs. Les premiers dominent entre Pernand-Vergelesses et Meursault (Corton, Pommard, Volnay), les seconds entre ce village et Santenay, avec des noms comme Puligny-Montrachet ou Chassagne-Montrachet. Comme Nuits au Nord, **Beaune** est la capitale incontestée du vignoble. Ceinte dans ses remparts Renaissance, elle abrite un grand musée du vin dans l'ancien hôtel des ducs de Bourgogne et possède, avec la basilique Notre-Dame l'un des joyaux de l'art roman bourguignon. Mais c'est l'**hôtel-Dieu** qui monopolise l'attention des visiteurs : fondé en 1443 par Nicolas Rolin, il est demeuré en excellent état : la grande salle des malades, les toits de tuiles polychromes, la pharmacie, les tapisseries constituent des manifestations éclatantes de l'art régional du XVe siècle. C'est la vente du vin produit par les terres de l'hôtel-Dieu qui permet de faire fonctionner l'hôpital actuel. Cette vente se fait aux enchères le troisième dimanche de novembre ; elle attire des acheteurs du monde entier ;

– au sud de la côte de Beaune, l***a côte chalonnaise*** prolonge la ceinture dorée du vignoble. L'emprise de la vigne se fait cependant moins pressante et cultures et prairies s'intercalent entre les parcelles. Moins prestigieux que leurs voisins, les rully, mercurey, givry émergent cependant d'une production d'environ 70 000 hl.

Chalon-sur-Saône est avant tout une ville administrative et industrielle. Elle a largement tiré parti de l'autoroute pour attirer de nombreuses entreprises, souvent spécialisées dans les constructions mécaniques et électriques. Ce n'est pas une grande étape touristique, en dépit du charme des promenades en bord de Saône, du musée de la photographie dédié à l'un de ses enfants (Niepce) et du développement de la navigation de plaisance sur la Saône :

> *« Représentant la détente, le calme, l'insolite et la possibilité de découvrir une région en famille ou entre amis, le tourisme fluvial en Saône-et-Loire est l'une des composantes importantes d'une activité touristique large et variée.*
>
> *Près de 300 km de voies navigables sillonnent ce département mais en Côte-d'Or, à Auxonne, à Saint-Jean-de-Losne, puis plus au sud, à Villefranche-sur-Saône, une*

demi-douzaine de sociétés procèdent à la location – quelquefois à la vente – des bateaux-promenade ou bateaux habitables.

De ville en ville, la région est pointillée de haltes nautiques et de ports accueillants. Des escapades sont offertes aux plaisanciers sous forme de ballades de quelques heures ou de croisières de plusieurs jours pour découvrir la vallée de la Saône et les canaux de Bourgogne au sud. (...) Ce n'est pas moins de 27 ports fluviaux qui peuvent être le départ des vacanciers. »

Beaujolais, Mâconnais, le Guide, Casterman, 1996.

d. Le Mâconnais : vignoble et littérature

Marge orientale du Massif central, le Mâconnais regarde également vers la Saône et porte un vaste vignoble qui, proche des traditions bourguignonnes, produit des rouges et des blancs réputés, à l'image du **pouilly-fuissé**, récolté près du site historique de **Solutré**. C'est du sommet de cette roche que tombaient les chevaux sauvages rabattus par nos ancêtres lors des chasses collectives. Des milliers de squelettes découverts au pied de l'abrupt rappellent ces scènes.

Le Mâconnais c'est **le pays de Lamartine**, présent à Milly, à Bussières – le « pays de Jocelyn » –, à Saint-Point où son château est devenu musée, mais aussi à Mâcon, où les paysages prennent déjà un air méridional, les tuiles rondes relayant peu à peu les tuiles plates du nord. C'est ce paysage de collines molles et d'horizons changeants qui a accueilli les moines de Cluny, sanctuaire qui contribue, avec le « circuit » du grand écrivain, à retenir quelques heures l'automobiliste filant vers le sud.

e. Charolais et Brionnais : la vocation herbagère

Au sud-est de la région, l'élevage des grands bœufs blancs triomphe dans un passage paisible de collines bocagères trop souvent délaissées par les touristes. Le spectacle des grands marchés aux bestiaux de Charlieu ou de Saint-Christophe-de-Brionnais anime les gros bourgs d'une région demeurée très rurale et qui porte un semis dense d'**églises rurales** pittoresques duquel émergent celles de Semur, d'Anzy-le-Duc et surtout de **Paray-le-Monial**. Dans cette ville d'art et d'histoire, la basilique du Sacré-Cœur est une réduction de la grande église de Cluny et porte ainsi témoignage de l'art architectural de l'ordre bourguignon.

f. Le Creusot-Montceau-les-Mines : un ancien « pays noir » au cœur de la Bourgogne

Entre Morvan et Charolais, le long du canal du centre, édifié entre 1784 et 1790, Le Creusot est l'un des plus anciens foyers industriels français. Édifié à proximité des mines de charbon de Blanzy, le complexe sidérurgique est lié au nom d'une famille : Schneider. Très tôt spécialisé dans la métallurgie lourde, il produisit la première locomotive française et l'énorme marteau-pilon de 1876 orne l'une des avenues de la ville. Le tourisme d'affaires gravite aujourd'hui autour des entreprises orientées vers la grosse chaudronnerie (réacteurs nucléaires...) et les constructions électriques. Un **écomusée**, installé dans une ancienne cristallerie, retrace l'histoire de cette région industrielle, et permet le développement des colloques, rencontres et séminaires dans une ville desservie par le TG reliant Paris à Marseille.

g. Nivernais et Sologne bourbonnaise : thermalisme et canaux

Bien qu'intégrés dans la région économique bourguignonne, le Nivernais et la Sologne bourbonnaise regardent davantage vers la vallée de la Loire, couloir de communications routières et ferroviaires aisées. Situées à l'écart des grands axes touristiques, les deux régions comptent surtout sur le patrimoine architectural de Nevers et sur le thermalisme. **Nevers**, ancienne capitale ducale conserve un élégant palais Renaissance, une cathédrale mi-romane, mi-gothique, ainsi qu'un riche musée de la Faïencerie. Quant au **thermalisme**, s'il a disparu à Pougues-les-Eaux, il attire 3 610 curistes à Saint-Honoré-les-Bains et 2 900 à Bourbon-Lancy, qui connaît un essor continuel depuis une décennie. Comme le reste de la Bourgogne, le Nivernais compte aussi sur le **tourisme fluvial** pour diversifier ses activités, grâce à ses rivières calmes, mais aussi à ses canaux.

h. Le Châtillonnais : un enclavement persistant

Au nord-est de la Bourgogne, aux marges de la Champagne, le Châtillonnais reste encore à l'écart des grands axes touristiques, en dépit de l'achèvement de l'« autoroute des Anglais » Calais-Reims-Dijon. En grande partie couvert de forêts, ce plateau calcaire, autrefois animé par des forges, doit son récent succès à quelques sites naturels (les résurgences ou « douix » comme celles de la Seine ou de Châtillon-sur-Seine) et à la richesse du **musée de Châtillon**, qui abrite le fameux vase de Vix, gigantesque cratère de bronze de plus de 200 kg et de 1,64 m de hauteur, finement décoré et sans doute originaire des collines grecques d'Italie du sud. La région tente aussi de nombreux Dijonnais épris de calme, qui viennent y effectuer leur promenade dominicale ou qui y établissent leur résidence secondaire.

B La Franche-Comté

La Franche-Comté regroupe quatre départements : Jura, Doubs, Haute-Saône et Territoire de Belfort. Elle est donc constituée pour une large part de la chaîne jurassienne qui s'étire en forme de croissant sur plus de 250 kilomètres entre le Rhône et la porte de Bourgogne, formant une frontière naturelle avec la Suisse. C'est la présence de cette montagne moyenne qui marque le tourisme régional, à travers les paysages, mais aussi les communications et l'économie, expliquant ainsi l'inégale répartition des flux de loisirs dans la région. Bien que l'Ain ne fasse pas partie de la région économique Franche-Comté, et que le Bugey ait des liens étroits avec le tourisme savoyard, l'extrémité méridionale du massif jurassien sera intégrée à l'étude qui va suivre.

1. Une montagne moyenne, au relief bien ordonné

a. De sommet en plateau

Le Jura n'offre que des altitudes modestes. Née à l'ère tertiaire du soulèvement alpin qui plisse et bascule les assises sédimentaires où alternent marnes et calcaires, la chaîne présente une dissymétrie fondamentale entre l'Est et l'Ouest.

– *À l'Est*, des plissements vigoureux ont porté les sommets à des altitudes plus élevées. Les sommets dominent la plaine suisse par un abrupt de près de 1 000 m : Grand Colombier, **crêt de la Neige** (1 718 m), mont Risoux (1 384 m), mont d'Or (1 463 m). Cette ligne de crêtes s'affaiblit vers le Nord où les altitudes ne dépassent pas 900 m (Lomont). Le plissement fait alterner monts et vals, ces derniers favorables au développement du **ski de fond** (Valserine) et aux communications. L'érosion a facilité le dégagement de larges combes et de nombreuses cluses qui concentrent les axes de transport (cluses des Hôpitaux, de Nantua), et expliquent le tracé « en baïonnette » des cours d'eau (Doubs) et la présence de lacs (Nantua). L'érosion des calcaires a dégagé des crêts vigoureux (crêt de la Neige, Dole) qui renforcent l'impression de relief ou mis à jour des anticlinaux constituant parfois des attraits touristiques comme le célèbre « chapeau de gendarme », près de St-Claude.

– *À l'Ouest*, le soulèvement, moins sensible, s'est traduit par un **étagement de plateaux** qui s'abaissent graduellement vers la plaine de la Saône : plateaux de Nozeroy, de Moirans, de Champagnole, entre 900 et 1 000 m, puis plateaux de Lons-le-Saunier et de Poligny, entre 500 et 600 m, par exemple. Ces plateaux dominent eux-mêmes la plaine de la Saône par un escarpement assez net au Sud, mais profondément indenté au Nord par les pittoresques « reculées » ou « bouts-du-monde », comme ceux de Poligny, d'Arbois, de Baume-les-Messieurs, amphithéâtres dominés par un escarpement calcaire de plusieurs dizaines de mètres.

b. Une montagne calcaire aux eaux vives

Le Jura est avant tout un massif calcaire, comme en témoigne la blancheur des versants et des crêts et les multiples formes d'érosion karstique qui lui confèrent une part de ses attraits naturels. Les **grottes** (les Planches, grotte sarrazine, près d'Arbois), les « pertes » des rivières, comme celle de l'Ain, les **résurgences** (le Lison), les **gouffres** (Poudrey, près de Besançon, Conche, près de Salins) ou les **gorges**, telles celles du Doubs ou de la Loue, sont les manifestations les plus spectaculaires de cette érosion.

À ce relief en creux s'ajoutent les attraits des eaux de surface. Les glaciers quaternaires, provenant des Alpes, en tapissant les plateaux de moraines imperméables, ont en effet permis la multiplication des lacs et des rivières. Certaines **cascades** (sauts du Doubs, du Hérisson) jalonnent les itinéraires touristiques.

Les lacs, allongés dans un val comme celui de Saint-Point, dans une cluse (Nantua) ou créés par l'homme (lac de Vouglans, sur l'Ain), ont permis le développement de bases de loisirs, orientées vers la baignade, et plus encore le nautisme, les eaux des 70 **lacs** jurassiens demeurant assez fraîches en été. Ces étendues lacustres permettent également l'essor de la pêche. La région s'honore de posséder depuis 1986 la maison de la Pêche d'Ornans, sur la Loue, qui dispense des conseils, mais assure aussi la formation des guides.

c. Une montagne froide

Si l'altitude moyenne de la chaîne demeure modeste (660 m), son exposition au flux d'Ouest et sa situation géographique, à l'extrémité orientale du territoire, renforcent les contraintes pluviométriques et thermiques. Exposée de plein fouet aux dépressions qui traversent le Bassin parisien, le Jura est une montagne humide. Les précipitations, qui atteignent déjà 1 100 mm sur le Revermont et le Vignoble, augmentent régulièrement

Le Jura

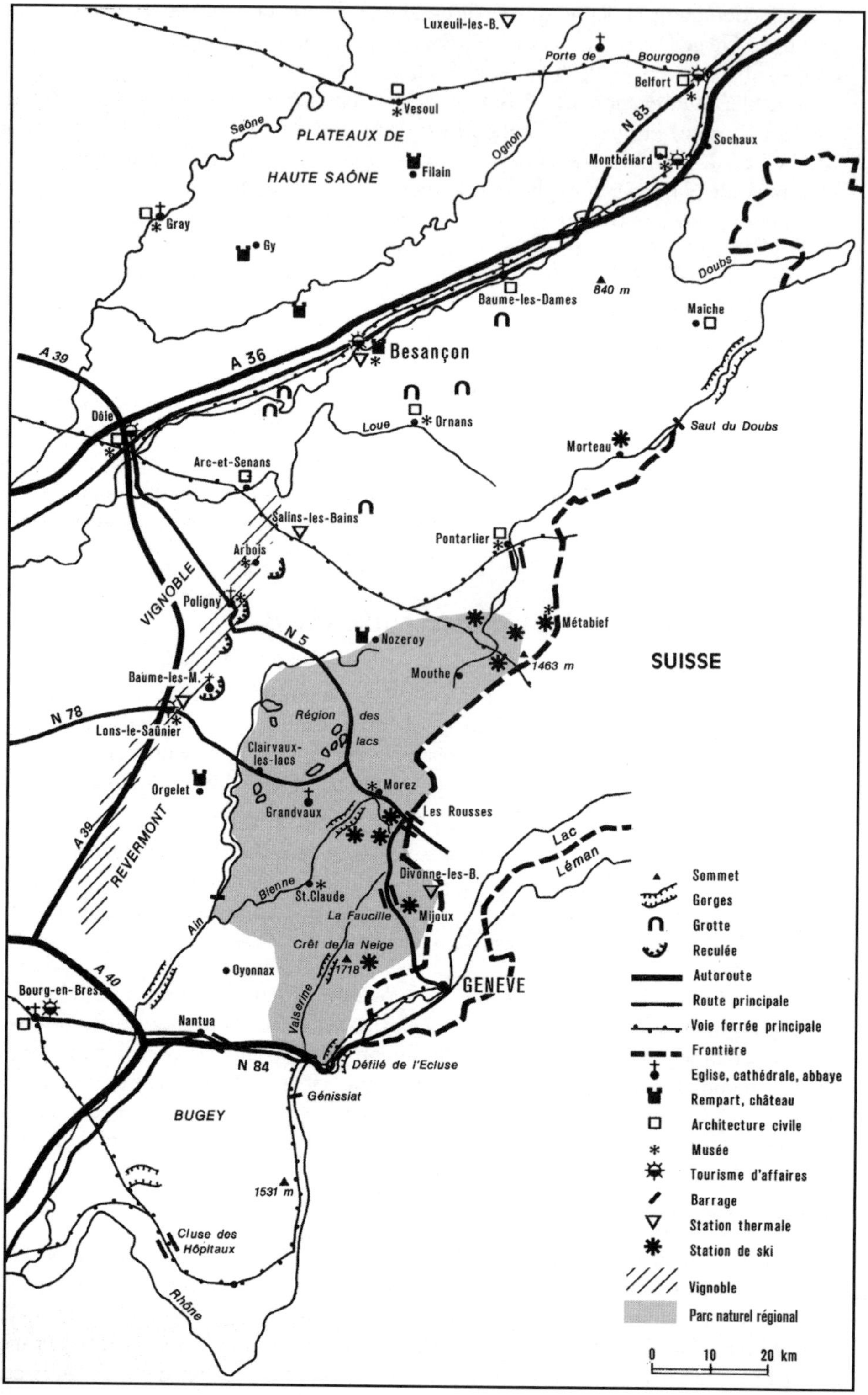

Luxeuil-les-B.
Porte de Bourgogne
Belfort
Vesoul
Saône
PLATEAUX DE
HAUTE SAÔNE
Filain
Ognon
N 83
Sochaux
Montbéliard
Gray
Gy
Doubs
Baume-les-Dames
840 m
Maiche
A 39
A 36
Besançon
Dôle
Loue
Ornans
Saut du Doubs
Morteau
Arc-et-Senans
Salins-les-Bains
Pontarlier
Arbois
VIGNOBLE
Poligny
N 5
Nozeroy
Métabief
Mouthe
1463 m
SUISSE
Baume-les-M.
N 78
Lons-le-Saûnier
Région des lacs
Clairvaux-les-lacs
Orgelet
Morez
Grandvaux
Les Rousses
A 39
REVERMONT
Lac Léman
Divonne-les-B.
Bienne
St.Claude
Ain
La Faucille
Mijoux
Crêt de la Neige
1718
Oyonnax
GENÈVE
A 40
Bourg-en-Bresse
Valserine
Nantua
N 84
Défilé de l'Ecluse
Génissiat
BUGEY
1531 m
Cluse des Hôpitaux
Rhône
Sommet
Gorges
Grotte
Reculée
Autoroute
Route principale
Voie ferrée principale
Frontière
Eglise, cathédrale, abbaye
Rempart, château
Architecture civile
Musée
Tourisme d'affaires
Barrage
Station thermale
Station de ski
Vignoble
Parc naturel régional
0 10 20 km

vers l'Est, où les sommets enregistrent des totaux annuels supérieurs à 2 m, la partie méridionale de la chaîne étant dans l'ensemble plus arrosée que le Nord.

C'est également une montagne froide. Les hivers, renforcés par la continentalité, sont rudes et longs : **Mouthe**, au cœur de la « **Sibérie française** » a déjà enregistré des minima inférieurs à – 40 °C. Le manteau neigeux, important sur les hauteurs où il peut durer de 3 à 4 mois, permet la pratique du ski, et notamment du ski de fond, le Jura possédant en ce domaine un équipement remarquable. Il dispose de plus de 2 000 km de pistes, la Grande Traversée en constituant le fleuron, et la Transjurassienne est l'une des épreuves les plus célèbres d'Europe.

Les contraintes climatiques se traduisent également dans l'architecture locale, notamment en milieu rural. Les fermes du haut pays, bardées de tavaillons ou d'ardoises sur leur façade occidentale, abritent sous un même et large toit, bêtes, gens et foin. Même les étés, fréquemment contrariés par des orages, ont des nuits fraîches qui limitent quelque peu l'essor du camping et obligent parfois les hôteliers des stations élevées à rallumer le chauffage avant la fin d'août. C'est l'automne, bref comme le printemps, qui offre les ciels les plus clairs et les paysages les plus agréables, quand les brouillards matinaux ouatent les fonds humides et que la forêt s'empourpre.

d. Le domaine des prés et des bois

La Franche-Comté offre aux touristes des paysages variés :

– À l'ouest, ***le Revermont*** et plus encore ***le Vignoble***, font figure de bons pays. Herbages et cultures alternent et la vigne, bien qu'en repli depuis la crise phylloxérique, contribue à attirer bien des gastronomes. Elle triomphe entre Lons-le-Saunier et Salins, **Arbois** faisant figure de capitale viticole. Si la notoriété de certains vins ne dépasse pas le cadre régional, il en va tout autrement du vin jaune et du vin de paille.

> *« Le vin de paille provient des plus beaux raisins choisis dans la vigne, le Melon ayant priorité. Sa production est délicate, toutes les récoltes ne s'y prêtant pas, car le fruit doit être très mûr et très sain. On le cueille tard, en novembre, souvent après les gelées précoces. Les raisins délicatement transportés pour éviter de les meurtrir, sont étendus sur un lit de paille ou suspendus dans un local sec et aéré. Ils s'y déshydratent lentement. Quand la dessiccation est à point, après deux mois au moins, on procède à l'égrappage tout en rejetant les grains détériorés. Et l'on presse dans de petits pressoirs de bois, d'où coule sans grande abondance un jus qui est riche en sucre non consommé et sera d'une haute teneur en alcool. Ce jus est mis au repos dans un fût de chêne jusqu'en avril-mai. On soutire, on entonne dans un fût identique et après deux ans au moins, on met en bouteilles. Le vin de paille lui aussi brave les siècles. On en connaît qui date de 1881. »*
>
> R. Piallat et P. Deville, *Œnologie et crus des vins*, Éditions J. Villette, 1983.

Autour d'Arbois, les maisons des vignerons, aux grandes caves voûtées, aux larges escaliers et galeries extérieures, traduisent l'aisance d'une région aux villages riants, qui prennent parfois des airs méridionaux sous le soleil. La vigne est également présente dans le Bugey, la roussette de Seyssel étant la production la plus connue.

– ***les plateaux***, et plus encore ***les chaînes orientales***, voient au contraire la présence humaine s'amoindrir, bien que la densité demeure supérieure à 50 habitants par km². Aux endroits où le calcaire affleure, la végétation se raréfie, se rabougrit : ce sont les chaux qui s'opposent aux prés tapissant les placages d'argile d'origine morainiques et surtout aux forêts, qu'il s'agisse des joux (sapins) ou des pessières (épicéas). Celles-ci relaient les feuillus, et notamment le hêtre, au-dessus de 800 m.

La forêt jurassienne couvre 650 000 hectares, soit 44 % de la superficie du Jura, 42 % de celle de la Haute-Saône et 41 % de celle du Doubs. Défrichée par les moines dès le Haut Moyen Âge – ce qui explique la dispersion des villages élevés –, elle constitue encore un élément important de l'économie régionale et un attrait décisif pour la fréquentation touristique, apportant le calme, l'air pur, mais aussi champignons et myrtilles.

Les forêts de conifères comptent parmi les mieux exploitées de France (forêts de Joux et de la Fresse). La plupart sont de propriété communale, ce qui en facilite l'exploitation et permet à quelques communes de disposer de ressources appréciables, d'autant que la proximité des acheteurs suisses fait monter les enchères. Ces forêts alternent avec les prés qui servent de pâturages d'altitude aux pies rouges de l'Est et aux montbéliardes qui contribuent à la renommée gastronomique de la région. Les « fruitières » sont des coopératives qui associent depuis le XIIIe siècle les éleveurs et qui assurent la fabrication du **fromage de Comté**, fromage à pâte cuite pressée en meules de 40 à 50 kg qui sont salées et affinées en cave durant 6 à 8 mois. Toutefois, les grandes fromageries concurrencent de plus en plus ces coopératives traditionnelles.

Le Haut Jura : des prés et des bois

Si ce « gruyère de Comté » à l'appellation protégée est le plus connu, d'autres fromages complètent la table régionale : le morbier, de taille plus modeste et cendré ; le vacherin à pâte molle, fabriqué autour de Champagnole ; la cancoillotte, de Haute-Saône, de consommation plus limitée ; enfin les fromages fondus de Lons-le-Saunier et de Dole (fromageries Bel). Ces mets complètent une table très rustique où les gaudes (potages à base de farine de maïs), les potées, les **saucisses de Morteau**, et plus encore les poissons de rivière (ombles, truites, brochet) et de lac, accommodés au vin blanc en « meurette » ou au vin rouge en « pauchouse », sont les plats les plus typiques.

2. Un tourisme encore trop peu développé

a. Une situation périphérique

Le Jura a longtemps fait figure de région lointaine pour les Parisiens, et, même pour les proches Lyonnais qui préféraient les Alpes. En effet, en dépit de la modestie du relief, les communications ne sont pas toujours très faciles, surtout dans les zones orientales. Certes des axes internationaux traversent la chaîne – voie ferrée Paris-Lausanne, par Vallorbe ; routes Paris-Genève, par le col de la Faucille et Paris-Lausanne par le col de Saint-Cergue –, et l'arrivée du T.G.V. à Frasne et Besançon laisse augurer d'un rapide développement du ski de fond.

Il n'en demeure pas moins que les grands axes de circulation nationaux ou internationaux demeurent extérieurs à la chaîne, qu'il s'agisse des « autoroutes blanches » qui court-circuitent une partie du trafic de la cluse de Nantua, ou de l'autoroute A36 Dijon-Mulhouse, qui renforce le poids du couloir Dole-Besançon-Belfort, déjà emprunté par la voie ferrée, la nationale 83 et le modeste canal du Rhône au Rhin. **Les cols jurassiens sont assez élevés** en raison de la faiblesse de l'érosion glaciaire : 1 323 m pour **la Faucille**, 1 235 m pour St-Cergue, et les routes qui y conduisent sont souvent sinueuses, notamment sur le versant suisse. Deux régions sont particulièrement défavorisées au point de vue des communications : les plateaux de la Haute-Saône et celui de Maîche, ce qui contribue à leur faible fréquentation.

b. Une clientèle surtout régionale

Certes, comme la plupart des régions françaises, la Franche-Comté accueille des touristes venus de tous les horizons, mais l'origine géographique de ceux-ci est cependant moins diversifiée que pour les autres massifs français. Le nombre de nuitées enregistrées classent la région au 17e rang national, soit une fréquentation limitée à 55 % de celle de l'Auvergne. Pourtant, les bénéfices du tourisme ne sont pas négligeables. Si cette activité représente moins de 5 % du P.I.B. régional, elle contribue pour une part importante au revenu de bien des petites villes et villages de la montagne.

La Franche-Comté recrute sa clientèle à l'Est d'une ligne Le Havre-Marseille. En dehors de la région parisienne qui fournit le quart des séjours, les plus forts contingents sont, soit régionaux, soit originaires du Nord-Pas-de-Calais ou de la Bourgogne voisine, bien reliée à la montagne jurassienne, par un réseau routier assez dense. Cette dernière région fournit par ailleurs une part importante des résidents secondaires, soit dans les stations de sports d'hiver, soit dans les vallées occidentales où le tourisme de villégiature est prisé.

À cette clientèle nationale s'ajoute une clientèle étrangère en progrès puisqu'elle totalise en 2006 environ 15 % des nuitées hôtelières et 59 % des nuitées en camping. Les Allemands, les Belges, les Néerlandais – qui apprécient les campings et les gîtes – et les Britanniques constituent l'essentiel des effectifs.

Les Francs-Comtois présentent une mobilité croissante depuis quelques années. Le taux de départ en vacances d'été est cependant inférieur à la moyenne nationale. Le caractère rural de la région et un environnement agréable expliquent que de nombreux estivants demeurent fidèles à leur région.

3. Les points forts du tourisme jurassien

Le tourisme estival de villégiature conserve une nette suprématie en dépit de la progression des sports d'hiver. Les vacanciers privilégient généralement des moyens d'hébergement assez modestes. La région ne compte que 3 hôtels 4 étoiles et luxe en 2008 ! Par contre, la petite hôtellerie, les campings et les gîtes ruraux enregistrent un grand dynamisme, d'autant que les prix pratiqués demeurent bien modestes comparés à ceux des autres régions de montagne.

L'hébergement en Franche-Comté en 2008

Départements	Hôtels homologués (chambres)	Campings (emplacements)	Villages de vacances (lits)	Gîtes ruraux (nombre)
Doubs	3 594	2 997	853	465
Jura	2 119	8 361	2 843	712
Haute-Saône	918	1 684	—	144
Territoire de Belfort	898	439	—	48

Sources : Direction du Tourisme et Fédération nationale des gîtes de France.

a. La prépondérance des hauteurs

Le Haut-Jura concentre une large part des infrastructures et de la clientèle. Il bénéficie de la présence de la nationale 5 et des deux principaux cols (Saint- Cergue et La Faucille) qui permettent d'ajouter une clientèle de passage à celle de séjour. Le triangle **Morez – Clairvaux-les-Lacs – Saint-Claude** constitue le centre de gravité du tourisme franc-comtois, estival comme hivernal.

Cette suprématie s'explique par :

– *l'abondance des curiosités naturelles* : panoramas du crêt de la Neige, du crêt Pourri, du mont Rond ; gorges de la Bienne, du Flumen, de l'Ain ; cascades du Hérisson, de la Queue-de-cheval ; lacs de Clairvaux, de Vouglans, de Chalain ; grottes ;

– *l'étendue des forêts* : du Risoux, du Mont-Noir... ;

– *la présence des centres artisanaux* de Saint-Claude (pipes, diamants) et de Morez (lunetterie) ;

– *l'existence de stations d'altitude*, équipées pour les sports d'hiver : Longchaumois, Morbier et surtout **Les Rousses-Prémanon** (16 000 lits en 2001, 40 remontées mécaniques). Ces stations d'altitude offrent l'avantage d'une double saison. Les Rousses connaissent même un tourisme de week-end, et accueillent de nombreux touristes de passage sur la route de la Suisse et de l'Italie.

Au sud, monts-Jura-Mijoux compte 5 000 lits et 31 remontées. Au nord, un autre ensemble touristique s'est construit sur la route de Pontarlier à Lausanne, bénéficiant de la présence de reliefs marqués autorisant la pratique du ski de piste. À une échelle un peu plus modeste, on y retrouve des attraits naturels et humains comparables à la région précédente : lac de Saint-Point, source de la Loue, gorges de Nouailles, stations d'été et d'hiver des Fourgs et de **Métabief-le-Mont-d'Or** (14 500 lits). Plus au nord, **Morteau**, ville horlogère, tire parti de la proximité du saut du Doubs et du lac de Villers, mais l'altitude est insuffisante pour le développement des sports d'hiver.

Les sources de la Loue

Au sud de la chaîne, la station de **Mijoux-La Faucille** domine **le pays de Gex** qui doit son activité touristique à la station thermale de **Divonne-les-Bains**. Seule station régionale disposant d'une hôtellerie de haut niveau, elle a accueilli 1 420 curistes en 2006. Ceux-ci profitent également de la présence d'un hippodrome, d'un vaste lac artificiel et d'un casino qui figure au 12° rang national. À proximité de Divonne, Ferney-Voltaire conserve le château qui servit de refuge au philosophe du siècle des Lumières. Un tourisme de passage s'organise également autour des axes de communication transjurassiens. La majorité des voyageurs se contentent d'apprécier la restauration à **Nantua** (promue station d'été grâce à son lac), d'admirer le site impressionnant du défilé de l'Écluse dominé par le Grand Crêt d'Eau, ou le barrage de Génissiat, mis en service en 1948 et longtemps considéré comme un symbole de la technologie française. Comme celle de la cluse des Hôpitaux, plus méridionale, cette région gravite déjà dans l'orbite nord-alpine.

b. Des plateaux qui retiennent peu

Le tourisme de passage domine sur les plateaux occidentaux, les plus élevés d'entre eux parvenant cependant à retenir les amateurs de forêts et d'air pur durant l'été. Ce tourisme est motivé par la beauté des paysages (vallée de la Loue qui traverse **le vieil Ornans**, cher à Courbet, le peintre régional ; reculées), par la gastronomie, avec **Arbois**, la ville de Pasteur, qu'elle honore d'un musée, et Poligny, l'une des capitales du fromage de Comté. Il faut y ajouter le patrimoine architectural, notamment à Lons-le-Saunier, étape routière et centre d'excursions, avec sa tour de l'Horloge, sa vieille rue bordée d'arcades et son hôpital du XVIIIe siècle. Un peu plus au nord, Arc-et-Senans est un exemple de l'urbanisme industriel du XVIIIe siècle : la saline royale, chargée d'exploiter le sel local à l'aide du bois de chauffe de la forêt voisine de Chaux, est l'œuvre de l'architecte C. N. Ledoux. Bien que son projet soit inachevé, un ensemble de constructions monumentales en hémicycle rappelle l'ambition du projet. Abandonnée dès la fin du siècle suivant, l'exploitation du sel a laissé place depuis plusieurs années à des manifestations artistiques et surtout à un centre de réflexion sur le futur, à des séminaires et des congrès. Il accueille 80 000 visiteurs par an, mais souffre de l'insuffisante capacité hôtelière des environs.

Cette région est aussi celle du thermalisme, mais l'activité est bien ténue : 1 590 curistes à Lons-le-Saunier en 2006 et 1 910 à Salins-les-Bains.

c. Le couloir occidental : passage et affaires

À l'ouest du massif jurassien, l'axe Dole-Besançon-Belfort connaît un trafic ferroviaire et surtout routier très important, notamment lors des vacances d'été, lorsque les Allemands descendent vers les plages méditerranéennes. La construction de l'autoroute a certes renforcé le volume du trafic, mais aussi contribué à effacer d'éventuelles étapes à Besançon et à Dole, les rivales historiques, tour à tour promues capitales régionales, et de ce fait dotées de monuments remarquables.

Besançon (230 000 hab. dans l'aire urbaine), doit son prestige à son site. Elle occupe en effet une position stratégique sur une hauteur encadrée par un méandre du Doubs. Colonie romaine ravagée par les Barbares, elle devient une ville libre impériale avant que la paix de Nimègue (1678) n'en fasse la capitale de la Franche-Comté. Vauban la couronne d'un impressionnant ensemble fortifié, bien conservé, qui offre un magnifique panorama sur la ville et la vallée du Doubs. Tour à tour forteresse, prison d'État et caserne, **la citadelle** abrite aujourd'hui plusieurs musées (agriculture, résistance et déportation…) et un zoo. La ville basse garde des remparts du XVIe siècle, des hôtels particuliers des XVIe, XVIIe et XVIIIe siècles mais le tourisme repose d'abord sur la cathédrale, le palais Granvelle et le musée de l'horlogerie. La cathédrale Saint-Jean, construite aux XIe et XIIe siècles, abrite des boiseries sculptées et des tableaux de grande valeur ; son clocher, reconstruit au XVIIIe siècle, renferme une énorme horloge astronomique, témoin, comme le musée spécialisé, de la vocation industrielle traditionnelle de la cité. Quant au palais, c'est un hôtel particulier du XVIe siècle, édifié par le chancelier de Charles Quint et dont les fleurons sont la façade Renaissance, les arcades des galeries intérieures et les tapisseries d'époque. Il faut enfin signaler dans le patrimoine municipal les trésors du musée des Beaux-Arts, parmi lesquels des tableaux de Rubens, de Fragonard, de Renoir. À ce tourisme culturel, Besançon ajoute un tourisme d'affaires actif, qui a favorisé l'implantation de nombreux hôtels.

Dole, capitale détrônée, à proximité de l'immense forêt de Chaux, est située sur une colline qui domine le Doubs. Elle est surplombée par la silhouette élancée de la basilique

Notre-Dame, la plus grande église de Franche-Comté dont le clocher servait jadis de beffroi, tour de guet contre l'ennemi ou le feu. De style flamboyant, elle abrite des orgues célèbres. C'est aussi la ville natale de Louis Pasteur, dont la demeure est transformée en musée. Moins active que Besançon, la ville offre au visiteur les charmes de ses vieilles rues, de ses canaux, et de ses anciennes demeures telles l'hôtel de Froissard.

La porte de Bourgogne, partagée entre les massifs jurassien et vosgien, confirme l'importance du tourisme d'affaires sur ce couloir Saône-Rhin. **Belfort et Montbéliard** – berceau des familles Peugeot et Japy – sont d'abord les villes des grandes entreprises de constructions mécaniques (respectivement Alstom et Peugeot). Elles y ajoutent la présence de forteresses rappelant leur fonction militaire et, pour Belfort, la silhouette du célèbre lion de Bartholdi, qui honore la résistance des combattants de la guerre de 1870-1871. Toutefois, le potentiel touristique se diversifie : l'entreprise Peugeot a aménagé à Sochaux un musée qui accueille plus de 100 000 visiteurs par an et Montbéliard développe un centre d'équitation et un golf destinés en partie à la clientèle suisse.

d. La Haute-Saône, encore bien ignorée

Au nord-ouest, les plateaux de la Haute-Saône ne font pas l'objet d'un tourisme intense. Les villes, de taille modeste, sont moins actives que celles de la vallée du Doubs, et les grands itinéraires touristiques contournent la région. Les châteaux de la vallée de l'Ognon (Bellevaux, Moncley), et de Gray, ainsi que Vesoul sont les attractions les plus notables. Comme ses homologues méridionales, la station thermale de Luxeuil n'accueille que 2 560 curistes en 2006 ; elle souffre en effet de la concurrence des stations vosgiennes proches et plus connues.

5

La région lyonnaise… et le couloir entre les montagnes

« Lyon des Brumes et des mystères, des reflets aperçus sous les arches des ponts (…). Lyon des fleuves qui vont leur chemin vers la lumière (…). C'est à Lyon que la bise prend son élan pour devenir mistral, c'est là également que ce qui arrive du Midi en jurant dans la langue colorée des Provençaux finit par aboutir, s'engouffrant entre la "colline qui prie" et la "colline qui travaille". »

Bernard CLAVEL, *Géo* n° 57, novembre 1983.

La vallée du Rhône prolonge vers la Méditerranée l'axe de communication constitué par les plaines de la Saône. Cette vallée tour à tour enserrée entre les derniers contreforts du Massif central et les Alpes, ou largement épanouie dans quelques bassins aérés, enregistre les flux touristiques les plus importants de l'hexagone. Transition entre les horizons brumeux de l'Europe septentrionale et le ciel lumineux de l'Europe méditerranéenne, elle offre au voyageur bien des attraits que les exigences du voyage ou la précipitation ne permettent pas toujours d'apprécier.

Située à l'entrée de ce couloir, Lyon, forte de son poids démographique (1 798 000 hab. dans l'aire urbaine) et économique, mais aussi de son rayonnement culturel et gastronomique, retient davantage les touristes et domine une vaste région qui sert en partie d'espace de loisirs pour ses habitants.

A L'agglomération lyonnaise

I. De la capitale des Gaules à la métropole régionale

Fondée en 49 avant J.-C. par un lieutenant de César, Lugdunum devient 50 ans plus tard la capitale administrative, militaire, commerciale et religieuse des Gaules. **La ville romaine est centrée sur Fourvière**, un *oppidum* stratégique. Foyer chrétien, elle est le théâtre de nombreux supplices. La ville médiévale se développe entre Rhône et Saône, abritée derrière les remparts, le château de Pierre-Scize et le Rhône. Si elle perd ses fonctions de métropole, elle conserve jalousement son indépendance vis-à-vis des seigneuries voisines.

Une nouvelle ère de prospérité s'ouvre au XVIe siècle : Louis XI lui accorde des foires annuelles puis François Ier en fait **la ville des soieries**. À la fin du XVIIIe siècle commencent les grands travaux d'aménagement des quais de la Saône et du Rhône et l'architecte Morand dessine le futur quartier des Brotteaux.

Au XIXe siècle, **la fonction industrielle** relaie le rayonnement bancaire et commercial. Trois industries dominent, qui constituent encore aujourd'hui les supports essentiels du tourisme d'affaires : le textile, la métallurgie et la chimie. La ville grossit rapidement, débordant le Rhône vers l'est, et escaladant toutes les collines environnantes. Cette croissance se poursuit après la seconde guerre mondiale, conduisant les autorités municipales à construire les tunnels de Croix-Rousse et de Fourvière – aujourd'hui évités lors des grandes migrations touristiques grâce à une autoroute de contournement – et un nouveau centre d'affaires à La Part-Dieu, bien relié à Paris par la ligne du T.G.V.

Pour assurer ses fonctions de métropole régionale, Lyon dispose de nombreux atouts :

– **un excellent réseau de communications**. Située à un carrefour privilégié entre Europe du Nord et Europe méditerranéenne, donnant accès à l'Italie par les percées alpines, Lyon possède de bonnes liaisons routières (autoroutes A6, A7, autoroutes « blanches » vers Grenoble, Annecy, Chambéry, A42 vers Genève et A47 vers Saint-Étienne et Clermont-Ferrand), ferroviaires et aériennes. L'aéroport de Saint-Exupéry figure au 3e rang national (7 321 000 passagers en 2007) mais souffre cependant de la concurrence du T.G.V. et de l'aéroport de Genève-Cointrin, qui dispose d'une gamme plus étendue de liaisons régulières internationales.

– **des entreprises industrielles nombreuses et dynamiques** : la région lyonnaise, c'est la terre des « inventeurs » :

> « *Les frères Montgolfier, d'Annonay, furent d'abord d'opulents papetiers, puis les inventeurs de l'aérostat. Cent ans plus tard, le Lyonnais Mouillard pressentait le "plus lourd que l'air" (...). Entre-temps, Marc Seguin, de même souche que les Montgolfier, construisait à Tournon le premier pont suspendu, inventait la chaudière tubulaire et lançait le premier chemin de fer à vapeur entre Saint-Étienne et Lyon (...) Ampère (...) ouvrit à l'industrie humaine un champ prodigieux : toute l'électromécanique et la préscience de l'atomistique. Deux autodidactes, Jacquard de Lyon et Thimonnier de L'Arbresle furent, par l'invention du métier à tisser et de la machine à coudre les rénovateurs de l'industrie-clé de leur région...* »
>
> *Découvrir la France*, Larousse.

– **un rayonnement commercial, culturel et scientifique**. Seconde ville de France pour le nombre de sièges sociaux de grandes entreprises après Paris, la ville s'est dotée d'un nouveau quartier des affaires à **La Part-Dieu**. Ce dernier, bien desservi par le T.G.V., comporte de vastes complexes de bureaux, mais aussi d'hôtels et de restaurants d'affaires. De même, les manifestations sportives, artistiques ou commerciales (plus de 350 000 entrées par an à la Foire de Lyon) drainent une importante population, régionale, voire nationale et étrangère.

2. La gastronomie portée à la hauteur d'un art

La région lyonnaise est sans conteste la première région gastronomique de France. Appuyée sur un tourisme d'affaires dynamique, mais plus encore sur **une tradition culinaire séculaire**, la table lyonnaise peut satisfaire une large clientèle. La ville et ses environs comptent de nombreuses tables très célèbres. Les Bocuse (à Collonges-au-Mont-d'Or) et Blanc (à Vonnas), attirent dans leur établissement des hommes d'affaires et des gastronomes de tous les horizons, l'ouverture du T.G.V. ayant multiplié la clientèle japonaise et surtout nord-américaine. Moins prestigieux, mais tout aussi recherchés, les « bouchons » lyonnais répondent à la demande d'une population locale avertie :

> *« Le repas est à la fois un spectacle, un rendez-vous, une tradition. Premier acte important du repas : faire le marché. (...) Tous les cuisiniers lyonnais font ça. (...) Après le marché, ils se retrouvent dans un bistrot intime, et ils font le "mâchon". Le mâchon c'est le "casse-vin", on y va dès dix heures du matin, quand une petite faim vous vient. Les "bouchons" (les restaurants de la cuisine des pauvres, où, à l'origine, on réutilisait les restes des festins des riches), sont des endroits qui abolissent la lutte des classes et où le facteur côtoie le chef d'entreprise. (...) Le grand-prêtre des bouchons, c'est la "mère", on y sert une cuisine de maman. Qu'est-ce qu'elle fait la mère ? Des trucs à elle que les Parisiens ne mangent pas, des tripes, des paquets de couenne, du fromage fort avec du vieux fromage de chèvre râpé dans une réduction de poireaux, de la "cervelle de canut", fromage blanc battu, à l'ail avec des échalotes. À Lyon, chaque Lyonnais a un calepin, avec des adresses. Parce que le but de la promenade dominicale, c'est d'aller manger. »*
>
> J. Martin, *Géo*, nº 57, novembre 1983.

La gastronomie s'appuie également sur l'extrême diversité des produits régionaux, qu'il s'agisse des poulardes de Bresse, du gibier de la Dombes, du bœuf du Charolais, des truites de l'Ain, des vins du Beaujolais (le « troisième fleuve » de Lyon) ou des Côtes-du-Rhône proches... ou simplement des cochonnailles dont la cité rhodanienne s'est fait une spécialité.

3. Un potentiel touristique exceptionnel

Le tourisme d'affaires et le tourisme gastronomique ne doivent pas faire oublier les autres richesses de la ville. Son prestigieux passé est demeuré marqué dans les paysages urbains, notamment dans les anciens quartiers, illuminés en décembre lors de la **fête des lumières**.

– ***Fourvière***, la « colline qui prie » de Michelet, surmontée de sa basilique de 1872, est aussi la colline romaine, comme le rappellent le Grand Théâtre construit sous Auguste, et l'odéon, destiné autrefois aux manifestations musicales ;

– *Les quartiers Saint-Jean, Saint-Paul et Saint-Georges*, qui forment le « vieux Lyon », sont en cours de restauration. Ils abritent de nombreux hôtels des XVe et XVIe siècles et la primatiale Saint-Jean, de style gothique. Ces constructions sont entourées de rues pittoresques, où l'artisanat d'art et les galeries de peinture relaient les anciens commerces, renforçant la fonction touristique de l'ensemble ;

– ***Croix-Rousse***, « la colline qui travaille », où les traboules, dédales d'escaliers et de couloirs utilisés par la Résistance (Lyon en sera la « capitale »), abondent, a perdu la presque totalité de ses « bistanclaques » ou métiers à tisser manuels, mais elle conserve le souvenir de ses canuts, dont les révoltes de 1831 et de 1834 marquèrent la vie locale ;

– ***la presqu'île, entre Rhône et Saône,*** constitue le « cœur » de la ville, notamment entre l'immense place Bellecour et la place des Terreaux, où Cinq-Mars fut décapité en

1642. C'est le quartier des boutiques de luxe, des cinémas, des promenades… et aussi des **musées**. La ville en abrite un grand nombre. Les plus remarquables sont ceux des Beaux-Arts (sculptures et peintures), des Tissus (collection de tissus d'art du monde entier depuis le Haut Moyen Âge), des Arts décoratifs (meubles, objets d'art, tapisseries), mais le plus original, situé dans le quartier Saint-Jean, de l'autre côté de la Saône, est celui de la Marionnette consacré à Guignol et à Gnafron, héros locaux, et à leurs homologues des autres continents.

B Aux portes de Lyon

1. La Dombes, « Sologne » des Lyonnais

Situé à une altitude moyenne de 150 m, le plateau de la Dombes est une région essentiellement agricole, peu peuplée (20 hab./km^2), où alternent sur des horizons plats, prés, champs et étangs. Les fermes, isolées le plus souvent, disparaissent parfois dans les mailles plus ou moins denses d'un bocage. Les **étangs**, qui couvrent près de 10 %, de la superficie de la région, sont artificiels. Ils ont été créés après le XIIIe siècle par les grands propriétaires fonciers. Ils étaient tour à tour mis en eau et empoissonnés (c'est l'évolage), puis asséchés (assec) pendant un an et mis en culture. Depuis quelques années, leur exploitation devient plus complexe, mais surtout bon nombre d'entre eux sont laissés en eau, et loués à des chasseurs lyonnais qui viennent y tirer un **gibier d'eau** très abondant, sur leurs terres ou des terres louées.

> *« En effet, les étangs sont de grands pourvoyeurs de gibier. (…) À côté des canards, toute une avifaune de mouettes, guifettes, vanneaux, courlis cendrés, hérons, hante les étangs : la Dombes est l'un des terroirs ornithologiques les plus riches de France. Le gibier d'eau, que l'on entretient par des lâchers de canards, est accompagné d'un gibier plus commun, lièvres et faisans, que l'on lâche par milliers chaque année, en fin d'hiver. (…) La chasse est devenue, dans une certaine classe, une sorte de rite : le patron lyonnais d'une grande industrie, recevant des clients étrangers, se fait un devoir de l'emmener chasser sur ses terres. »*

R. LEBEAU, *La Région lyonnaise*, Flammarion, 1976.

Ce développement de la chasse a favorisé la diffusion du tourisme. Un parc ornithologique a été aménagé à Villars-les-Dombes et des circuits touristiques permettent de valoriser le patrimoine architectural, notamment les nombreuses églises romanes (Buellas, Vandeins), les châteaux (Montellier, Bouligneux), et plus encore la petite cité médiévale de **Pérouges**, remarquablement restaurée, qui constitue une étape gastronomique importante dans une région riche en bonnes tables.

2. La Bresse : le pays de l'arbre et de l'eau

La Bresse est une région mollement ondulée, qui occupe le fond d'un ancien lac et qui est recouverte d'épais placages d'argile. Ceci explique l'abondance des mares, des étangs et des ruisseaux et la localisation des villages et des hameaux au sommet des buttes. **Pays vert**, morcelé par un bocage à larges mailles, la Bresse est avant tout une région d'élevage,

Lyon : la basilique de Fourvière

La moyenne vallée du Rhône

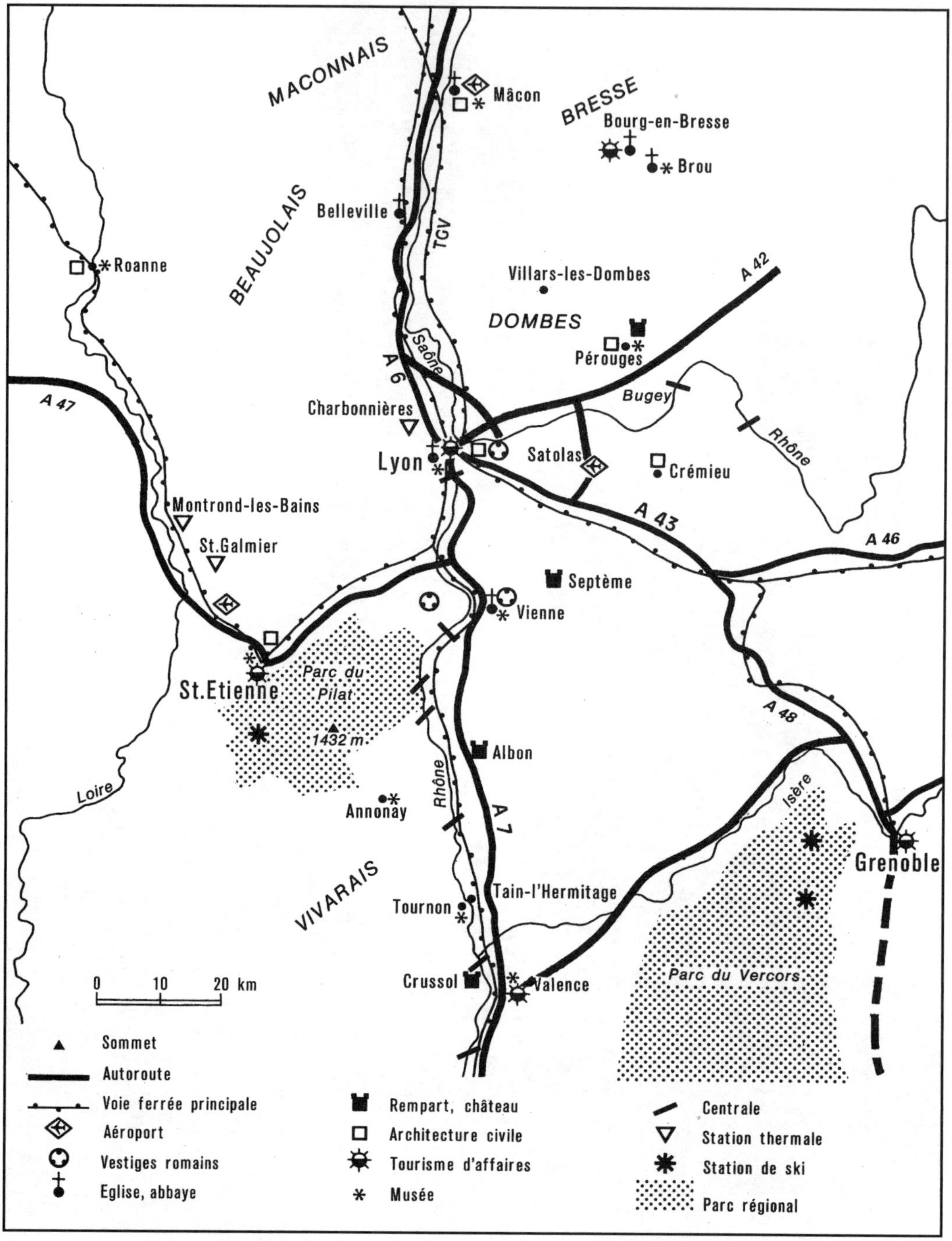

comme le rappellent les **poulardes** engraissées avec le maïs local et le « bleu de Bresse », fromage au lait de vache fabriqué par la coopérative de Servas. L'élevage des poulardes se fait encore fréquemment dans les fermes isolées qui présentent une architecture originale : façades de torchis ou de pisé *, entrelacées de colombages de bois, et large auvent destiné à assurer le séchage du maïs…

Traversée par les touristes filant vers les Alpes du Nord ou la Suisse, la Bresse n'est pas une grande région touristique. Les villes de Bourg-en-Bresse, capitale économique et carrefour routier, et de Louhans ont développé des zones industrielles qui amènent un tourisme d'affaires cependant modeste. Elles possèdent aussi quelques vieilles demeures, notamment Louhans, où les anciennes rues sont bordées d'arcades. Mais c'est avant tout vers **Brou** que les voyageurs convergent. Monument élevé à l'amour conjugal porté par Marguerite d'Autriche à son époux, Philibert le Beau, l'église a été construite au XVIe siècle par l'architecte flamand Van Boghem. Mêlant les styles gothique et Renaissance et faite des pierres blanches du Revermont voisin, elle abrite des trésors artistiques : stalles sculptées dans le chêne, vitraux délicats, tombeaux en marbre du couple ducal.

3. Le Beaujolais : vignoble et belles pierres

Le vignoble couvre environ 21 000 hectares d'A.O.C., répartis sur 38 communes et il produit en moyenne près de 1 million d'hectolitres de vin de qualité variée. Le Bas Beaujolais, ou Beaujolais méridional, ne produit que des vins d'appellation régionale. Au nord, le Haut Beaujolais donne des appellations plus nobles : **beaujolais-villages, brouilly, morgon, juliénas…** Si le vignoble est apparu dès l'époque romaine, ce n'est qu'au XVIIIe siècle que sa renommée s'élargit. Les vins du Haut Beaujolais trouvent alors des débouchés sur le marché parisien, commercialisés par les célèbres bougnats. Ces derniers vendent en même temps le bois des bateaux (les « gabares ») qui ont transporté les fûts sur la Loire et qui ne peuvent remonter le fleuve.

Le beaujolais a depuis tiré parti de l'axe de circulation voisin et plus encore d'une remarquable campagne publicitaire. Le troisième jeudi de novembre, tous les débits de boissons de France, mais aussi de nombreux pays étrangers, tels le Japon, commercialisent **le beaujolais nouveau**, dégusté frais.

À ces atouts gastronomiques, la région ajoute le charme de ses paysages que l'automne colore de mille feux, associant les façades de pierre dorée (calcaire jaune) des maisons de vignerons aux nuances empourprées de la vigne et des bois. Les bourgs viticoles cachent des richesses touristiques souvent méconnues telles le prieuré de Salles, le musée Claude-Bernard de Saint-Julien, ou encore le château de Corcelles, en partie transformé en cave de dégustation.

4. La région stéphanoise : un « pays noir » qui disparaît

À l'ouest de l'agglomération lyonnaise, la bordure orientable du Massif central fait alterner hauteurs et vallées, les premières constituant des réserves d'espace et de verdure pour les citadins résidant dans les villes des dépressions et à Lyon.

Les monts du Lyonnais ne dépassent pas 1 000 m. Consacrés à l'agriculture, et en priorité à l'élevage, favorisé par la présence du marché rhodanien, ces reliefs portent de nombreuses résidences secondaires qui constituent l'attraction essentielle d'une région dépourvue de richesses artistiques.

Plus au sud, **le Pilat** sépare la vallée du Rhône de celle du Gier. Il culmine à près de 1 500 m au crêt de la Perdrix et au crêt de l'Œillon. Les forêts de hêtres, de pins et d'épicéas sont battues par des vents violents et la rudesse du climat a permis un développement modeste des sports d'hiver (Le Bessat, Saint-Genest-Malifaux...). Traditionnellement voué au moulinage et au tissage de la soie, le massif du Pilat porte aujourd'hui un **parc régional** qui sert d'espace récréatif aux Stéphanois.

À ces hauteurs assez faiblement peuplées s'oppose le couloir stéphanois. Drainé par le Gier et l'Ondaine, il fut dès le XVIIIe siècle l'un des bastions industriels nationaux, grâce à la présence du charbon. Longtemps symbolisée par la Manufacture d'armes et de cycles (Manufrance) la fonction industrielle a profondément marqué les paysages urbains : crassiers en plein cœur de la ville, habitat vétuste... images classiques d'un « pays noir » qui s'étend de Firminy à Rive-de-Gier. Depuis deux décennies, cette image s'estompe et des efforts considérables ont été faits pour améliorer le cadre de vie de la population d'une aire urbaine de 330 000 habitants. Certes, le souvenir des activités anciennes est présent au **musée d'Art et d'Industrie** et à celui de la Mine, mais les espaces verts se sont multipliés et la restauration des vieux quartiers est bien avancée. Peu à peu, une « ville verte » s'est substituée à la « ville noire », les succès de l'équipe de football locale contribuant à faire connaître le nom de la cité à travers l'Europe à la fin des années 70.

C La vallée du Rhône

1. Le Rhône, un fleuve aujourd'hui maîtrisé

Avec un débit moyen de 1 800 m^3/s près de son embouchure, le Rhône est le plus puissant des fleuves français. De plus il est assez régulier dans son cours inférieur en raison de la diversité géographique de ses affluents : la Saône lui apporte des hautes eaux d'hiver, l'Isère et la Drôme des flux de printemps et les affluents cévenols fournissent des eaux résultant des orages méditerranéens. Mais ces qualités sont longtemps demeurées inutilisées en raison de la violence du courant. Ce n'est qu'avec la création de la **Compagnie nationale du Rhône**, en 1921, que commence un aménagement réel. Trois buts sont fixés : la production d'électricité, la fourniture d'eau pour les régions agricoles et le développement de la navigation. Aujourd'hui, les 15 centrales en service représentent une puissance installée de près de 3 000 mégawatts et elles font l'objet de fréquentes visites guidées, qu'il s'agisse des centrales hydrauliques comme celles de Vaugris, de Beauchastel, de Montélimar ou de Donzère-Mondragon, ou des installations nucléaires (Bugey, en amont de Lyon, Cruas, Tricastin, Marcoule) ;

Le trafic fluvial a également progressé et des **bateaux de plaisance** s'ajoutent de plus en plus souvent aux chalands et aux automoteurs qui profitent des 13 écluses géantes. Certains organismes touristiques proposent même des descentes du fleuve, avec visites des sites historiques des deux rives.

Enfin, la fourniture d'eau aux cultures a contribué à l'extension des vergers et des cultures maraîchères dans la vallée et le Languedoc oriental, contribuant à façonner les paysages traversés par les foules du Nord dans leurs migrations estivales.

2. Une forte concentration des voies de communication

Frontière naturelle durant une partie du Moyen Âge entre la Provence ou terre d'Empire et le royaume de France (cette division explique les appellations encore employées par les bateliers : « côté empi » pour la rive gauche, « riaume » pour la rive droite), comme l'attestent les forteresses qui subsistent souvent dans les villes qui se font face de part et d'autre de ses eaux, le fleuve est aujourd'hui un lien puissant entre l'Europe industrielle et les rivages méditerranéens.

Outre le Rhône, la vallée abrite en effet de grandes artères de communication, qui privilégient plus généralement la rive gauche. Le réseau routier compte sur **l'autoroute A7**, dite « autoroute du Soleil », sur laquelle on enregistre près de 100 000 véhicules par jour lors des grands départs, mais aussi sur la **N7**, aménagée à quatre voies sur une grande partie de son tracé, et sur la N86. Les voies ferrées Paris-Marseille-Nice-Vintimille, Paris-Nîmes-Montpellier sont parmi les plus fréquentées du pays et le **T.G.V.** qui met depuis l'été 2001 Marseille et Montpellier à moins de 3 h 15 de Paris a contribué à renforcer l'axe ferroviaire. Enfin, les arrêts à Lyon et Valence d'une part et les T.G.V. « neige » d'autre part permettent aux skieurs de la capitale de gagner plus facilement les pistes des Alpes.

3. De Lyon à Vienne : histoire et industrie

Le Rhône reste enserré le plus souvent dans une vallée étroite où la rive droite offre au voyageur des horizons plus agréables que la rive gauche où les collines du Dauphiné limitent sans cesse la vue. La proximité de la métropole lyonnaise se traduit par un paysage industriel que dominent les cheminées d'une centrale thermique et la raffinerie de Feyzin, alimentée par l'oléoduc sud-européen. Le tourisme d'affaires demeure cependant modeste, les restaurants et les hôtels lyonnais étant trop proches.

La principale étape touristique de la région est **Vienne**. Nichée au creux des Balmes, collines boisées et herbagères, l'ancienne capitale des Allobroges bénéficie d'un prestigieux passé trop méconnu. La Vienne romaine connaît son apogée sous Claude et Dioclétien. Carrefour routier, elle possède alors l'unique pont de pierre qui permet de franchir le Rhône. Foyer chrétien, elle est touchée par la répression impériale et certains de ses habitants sont massacrés à Lyon avec Blandine et Pothin. De nombreux témoignages de cette **grandeur antique** subsistent ; le temple d'Auguste et de Livie, sanctuaire d'ordre corinthien élevé au Ier siècle avant Jésus-Christ et le théâtre, mis à jour sur la colline de Pipet, qui pouvait accueillir plus de 12 000 spectateurs sont les plus visités. Au Moyen Âge, Vienne devint pour plus d'un siècle la capitale du royaume de Bourgogne et de Provence et eut un grand rayonnement culturel et religieux. De nombreuses églises, comme celle de Saint-André-le-Bas et surtout la cathédrale Saint-Maurice, dressée au-dessus du Rhône, rappellent ce dynamisme médiéval. De riches musées, dont celui de Saint-Pierre (sarcophages, mosaïques, statues), méritent un arrêt, d'autant que Vienne est une étape gastronomique de qualité.

4. De Vienne à Valence : vignes, vergers et forteresses

Entre les deux principales villes de la moyenne vallée, les paysages se font moins austères, plus ruraux, prenant même parfois des aspects méridionaux, quoique la violence du **mistral** et les brusques écarts de température modèrent souvent ces impressions. C'est le domaine de l'arbre et de la vigne : des vergers de pêchers et d'abricotiers, magnifiques au printemps, couvrent les basses terres et les terrasses, laissant aux ceps les premières pentes. Sur des sols squelettiques mais bien exposés, les vignes donnent des vins commercialisés sous l'appellation « **côtes-du-rhône** ». Les cépages syrah et grenache fournissent la plupart des rouges de qualité, marsanne et viognier les blancs. Vins de bonne garde, les crus les plus célèbres sont, du nord au sud de cette partie de la vallée : condrieu, château-grillet, hermitage, saint-joseph, cornas, saint-peray.

Ce couloir est aussi marqué par l'abondance des **forteresses** plus ou moins bien conservées, qui couronnent les éperons des deux rives, offrant de magnifiques panoramas sur le fleuve et sur le Dauphiné : tour d'Albon, châteaux de Serves, de Crussol... Le fleuve a également fixé de nombreuses villes, son couloir formant un étonnant contraste avec les hauteurs vides qui l'encadrent, parfois de près comme dans les défilés de Saint-Vallier et de Tournon. Plusieurs de ces villes présentent des attraits non négligeables : Condrieu et Serrières sont d'anciens centres de batellerie et le souvenir de leurs hardis mariniers, autrefois dénommés les « culs de piau » à cause de leur pantalon doublé de cuir, revit dans le musée de Serrières ou lors des joutes nautiques. Tournon, honoré par le souvenir de Mallarmé et de Gabriel Fauré, abrite une église et un château intéressants et constitue la tête de ligne d'un pittoresque chemin de fer à vapeur qui parcourt à la belle saison les impressionnantes gorges du Doux. En face de Tournon, Tain-l'Hermitage est une étape gastronomique dont les vins ont acquis une audience nationale. Enfin, Valence, ville-carrefour qui commande les routes du Vercors, du Vivarais et de la Provence, fut le témoin des ravages du baron des Adrets qui endommagea sa cathédrale lors des guerres de religion, et de l'exécution de Mandrin, contrebandier dauphinois qui nargua les fermiers généraux, percepteurs royaux. Mais plus qu'à l'histoire, c'est à sa fonction commerciale que Valence doit son activité touristique ; longtemps spécialisée dans le textile, elle s'oriente depuis vingt ans vers la chimie et la mécanique, favorisée par sa situation entre Lyon et Marseille.

5. De Valence à Arles : atome, table et festivals

Entre Valence et Arles, le Rhône porte sept centrales hydroélectriques et deux centrales nucléaires ; proche de son débit maximum, le fleuve trouve ici la plénitude de sa vocation énergétique. Corseté par les reliefs dans les défilés de Cruas et de Donzère, il s'épanouit au contraire dans les plaines de Montélimar et surtout du comtat. Si la multiplication des toitures en tuiles romaines et des cyprès marque dès Valence l'influence du Midi, ce n'est qu'au-delà de Donzère que l'on découvre les douceurs méditerranéennes. Le ciel plus lumineux, la présence de l'olivier et la douceur de l'air indiquent au voyageur que la « Grande Bleue » n'est plus éloignée.

Ces avantages climatiques contribuent largement à la prospérité de l'agriculture : vergers et vignobles s'étendent toujours de part et d'autre du fleuve, plus étendus sur la rive orientale, au relief moins tourmenté. Le vignoble est représenté par les côtes du Vivarais, le Chusclan, le Laudun, le Lirac et le Tavel sur la rive occidentale, les coteaux du Tricastin, le Beaumes-de-Venise et le **Châteauneuf-du-Pape** sur la rive orientale. Ce dernier cru, puissant et parfumé, est le plus connu. Quant au vignoble de Gigondas, il se développe sur les pentes des célèbres dentelles de Montmirail, escarpements calcaires précédant le Ventoux.

La basse vallée du Rhône

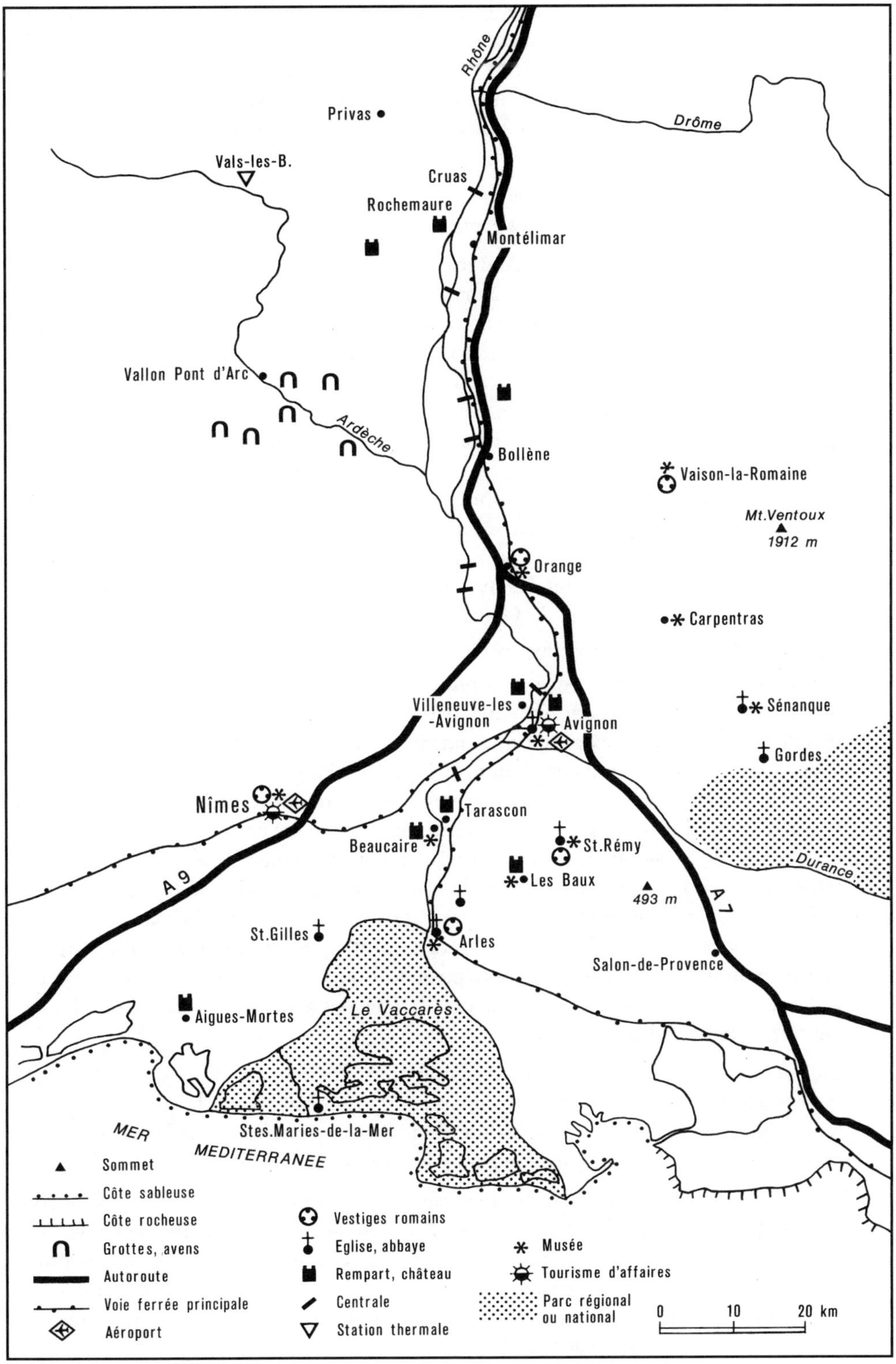

C'est dans le **comtat Venaissin** que le paysage agricole est le plus soigné, constituant une véritable « *huerta* ». Entre Orange, le Ventoux et les Alpilles, d'innombrables parcelles, protégées du mistral par une haie de cyprès et des canisses * et irriguées par un dense réseau de canaux (les « filioles » et les « roubines ») produisent fruits et légumes, chaque région ayant sa spécialité : fraises de Carpentras, melon de Cavaillon... Expédiés par les marchés-gares de Cavaillon, de Châteaurenard et de Carpentras, ces produits approvisionnent les marchés européens.

Si la contemplation de ces terroirs agricoles est fort agréable, des trésors touristiques plus prestigieux mobilisent les foules estivales :

– *les reliefs sont spectaculaires*. Le **Ventoux** (1 912 m) offre un exceptionnel panorama qui s'étend du massif de Pelvoux à la Camargue, et, lorsque le Tour de France emprunte ses lacets, des milliers de spectateurs découvrent en quelques kilomètres le contraste climatique entre la plaine surchauffée et le sommet froid et venté. Plus modeste par l'altitude (400 m), la chaîne des **Alpilles** étire son échine calcaire sur une vingtaine de kilomètres, dernier obstacle face au mistral. Le petit massif doit sa renommée à ses couleurs changeantes qui ont séduit bien des peintres, à commencer par Van Gogh ; il porte aussi les ruines d'un imposant château-fort et un village (**Les Baux**) remarquablement restauré, où les hôtels du XVIe siècle sont transformés en musées ou en ateliers d'artistes. À son pied, dans un vallon frais et verdoyant se nichent des restaurants renommés, le plus connu étant l'*Oustaù* de Baumanière. À proximité, l'abbaye fortifiée de **Montmajour**, le moulin de Daudet à **Fontvieille, Saint-Rémy-de-Provence**, où naquit Nostradamus en 1503, et l'immense champ de fouilles de **Glanum**, ancienne cité gallo-romaine, constituent les autres étapes essentielles du touriste ;

– la région compte également sur la présence de *villes dotées d'un riche patrimoine historique*, dont l'activité est pour une large part liée au tourisme. Ces cités ont d'ailleurs fait un effort considérable de promotion, multipliant les festivals dans des cadres prestigieux afin de retenir les estivants et d'allonger la saison. La plus importante de ces villes est **Avignon**. Sa fortune est liée à l'histoire de la papauté qui reçut le comtat Venaissin de Philippe le Hardi à la fin du XIIIe siècle et trouva dans ce fief un refuge contre les désordres et intrigues de Rome. Forteresse autant que palais, la demeure des papes (570 000 visiteurs) regroupe l'austère palais Vieux du cistercien Benoît XII et le luxueux palais Neuf de Clément VI autour de la cour d'honneur qui accueille le **festival théâtral** où s'illustrèrent Jean Vilar et Gérard Philipe. Le pont Saint-Bénézet, construit au XIIe siècle, est l'autre monument célèbre. Avignon possède nombre de richesses (remparts, musée Calvet, églises...) dans sa vieille ville que l'on découvre des jardins du rocher des Doms, qui surplombent le Rhône.

En face d'Avignon, **Villeneuve-lès-Avignon** dresse les remparts de la tour de Philippe-le-Bel et du fort St-André qui entoure depuis le XVe siècle l'abbaye et le village. La ville possède également la chartreuse du Val-de-Bénédiction, construite par Innocent VI et qui permet de découvrir le tombeau du pape, des cloîtres et une chapelle.

Comme les deux cités précédentes, Beaucaire et Tarascon se font face de chaque côté du Rhône. **Tarascon** la provençale a conservé son château au bord même du fleuve ; la collégiale Sainte-Marthe et le souvenir de Tartarin, chasseur vantard et naïf inventé par Daudet complète ses atouts. Quant à **Beaucaire**, qui fut pendant près de cinq siècles l'une des foires les plus importantes du monde occidental, elle garde dans le nom de ses vieilles rues la nostalgie de son ancienne gloire.

Plus au nord, **Orange** et **Vaison-la-Romaine** profitent également de leur brillant passé. La première abrite l'un des plus beaux arcs de triomphe édifiés par les Romains et un immense théâtre, datant du règne d'Auguste, capable d'abriter plus de 10 000 spectateurs et d'une acoustique parfaite, ce qui lui permet d'accueillir chaque année les Chorégies, l'une des grandes manifestations lyriques internationales. Vaison ajoute à ses fouilles et à son théâtre romain le charme de sa vieille ville médiévale en cours de rénovation.

6. La Camargue et la Crau : les plats pays

Au sud des Alpilles, le relief s'estompe totalement et rien ne retient plus les souffles du mistral qui déferlent sur les plaines, chassant les nuages et donnant au ciel un bleu azur qui fait parfois le délice des peintres. La basse plaine du rhône a connu plusieurs crues importantes lors des dernières décennies.

Arles, située à la tête du delta, est la plus vaste commune de France. Au croisement des routes entre Espagne et Italie, entre littoral et vallée du Rhône, elle attira très tôt les Romains ; César en fit une colonie. La cité profita de son port et draina une partie du commerce méditerranéen. Après un déclin brutal lors des invasions, la « petite Rome des Gaules » devint la capitale du royaume de Provence de 934 à 1032. Elle ne retrouva cependant pas son rayonnement et l'arrivée du chemin de fer ruina son trafic fluvial. Pour le touriste d'aujourd'hui, Arles c'est d'abord la cité romaine et la porte de la Camargue. De son passé, la ville a conservé maints témoignages :

– ***les arènes*** constituent le plus beau monument. Elles pouvaient accueillir 25 000 personnes et sont encore utilisées de nos jours pour différents spectacles dont les courses à la cocarde et les corridas. Et pourtant, elles ont subi bien des dégradations, ayant tour à tour servi de carrières pour les maçons locaux, de forteresse pour les Sarrazins, puis de muraille pour les habitants de la ville qui construisirent maisons et chapelles à l'intérieur !

– ***Le théâtre*** est en moins bon état ; servant aussi de cadre à de nombreuses manifestations culturelles, il n'a guère conservé que quelques colonnes et des débris de chapiteaux et de corniches dont certains sont exposés au musée lapidaire.

– Arles fut aussi une grande ville chrétienne, comme le prouve **l'église Saint-Trophime** dont le portail est un chef-d'œuvre de l'art roman provençal qui abrite un cloître mi-roman, mi-gothique. À peu de distance, les **Alyscamps** forment l'un des plus grands cimetières de l'Occident antique ; les lourds sarcophages de pierre bordent de longues allées transformées en promenades.

La Camargue, enserrée entre le Grand Rhône et le Petit Rhône, est une vaste plaine en partie amphibie, occupée pour l'essentiel par l'étang de Vaccarès. Longtemps insalubre, elle fut aménagée au XIXe siècle à la faveur de l'endiguement des bras du Rhône et de travaux de drainage et d'irrigation. Livrée aux moutons et aux céréales sur ses parties les plus sèches, elle connut une extension de la vigne lors de la crise du phylloxéra, puis de la riziculture après la perte de l'Indochine. Aujourd'hui, elle s'oriente vers la culture fruitière et légumière et, plus timidement, vers l'aquaculture *.

Une part de sa célébrité tient à ses **manades de taureaux** et de chevaux sauvages que surveillent des guardians à cheval et à l'abondance des oiseaux protégés par la création de la réserve naturelle englobée depuis 1970 dans les 82 000 hectares du **parc naturel régional**. De nombreux circuits de visites et de safari-photo sont organisés au départ d'Arles.

Près du littoral, les **Saintes-Maries-de-la-Mer** ajoutent à leur vocation balnéaire l'existence d'un sanctuaire contenant les tombeaux de Marie-Jacobé, la sœur de la Vierge, de Marie-Salomé, et de leur servante égyptienne, Sara. Chaque année des milliers de gitans, venus de toute l'Europe, célèbrent Sara, leur patronne, et attirent de nombreux touristes. La cité possède également une église fortifiée très sobre, qui servit à résister aux raids sarrazins. Plus à l'ouest, **Aigues-Mortes** reste enclose dans ses remparts d'où partit Saint-Louis en 1270 pour sa dernière croisade, mais elle est aujourd'hui à plusieurs kilomètres de la mer en raison de l'ensablement qui ruina son port. Au nord, **Saint-Gilles** est surtout connue pour le portail de son église, finement sculpté.

Peu fréquentée, **la Crau** est un immense amas de cailloux, ancien cône de déjection de la Durance. Vouée à l'élevage du mouton, elle s'oriente vers la production fruitière et maraîchère, grâce à la plantation de rideaux d'arbres, au drainage, à l'irrigation et à des apports massifs d'engrais ; elle devient peu à peu un pays vert. La construction du port de Fos et l'aménagement de grands axes routiers l'ont fait sortir rapidement de son isolement depuis une vingtaine d'années.

6

Les Alpes

« Tout concourt dans les Alpes à rassembler sur un espace réduit la plus belle collection de grands paysages : l'altitude, la puissance des masses de roches dures, le défoncement des vallées, une sculpture déjà avancée des sommets, l'éclat des glaciers, qui illumine les rochers les plus ternes. La magie du monde vertical, qui arrête le regard au lieu de fuir devant lui, la présence obsédante de ces grands spectacles, expliquent l'envoûtement de tant de visiteurs. »

Paul et Germaine Veyret, *Les Alpes françaises*, Flammarion, 1979.

Les Alpes s'étendent en France sur près de 400 km du nord au sud, entre le lac Léman et la mer Méditerranée, et sur une largeur variant de 80 à 150 km, entre la vallée du Rhône et la frontière italienne.

Sur 33 000 km^2, la chaîne offre une exceptionnelle variété de paysages et des possibilités touristiques bien supérieures à celles des autres montagnes du pays. Berceau de l'alpinisme et des sports d'hiver, elle conforte sans cesse sa suprématie, attirant non seulement une large clientèle nationale, mais aussi de nombreux étrangers, venus parfois de très loin, notamment des États-Unis et du Japon, pour savourer les plaisirs de l'escalade ou profiter de l'équipement des grandes stations de ski. L'essor de ces dernières **a privilégié la haute montagne** au détriment de la moyenne montagne qui n'offre pas des pistes aussi prestigieuses et un enneigement aussi durable. Délaissées par l'agriculture, les hauteurs retrouvent ainsi une nouvelle vocation susceptible d'**éviter leur dépeuplement**.

Les Alpes sont partagées entre deux régions : Rhône-Alpes et Provence-Alpes-Côte d'Azur, dont les limites administratives débordent celles du massif, ce qui contrarie quelque peu l'utilisation des statistiques touristiques. La région étudiée ici exclut la majeure partie des départements littoraux (Alpes-Maritimes et Var) dont l'activité touristique est, pour l'essentiel, liée à la présence de la mer.

A La plus prestigieuse des montagnes

1. Des altitudes élevées

L'altitude moyenne des Alpes (1 150 m) est la plus élevée de toutes les montagnes françaises. Outre le **mont Blanc** (4 807 m), point culminant de la chaîne, celle-ci compte plusieurs sommets dépassant 4 000 m : mont Maudit (4 465 m), aiguille Verte (4 121 m), barre des Écrins (4 103 m)… Ces hauts sommets sont le plus souvent situés à l'est de la chaîne, servant parfois de frontière entre la France et l'Italie.

Villard-de-Lans (Isère) : entre moyenne et haute montagne

Cette altitude élevée vaut aux Alpes de présenter **une extraordinaire palette de paysages**, des cultures délicates des vallées abritées aux pics et aux glaciers de haute altitude. Les glaciers sont d'ailleurs les plus importants du pays. Ils couvrent 450 km^2 ; la plupart d'entre eux sont situés dans le massif du Mont-Blanc et dans l'Oisans.

L'altitude s'explique par la formation récente de la chaîne. Le plissement alpin s'est en effet produit au tertiaire, glissant progressivement d'est en ouest et donnant naissance à des formes de relief très variées qui contribuent beaucoup à l'attrait des paysages, marqués également par une érosion glaciaire spectaculaire qui a multiplié les aiguilles et les pics mais aussi façonné des cirques et creusé de larges vallées.

2. Un relief bien ordonné

De la vallée du Rhône à la frontière italienne, les Alpes offrent au voyageur des horizons variés. Le relief et la nature des roches permettent de distinguer quelques grandes unités naturelles, orientées nord-sud, qui présentent des aptitudes touristiques souvent différenciées.

a. Les collines de Savoie et du Dauphiné

À l'ouest, s'étalent des collines dont l'altitude demeure inférieure à 1 000 m. Les paysages y sont très humanisés ; les cultures et les prairies couvrent la majeure partie du sol, ne laissant aux bois que les sommets ou les pentes les plus raides. Trop basses pour séduire les voyageurs, ces régions ne connaissent qu'une activité touristique très modeste, à l'image du plateau de Chambarran.

b. Les Préalpes

Les Préalpes forment la première barrière montagneuse des Alpes. Constituées d'**épaisses couches de calcaire**, plus ou moins fortement plissées, elles ne dépassent que rarement 2 000 m (2 752 m à la pointe Percée dans les Bornes, 2 341 m au Grand Veymont dans le Vercors…) mais offrent des paysages souvent spectaculaires :

– impressionnantes *corniches* verticales comme le mont Aiguille ou la dent de Crolles ;

– *crêts* majestueux des sommets isolés comme Chamechaude ou le Grand Som ;

– *gorges* profondes comme celles des Guiers ou du Verdon…

– nombreuses *grottes* et *gouffres*, comme le gouffre Berger, offrant des terrains de choix aux spéléologues…

Ces Préalpes sont bien individualisées au nord des Alpes. Quatre grandes cluses isolent les massifs du **Chablais**, des **Bornes**, des **Bauges**, de la **Grande-Chartreuse** et du **Vercors**. Au sud, au contraire, les Préalpes qui s'élargissent démesurément, sont traversées par la vallée de la Durance. Elles offrent un relief plus confus, où les escarpements et les gorges abondent.

Les Préalpes sont favorables à la pratique du **ski de fond** dans les vastes cuvettes modelées par le plissement et l'érosion. Leur altitude pas trop élevée et leurs belles forêts de sapins et d'épicéas leur valent aussi de fournir un cadre favorable aux touristes recherchant le calme et le repos.

c. Les massifs cristallins

Derrière les Préalpes, le massif alpin présente un vaste « sillon », sorte de couloir de basse altitude, correspondant pour l'essentiel aux vallées de l'Isère et du Drac. Axe de circulation privilégié, mieux développé au nord qu'au sud, ce sillon alpin facilite l'accès à la partie la plus élevée de la chaîne.

Les massifs cristallins regroupent en effet les plus hauts sommets. Cela leur vaut d'être les terrains de prédilection de **l'alpinisme**, d'autant que les roches, comme la protogine du massif du Mont-Blanc, offrent souvent des prises de qualité. Ils présentent en outre des paysages spectaculaires (aiguilles de Chamonix) et leurs glaciers sont même parfois aménagés pour recevoir les touristes (Mer de Glace) ou servir au ski d'été.

À la différence des Préalpes, les massifs cristallins sont beaucoup plus étendus dans les Alpes du Nord (Mont-Blanc, Aiguilles-Rouges, Beaufortin, Sept-Laux, Belledonne, Grandes-Rousses, Pelvoux) que dans les Alpes du Sud (Argentera ou Mercantour).

d. La zone intra-alpine

Constituée de roches très diversifiées – schistes lustrés calcaires, grès, gneiss – cette zone s'étend entre les massifs cristallins et la frontière italienne sur une largeur très variable. Elle offre un relief très confus, où les hauts sommets atteignent près de 4 000 m (Grand Casse, 3 852 m). Si la circulation est beaucoup plus difficile, **les longs versants réguliers** offrent des terrains de choix pour l'établissement des pistes de ski (Vanoise, Tarentaise) et les profondes vallées, bien abritées, bénéficient d'un bon ensoleillement (Queyras, Ubaye) qui favorise le tourisme estival. Le relief offre également des **paysages spectaculaires** comme la célèbre « Casse déserte » du col de l'Izoard ou les gorges du Guil.

3. Un climat modérément rigoureux

Les Alpes présentent un climat de montagne, c'est-à-dire caractérisé par :

– *Des hivers longs et rigoureux*. La moyenne de janvier est de 1,5 °C à Grenoble et de –0,5 °C à Embrun, située plus au sud, mais à une altitude supérieure (871 m contre 223 m). Le gel est fréquent (77 jours à Grenoble), ce qui gêne la végétation mais permet une meilleure conservation du manteau neigeux donc un allongement de la saison touristique hivernale. L'excès de précipitations neigeuses peut conduire, exceptionnellement, à des catastrophes. Il en fut ainsi dans la région de Chamonix durant l'hiver 1998-1999.

– *Des précipitations abondantes*. Elles dépassent 800 mm sur l'ensemble du massif et même 2 m dans les régions les plus humides, comme la Grande-Chartreuse. Elles tombent en partie sous forme de neige. Celle-ci ne représente que 4 % des précipitations totales à Grenoble, mais 14 % à Samoëns et 33 % à Chamonix. Le manteau neigeux dépasse régulièrement 4 m, voire plus au sommet des pistes des grandes stations. Les précipitations varient considérablement selon l'altitude et plus encore l'exposition. C'est ainsi que les Préalpes du Nord, exposées aux vents d'ouest enregistrent des totaux annuels plus élevés que les hautes vallées des massifs centraux ou de la zone intra-alpine.

La diversité climatique des Alpes

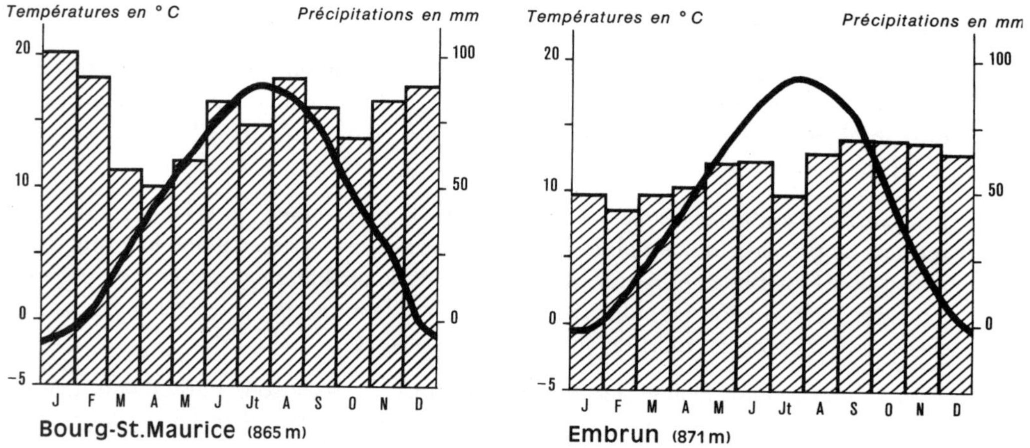

Les différences de latitude, d'altitude et d'exposition contribuent à la diversité climatique des Alpes françaises. Au niveau de la chaîne, c'est **l'opposition entre les Alpes du Nord et les Alpes du Sud** qui est la plus marquée, la limite entre les deux ensembles climatiques joignant la vallée de la Drôme au col du Lautaret. Au niveau local, les contrastes sont accusés entre le versant exposé au sud (l'adret) et le versant regardant vers le nord (l'ubac). Longtemps favorisés par leurs aptitudes agricoles, les adrets perdent une partie de leurs atouts au profit des ubacs en ce qui concerne les sports d'hiver, la neige persistant plus longtemps sur les versants nord.

Les Alpes du Nord sont plus arrosées et plus fraîches. Les précipitations, apportées par les masses d'air océaniques, y sont assez régulières. Si la saison touristique hivernale y trouve son compte – le manteau neigeux est important et le froid le rend persistant –, la saison d'été souffre un peu des pluies qui gênent campeurs et randonneurs. L'humidité n'empêche cependant pas la vigne de prospérer sur les versants abrités et elle favorise le développement des alpages. C'est la région des vins de Savoie (roussette, crépy, apremont) et des fromages (reblochon, tomme, beaufort) qui ont contribué à la renommée de la fondue régionale.

Les Alpes du Sud subissent des influences méditerranéennes qui se traduisent par un climat plus sec, surtout en été. L'ensoleillement est important (2 660 h par an à Embrun contre 2 076 h à Grenoble), ce qui favorise le climatisme. Si cette sécheresse est appréciée durant l'été, en hiver, les stations de ski, même en altitude, souffrent parfois d'un enneigement insuffisant.

B La montagne la plus fréquentée

1. Une prépondérance écrasante

Si les données statistiques font parfois défaut au niveau de l'ensemble de la chaîne, il est cependant possible de mettre en évidence la suprématie du massif alpin sur les autres montagnes du pays à l'aide de quelques chiffres.

En été, l'attraction des Alpes, moins sensible en raison de la concurrence des littoraux, n'en est pas moins manifeste. Si l'on considère la seule région Rhône-Alpes, qui déborde il est vrai de la montagne (mais, en revanche, les deux départements montagnards sud-alpins ne sont pas comptabilisés), la chaîne a enregistré en 2006 (dernière statistique exhaustive), 11 % des nuitées de l'hexagone, ce qui la place en deuxième position derrière Provence-Alpes-Côte d'Azur pour la clientèle nationale. L'attraction du massif se fait sentir sur tout le territoire. La majeure partie de la clientèle vient cependant de régions plus proches, des Alpes d'abord, de Lyon ensuite, de la région parisienne surtout. Ces touristes privilégient les Alpes du Nord alors que les Marseillais et les Niçois se dirigent surtout vers les hôtels, les campings, ou leur résidence secondaire des Alpes du Sud.

En hiver, l'importance des Alpes est encore plus manifeste. Elles reçoivent plus des 3/4 des Français partant aux sports d'hiver. Celles-ci arrivent des quatre coins de l'hexagone. Les Alpes exercent en effet une attraction prépondérante dans toutes les régions françaises, à l'exception du Sud-Ouest dont les habitants fréquentent aussi les stations pyrénéennes, plus proches.

À ces flux interrégionaux s'ajoutent des flux internationaux : les Alpes reçoivent aujourd'hui près de 80 % de la clientèle étrangère venue pratiquer les sports d'hiver en France et en été, des Néerlandais campent au bord du lac de Serre-Ponçon, des Suisses viennent dans leurs résidences secondaires de Haute-Savoie, des Australiens, des Américains, des Japonais font la queue pour accéder au téléphérique de l'aiguille du Midi. Cette attraction s'explique par l'équipement exceptionnel des grandes stations, mais aussi par les efforts de promotion faits par certaines stations à l'étranger (Flaine, Puy-Saint-Vincent) ou encore par les avantages du change (Suisses, Allemands, et même Américains). Dans plusieurs stations, comme Les Arcs, la clientèle étrangère représente une part importante de l'activité hôtelière et n'hésite pas à investir dans l'immobilier. Elle est d'autant plus précieuse qu'elle permet souvent d'améliorer les taux d'occupation durant les périodes creuses séparant les vacances scolaires françaises.

2. Des hébergements diversifiés

Pour répondre à cette demande, les Alpes disposent d'une importante capacité d'hébergement qui s'est considérablement diversifiée et accrue depuis 1965 avec la multiplication des stations dites de troisième génération – ou stations intégrées. Les six départements comptabilisés dans ce chapitre rassemblent d'ailleurs une part importante des différents types d'hébergement du pays :

– 8,3 % des chambres classées ;
– 7 % des places de camping ;
– 14 % des gîtes ruraux.

À ces chiffres, il faut ajouter les centres de vacances, et les résidences secondaires (plus de 330 250 dans la seule région Rhône-Alpes) qui placent tous deux le massif en tête des régions françaises. C'est dans les Alpes que la multipropriété a commencé à se développer réellement, notamment dans les stations de troisième génération. Le marché de l'immobilier demeure d'ailleurs assez dynamique en dépit d'un certain tassement récent. Des grands promoteurs, jadis orientés vers le littoral (Merlin, Ribourel) se sont lancés dans la construction de studios, d'appartements ou de chalets.

L'hébergement dans les Alpes en 2008

Départements	Hôtels homologués (chambres)	Campings (emplacements)	Villages de vacances (lits)	Gîtes ruraux (nombre)
Alpes-de-Haute-Provence	2 614	11 512	2 160	585
Hautes-Alpes	5 000	12 477	7 923	773
Drôme	4 154	9 376	1 244	477
Isère	8 025	9 002	3 441	555
Savoie	15 322	8 198	15 192	1 415
Haute-Savoie	15 748	13 038	7 311	1 179

Sources : Direction du Tourisme et Fédération nationale des gîtes de France.

Noter que les chiffres du tableau ci-dessus soulignent la prépondérance des Alpes du Nord, et plus particulièrement des deux départements savoyards qui totalisent 33,4 % des places de camping, 52 % des gîtes ruraux et surtout 61 % des chambres classées des Alpes françaises.

La supériorité du massif alpin est encore accentuée si l'on considère les seules stations de sports d'hiver. Il recense en effet plus de 80 % de la capacité nationale totale, les Savoies en mobilisant à elles seules près des deux tiers en dépit des progrès de l'immobilier dans les autres régions montagneuses. De plus, les stations alpines sont en général d'une taille supérieure à celles des autres massifs, plus d'une dizaine d'entre elles dépassant même les 20 000 lits.

3. Les facteurs de la réussite

Certes, les Alpes comptent d'abord sur leur **fantastique capital naturel** qui permet de satisfaire le plus exigeant des touristes, du sportif de haut niveau aux personnes âgées désirant profiter du bon air ou des bienfaits du thermalisme, en passant par les amateurs de randonnées sur des sentiers remarquablement balisés qui comptent parmi les plus beaux du pays (GR5 ; GR54)... Elles comptent aussi sur un important patrimoine historique, sur **un réseau de communication remarquablement équipé** et sur des **villes dynamiques** qui enregistrent un tourisme d'affaires non négligeable.

a. Le massif le plus anciennement fréquenté

C'est dans les Alpes que le tourisme montagnard est né. Si la haute montagne a longtemps fait peur, les altitudes plus modestes ont attiré bien des promeneurs, et Rousseau, puis Lamartine ont vanté la beauté des paysages alpins. **Chamonix est le berceau du tourisme sportif.** Elle profite de la première ascension du mont Blanc, réalisée en 1786 par Balmat et Paccard, pour devenir la capitale mondiale de l'alpinisme. Les Anglais y viennent en nombre dès le XIXe siècle ; une compagnie des guides se constitue rapidement et un chemin de fer à crémaillère permet aux touristes d'accéder sans fatigue à la Mer de Glace. Chamonix organise les premiers Jeux olympiques d'hiver en 1924. Les Alpes voient se construire les premières stations d'altitude (Combloux, Megève, Alpe-d'Huez, Serre-Chevalier), regroupent la majeure partie des remontées mécaniques et des téléphériques prestigieux (aiguille du Midi, Brévent). Elles accueillent les premières stations « intégrées » et organisent les Jeux olympiques d'hiver à Grenoble en 1968 et en Savoie en 1992.

b. Le massif le mieux équipé

Les Alpes n'ont cessé de conforter leur prééminence au niveau des équipements sportifs. **Elles regroupent près de 75 % des remontées mécaniques nationales**, les Savoies venant en tête des départements. Les stations alpines françaises figurent d'ailleurs parmi les mieux équipées du monde en ce domaine. Il en est de même au niveau des pistes. Si l'on considère celles qui offrent un dénivelé supérieur à 300 m, les Alpes en totalisent près de 2 000. Autant d'arguments de choix pour attirer une clientèle étrangère, venue d'Europe ou de pays lointains parfois situés dans l'hémisphère Sud, et pour détourner la clientèle nationale des autres massifs français.

c. Des communications faciles

Bien que plus élevées que les Pyrénées et le Massif central, les Alpes n'opposent pourtant pas des obstacles aussi redoutables aux communications. En effet, leur altitude et leur étendue leur ont permis de connaître une importante érosion glaciaire quaternaire. De gigantesques glaciers ont creusé, raboté, élargi les vallées fluviales et donné naissance à de **larges vallées glaciaires** en « U », à fond plat, dans lesquelles il est facile de construire des routes et des voies ferrées. C'est le cas de la vallée de l'Arve et plus encore de celle de l'Isère. Les Alpes du Nord, plus hautes et plus humides ont connu une érosion plus intense et, de ce fait, offrent une circulation plus facile que les Alpes du Sud, où seule la vallée de la Durance permet de pénétrer aisément jusqu'au cœur de la montagne. Les glaciers ont également abaissé l'altitude de bien des cols, facilitant le passage d'une vallée à l'autre. C'est notamment le cas du Lautaret entre Grenoble à Briançon. D'autres cols, plus élevés (Galibier, 2 640 m ; Izoard, 2 360 m ; Iseran, 2 770 m) doivent être fermés durant l'hiver. En revanche, ils offrent en été des panoramas splendides et sont fréquemment empruntés par les coureurs du Tour de France cycliste qui draine des foules le long de leurs pentes.

Ces facilités de circulation ont permis le **développement précoce des transports**. Le rail ouvre les Alpes au monde moderne dès le milieu du XIXe siècle. Il arrive à Grenoble en 1856, à Briançon en 1878. Le tunnel du Fréjus est percé dès 1871. Au XXe siècle, les axes routiers sont privilégiés, avec le tunnel du Mont-Blanc (1965), puis celui du Fréjus (1980). L'ouverture des « autoroutes blanches » vers Grenoble, Annecy et Chambéry rapprochent les stations de sports d'hiver de Lyon et de Paris. Le T.G.V. à son tour favorise la partie septentrionale du massif. Cependant, ces aménagements n'empêchent pas les embouteillages lorsque le temps se gâte. Par ailleurs, la fermeture du tunnel du Mont-Blanc durant deux ans, suite à un dramatique incendie survenu en mars 1999, a bouleversé l'activité économique locale :

> *« Dans la salle de jeu du casino de Chamonix personne ou presque ne vient troubler le ballet monocorde des croupiers et des employés. "Nous avons perdu 92 % de notre clientèle de jeux et 40 % de la fréquentation des machines à sous" constate Jean-Charles Pitt, directeur général du casino. (...) Malgré nos efforts pour animer le restaurant et le rendre plus attractif (+ 20 % de chiffre d'affaires), nous n'arrivons pas à nous relever. Les employés rémunérés sur le produit des jeux et les pourboires, ont vu leur salaire réduit aux deux tiers et ne travaillent plus qu'à 40 % de leur temps plein. Si le casino boit le bouillon, commerçants et hôteliers s'abreuvent de petit lait. Les hébergements marchands ont progressé de 10 % en 2000 (...). Preuve que la station a su séduire d'autres marchés : Britanniques, Allemands, Japonais, Scandinaves et Américains viennent en nombre et consomment avec gourmandise les spécialités italiennes. (...) Les indices de fréquentation qui placent les Italiens en 8e place (quand ils étaient 3e en 1998) laissent les agences immobilières de glace. Celles-ci ont vu le prix du mètre carré gagner quelque 7 % l'année dernière et ont appris à négocier avec une clientèle anglo-saxonne moins versatile et plus pragmatique. »*
>
> Isabelle BRUNO, *Alpes Magazine*, mai-juin 2001.

A la limite méridionale des Alpes du Nord, le tunnel routier du fréjus enregistre un trafic important entre la vallée de la Maurienne et l'Italie.

Par contre, les Alpes du Sud présentent des équipements plus modestes : l'A 51 devant relier Gap à Grenoble reste un projet, pas d'autoroute jusqu'à Briançon, pas de tunnel vers l'Italie et des liaisons ferroviaires moins performantes, en dépit de l'arrêt du T.G.V. à Valence. La voie ferrée vers Briançon n'est pas encore électrifiée et reste à voie unique.

Les Alpes du Nord peuvent aussi compter sur quatre aéroports : Lyon (7 321 000 passagers en 2007), Grenoble-Saint-Geoirs (470 000), Chambéry (232 000) et Annecy. S'y ajoutent des altiports (Courchevel, L'Alpe-d'Huez) et l'aéroport de Genève par lequel transitent touristes d'affaires, alpinistes et skieurs étrangers.

Au sud, rien de comparable. L'aéroport de Gap est depuis longtemps inutilisé et la clientèle lointaine doit descendre à Lyon, Marseille ou Nice avant de prendre la voiture ou le train. Cette situation traduit l'inégalité touristique, mais plus encore les disparités économiques. Les Alpes du Sud sont en effet demeurées à l'écart du mouvement d'industrialisation et d'urbanisation qui a affecté les Alpes du Nord dès le XIXe siècle.

d. Une montagne plus urbanisée

En 2008, les six départements regroupent près de 3 millions d'habitants. C'est un chiffre bien supérieur à celui des autres montagnes du pays qui s'explique par l'histoire économique. À la différence des Pyrénées, les Alpes ont largement tiré parti de l'aménagement hydroélectrique amorcé par Bergès près de Grenoble en 1869. La fourniture de courant à bas prix a attiré les industries grosses consommatrices telles l'électrochimie et l'électrométallurgie. Des usines ont été implantées dans les vallées de la Maurienne et de la Romanche, prenant le relais d'une agriculture en déclin et permettant ainsi de limiter l'émigration. Dans le même temps, des entrepreneurs audacieux, comme à Grenoble, se sont orientés vers de nouvelles activités (électricité, mécanique).

L'urbanisation s'en est trouvée renforcée dans les Alpes du Nord, plus accessibles et offrant de meilleures possibilités hydroélectriques. Il en est résulté une évolution démographique différente de celle des Alpes du Sud. D'un côté **une métropole de 560 000 habitants (Grenoble)**, et deux grandes agglomérations, Annecy et Chambéry ; de l'autre, Gap, la ville la plus peuplée, ne compte que 40 000 habitants. D'un côté des villes actives, industrielles, favorisant le développement du tourisme d'affaires et fournissant une abondante clientèle de week-end et de séjour aux montagnes voisines, été comme hiver ; de l'autre, des cités administratives et commerçantes qui profitent certes du tourisme, mais qui ne jouent guère de rôle pulsateur dans son développement.

L'activité touristique tend heureusement à **favoriser la reprise démographique** dans les Alpes du sud. Après plus d'un siècle de déclin, les Hautes-Alpes et les Alpes-de-Haute-Provence enregistrent un accroissement de leur population depuis plusieurs recensements. Les communes qui se sont dotées d'une station de sports d'hiver enregistrent souvent les gains les plus spectaculaires, à l'image de Vars ou d'Orcières. Le retard à combler reste toutefois de taille.

C Les Alpes du Nord

1. Les Préalpes : neige et forêts

a. Le Chablais

Le Chablais est le plus étendu des massifs préalpins. Il s'élève par paliers du Léman à la vallée du Giffre, déroulant un paysage verdoyant de prairies et de forêts que ponctuent des chalets coquets. **Le tourisme est ancien**. Il est généralement très populaire, comme en témoignent les colonies de vacances (La Chapelle-d'Abondance) et les gîtes ruraux.

La proximité de Genève a également favorisé l'implantation des résidences secondaires appartenant à des Suisses. Très diffus, le tourisme privilégie cependant :

– *Les rives du lac Léman*. Le plus grand des lacs alpins (580 km²) a fixé bien des stations qui profitent de son microclimat (vignoble de Crépy) et de ses plages (Excenevex). Le lac permet aussi le nautisme et des excursions vers la Suisse ; toutefois ses tempêtes sont particulièrement redoutables. Deux stations dominent : Thonon-les-Bains et **Évian-les-Bains**. La première est une modeste station thermale (1 390 curistes en 2006), qui développe sa vocation climatique et ses activités balnéaires. C'est aussi un centre d'excursions vers les châteaux de Ripaille et d'Allinges et vers le bourg médiéval d'Yvoire qui dresse ses vieilles demeures et ses murailles au-dessus du lac. Quant à Évian, si elle était surtout connue pour ses eaux (920 curistes), est devenue un lieu de villégiature recherché par une clientèle aisée, qui anime ses palaces (Royal-Hôtel) et son casino, le 20e de France. Comme Thonon, la station s'efforce de développer les activités sportives.

– *Les vallées des Dranses*, les rivières locales. Par les facilités qu'elles offrent aux communications, elles ont fixé la majeure partie des stations qui bénéficient d'une double saison. Les plus importantes sont celles de Châtel et de **Morzine-Avoriaz**. Cette dernière est la capitale touristique du Haut Chablais ; elle dispose d'un excellent équipement (56 000 lits) et elle est reliée aux stations voisines dans le cadre du domaine skiable des « Portes du soleil » qui compte plus de 200 remontées mécaniques.

Au sud du Chablais, **le massif du Giffre**, plus austère, n'a pas conservé une vie rurale aussi active. Il dépend plus largement du tourisme, comptant sur les stations de Samoëns, des Carroz d'Araches et de **Flaine**, aujourd'hui reliées entre elles dans le cadre du Grand Massif et totalisant 132 remontées et 44 000 lits.

b. Les Bornes

Entre la vallée de l'Arve et la cluse d'Annecy, le massif des Bornes est plus fermé. Ses reliefs souvent spectaculaires (les Aravis, 2 752 m), ses cols élevés (la Colombière, 1 613 m), ses forêts et ses alpages en font un lieu de prédilection pour les randonneurs et les promeneurs. Si l'élevage bovin est demeuré dynamique – c'est là que l'on fabrique le meilleur reblochon fermier –, le tourisme a pris une importance plus grande encore. Plus que les petits bourgs de Thorens-Glières et de Thônes, centres de la Résistance en 1944, ce sont les stations du Grand-Bornand (31 remontées ; 22 000 lits) et de **La Clusaz** (46 remontées ; 25 400 lits) qui mobilisent les estivants et les hivernants.

c. Les Bauges

Les Bauges s'étendent entre les cluses d'Annecy et de Chambéry. En dépit de reliefs parfois impressionnants et de gorges profondes (pont de l'Abîme sur le Chéran), elles sont moins élevées que les Préalpes voisines. Bien ouvertes à la circulation, elles ne possèdent cependant pas de grandes stations de ski. Autrefois employée dans des forges artisanales alimentées par la forêt, la population a déserté le massif (perte de 65 % en un siècle). Seule, la proximité d'Aix-les-Bains et de Chambéry a permis de développer les modestes stations de la Féclaz et du mont Revard. Ce dernier permet de découvrir un immense panorama, allant du mont Blanc au lac du Bourget.

Les Alpes du Nord

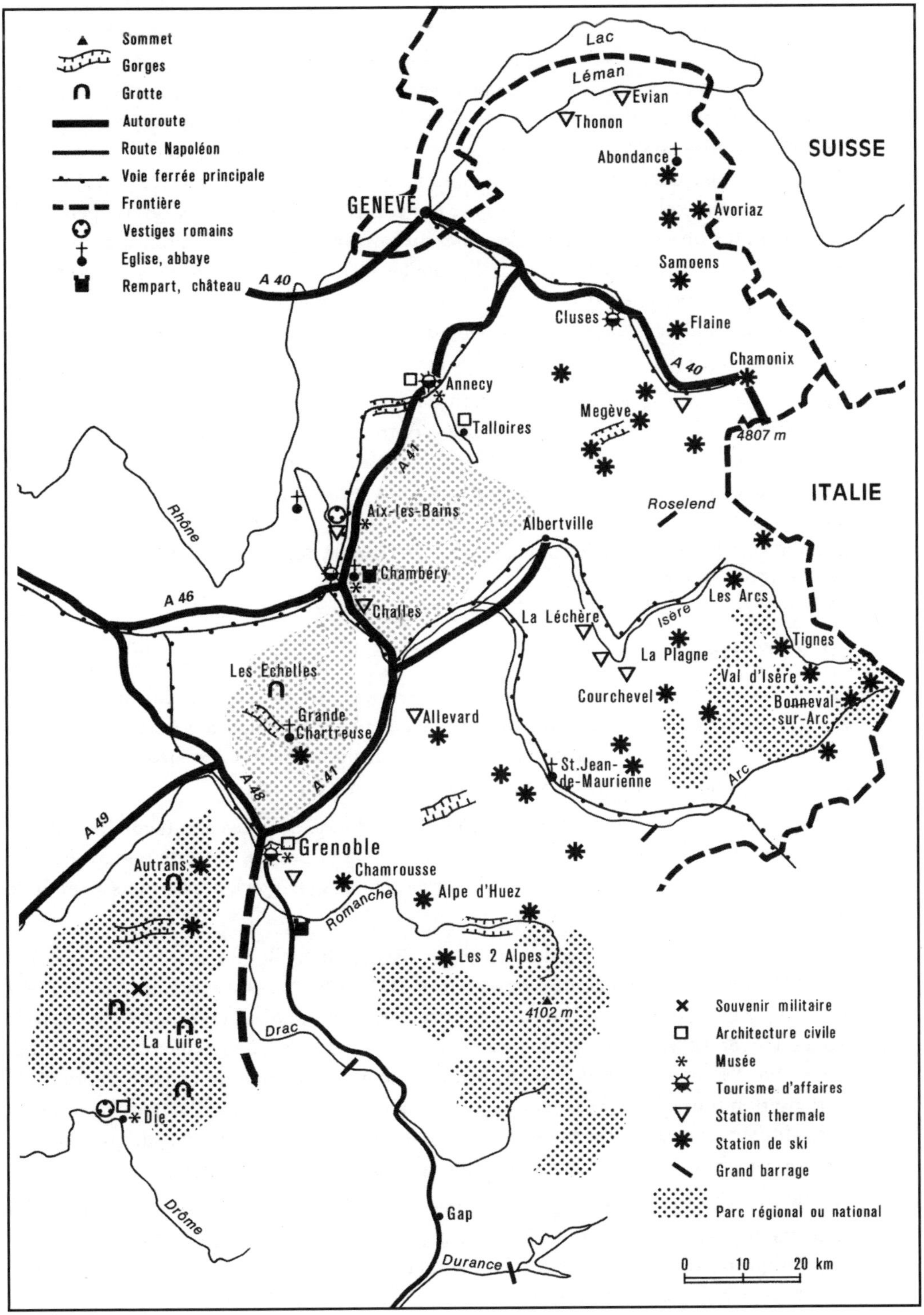

d. La Grande-Chartreuse

Entre les cluses de Chambéry et de Grenoble, la Chartreuse fait figure de forteresse naturelle. Si elle ne culmine pas à haute altitude (2 087 m à Chamechaude), elle offre d'impressionnants à-pics au-dessus du couloir du Grésivaudan et des crêts audacieux comme celui du Charmant Som. Le massif est presque désert ; la forêt y occupe une place essentielle et permet d'agréables promenades. L'animation touristique est pour une large part liée à la présence des impressionnantes gorges du Guiers (pas du Frou), des grottes de l'Échelle, et plus encore du célèbre monastère de la Grande-Chartreuse. Fondé en 1084 par saint Bruno, celui-ci ne se visite pas ; par contre, l'annexe de la Correrie permet de découvrir l'histoire de cet ordre et les différents aspects de la vie des moines, consacrée à la prière, mais aussi aux activités intellectuelles et manuelles. C'est dans ce monastère qu'ont été trouvées les recettes des liqueurs aux plantes (« grande-chartreuse »), aujourd'hui fabriquées dans la petite ville de Voiron, mais toujours sous la surveillance des moines.

Le tourisme de villégiature est aussi actif dans les petits bassins intérieurs du massif, à Saint-Pierre-de-Chartreuse et Saint-Pierre-d'Entremont. Stations d'été, elles se sont aussi orientées vers les sports d'hiver, profitant de l'exceptionnelle humidité qui permet de compenser en partie la faiblesse de l'altitude. Elles accueillent surtout une clientèle régionale, en particulier des Grenoblois. Ces derniers se dirigent également vers les nouvelles installations du sud de la Chartreuse (Le Sappey, col de Porte) où ils implantent de nombreuses résidences secondaires.

e. Le Vercors

Comme la Chartreuse, le Vercors dresse de spectaculaires remparts de calcaire au-dessus des régions avoisinantes. Cependant, un plissement plus régulier a donné un relief plus calme que dans les autres massifs : les hauts plateaux dominent. C'est aussi une région de transition climatique entre les Alpes du Nord et celles du Sud.

Le tourisme doit beaucoup à la nature. L'érosion a donné des **sites spectaculaires** ; la forteresse du mont Aiguille, les gorges vertigineuses de la Bourne, de Combe-Laval et des Grands-Goulets, les grottes (Choranche) et les gouffres (Berger), ces derniers attirant de très nombreux spéléologues.

Le tourisme estival s'appuie également sur l'existence de belles forêts (forêt de Lente) et sur le développement des centres de vacances et des résidences secondaires, notamment au nord sur la montagne de Lans. C'est aussi cette région qui a bénéficié des Jeux olympiques d'hiver de Grenoble. Le ski s'est développé, et plus particulièrement le ski de fond, qui trouve à Lans, à **Villard-de-Lans** et plus encore à **Autrans** un cadre exceptionnel. L'orientation touristique du Vercors a été consacrée par l'ouverture d'un parc régional en 1970. Il couvre 135 000 hectares et englobe la presque totalité du massif, favorisant le développement des gîtes ruraux, des activités artisanales et de l'équitation.

Le Vercors doit aussi beaucoup à l'histoire. **Citadelle de la Résistance**, il a connu des combats dramatiques en juin et juillet 1944. Cet épisode douloureux est commémoré dans les grottes de la Luire, où ont été massacrés les résistants blessés, ainsi qu'au musée et au cimetière national de Vassieux.

2. Les couloirs : des lacs et des villes

Entre ces massifs préalpins, les cluses constituent des axes de communication essentiels pour le tourisme ; elles portent la totalité des grandes villes des Alpes du Nord, qui fournissent une part importante des touristes à la montagne, mais retiennent également bon nombre de voyageurs. Seule, au nord, la cluse de l'Arve ne connaît guère de tourisme. Elle est plutôt vouée à l'industrie et plus particulièrement au décolletage qui a succédé à l'horlogerie.

a. Annecy

Le lac d'Annecy est le plus fréquenté des Alpes. Peu étendu (2 800 ha), il offre des eaux très pures, d'un bleu limpide, au pied des hauteurs du Semnoz et du mont Veyrier. Il attire des milliers de touristes, amateurs de pêche, de voile, de baignade, ou tout simplement de calme.

Annecy est le principal centre touristique. Traversée par la rivière du Thiou, la vieille ville conserve tout le charme de son passé. Les canaux, les anciennes demeures, les rues bordées d'arcades et les balcons fleuris en font un lieu de flânerie apprécié. Les monuments les plus célèbres de la ville sont le palais de l'Isle, construit au XIIe siècle qui a fait tour à tour fonction de tribunal et de prison, l'église Saint-Maurice, décorée de belles fresques et la cathédrale Saint-Pierre qui conserve le souvenir du passage de François de Sales et de J.-J. Rousseau.

Annecy connaît aussi un **tourisme d'affaires** dynamique qui bénéficie du développement commercial et industriel de la ville, de la présence de quelques bonnes tables et de la qualité de la desserte ferroviaire et routière. Les environs offrent également bien des possibilités : abbaye bénédictine de Talloires, transformée en hôtel ; château de Menthon (XIIIe-XVe siècles), où naquit saint Bernard, le fondateur du monastère qui porte son nom ; les gorges du Fier, dominées par le château de Montrottier, impressionnante citadelle qui abrite des meubles anciens et une belle collection d'armes. Enfin, Annecy dispose à peu de distance des champs de neige des Préalpes, la station de La Clusaz étant la plus prisée.

b. Chambéry et Aix-les-Bains

Le lac du Bourget, immortalisé par le poème de Lamartine (« Ô temps, suspends ton vol… ») couvre 4 500 hectares. Il est enchâssé entre les montagnes et communique avec le Rhône par des marais. Il fait l'objet d'importants travaux d'assainissement qui commencent à porter leurs fruits.

Aix-les-Bains est la troisième station thermale française (28 700 curistes en 2006). Les Romains avaient déjà apprécié les bienfaits de ses sources chaudes, comme le rappellent les vestiges, des premiers thermes, l'arc de Campanus et le temple de Diane. Dotée d'un établissement thermal important au XVIIIe siècle, la ville n'a cessé de développer sa clientèle. À sa vocation médicale, elle ajoute les trésors de ses musées, dont celui du docteur Faure, qui expose des œuvres de Corot, Degas, Bourdelle, Maillol… À quelques kilomètres, sur les rives du lac, l'abbaye de Hautecombe, monastère cistercien puis bénédictin, abrite les tombeaux des comtes de Savoie.

Chambéry occupe une position stratégique sur la route qui mène de Lyon à l'Italie. Cela lui a permis de devenir très tôt un centre politique et une cité commerçante. **Capitale du**

comté de Savoie de 1232 à 1562, elle perdit son titre au profit de Turin, mieux protégée des attaques de la royauté française. Moins touristique qu'Annecy, la ville peut cependant compter sur son château. Ancienne résidence seigneuriale reconstruite aux XIVe et XVe siècles, celui-ci possède une chapelle de style gothique flamboyant et des salles historiques. Chambéry abrite également plusieurs musées (des Beaux-Arts, savoyard) et la demeure de Mme de Warens, protectrice de Rousseau.

c. Grenoble

Située au carrefour des grandes voies alpestres, Grenoble est aujourd'hui la principale ville de toute la chaîne alpine. Née d'une bourgade gauloise au confluent de l'Isère et du Drac, fortifiée par les Romains, Grenoble devient rapidement la capitale du Dauphiné. Elle profite de l'essor de ses industries (ganterie, puis constructions mécaniques, électriques, enfin électroniques et nucléaires), du dynamisme de son université et de ses grandes écoles pour devenir une **métropole industrielle et culturelle**. Le tourisme d'affaires y est actif, d'autant que la ville est bien desservie par le rail et l'autoroute et qu'elle dispose même d'un aéroport. Grenoble possède plusieurs musées, les plus fréquentés étant ceux de la Résistance et de la Déportation, des Beaux-Arts et le Musée dauphinois. Le fort de la Bastille, relié par téléphérique à la ville basse donne une vision panoramique de l'agglomération où naquit Stendhal. Toutefois, Grenoble est souvent ignorée par les touristes filant vers les stations de sports d'hiver proches. Les Grenoblois eux-mêmes profitent des pistes voisines de Chamrousse ou d'Autrans, qui ont été popularisées par les J.O. de 1968.

3. La haute montagne : le ski roi

La haute montagne regroupe les massifs cristallins (Mont-Blanc, Beaufortin, Belledonne, Sept-Laux, Grandes-Rousses, Pelvoux) et la zone intra-alpine (Vanoise, Oisans). Elle doit son originalité à ses altitudes élevées, à l'existence de longues pentes et à un enneigement de qualité.

Elle s'est ouverte au tourisme au XIXe siècle (Chamonix, Pralognan, Saint-Gervais) mais celui-ci privilégiait alors les stations des vallées. Depuis vingt ans, le développement des sports d'hiver a conduit à la multiplication des stations de haute altitude. Bien équipées, profitant d'immenses champs de neige sur les alpages, celles-ci ont intégré la haute montagne dans l'économie touristique. Bien que le tourisme se soit développé dans la plupart de ces régions élevées, il n'a pas pris partout la même importance.

a. Le massif du Mont-Blanc : le règne de Chamonix

Le massif du Mont-Blanc demeure le pivot du tourisme international grâce à la diversité de ses attraits, à la beauté de ses paysages et au prestige mondial acquis par Chamonix, la doyenne et la plus célèbre des stations de montagne, qui demeure d'ailleurs la plus grande station des Alpes françaises. Elle regroupe avec les communes voisines de la vallée de l'Arve plus de 70 000 lits.

Le massif dispose en effet d'un capital touristique sans égal :

– *des sommets prestigieux* : le mont Blanc, mais aussi l'aiguille Verte, les Grandes Jorasses, le Dru, qui attirent les alpinistes du monde entier et que les touristes contemplent de la vallée ;

– *des glaciers étendus*, comme celui des Bossons, qui vient mourir dans la vallée, au milieu de la forêt, ou encore la Mer de Glace (14 km) qui offre la plus longue descente à skis des Alpes et que des milliers de touristes piétinent pour visiter la grotte de glace sculptée chaque année par les guides de Chamonix ;

– *un équipement extraordinaire* de téléphériques (aiguille du Midi, 3 800 m ; Brévent, 2 525 m), de télécabines et de téléskis ;

– *de nombreuses stations de ski*, qui comptent parmi les mieux équipées de la chaîne. Certaines sont familiales, telles Combloux ou Saint-Nicolas-de-Véroce ; d'autres plus mondaines, telle Megève (79 remontées avec les stations voisines et une capacité d'hébergement de 40 000 lits) ;

– *une station thermale*, Saint-Gervais-les-Bains (3 620 curistes en 2000), qui souffre toutefois d'avoir perdu sa clientèle luxueuse.

La région profite en outre d'une desserte satisfaisante. Si le train n'atteint pas les grandes stations, le réseau routier est de bonne qualité ; l'ouverture de l'autoroute et le percement du tunnel du Mont-Blanc ont amené un gonflement continuel du trafic dont bénéficie en partie Chamonix.

> *« La vallée Blanche est le plus beau piège à touristes du massif du Mont-Blanc. ce fleuve de glace de 16 kilomètres de long, à l'apparence tranquille, qui s'écoule au pied du plus beau défilement de parois granitiques et de face nord des Alpes, est parsemé de crevasses, menacé par des chutes de séracs, souvent parcouru par des rafales de vent ou enveloppé de nuages. Chaque jour, un flot de deux à trois mille personnes, skis aux pieds, parfois accompagnées de guides, emprunte cet itinéraire de haute montagne, qui n'est jamais à l'abri des embouteillages. À 3 842 mètres d'altitude, au sommet de l'aiguille du Midi, desservie par le plus haut téléphérique d'Europe, les premiers pas sur l'itinéraire de la vallée Blanche ressemblent à une course en haute montagne. (…) Au « passage des séracs », zone la plus délicate de l'itinéraire, le glacier du Géant atteint une vitesse record de 2,60 m par jour, pour une épaisseur maximale de 40 m. C'est là que les guides prêtent la plus grande attention à ses mouvements. Le fleuve, qui va rejoindre, quelques instants plus tard, la paisible Mer de Glace, se fracture en de gigantesques blocs souvent menaçants. Dans cette masse blanche et bleutée qui avance inexorablement, les skieurs doivent prudemment dessiner un trajet souvent sinueux. Ils cheminent dans le dédale incohérent des séracs en empruntant les fragiles ponts de neige qui unissent les lèvres de certaines crevasses. (…)*
>
> *Les statistiques du peloton de gendarmerie de haute montagne (P.G.H.M.) dénombrent finalement peu de chutes en crevasses (…) Ses hommes et leur hélicoptère interviennent une dizaine de fois par jour pour ramener à Chamonix les naufragés des glaces, essentiellement des skieurs victimes d'entorses ou épuisés par une descente très au-dessus de leur niveau technique»*
>
> Claude Francillon, *Le Monde*, 18 avril 1997.

b. La Tarentaise : les nouvelles stations

La haute vallée de l'Isère, ou Tarentaise, autrefois vouée à la vie agricole et pastorale (fromage de Beaufort), a connu depuis deux décennies une véritable révolution économique à la faveur de la construction de nouvelles stations de sports d'hiver. Celles-ci ont été édifiées sur les pentes du massif de la Vanoise, laissant à l'écart le Beaufortin aux pentes moins favorables. À l'exception de **Val-d'Isère**, ancienne station de la haute Tarentaise, bien équipée (27 000 lits, 51 remontées), il s'agit de stations de 3e génération, construites en site vierge, au milieu des alpages, et offrant de ce fait l'avantage d'un immense domaine skiable au pied des hôtels ou des immeubles. **Les Arcs**, **La Plagne**, **Tignes** et les stations annexes réunissent plus de 120 000 lits et environ 400 remontées mécaniques. Si ces « usines à ski » font le plein en hiver, la saison d'été est plus difficile. Les stations s'efforcent de développer les sports (tennis, tir à l'arc, ski d'été sur les glaciers) mais aussi les randonnées dans le parc national de la Vanoise, créé en 1963, les stages photo ou encore l'initiation à l'informatique.

Les vallées affluentes de l'Isère, portent également de grandes stations. Certaines sont anciennes, telles Pralognan, centre d'alpinisme connu, ou Courchevel qui égrène ses différentes stations au fil des pentes, la plus haute (Courchevel, 1 850 m) étant aussi la plus luxueuse, appréciée de la jet-set et des Russes récemment enrichis.

D'autres stations sont plus récentes, telles **Méribel**, Les Ménuires ou Val-Thorens, située à 2 200 m d'altitude. Pour accroître les possibilités offertes à leur clientèle, les stations sont réunies par les remontées mécaniques dans le cadre des « *Trois Vallées* ». L'ensemble représente quelques 120 000 lits et plus de 200 remontées. À peu de distance de ces centres d'altitude, la station thermale de Brides-les-Bains a accueilli 11 640 curistes en 2006. Une telle concentration touristique autour de la vallée de l'Isère n'est pas sans poser de redoutables problèmes de circulation que les travaux développés pour les Jeux olympiques de 1992 ont permis de régler avec le prolongement de l'autoroute A43, la modernisation de la N90 et de la N212 et l'amélioration des routes départementales.

c. La Maurienne : usines et or blanc

La Maurienne, nom donné à la vallée de l'Arc, est un étroit couloir d'usines nées de l'hydro-électricité. Mais si la vallée est souvent enfumée par les établissements industriels, les hauteurs ont vu se développer l'activité touristique. Celle-ci se localise presque toujours sur la rive gauche de la rivière, la Vanoise n'offrant pas ici de longs versants comparables à ceux qui descendent vers la vallée de l'Isère.

À l'exception de **Valloire**, les principales stations de la moyenne Maurienne sont de la 3e génération : La Toussuire-Le Corbier (45 remontées ; 21 000 lits pour l'ensemble), et Les Karellis et Val Fréjus, créée en 1983.

Dans la haute vallée, au contraire, l'essor des sports d'hiver résulte d'initiatives locales. Ce sont des stations de 4e génération, centrées sur un village, où l'hébergement accorde une large place aux hébergements ruraux. C'est le cas de Lans-le-Bourg, de Lans-le-Villard, mais plus encore de **Bonneval-sur-Arc** qui offre une capacité de 1 900 lits, surtout situés dans des meublés et les hôtels classés 1 ou 2 étoiles. La station compte 11 remontées mécaniques. Cette région de haute Maurienne est ponctuée de petits villages pittoresques :

La station de l'Alpe d'Huez

> *« À 1 800 mètres d'altitude, sous le col de l'Iseran, Bonneval ploie encore sous la neige, avec ses "grebons", les briquettes de fumier de mouton mises à sécher sur les balcons en guise de combustible. Une petite vallée paisible, vouée au ski familial et à l'exploitation agricole, aux confins du parc de la Vanoise. (...) Passé Beaufort, la route s'élance en lacets vers Hauteluce et ses chalets d'alpage, essaimés sur l'adret et l'ubac. Le village mérite bien son nom de Haute-Lumière : les neiges du mont Blanc et les aiguilles Croche, au loin, lui font un écrin de blancheur. Construite en 1530, avec son étincelant clocher à bulbe et ses peintures nid d'abeille pastel au plafond, l'église de Hauteluce évoque les voix angéliques de haute-contre et la mélodie aigre-douce du clavecin. Plus émouvantes encore, les petites chapelles des hameaux – comme celle d'Annuit – luttent contre le salpêtre qui mange les murs. »*

Éliane GEORGES, *Géo*, nº 219, mai 1997.

d. Belledonne et Sept-Laux : l'équipement progresse

À l'ouest de la Vanoise, les massifs de Belledonne et des Sept-Laux portent également des stations de sports d'hiver. Outre **Chamrousse**, voisine de Grenoble et de la station thermale d'Uriage, les plus importantes sont celles des Sept-Laux et du Collet-d'Allevard. Cette dernière a été édifiée au-dessus de la station thermale spécialisée dans le traitement des voies respiratoires.

e. L'Oisans : sports d'été et d'hiver

La vallée de la Romanche conduit au col du Lautaret, passage très fréquenté, été comme hiver. Industrielle comme la Maurienne dans sa partie aval, la vallée se tourne davantage vers le tourisme autour de **Bourg-d'Oisans**, centre commercial et point de départ de nombreuses courses en montagne. Deux stations voisines figurent au hit-parade du ski français, offrent un équipement remarquable et la possibilité de skier sur les glaciers en été. **L'Alpe-d'Huez** est la plus ancienne (1936). Dotée d'un altiport, elle dispose d'une capacité d'hébergement de 32 500 lits et de 86 remontées, développant rapidement ses liaisons avec les villages voisins.

> *« Enneigement garanti, kilométrage des pistes illimité et remontées mécaniques à haut débit. Selon beaucoup d'observateurs, seules les stations de sports d'hiver répondant rigoureusement à ces critères tireront leur épingle du jeu international dans les prochaines années. Cette perspective sonne le glas des stations-villages traditionnelles au profit de la notion de "domaine skiable", fruit des efforts de développement conjoint de plusieurs communes. Ainsi, Oz et Vaujany, deux villages de l'Oisans, comptant respectivement 127 et 419 habitants, mettent-ils à profit la manne procurée par la taxe professionnelle versée par E.D.F. pour le barrage de Grandmaison édifié sur leur territoire (de l'ordre de plusieurs millions de francs) pour s'unir à la station voisine de L'Alpe-d'Huez. »*

Anne CHATEL-DEMENGE, *Les Échos*, 10-3-1988.

Les Deux-Alpes offre sensiblement les mêmes services : 35 000 lits et 51 remontées mécaniques. Ces stations accueillent fréquemment le Tour de France cycliste en été, soucieuses de valoriser leurs équipements et de faire connaître leur nom. Plus près du Lautaret, la station de **La Grave-La Meije** tire profit de la proximité du prestigieux massif de la Meije pour attirer alpinistes et randonneurs, mais elle souhaite aussi élargir ses activités en développant les équipements hivernaux.

C'est aussi à la présence du massif du Pelvoux, de ses sommets, de ses glaciers – inscrits dans le cadre du parc des Écrins – que La Bérarde et, au sud, Ailefroide, doivent leur vocation de centres de randonnées et d'alpinisme. Des milliers de personnes grimpent chaque été vers les glaciers (glacier Blanc, glacier Noir), utilisant parfois les nombreux refuges d'altitude aménagés par le Club alpin français.

D Les Alpes du Sud

Les Alpes du Sud n'offrent pas encore de régions touristiques aussi structurées et aussi fréquentées que les Alpes du Nord. Le morcellement du relief, le moindre développement du réseau de communication, l'absence de grandes villes, l'insuffisance des capitaux et parfois des initiatives expliquent le retard touristique de la région. Mais, c'est aussi une chance, car la montagne a mieux conservé ses traditions et les « usines à ski » y demeurent plus rares, bien que la conquête des sommets soit aussi bien amorcée.

1. Des Préalpes qui s'éveillent

Souvent mal individualisées par rapport à celles du Nord, les Préalpes du Sud souffrent de l'absence de grandes vallées. Seule, celle de **la Durance** assure un trafic ferroviaire et routier important ; elle draine de ce fait la majeure partie des flux. Le tourisme demeure souvent ponctuel ; la clientèle est moins diversifiée. Elle vient surtout des villes du littoral méditerranéen ; les Parisiens sont bien moins nombreux que dans le nord, et les étrangers, plus rares encore, surtout en hiver, malgré l'essor rapide de la clientèle italienne. En été, la durée plus longue des séjours, les atouts du climat et les meilleures conditions de circulation favorisent un élargissement du recrutement.

a. Les Préalpes de l'Est : le refuge des Niçois

À l'est, près de la frontière italienne, les Préalpes sont avant tout l'aire de loisirs des Niçois. Les résidences secondaires se multiplient dans des villages souvent à demi abandonnés et les équipements de sports d'hiver progressent à la faveur de l'amélioration des liaisons routières. L'accès demeure en effet l'un des problèmes-clefs de plusieurs stations, telle **Isola 2000** (3 300 lits, 22 remontées). Cette dernière, plusieurs fois coupée du littoral par des avalanches ou des coulées de terre, a considérablement amélioré ses infrastructures routières. Après bien des difficultés financières, marquées par des faillites successives, elle a été rachetée en mai 1997 par un imprimeur varois.

Outre Isola 2000, **Auron-Saint-Étienne-de-Tinée** (21 remontées, 10 000 lits) et La Foux-d'Allos sont les principales stations de ces Préalpes orientales qui bénéficient, grâce à leur été sec mais plus frais que sur le littoral, d'une double saison appréciée des hôteliers et des commerçants.

Les Préalpes offrent également quelques possibilités de randonnées sur les sommets les plus élevés ou de circuits le long de ses nombreuses gorges (Var).

Les Alpes du Sud

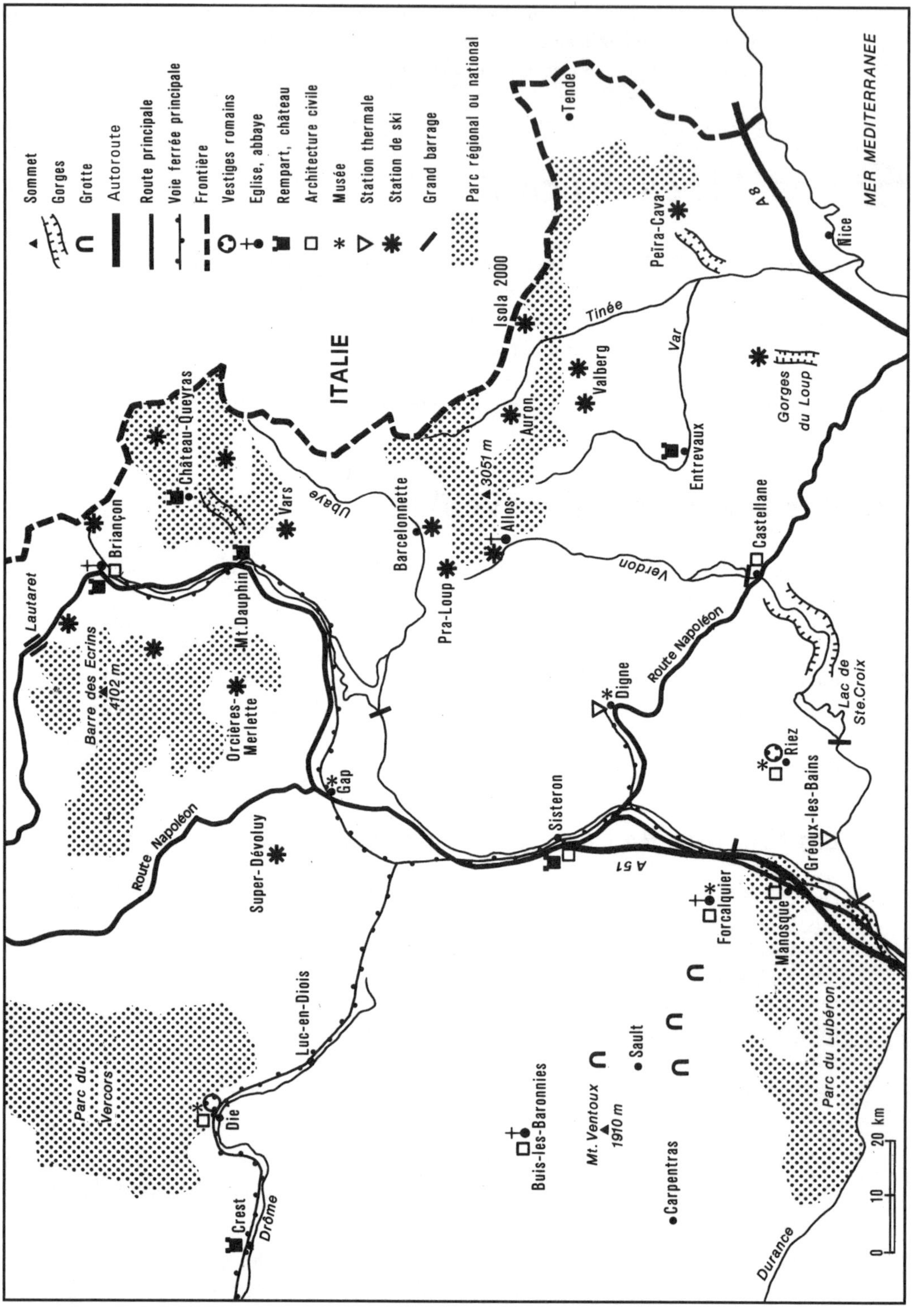

b. Les Préalpes occidentales : un tourisme bien discret

À l'ouest, les altitudes diminuent, ce qui limite les possibilités d'implantation des stations de sports d'hiver. Par contre les étés secs devraient permettre l'éclosion d'un tourisme de villégiature estival. Or, celui-ci demeure marginal, notamment dans le Diois et les Baronnies.

Les Baronnies ont perdu une bonne partie de leur population, et, dans cette région austère, où de puissantes corniches calcaires alternent avec des chaos d'éboulis, les routes sont bien peu fréquentées. Nyons n'est qu'une petite étape gastronomique (confitures, truffes).

Le Diois, plus ouvert, moins montagneux, profite du passage de la route de Valence à Gap, du pittoresque de la vallée de la Drôme, mais plus encore de la fameuse clairette de Die, vin blanc le plus souvent commercialisé sous forme pétillante. Les résidences secondaires progressent ici plus rapidement que dans les Baronnies ; elles sont parfois acquises par des étrangers.

Le Dévoluy présente des altitudes plus élevées. Cela lui vaut de compter une station moderne qui semble bien isolée dans une région qui a perdu beaucoup de ses habitants : **Super-Dévoluy** (25 remontées, 17 000 lits). **Le Champsaur** voisin compte surtout sur Orcières-Merlette (29 remontées, 17 000 lits) qui organise en janvier la «Croisière blanche» pour les 4x4, les quads et autres motos neige.

2. Une haute montagne mieux pourvue

Comme les Préalpes, la haute montagne souffre de la comparaison avec les Alpes du Nord. Le tourisme demeure insuffisant. Les cols sont souvent très élevés (Allos, 2 240 m ; Izoard, 2 360 m), et comme ils sont fermés en hiver, les touristes doivent effectuer de longs détours, ce qui en décourage bon nombre.

La vallée de la Durance ne retient guère les touristes. Elle porte cependant quelques villes intéressantes, comme Embrun, ancien archevêché perché sur un escarpement. La ville possède une cathédrale du XIIe siècle avec un porche lombard aux belles colonnes de marbre rose et un donjon de la même époque. Elle profite également d'un magnifique plan d'eau, relié à la retenue de Serre-Ponçon. C'est aussi le cas de **Mont-Dauphin**, forteresse Vauban tombée dans l'oubli. À l'écart de la Durance, **Gap** est le centre commercial de cette région, mais il n'offre guère d'attraits touristiques. La création du barrage de **Serre-Ponçon** a toutefois permis de retenir dans la région les amateurs de voile et de ski nautique. Savines-le-Lac est le centre touristique local. Près de là se dressent d'innombrables cheminées de fées particulièrement spectaculaires. Plus loin, Gréoux-les-Bains est la 4° station thermale française avec 28 500 curistes en 2006. Quelques stations de sports d'hiver ont été construites à proximité, comme celle des **Orres** (11 300 lits ; 24 remontées). Au-dessus de Guillestre, **Vars** et **Risoul**, qui totalisent 40 000 lits, connaissent aussi un grand succès.

À l'est, la vallée de l'Ubaye, dont les habitants émigraient autrefois vers l'Amérique (les « Barcelonnettes ») a été quelque peu réanimée par l'ouverture des stations de Sauze, de Super-Sauze et de **Pra-Loup**, qui forme avec la Foux d'Allos l'»espace lumière» mais Barcelonnette craint le départ des militaires auxquels elle doit son animation.

Le Queyras manifeste une activité touristique plus ancienne et plus intense. Il profite de la beauté des gorges du Guil, de la citadelle Vauban de Château-Queyras, de la proximité du col de l'Izoard, mais aussi des pittoresques greniers de bois de Saint-Véran, la plus haute commune d'Europe. Les villages (Saint-Véran, Molines-en-Queyras, Abriès, Arvieux) se sont efforcés de développer eux-mêmes leur équipement touristique. Certes, il reste bien inférieur à celui des grandes stations, mais il attire une clientèle de fidèles qui privilégient l'hébergement rural et la petite hôtellerie. À la saison hivernale s'ajoute une saison d'été assez animée, le Queyras offrant sous un ciel méditerranéen de belles randonnées sous les mélèzes en direction du mont Viso (3 841 m) qui ferme la vallée du Guil.

Le Briançonnais

Le Briançonnais est la région touristique la plus active des Alpes du Sud. **Briançon**, qui se veut la ville la plus élevée d'Europe (1 356 m, plus que Chamonix) n'a que 10 000 habitants. Elle est pourtant animée, été comme hiver. Elle le doit d'abord à sa position stratégique de carrefour sur les routes du Lautaret, du Montgenèvre (vers l'Italie), de l'Izoard et de Gap. Fortifiée par Vauban à la fin du XVIIe siècle, la vieille ville, enclose dans la citadelle (et classée en 2008 au Patrimoine de l'Unesco), conserve un charme pittoresque, avec des rues piétonnes en forte pente, creusées d'une « gargouille » centrale, des vieilles demeures à arcades, une cathédrale originale et des promenades panoramiques le long des remparts. Briancon profite aussi de la création récente d'un téléphérique rejoignant les champs de neige de Serre-Chevalier pour se hisser au rang de station de sports d'hiver.

Les environs de la ville sont également attrayants. En été, la belle vallée de Névache, célébrée par Émilie Carles (*La Soupe aux herbes sauvages*) et le col du Granon offrent de belles promenades. En hiver, les stations de sports d'hiver drainent une importante clientèle. Les plus connues sont celles de **Serre-Chevalier** (plus de 40 000 lits, 74 remontées et un domaine skiable équipé en canons à neige sur 30 % de sa superficie), où le Club Méditerranée dispose d'un important centre de vacances, et de **Montgenèvre**, créée en 1907, (10 000 lits, 31 remontées). Reliée aux stations italiennes proches, elle a profité des Jeux olympiques d'hiver de Turin en 2007. Plus modeste, Puy-Saint-Vincent, « la protégée des vents », est située dans la Vallouise, porte d'entrée du massif du Pelvoux et du parc des Écrins. Ce dynamisme de la Haute-Durance souligne les possibilités offertes par les Alpes du Sud, région jusqu'alors demeurée dans l'ombre des Savoies.

7

Le Midi méditerranéen

« C'est un pays de montagnes aux vallées profondes où s'engouffrent les torrents et les rivières. (...) Les villages ici semblent nés de la roche. (...) Les petits commerces semblent impuissants à les animer. Les bergers et les paysans ont presque disparu, les jeunes ont du mal à trouver du travail. La vie, depuis plus d'un siècle coule vers un littoral au nom de légende : Côte d'Azur.

En bas, la surpopulation, la richesse, le luxe, une espèce de mégalopolis de béton et de verre où l'illusion fait recette et le rêve se cote en bourse. En haut, l'asphyxie, la mort lente, des hameaux en ruine, des villages qui se courbent, se résignent ; seul le tourisme a pu enrayer par endroits l'exode rural. »

Michel Franca, *Le Matin*, 20 mai 1983

Le Midi méditerranéen s'étend sur trois régions : Provence-Alpes-Côte d'Azur, Languedoc-Roussillon et Corse. Cependant ces limites administratives ne coïncident pas toujours avec les limites géographiques auxquelles le touriste est beaucoup plus sensible. C'est pourquoi les Hautes-Alpes et les Alpes-de-Haute-Provence seront ici exclues parce que trop montagnardes, que la Corse fera l'objet d'un chapitre autonome en raison de sa personnalité très affirmée et que le Roussillon sera seulement étudié pour son aménagement littoral, une analyse plus complète de la région étant effectuée dans le chapitre « Pyrénées ».

Le Midi méditerranéen doit avant tout son unité au climat qui constitue le meilleur argument publicitaire au moment où la mode du bronzage triomphe. Et, en effet, ses littoraux comptent parmi les plus fréquentés du monde, au point que se posent de redoutables problèmes économiques, écologiques et sociaux, rançon d'un trop grand succès. Au contraire, l'intérieur demeure trop souvent en marge de la manne touristique et perd ses habitants les plus jeunes au profit des plaines et des villes. Car **si le climat unit, le relief différencie**. Il oppose ainsi le Languedoc, où les plaines s'épanouissent derrière un littoral bas et sablonneux, à la Provence où alternent sans cesse bassins, chaînons et collines, la montagne ne laissant parfois qu'un étroit passage à la route ou à la voie ferrée en bord de mer.

Cette opposition entre plaine et montagne, entre littoral et arrière-pays tend cependant à s'estomper quelque peu depuis plusieurs années, sous les effets conjugués de la saturation de certaines plages et de l'équipement touristique des hauteurs auxquelles les pouvoirs publics accordent une attention croissante.

A Le premier espace touristique national

1. Des touristes par millions

Le Midi méditerranéen est la première région touristique du pays. Si l'on considère l'ensemble constitué par les régions Provence-Alpes-Côte d'Azur d'une part et Languedoc-Roussillon d'autre part, ce sont 181 millions de nuitées (22 % du total national) qui sont enregistrées durant l'année 2007, et ce pour la seule clientèle nationale, avec un avantage marqué au profit des régions situées à l'est du Rhône. Il est vrai qu'il faudrait amputer ce chiffre des nuitées recensées dans les départements des Alpes-de-Haute-Provence et des Hautes-Alpes, mais la prépondérance reste manifeste.

La majeure partie de la clientèle nationale est constituée par des touristes résidant dans la moitié Nord du pays, en particulier en région parisienne. Le recrutement des deux ensembles régionaux méditerranéens tend à se rapprocher au fil des années. Provence-Alpes-Côte d'Azur draine essentiellement la clientèle située dans la moitié orientale du pays, l'axe Lille-Paris-Marseille constituant l'épine dorsale de la zone d'attraction. L'Île-de-France et Rhône-Alpes fournissent une part importante de la clientèle. Le Languedoc, qui a longtemps recruté ses touristes sur une aire un peu plus limitée, située surtout au sud d'une ligne Bordeaux-Genève, a considérablement élargi sa clientèle depuis une dizaine d'années à la faveur de l'essor de ses stations. L'Île-de-France et Rhône-Alpes viennent aussi en tête des zones émettrices, devant Midi-Pyrénées.

Les populations du Midi restent assez fidèles à leur région : près de la moitié des Languedociens et plus du tiers des Provençaux ne quittent pas leur région en été. On note cependant un certain glissement des Provençaux vers les littoraux situés à l'Ouest du Rhône.

À la clientèle nationale s'ajoutent **d'importants effectifs étrangers**, évalués à près du quart de la clientèle totale dans le Languedoc-Roussillon et à plus du tiers en Provence, avec des pointes supérieures à 50 % dans certaines stations, notamment sur la Côte d'Azur. Les Allemands, les résidents du Bénélux, les Italiens et les Britanniques forment les plus gros bataillons, mais les Russes sont de plus en plus nombreux. Cette présence étrangère se manifeste aussi sous la forme d'investissements importants dans l'immobilier : villas et appartements de luxe pour la clientèle du Moyen-Orient ou de Russie à Cannes ou Nice, studios pour les Allemands sur le littoral languedocien, résidences secondaires pour les Néerlandais dans les Cévennes.

2. Les images de la séduction

Pour le touriste venu des régions septentrionales de la France et plus encore pour le Britannique, le Belge ou le Néerlandais, le Midi méditerranéen fait figure de région bénie des dieux, où tout se prête à la détente et aux loisirs :

– ***les paysages*** tout d'abord : sous un ciel lumineux, les fûts élancés des cyprès évoquent la Grèce et l'Italie. Ils encadrent des maisons basses, les mas, couverts de tuiles canal et aux murs blanchis, percés d'étroites fenêtres pour lutter contre la chaleur estivale ;

– ***les parfums*** ensuite : odeurs de lavande, de thym, de romarin, qui surgissent à chaque pas lorsque l'on parcourt la campagne ;

– ***la joie de vivre*** enfin : le Midi, c'est l'apéritif anisé qui accompagne d'interminables discussions, si bien évoquées par Pagnol et si bien illustrées par Fernandel et Raimu. C'est aussi la sieste qui permet d'éviter les heures chaudes de l'après-midi et de mieux profiter des longues soirées, pour raconter quelque exploit – souvent un peu exagéré – ou jouer à la pétanque sous les platanes de la place. Le tout accompagné de cet accent chantant qui fait tout le charme du Midi. Ce sont aussi les santons, personnages de légende qui rappellent les métiers d'autrefois.

3. Un climat envié

Le succès de la région tient aussi à son climat, qui lui confère un atout de choix face à la concurrence des littoraux atlantiques. Ce climat méditerranéen est marqué avant tout par :

– ***un été chaud et sec***. La remontée des hautes pressions d'origine tropicale sur la partie sud du pays protège les régions méditerranéennes des dépressions humides venues de l'ouest. Et ce, d'autant mieux que les Pyrénées et le Massif central abritent déjà Provence et Languedoc des flux atlantiques. Les températures moyennes dépassent 20 °C durant 3, voire 4 mois. Cet été chaud est aussi sec : moins de 15 jours de pluies en 3 mois contre 45 à Brest, et un total pluviométrique estival inférieur à 70 mm (200 mm à Brest, 310 mm à Biarritz). Autant de données idéales pour la baignade et le bronzage !

– ***un hiver doux***. Les régions méditerranéennes se trouvent alors placées sous la protection des hautes pressions d'origine continentale. Le ciel est souvent clair et si les nuits sont fraîches, les belles journées sont fréquentes en décembre et en janvier. Les températures moyennes restent supérieures à 5 °C, voire à 7 °C, permettant le développement d'une double saison touristique dans les régions abritées du mistral. Aux hivernants s'ajoutent les nombreux retraités, en particulier sur la Côte d'Azur.

Du fait de ces sécheresses prolongées, les régions méditerranéennes sont caractérisées par **un ensoleillement exceptionnel** : 2 780 heures par an à Nice, 2 710 heures à Montpellier (1 860 h à Biarritz). S'il pleut autant à Nice que sur le littoral breton, les pluies sont concentrées dans le temps. Les précipitations se font surtout en automne et au printemps, sous forme d'orages souvent, qui gonflent brutalement les cours d'eau, menacent les spéléologues et ravinent les pentes.

Le climat méditerranéen est en effet parfois excessif, comme le rappellent les crues du Var, du Gard ou de l'Orb, et la violence des vents. Le **mistral** est le plus connu. Il souffle dans la vallée du Rhône, balaie une large partie de la côte et atteint même la Corse. S'il dégage rapidement le ciel, il refroidit la mer de plusieurs degrés en quelques heures et menace les plaisanciers. Plus à l'ouest, il fait place à la **tramontane**, descendue du Massif central vers le Bas-Languedoc, et au cers, qui sévit dans le Roussillon et dans la région de Narbonne. À ces vents continentaux, secs et frais (ou froids) s'oppose le marin, venu du sud-est, humide et tiède, qui apporte les brouillards et les pluies, voire même la neige sur les hauteurs en hiver.

Ce climat offre des disparités régionales assez marquées, résultant de l'exposition et de l'altitude. **La Côte d'Azur, protégée des vents,** connaît des étés plus chauds et des hivers plus doux que la Provence calcaire ou le Languedoc. De même, les températures diminuent rapidement sur les hauteurs de l'arrière-pays. Celles-ci portent de belles forêts, surtout sur leurs versants nord. Havres de fraîcheur en été, elles permettent parfois la pratique du ski en hiver, comme dans les Cévennes et l'arrière-pays niçois.

Le climat méditerranéen : un privilège

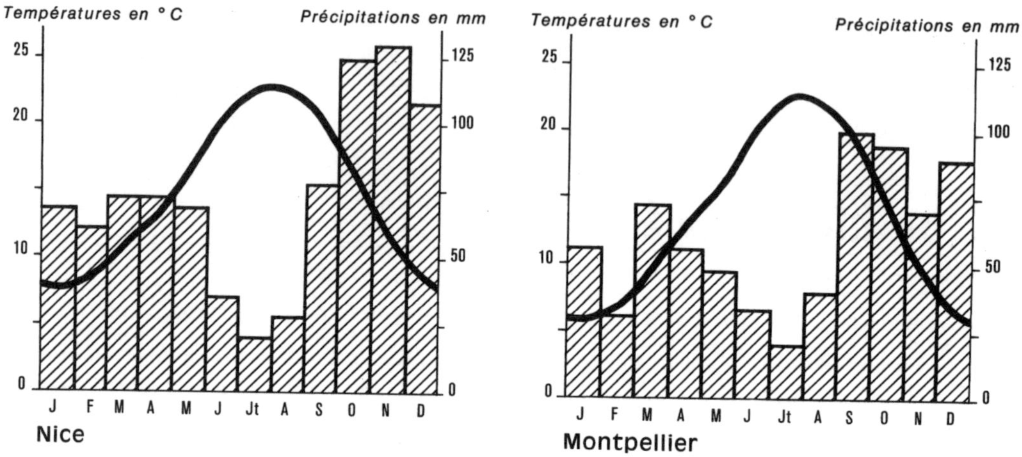

4. Une mer chaude

La mer Méditerranée est une mer chaude. Sa température ne descend jamais au-dessous de 13 °C, même en profondeur, et monte jusqu'à 22 °C au large du Languedoc et 23 °C en face de la Côte d'Azur, dépassant même ces chiffres au bord des plages. Ces températures sont supérieures de 4 °C à celles de la côte basque et de plus de 6 °C à celles de bien des plages bretonnes.

La Méditerranée doit ses eaux tièdes à sa situation géographique, mais plus encore à son caractère de **mer fermée**. Le seuil de Gibraltar empêche en effet les eaux profondes de l'Atlantique (3 °C à 3 000 m de profondeur) de pénétrer dans la Méditerranée. Si cette chaleur fait le bonheur des baigneurs, elle ne fait pas celui des pêcheurs. Les poissons sont beaucoup plus rares que dans les eaux atlantiques et la renommée de certains plats ne doit pas faire oublier que les ports de pêche enregistrent ici des tonnages bien médiocres, à l'exception de Sète.

La Méditerranée est une **mer sans marée**. Le marnage n'excède pas quelques décimètres sur tout le littoral. Il en résulte moins de problèmes pour l'aménagement des ports, mais aussi un moindre nettoyage « naturel » des plages, d'autant plus que les courants sont plus faibles que dans l'océan.

Favorable au baigneur, la « Grande Bleue » l'est moins au plaisancier ou au véliplanchiste, en raison de ses tempêtes violentes et surtout soudaines :

> *« Il est rare que les vents soient faibles. (...) Très fréquemment deux quadrants de la rose des vents s'opposent, l'un qui amène la pluie, l'autre qui l'éloigne. Mais des deux directions viennent des rafales aussi vigoureuses et aussi saccadées. De l'une à l'autre les vents tournent vite. Ces brusques variations surprennent chaque année*

des bateaux de plaisanciers. On s'embarque sous un ciel nettoyé. En quelques heures un mistral de 100 km/h s'élève qui éloigne de la côte, couche l'embarcation et l'assaille de vagues courtes mais violentes. De grands navires en ont subi l'épreuve et n'en sont pas sortis victorieux. »

R. LIVET, *Provence, Côte d'Azur et Corse*, Flammarion, 1978.

5. Une végétation originale

La végétation ne constitue pas le moindre attrait de ces régions. Les plantes ont en effet dû s'adapter à la longue sécheresse estivale (plantes xérophiles), prenant de ce fait des aspects particuliers qui contribuent, nous l'avons dit, au dépaysement du touriste venu du Nord. Cette adaptation se fait de plusieurs manières :

– des plantes réduisent leur respiration en ne disposant que de feuilles réduites, vernissées et épaisses : olivier, laurier... ;

– d'autres disposent de réserves d'eau (cactées) ou d'une écorce épaisse (chêne-liège) ;

– d'autres encore développent leurs racines pour aller puiser profondément l'eau indispensable, ou bien émettent des arômes spécifiques qui ralentissent leur respiration : thym, lavande, romarin, bref toutes ces plantes qui embaument l'air et servent la cuisine régionale.

Beaucoup de végétaux portent des feuilles persistantes, à l'image du chêne vert, du chêne kermès, du lentisque, ce qui donne en toute saison un cadre séduisant aux paysages, d'autant que les conifères sont aussi bien représentés : cyprès, pin laricio, pin maritime.

La végétation présente bien entendu une grande diversité dans ce midi méditerranéen :

– ***la garrigue*** l'emporte dans les régions calcaires, comme le Languedoc. Formée d'arbustes (chêne vert, chêne kermès) et de buissons (houx, lavande, romarin), elle laisse fréquemment apparaître le sol nu et déroule des horizons monotones. L'exploitation de ses plantes a pratiquement disparu, mais la chasse est souvent féconde sur des étendues peu peuplées ;

– ***le maquis***, constitué d'arbustes épineux (cistes, lentisques, genévrier...) domine sur les roches siliceuses. S'il couvre de vastes espaces en Corse, il n'est que peu représenté sur le continent (Maures surtout) ;

– ***la forêt*** a beaucoup souffert du pâturage des chèvres et des incendies. Ces derniers sont d'autant plus meurtriers que la longue sécheresse estivale et la violence du mistral favorisent leur propagation. La majeure partie des reboisements se font en conifères (Maures, Esterel), mais les feuillus sont présents dans les régions les plus arrosées, en particulier sur les bordures du Massif central (Montagne Noire, Cévennes).

Les paysages méditerranéens accordent également une bonne place à **la vigne**, presque exclusive sur une partie du Languedoc. Par contre, le blé et l'olivier, qui constituaient avec elle la trilogie méditerranéenne typique, ne couvrent que de modestes surfaces. L'essor de l'irrigation a permis le développement de vastes vergers et de cultures maraîchères qui confirment les bienfaits du climat.

6. La cuisine aux mille odeurs

Généreusement servie par la nature, la cuisine méditerranéenne accorde une large place **aux aromates** et à l'huile, d'olive de préférence. Celle-ci sert pour les fritures, mais aussi pour la préparation de **l'aïoli**, mayonnaise à l'ail qui accompagne bien des mets. Bien que la Méditerranée ne soit pas généreuse, les poissons figurent en bonne place sur la table, notamment les poissons de roche. La **bouillabaisse** est sans conteste le plat-roi. Rascasse, grondin, congre, sont parfois accompagnés d'autres espèces et même de langoustes, mais l'assaisonnement mêle toujours avec art les multiples plantes odorantes de la région. La bourride est faite avec des poissons blancs cuits dans une soupe liée aux jaunes d'œufs et à l'aïoli. Le rouget, le loup au fenouil sont également prisés. Plus modestes, mais largement consommés sont les moules et les huîtres de l'étang de Thau, le pan bagnat et la soupe au pistou (basilic).

Le Midi offre également une exceptionnelle palette de vins. Ceux de consommation courante, surtout produits dans le Languedoc, ne sont guère prisés ; par contre, les productions plus nobles des Corbières, du Minervois... de Provence, accompagnent avec bonheur la plupart des plats. Sans avoir la qualité des grands vins de Bourgogne ou de Bordeaux, ils tiennent cependant une large place sur les cartes des meilleures tables. Celles-ci sont assez nombreuses, mieux représentées en Provence que dans le Languedoc, par tradition et sans doute aussi en raison de l'ancienneté et de la nature du tourisme (clientèle plus aisée). Citons à titre d'exemples *le Moulin* de Mougins, *l'Oasis* de La Napoule, *le Chantecler* de Nice, ou bien encore *l'Olivier* de Béziers.

7. Des terres d'art et de culture

Provence et Languedoc sont des régions au **passé prestigieux**, marqué par l'importance de la civilisation urbaine et par la richesse de la tradition orale. La présence grecque essentiellement littorale, est rappelée par les noms de Nice, d'Antibes, de Marseille et d'Agde. Plus terrienne, l'occupation romaine a fait d'Arles, de Nîmes et de Narbonne des centres vitaux de l'empire. De nombreux témoignages de ce rayonnement subsistent ; ils comptent même parmi les plus prestigieux monuments du pays, comme le pont du Gard, les arènes d'Arles et de Fréjus.

Après les années de tourmente des invasions, l'architecture reprend son essor, marquée par l'importance des forteresses comme le montrent **Carcassonne**, Aigues-Mortes ou les nombreuses églises dotées de créneaux. Ces terres occitanes, patries des grands troubadours, ont eu des cours fastueuses et cultivées, telle celle du Bon Roi René au XVe siècle en Provence. Et bien que souvent terres de contestation religieuse (Albigeois *, Vaudois * du Lubéron, Camisards * cévenols), elles portent de belles églises et des **abbayes** prestigieuses (Fontfroide, le Thoronet).

Languedoc et Provence, grâce à leur climat, à leur ciel lumineux et à leurs paysages sont aussi des régions bénies par **les artistes**, et plus particulièrement les peintres. Bien des monuments, des collines, des ports, ont été figés sur des toiles de maîtres illustres tels Van Gogh ou Cézanne. Bien des villages en voie d'abandon ont été sauvés par des artisans et des artistes qui trouvent un cadre idéal pour exercer leurs talents, tout en profitant d'une clientèle nombreuse durant les mois d'été. Cette perpétuelle éclosion artistique permet à plusieurs villes de posséder de riches musées susceptibles de détourner un instant le touriste des horizons marins.

8. Un réseau de transport performant

À ses atouts climatiques et culturels, le Midi ajoute l'avantage d'une excellente desserte par les grands axes de transport, en dépit des contraintes imposées par le relief, particulièrement dans les régions situées à l'est du Rhône.

Le transport routier a vu sa primauté renforcée au cours des quinze dernières années avec l'ouverture successive des **autoroutes A8** en Provence et **A9** dans le Languedoc, toutes deux branchées sur l'axe fondamental du sillon rhodanien. Ces autoroutes sont doublées par de bonnes nationales (N7 à l'est, N113 à l'ouest du Rhône) ; elles assurent la majeure partie du trafic touristique, surtout en Provence où seule la route des Alpes draine un trafic secondaire notable. Dans le Languedoc, les accès sont plus variés avec la N9 et plus encore les axes empruntant le seuil du Lauragais : autoroute A61 et N113, empruntées par la clientèle du Sud-Ouest. Malgré cela le réseau routier arrive souvent à saturation en été, les bouchons de la Côte d'Azur en étant les manifestations les plus éloquentes.

Les lignes ferroviaires régionales comptent parmi les plus fréquentées du pays et le tourisme profite de la présence de gares recevant des trains auto-couchettes, plus nombreuses en Provence que dans le Languedoc. Le tourisme d'affaires profite, quant à lui, de l'arrivée du **T.G.V.** en Avignon, à Marseille, Toulon, Nice, Nîmes et Montpellier.

Bien que leur participation au trafic touristique global demeure assez modeste, ***les aéroports*** figurent en bonne place : Nice (10 400 000 en 2007) et Marseille (6 963 000) se classent respectivement aux 2e et 4e rangs du pays : l'aéroport de Nice doit d'ailleurs une bonne part de son trafic au tourisme de villégiature. Celui de Marseille est plus orienté vers le tourisme d'affaires. Il en est de même des aéroports languedociens, plus modestes. Ceux de Montpellier (1 287 000 passagers) et de Nîmes (226 000) assurent la majeure partie du trafic, captant même leur clientèle dans le Languedoc occidental.

Le trafic maritime de passagers est modeste en Languedoc où Sète est le seul port actif. Par contre, à l'est du Rhône, les ports de Marseille (1 629 000 passagers en 2007), de Toulon (1 034 000) et de Nice-Villefranche (800 000) profitent de leurs relations avec la Corse (et le Maghreb pour Marseille) et du départ de croisières méditerranéennes. Ils connaissent cependant la concurrence des ports italiens, notamment vers la Corse.

B La Provence et la Côte d'Azur

L'essentiel du tourisme régional est **un tourisme de villégiature estival**. Il concerne avant tout le littoral bien que l'arrière-pays retienne chaque jour davantage de personnes avides de repos et de tranquillité, de randonneurs ou de sportifs. Cette diffusion du tourisme se fait surtout le long des principaux axes routiers et à proximité des rivières et des lacs, naturels ou artificiels.

Le tourisme littoral est plus varié qu'on ne le pense généralement. Quatre régions peuvent être distinguées sur cette côte, correspondant le plus souvent à des ensembles naturels dont les aptitudes touristiques ont été mises en valeur à des époques différentes. Né sur la Côte d'Azur, le tourisme a progressivement glissé vers l'ouest, à la recherche de nouveaux espaces, attirant des clientèles moins fortunées venues d'horizons géographiques moins lointains.

1. La Côte d'Azur

La Côte d'Azur s'étire sur 60 km, entre Cannes et la frontière italienne. Ce littoral doit son nom prestigieux au poète Stephen Liégeard. Fréquenté dès la fin du XVIIIe siècle par une clientèle aisée, il a remarquablement résisté au changement de mode et de saison et il rassemble encore aujourd'hui la plus forte densité de touristes de toutes les côtes françaises.

Pourtant la Côte d'Azur souffre d'un manque évident de plages et celles qui existent, à l'image de celle de Nice, sont souvent faites de galets. Le relief littoral contrarie les communications (les trois « corniches » de Nice) et impose des investissements considérables pour la construction de l'autoroute. Par contre, il offre des **panoramas** exceptionnels, porte de nombreux villages perchés, tel Eze, et surtout abrite du souffle froid du mistral, permettant une double saison bénie par les hôteliers… et les promoteurs.

> *« Dans les Alpes-Maritimes, l'espace disponible est rare. Les responsables n'y ont jamais souhaité l'extension d'un hébergement populaire craignant de porter ombrage au tourisme de luxe, particulièrement à Cannes et dans les presqu'îles. (… Les résidences secondaires constituent 73 % du parc de logements du Lavandou, 69 % à Grimaud… le pourcentage) s'abaisse entre 2 et 5 % dans les grandes villes sauf Nice, 10 %, Menton 30 %, Cannes 39 %. Les résidences secondaires peuvent être de modestes maisons occupées par les héritiers de l'exode rural travaillant sur le littoral, des maisons rénovées au sein des villages perchés, des mas ou des bastides que se disputent financiers, vedettes ou politiques, des studios et appartements près des plages (…). La libération d'un patrimoine foncier au gré des volontés d'agriculteurs vieillissant soucieux d'améliorer leurs revenus ou leur retraite, la délivrance de permis de construire avec libéralité par les maires ont seules permis aux citadins de multiplier les constructions aux risques de détruire l'harmonie du paysage. »*
>
> M. Wolkowitsch, « Provence-Alpes-Côte d'Azur » dans *La France et ses régions*, SEDES, 1994.

Quatre stations dominent l'activité touristique. D'inégale importance par leur population et leur poids économique, elles s'efforcent toutes de diversifier leur clientèle et surtout d'allonger au maximum la saison, par l'organisation de congrès, de manifestations culturelles ou sportives.

a. Nice, la métropole

La 5e ville de France (347 000 habitants ; 973 000 dans l'aire urbaine) fait figure de capitale touristique du littoral azuréen. Elle offre le plus large éventail de types de tourisme, du tourisme d'affaires (industries variées) au tourisme de villégiature, en passant par le tourisme culturel.

Elle doit sa primauté à son rôle de **plaque tournante des transports régionaux**. Son aéroport, conquis sur la mer, est relié à tous les aéroports français et à bien des aéroports européens. Son port de voyageurs se classe au 9e rang national et sa gare routière rayonne sur toute la région. La ville a même élargi son horizon ferroviaire à la faveur de la réouverture de la ligne touristique Nice-Tende-Coni.

L'animation touristique se concentre sur la promenade des Anglais, construite en 1844, qui longe la plage de la baie des Anges. Ce boulevard, bordé de palmiers, porte toujours les **grands hôtels**, anciens comme le Negresco ou récents comme le Méridien, les appartements de luxe et le casino (le Ruhl). À l'est, la vieille ville, dominée par les jardins de l'ancien château, a perdu beaucoup de son charme avec la rénovation. Elle conserve cependant des marchés pittoresques, où se mêlent l'odeur des herbes de Provence et les couleurs des mimosas, des œillets et des roses. À l'ouest, la ville se développe rapidement vers Cagnes-sur-Mer, où se trouve l'hippodrome de la Côte. C'est sur ce littoral que se dresse l'immense bâtisse de Marina-Baie-des-Anges. Nice escalade aussi les collines qui la protègent du vent, multipliant les villas et les petits immeubles. Le parc Phoenix draine quant à lui près de 400 000 visiteurs par an

La ville est un **centre culturel** important. Dotée d'une université depuis 1965, elle possède des musées riches en tableaux et en antiquités : musée Chagall avec entre autres, les immenses toiles du *Message biblique*, musée des Beaux-Arts avec des Renoir, Sisley, Van Dongen, Dufy…, musée Matisse. Chaque année, le Festival international du livre confirme ce rayonnement culturel.

Par ailleurs, l'animation incessante contribue à la renommée de la station : le **carnaval**, mondialement connu, le Festival de jazz de Cimiez, les jeux nautiques, la course cycliste Paris-Nice… Tout ceci explique que Nice figure au 2e rang national pour la capacité hôtelière (environ 10 000 chambres). Près de 70 % de ces établissements, des plus modestes aux plus luxueux, demeurent ouverts toute l'année.

Les environs immédiats sont aussi voués au tourisme. Cimiez, outre ses musées, conserve d'importantes ruines romaines, dont les arènes qui servent de lieu de spectacle en été. Vers l'est, la rade de Villefranche offre des abris sûrs aux navires de croisière, Saint-Jean-Cap-Ferrat porte des villas de luxe et Beaulieu, dotée d'un nouveau port de plaisance, est l'un des sites les plus ensoleillés du littoral. Sur cette côte rocheuse, les villages pittoresques abondent, souvent bien restaurés et animés par de nombreux artisans et artistes : Eze-Village, Saint-Paul-de-Vence (fondation Maeght), Vence, dont la chapelle a été décorée par Matisse.

Nice donne aussi accès à l'arrière-pays, bien que les vallées du Paillon, du Var et de ses affluents (Vésubie, Tinée), soient souvent resserrées en d'étroites gorges que dominent des **villages perchés**, tels Tourette-sur-Loup. Cela permet aux résidents du littoral de se livrer aux joies du ski à Isola 2000, Valberg et Auron. Quant au train touristique Nice-Coni, il facilite l'accès de la vallée des Merveilles, où des milliers de gravures rupestres ornent les rochers. Cet arrière-pays est désormais placé sous la protection du parc national du Mercantour.

b. Cannes, la luxueuse

La station doit son lancement à un Anglais, lord Brougham. S'étant vu refuser le passage de la frontière vers Nice à cause d'une épidémie, il s'installa à Cannes en 1834 et popularisa la ville auprès de ces concitoyens. Aujourd'hui, Cannes s'affirme comme la dauphine de Nice, confortant peu à peu son autonomie, grâce à ses hôtels prestigieux (Carlton, Majestic, Martinez-Concorde) à ses boutiques de luxe et à ses **casinos**.

Disposant d'une belle plage de sable, longée par **la Croisette**, réplique cannoise de la promenade des Anglais, la ville possède aussi l'un des plus grands ports de plaisance de la côte méditerranéenne.

Dépourvue des activités industrielles de Nice, Cannes est totalement orientée vers le tourisme, et plus particulièrement vers la clientèle fortunée. Pour assurer son renom, elle dispose de manifestations prestigieuses : **le Festival international du film** en mai, le MIDEM (Marché international du disque et des éditions musicales) en janvier, la fête du mimosa en février, le festival pyrotechnique…

Ses environs sont encore plus pittoresques que ceux de Nice :

– **Antibes** a hérité de sa position frontière de multiples remparts dont ne subsiste que le Vieux fort, où se trouve un musée Picasso. Très fréquentée par les peintres, la ville organise un festival de jazz célèbre où s'est distingué Sidney Béchet *(Dans les rues d'Antibes)* existe aussi un Marineland, grand parc aquatique. Elle s'étend vers le cap d'Antibes, domaine des villas de luxe, et rejoint la station de Juan-les-Pins, temple de la vie nocturne.

– Au large, **les îles de Lérins** sont en partie couvertes d'eucalyptus. Saint-Honorat porte un monastère dont les moines fabriquent une liqueur (la lérina). Sainte-Marguerite, plus étendue, possède un château-fort où fut enfermé le mystérieux Masque de fer.

– À l'intérieur, les villages d'art sont nombreux. Les plus connus sont Vallauris, où Picasso a relancé la poterie, et Biot, spécialisé dans la verrerie et doté du musée Fernand-Léger. Mougins est surtout une étape gastronomique renommée. Le plateau de Valbonne porte **la technopole de Sophia-Antipoli**s, qui regroupe les laboratoires et les centres de recherches et de gestion ou de fabrication de grandes sociétés (I.B.M., Air France...), ce qui lui permet d'accueillir un important tourisme d'affaires. **Grasse** demeure la capitale mondiale du parfum, comme le rappellent les plantations de mimosas, d'œillets, de roses ou de lavande qui tapissent les pentes environnantes. C'est aussi le point de départ vers les gorges de la Siagne et du Loup, vers la station de sports d'hiver de La Gréolières-des-Neiges et vers les grandes Alpes par la route Napoléon.

c. Monaco, le paradis du jeu

État souverain dirigé depuis le XIVe siècle par la famille des Grimaldi, Monaco comprend quatre quartiers : la vieille ville sur le célèbre rocher, la Condamine, quartier du port, Monte-Carlo, la ville neuve et le quartier industriel de Fontvieille. La Principauté ne couvre que 1,9 km^2, et cherche par tous les moyens à s'étendre, construisant sur la mer dans le quartier de Fontvieille et enterrant sa gare.

Les 30 000 habitants, exempts d'impôts directs, vivent surtout du tourisme, et plus particulièrement du tourisme de luxe qui s'appuie sur des infrastructures exceptionnelles, en partie contrôlées par la Société des bains de mer :

– ***une hôtellerie luxueuse*** : le Paris, l'Hermitage, le Loew's, le Beach Plaza ;

– ***des casinos florissants***, offrant un éventail de jeux susceptible de satisfaire une clientèle exigeante venue du monde entier ;

– ***des installations portuaires*** capables d'accueillir les plus gros yachts ;

– ***des attractions nombreuses***. La Principauté abrite un remarquable jardin exotique, une grotte, un Musée océanographique, un Musée national, et la relève de la garde du palais princier n'est pas le spectacle le plus dédaigné par la clientèle populaire de passage.

Les efforts de diversification et d'animation sont constants. La clientèle sportive profite du rallye de Monte-Carlo, organisé depuis 1911, du Grand Prix automobile de Monaco, de tournois de tennis prestigieux et d'une équipe de football renommée. Les festivals et les manifestations culturelles sont nombreux. La Principauté compte sur un opéra et un orchestre célèbres. Elle bénéficie par ailleurs du rayonnement de ses stations de radio et de télévision sur une large partie du territoire français. Le tourisme d'affaires et de congrès se développe grâce aux avantages fiscaux consentis aux entreprises et à la construction de salles spécialisées :

« Seule place offshore de la zone franc, Monaco n'est pas un paradis fiscal pour les Français et ne cherche pas à le devenir. Sauf pour quelques résidents privilégiés et les expatriés qui, de toute façon, ne paient pas d'impôt en France. Mais la Principauté, indépendamment de sa fiscalité – qui a déjà séduit, pour la galerie, Bjorn Borg ou Claudia Schiffer et surtout bien des industriels italiens anonymes –, sait qu'elle doit mettre en avant d'autres atouts. Car, à contre-courant de l'harmonisation européenne, le créneau des places financières sans impôts est de plus en plus encombré. Reste, bien sûr, la douceur du climat, qui constitue pour les résidents étrangers un atout de la principauté. (...) C'est néanmoins sur un autre terrain que se jouera évidemment l'affrontement avec le Luxembourg, la Suisse ou l'Irlande : celui de la qualité de la gestion pour une clientèle européenne riche et exigeante. Monaco offre déjà l'approche multi-devises et multi-marchés qui répond aux spécificités de toutes les clientèles étrangères. Les banques locales proposent des gammes très larges de produits de placement français et étranger à des prix compétitifs. »

N. O., *Les Échos*. 7/8-06-1996.

d. Menton, la douce

Menton est la station la plus abritée de la côte, comme le soulignent ses orangers et ses citronniers. C'est pour cela qu'elle a accueilli très tôt de nombreux retraités venus profiter de la douceur des hivers et de son charme un peu nostalgique. **Ville frontière**, elle a perdu une partie de sa clientèle de passage avec l'ouverture de l'autoroute. Par contre, pour échapper à son image de ville du troisième âge, Menton, s'efforce de conquérir une clientèle jeune grâce à son port de plaisance et à une plage artificielle. Elle se veut aussi ville d'art, comptant pour cela sur son église baroque, sur son musée Cocteau et sur son festival annuel de musique de chambre.

2. Les Maures et l'Esterel

Il s'agit d'une région touristique plus récente, qui ne s'est réellement développée qu'après 1930, et surtout après 1950. La clientèle est moins prestigieuse que sur la Côte d'Azur. Elle est surtout composée de représentants des classes moyennes, venus pour une bonne part de la Région parisienne et de la région lyonnaise, mais aussi de l'étranger. À clientèle plus modeste, hébergement plus modeste : l'hôtellerie de grand luxe, omniprésente sur la Côte d'Azur, est peu représentée. Par contre les **villages de vacances** et surtout les **campings** sont nombreux. Ces derniers, bien qu'en augmentation rapide – le Var est le 4e département de France pour le nombre de places aménagées – ne suffisent pas à absorber un flot tous les étés plus abondant. Il en résulte une prolifération du camping sauvage, difficile à contrôler.

L'hébergement dans les départements littoraux de Provence-Alpes-Côte d'Azur en 2008

Départements	Hôtels homologués (chambres)	Campings (emplacements)	Villages de vacances (lits)	Gîtes ruraux (nombre)
Bouches-du-Rhône	15 271	10 937	1 524	287
Var	12 093	45 693	15 440	510
Alpes-Maritimes	26 689	8 138	9 322	366

Sources : Direction du Tourisme et Fédération nationale des gîtes de France.

Entre la presqu'île de Giens et Cannes, le littoral est toujours tourmenté bien que l'altitude des reliefs diminue. Les collines de l'arrière-pays ne suffisent pas à arrêter le souffle du mistral et ne connaissent guère l'animation touristique. Par contre, les plages se font plus nombreuses et le sable remplace les galets, sous un ciel souvent plus clair que sur la Côte d'Azur.

a. L'Esterel : des porphyres rouges dans le bleu de la mer

L'Esterel est un massif de porphyres rouges et de ryolithes qui s'étend de la vallée de l'Argens au golfe de la Napoule. Si son altitude demeure modeste (618 m au mont Vinaigre), l'érosion a profondément disséqué ce relief qui offre des crêtes déchiquetées et constitue un obstacle aux communications. L'autoroute et la nationale 7 sont repoussées loin du rivage et la voie ferrée, qui dessert les stations balnéaires, a nécessité de nombreux ouvrages d'art. Les hauteurs sont désertes, en partie couvertes par un maquis qui s'efface au profit de la forêt à la faveur du **reboisement** (pins d'Alep, pins parasols). Celui-ci est cependant contrarié par des incendies fréquents, fruits de la négligence ou de la malveillance. Les routes sont rares et étroites, ce qui limite le passage et gêne les pompiers.

Le littoral est magnifique avec le contraste des rochers rouges et du bleu intense de la Méditerranée. Il est ponctué de petites stations balnéaires. Certaines, telles Théoule et Cavalaire disposent d'un port de plaisance. D'autres, comme Anthéor et Agay sont davantage orientées vers le tourisme balnéaire.

b. Les Maures : des forêts et des plages

Le massif des Maures, plus étendu que l'Esterel, est un massif ancien, composé de roches cristallines (granit, gneiss, micaschites) et remodelé lors des soulèvements pyrénéen et alpin. Limitées par les vallées du Gapeau et de l'Argens, les Maures sont un peu plus élevées que l'Esterel (779 m). Elles doivent leur nom à leur couvert forestier très sombre (*maouro* en provençal), mêlant le chêne-liège, le châtaignier, les pins et un maquis d'arbousiers de bruyères et de cistes. Abandonné par ses habitants, le massif est aussi victime d'incendies répétés malgré le quadrillage de chemins forestiers et la multiplication des points d'eau. Il ne connaît qu'un tourisme de passage, motivé par les panoramas offerts sur le littoral, par la dégustation des marrons glacés à Collobrières et par la visite des ruines du château de la Garde-Freinet, édifié par les Sarrazins qui occupèrent la région du VIIIe au Xe siècle.

Par contre, le littoral connaît une intense activité touristique en été. Dans l'ensemble rocheux, il présente un tracé tourmenté, qui voit alterner les presqu'îles, les caps et les baies, ce qui multiplie les expositions et les abris. Il est par ailleurs précédé de plusieurs îles, ce qui favorise l'activité nautique. Des nombreuses stations qui jalonnent cette côte, il faut surtout retenir :

– ***Saint-Raphaël et Fréjus***. Les deux villes, réunies par la poussée urbaine, sont situées à l'embouchure de l'Argens. Ceci leur vaut de larges plages, mais balayées par le mistral qui s'engouffre dans cette vallée. Elles profitent aussi de la convergence des axes de communication. Ce sont en effet les seules stations de la côte des Maures à être desservies par la voie ferrée, l'autoroute et la nationale 7, qui, plus à l'ouest, sont rejetées dans la dépression de l'Argens. Saint-Raphaël est totalement vouée au tourisme balnéaire. Fréjus ajoute à sa plage les témoignages de son prestigieux passé. Colonie romaine importante et port

Les Maures et l'Esterel

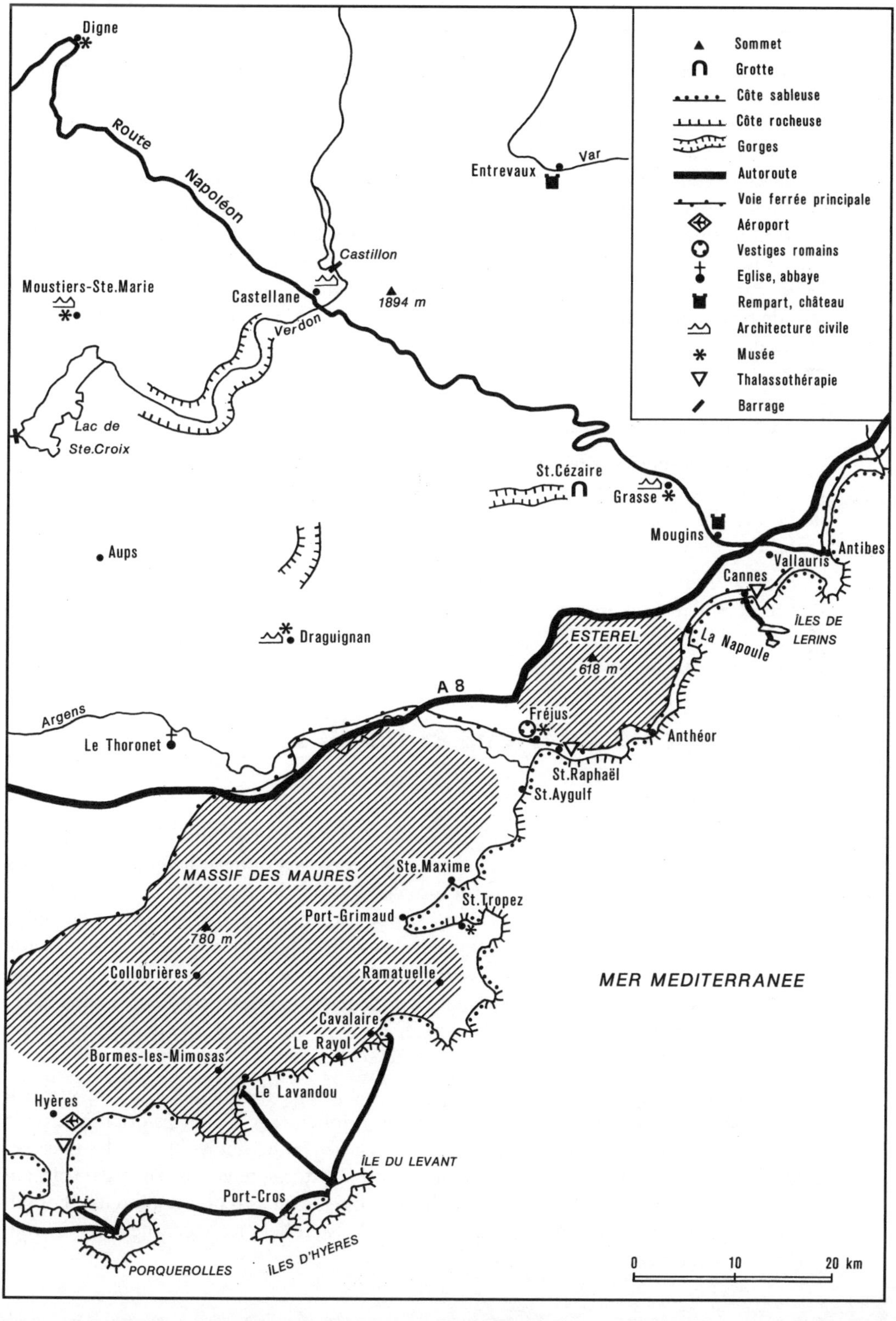

actif jusqu'aux Temps modernes, elle abrite des arènes, bien conservées, et les restes d'un théâtre, d'un aqueduc et d'habitations antiques. La ville, en partie endommagée par les eaux du barrage de Malpasset en 1959, possède aussi un beau quartier épiscopal, ensemble fortifié regroupant cloître, cathédrale et baptistère *.

– ***Sainte-Maxime et Saint-Tropez*** se font face de chaque côté d'un golfe bien abrité au fond duquel ont été construites des marinas et des ports de plaisance (Port-Grimaud et marines de Cogolin). Sainte-Maxime est une station assez huppée, qui possède une belle plage et un port de plaisance actif. Elle contraste avec sa voisine, ancien village de pêcheurs, devenu un centre de la vie nocturne et une annexe estivale de Saint-Germain-des-Prés. Fréquentée depuis cinquante ans par des écrivains et des peintres, Saint-Tropez fut véritablement lancée par le monde du cinéma, et notamment par Brigitte Bardot. C'est autour du port que l'animation trouve son terrain de prédilection. Les salons de thé, les restaurants, les boutiques drainent une foule de badauds sans cesse renouvelée qui tentent de reconnaître quelques visages célèbres ou admirent les yachts des milliardaires. Le musée de l'Annonciade réunit des toiles d'artistes ayant fréquenté la station (Signac, Van Dongen, Matisse) et le musée de la Marine rappelle que Suffren est natif de la ville. La presqu'île compte de belles plages (Pampelonne, Tahiti) que l'on peut découvrir des moulins de Paillas ou de Ramatuelle (où repose Gérard Philipe).

– ***Le Lavandou***, bien abritée par le cap Bénat profite de sa belle plage de sable blanc et des excursions à destination des îles d'Hyères. La station est dominée par le village fleuri de Bormes-les-Mimosas qui s'est donné une ouverture maritime avec son port de plaisance, capable d'accueillir 850 bateaux.

La côte des Maures et de l'Esterel, en dépit d'une progression très rapide de la construction immobilière ne présente pas encore un mur de béton comme le littoral azuréen. Pour limiter les lotissements, le Conservatoire du littoral a acquis plusieurs terrains littoraux, notamment dans la presqu'île de Saint-Tropez.

3. La presqu'île de Giens et les îles

a. La presqu'île

La presqu'île de Giens forme un contraste saisissant avec les côtes qui l'environnent. Une côte basse, plate, constituée par un double tombolo, c'est-à-dire par la formation de deux cordons littoraux ayant progressivement rattaché l'île de Giens au continent. Longtemps marécageuse et vouée aux marais salants, cette presqu'île est restée en dehors de l'essor touristique de la seconde moitié du XIXe siècle et du début du XXe siècle. C'est la ville d'**Hyères** qui attire alors les touristes venus uniquement pour bénéficier d'un climat jugé favorable. Clientèle médicale et clientèle de villégiature aisée se côtoient durant l'été ; les maisons de repos et les villas de luxe prospèrent, et la ville se dote de larges avenues ombrées de palmiers comparables à celles de la Côte d'Azur.

Après une éclipse, la région connaît un second souffle avec l'avènement du tourisme balnéaire. Dès les années 1950, les campings se multiplient sur les plages orientales de la presqu'île, relayés depuis une dizaine d'années par des petits immeubles et des marinas. L'équipement hôtelier progresse et glisse aussi vers le littoral mais il est encore insuffisant pour répondre à la demande d'une clientèle moyenne de plus en plus nombreuse. Les villas se groupent surtout à l'extrémité de la presqu'île, au relief plus accentué et moins touché par le déferlement estival.

À la différence des stations du littoral des Maures, Hyères dispose d'une desserte satisfaisante, même si la gare est un cul-de-sac. Elle profite de la présence d'un aéroport qu'elle partage avec Toulon, mais souffre du bruit des avions qui interdisent les constructions en hauteur sur la presqu'île. Plus que par la visite de la vieille ville aux ruelles étroites, le tourisme de passage s'explique par la fréquence des départs des bateaux vers les îles voisines.

b. Les îles

Ces îles sont aujourd'hui protégées, placées à l'abri de la spéculation foncière et immobilière, et la circulation automobile y est interdite. Envahies chaque matin d'été par un flot de visiteurs venus admirer la flore et surtout profiter des plages, elles retrouvent le calme dès le départ de la dernière vedette, ne conservant qu'un nombre réduit d'estivants en raison de modestes possibilités d'hébergement. Chacune de ses îles présente des attraits spécifiques :

– **Porquerolles** est la plus étendue (7 km sur 2 km) et la plus peuplée (1 300 hab.). Si les vignes et les cultures couvrent quelques parcelles, la forêt de pins et d'eucalyptus domine cependant. La côte nord, de part et d'autre du port aux maisons de type colonial, offre d'abondantes plages aux eaux très claires. La côte sud, accidentée vaut surtout par ses points de vue ;

L'île de Porquerolles

– **Port-Cros**, incorporée avec ses eaux bordières dans le plus petit parc national français, conserve une flore et une faune méditerranéennes typiques. Elle permet des promenades magnifiques dans une végétation exubérante, mais ne possède que peu de plages, ses côtes étant souvent abruptes ;

– **l'île du Levant**, étirée sur près de 8 kilomètres, est bordée d'escarpements impressionnants et couverte par le maquis. Elle est un paradis pour les naturistes, regroupés dans le village d'Héliopolis, mais la Marine nationale occupe la majeure partie de l'île qui sert de centre d'essais pour les missiles.

Malgré la protection dont elles bénéficient, ces îles d'Hyères (ou d'Or) voient leur environnement maritime menacé par l'abondance des embarcations de tous genres qui relâchent dans les criques. Bien des plaisanciers considèrent la mer comme une poubelle et les sanctions sont d'autant plus difficiles à appliquer que bon nombre d'entre eux sont de nationalité étrangère.

4. De Toulon à Marseille : le littoral des Provençaux

a. De calanque en calanque

La côte change brusquement de nature à l'ouest de Toulon. Les chaînons calcaires plongent dans la mer, formant de gigantesques escarpements qui atteignent 400 m au cap Canaille, près de La Ciotat. La mer a pénétré profondément dans les anciennes vallées fluviales lors de la remontée du niveau marin, formant des calanques, abris providentiels pour l'établissement des ports, comme en témoigne Cassis. Cette côte ne dispose de ce fait que de peu de plages et doit davantage sa fréquentation touristique à la beauté de ses sites et à la proximité de deux grandes agglomérations.

Les calanques, outre les abris offerts aux plaisanciers ou aux amateurs de canoë-kayak, sont des terrains de prédilection pour les pêcheurs sous-marins et les alpinistes. Elles peuvent aussi être découvertes par la « route des crêtes » qui surplombe le littoral, ou plus agréablement en bateau, les excursions étant nombreuses au départ de presque tous les ports environnants.

Les stations balnéaires n'ont pas la taille de celles de la Côte d'Azur, ni même des Maures. L'hébergement est avant tout constitué par des résidences secondaires : petits immeubles à proximité des ports, et plus encore villas dispersées sur les pentes. Afin d'éviter le développement spontané de multiples « cabanons » de week-end, l'État a classé le massif des calanques, limitant ainsi le mitage progressif de ces paysages. Ces résidences secondaires appartiennent pour leur grande majorité à des Provençaux : Toulonnais à l'est, Marseillais ou Aixois à l'ouest, ce qui permet aux stations de connaître une animation plus longue, les citadins arrivant chaque week-end dès le mois d'avril. En été, une clientèle plus lointaine fréquente la région ; elle augmente assez vite à la faveur de l'aménagement de nouvelles infrastructures d'accueil : hôtellerie moyenne, terrains de campings, ports de plaisance.

À l'est, **Bandol** et **Sanary** sont les principales stations. Bandol, où vécut Raimu, possède de belles plages abritées et permet d'accéder à l'île de Bendor où la fondation Ricard a aménagé une base de loisirs dotée d'une salle de congrès, d'un musée de la mer et d'un musée du vin. Bandol dispose en effet d'un vignoble de qualité, fournissant des vins corsés, classés A.O.C. Sanary, véritable annexe toulonnaise, fait face à l'île des Embiez qui porte un centre océanographique et un port de plaisance.

À l'ouest, La Ciotat et Cassis monopolisent l'activité. Centre de construction navale ruiné par la crise, La Ciotat compte sur ses plaisanciers, son centre de thalassothérapie et ses plages pour réorienter son économie. Cassis, centre viticole réputé est aussi l'un des plus beaux sites de la région, immortalisé par bien des peintres et point de départ pour la visite en bateau des calanques d'En-Vau, de Port-Pin et de Port-Miou.

b. Toulon : la marine

Dirigeant une agglomération de plus de 617 000 habitants, et promue préfecture du Var en 1974 à la place de Draguignan, Toulon connaît un tourisme d'affaires assez actif, bien que les industries et les commerces ne soient pas aussi développés qu'à Marseille. C'est encore la marine qui anime en partie la ville et qui constitue la principale attraction touristique. Son rôle s'explique par la spécificité du site.

Toulon possède en effet **l'une des plus belles rades de la Méditerranée**, bien protégée par la presqu'île de Saint-Mandrier et la pointe de Carqueiranne et disposant d'eaux profondes. Base des galères royales et du bagne au XVIIe et XVIIIe siècles, la ville a connu une histoire mouvementée, ponctuée, entre autres événements, par le siège de 1793, conduit par le capitaine Bonaparte, et par le sabordage de la flotte française en novembre 1942. Aujourd'hui la visite en bateau de la rade, accompagnée ou non de celle des grosses unités de la **flotte militaire**, est la motivation essentielle de la plupart des visiteurs.

Doté d'un aéroport actif (646 000 passagers en 2007) et port d'embarquement pour la Corse et pour des croisières, Toulon a développé ses capacités touristiques. Si la plage des Sablettes est bien insuffisante, le port de plaisance et l'école de voile de Saint-Mandrier attirent de nombreux amateurs. La ville dispose aussi de plusieurs musées, celui dédié à la marine étant le plus intéressant. Aux environs, le centre culturel et artistique de Châteauvallon (festival de jazz) et surtout le mont Faron complètent les attraits. Ce dernier sommet, qui permet de découvrir un extraordinaire panorama sur la rade, est accessible par téléphérique et porte un musée relatant le débarquement des Alliés en Provence en août 1944.

c. Marseille : le tourisme d'affaires

Métropole industrielle, deuxième ville de France (827 000 habitants ; 1 623 000 dans l'aire urbaine) et **premier port de commerce français** (96,4 Mt en 2007), Marseille subit les contraintes d'un site tourmenté, marqué par la présence de massifs calcaires aux pentes souvent acccusées. À l'origine, c'est pourtant la présence d'un abri – le Vieux Port actuel – qui incite les Grecs de Phocée à implanter un comptoir, Massalia. La vocation maritime de la ville s'affirme à l'occasion des croisades et surtout après la conquête de l'Algérie, en 1830. Bénéficiant de l'ouverture du canal de Suez, puis de la colonisation de l'Indochine, la ville devient la « **porte de l'Orient** ». Elle a conservé un caractère cosmopolite, surtout visible dans la vieille ville, où les marchés typiques prennent des aspects exotiques, et autour de la gare Saint-Charles.

Le développement du port s'accompagne de l'implantation d'industries traitant les produits importés : huileries, savonneries, vite renommées en Europe. Le Vieux port se révèle vite trop étroit et trop peu profond pour accueillir les plus gros bateaux. Les activités portuaires se développent vers le Nord, dans les bassins de la Joliette, puis dans l'étang de Berre, enfin dans le golfe de Fos. Ce glissement du port s'est accompagné de l'essor de nouvelles industries (pétrochimie, puis sidérurgie et constructions mécaniques) qui valent aujourd'hui à Marseille de compter sur **un tourisme d'affaires** dynamique qui contribue à la création de nouveaux établissements hôteliers. Bien desservie par les trans-

La Provence calcaire

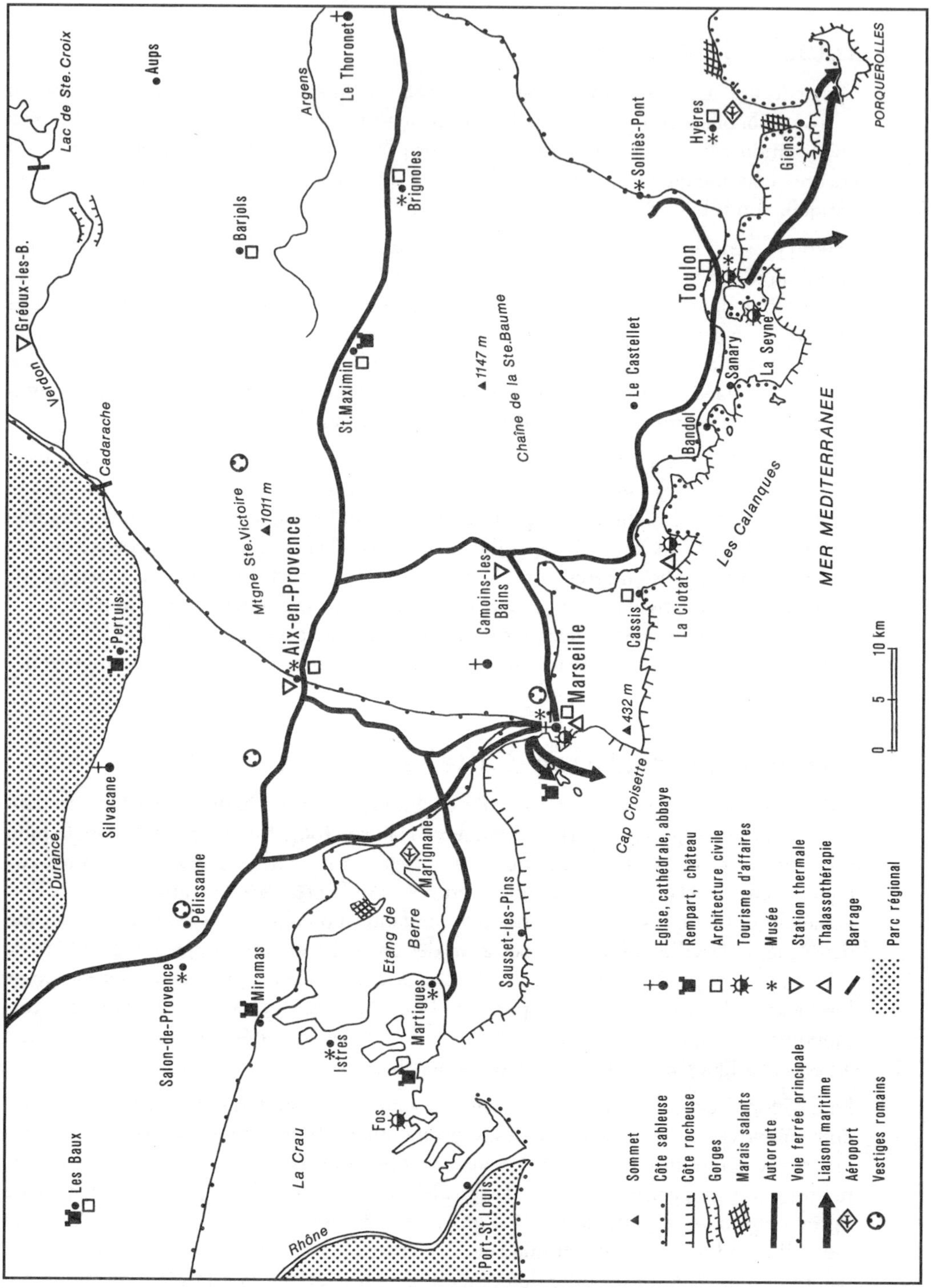

ports (aéroport, autoroute, T.G.V., liaisons maritimes avec la Corse et l'Afrique du Nord), Marseille organise de nombreux congrès et sa foire commerciale enregistre plus de 650 000 entrées chaque année.

À ce tourisme d'affaires s'ajoute un tourisme de passage conséquent. Le **Vieux Port** est l'un des pivots de ce tourisme. Bordé d'innombrables restaurants où l'on consomme force pastis et bouillabaisse, il est protégé par les forts Saint-Nicolas et Saint-Jean. En arrière du bassin, où se côtoient plaisanciers et pêcheurs, s'étire la Canebière. C'est une large avenue commerçante qui doit son nom au chanvre autrefois cultivé dans cette région. Elle est bordée par la Bourse, édifice du Second Empire qui abrite un musée de la Marine, et dominée par la basilique Saint-Victor, église fortifiée, et surtout par Notre-Dame-de-la-Garde (la « Bonne Mère » des Marseillais). Du haut de sa colline, cette basilique, construite en 1864, offre un beau panorama sur la ville et le port. Marseille est aussi riche en musées : musée Cantini consacré à la faïence et à la peinture, musée des Beaux-Arts où se côtoient des œuvres de Rubens, David, Ingres ou Corot, musée de l'histoire de la ville, installé en bordure du champ de fouilles qui jouxte la Bourse. La ville compte enfin sur les performances de son équipe de football pour faire connaître son nom à travers l'Europe.

Si la ville est dépourvue de belles plages, en dépit de l'aménagement d'un nouveau quartier balnéaire près du Prado, les Marseillais profitent des stations voisines. Outre celles de l'est, déjà étudiées, il faut mentionner Carry-le-Rouet et Sausset. Plus à l'ouest, Martigues est un lieu privilégié pour les amateurs de peinture, au bord de l'étang de Berre, entouré par les silhouettes impressionnantes des raffineries. Plus près de Marseille, le château d'If, perché sur un îlot calcaire, permet de rêver au comte de Monte-Cristo, le héros d'Alexandre Dumas. Les îles du Frioul (Pomègues et Ratonneau) disposent aujourd'hui de nouvelles installations portuaires et séduisent surtout les plaisanciers.

5. La Provence intérieure

C'est avant tout à ses paysages que la Provence intérieure doit sa fréquentation touristique :

> *« Moins connue que la région littorale, la Provence intérieure n'est pas moins belle. Les vieux Provençaux la préfèrent. Elle est moins parcourue de touristes, moins encombrée de campings et d'établissements prétentieux. Presque en toutes saisons une lumière splendide la baigne. Le bon moment est entre 16 et 18 heures. Le soleil baisse les ombres s'allongent. Dans cet air sec et lumineux, les formes se détachent avec une netteté de gravure. Le vert sombre des pins et des chênes verts contraste avec l'ocre vive des argiles et la blancheur crayeuse des corniches. Le relief est assez mouvementé pour donner du pittoresque, pas assez accidenté pour gêner les déplacements. »*
>
> R. Livet, *Provence, Côte d'Azur et Corse*, Flammarion, 1978.

Le relief est en effet varié. Il associe les vastes plateaux déserts (plan de Canjuers, plateau de Valensole) aux arêtes crayeuses (Sainte-Victoire, Sainte-Baume), aux impressionnants défilés (Verdon, gorges du Cians et de Daluis) et aux ondulations harmonieuses des collines de la campagne aixoise. Autant dire que le tourisme de passage trouve ici un terrain de prédilection. Ces horizons retiennent aussi de plus en plus la clientèle nationale ou étrangère, désireuse de s'éloigner d'un littoral surchargé et coûteux. Si l'hôtellerie reste bien discrète en dehors des villes, les résidences secondaires se multiplient, vieilles bastides (maisons rurales) rénovées ou mas flambant neufs, parfois agrémentés d'une piscine.

Le tourisme ne se répartit pas également. Il privilégie Aix-en-Provence et ses environs, la vallée de la Durance, si chère à Giono, et le couloir du Verdon durant l'été, se portant en hiver vers des altitudes plus élevées, notamment vers l'est (Auron, Valberg…).

a. La région d'Aix

Aix-en-Provence doit à son prestige touristique une large part de sa renommée. Capitale des Salyens, elle devint une ville romaine au IIe siècle avant Jésus-Christ (*Aquae Sextia*, d'où dérive Aix) avant d'être promue résidence des comtes de Provence. Le rayonnement intellectuel de la cour du Bon Roi René lui donne ses lettres de noblesse, et Aix, après son rattachement à la couronne royale, est choisie comme siège du Parlement. Si celui-ci est impopulaire (il est avec le mistral et la Durance l'un des trois fléaux de la Provence, selon un dicton local), sa présence contribue à doter la ville de prestigieux hôtels particuliers.

Ces **hôtels des XVIIe et XVIIIe siècles** sont groupés autour du cours Mirabeau – promenade bordée de platanes centenaires – et dans le quartier Mazarin. Portes sculptées, balcons de fer forgé, plafonds somptueusement décorés font le charme de ces vieilles demeures aristocratiques et bourgeoises. De même l'hôtel de ville et la tour de l'Horloge, ancien beffroi du XVIe siècle qui le jouxte, offrent de magnifiques ferronneries.

Aix est aussi la ville des fontaines, 233 au total. Jalonnant les grands boulevards ombragés, certaines d'entre elles sont signées de noms célèbres, comme David d'Angers. Les eaux d'Aix ont des vertus curatives. Appréciées des Romains dans l'Antiquité, elles ont longtemps alimenté une station thermale aujourd'hui fermée.

Dans cette **capitale intellectuelle**, aujourd'hui siège d'une université, les musées abondent : musée du Vieil Aix, musée des Tapisseries, musée Granet (archéologie et peintures), atelier Paul-Cézanne. La cathédrale Saint-Sauveur, marquée par tous les styles, du Ve au XVIIe siècle, renferme le célèbre triptyque * du *Buisson ardent* de N. Froment (XVe s.).

Dans les environs, où Cézanne trouva l'inspiration, les centres d'intérêt sont légion. À l'ouest se trouvent la fondation Vasarely et l'aqueduc de Roquefavour qui porte les eaux du canal de Marseille. À l'est, se dressent les crêtes calcaires de la Sainte-Victoire et de la Sainte-Baume, qui dépassent 1 000 m. Lieux d'escalade et de promenades, ce sont des oasis de fraîcheur sur leur versant nord, boisé.

Ville d'art, Aix se doit d'organiser, comme les villes du comtat voisin, de nombreux **festivals**. La « saison d'Aix » dure tout l'été et associe tous les arts ; elle est surtout renommée par le Festival international de musique. Si le tourisme d'affaires souffre de la proximité de Marseille, Aix est cependant une bonne étape gastronomique dans le Midi, particulièrement appréciée pour ses pâtisseries et ses confiseries (calisson).

b. La vallée de la Durance

Elle constitue la **voie d'accès aux Alpes** pour les Marseillais et les Aixois et, de ce fait, connaît un important trafic touristique bien qu'elle ne possède pas encore d'autoroute. Empruntée autrefois par les marchands et les bergers montant vers les pâturages d'été, la vallée a fixé bien des bourgades et des villes qui sont aujourd'hui des étapes touristiques, mais aussi des sites privilégiés pour l'implantation de résidences secondaires ou de retraite.

Les villes, réanimées par le tourisme et l'arboriculture, sont particulièrement pittoresques, comme Manosque et surtout Forcalquier dont la cité comtale abrite de très vieilles demeures. Elles profitent d'un soleil abondant, qui explique la présence de l'observatoire de Saint-Michel-de-Provence, et d'un environnement exceptionnel :

– ***le plateau de Valensole*** (théâtre de bien des romans de Jean Giono) qui déroule à perte de vue ses champs de lavandin et de céréales, au-dessus desquels se dressent les silhouettes sombres des amandiers ;

– l'impressionnante ***montagne de Lure***, à la végétation méditerranéenne sur son versant sud, qui domine de ses 1 800 m le couloir de la Durance, et forme le dernier bastion des Grandes Alpes ;

– ***le Lubéron***, aujourd'hui protégé par un parc régional de 100 000 ha. Presque désert, surtout dans sa partie orientale, il est aujourd'hui un lieu privilégié pour l'implantation des résidences secondaires, notamment du fait des Parisiens. Il porte de vieilles églises (Cucuron), de beaux villages perchés (Oppède-le-Vieux) et de son point culminant, le Mourre Nègre, on peut embrasser un immense panorama, de la montagne de Lure à l'étang de Berre.

Les villes sont souvent situées un peu à l'écart de la vallée. La Durance était en effet une rivière dangereuse, aux crues dévastatrices. Commencé au XIXᵉ siècle, l'aménagement s'est accéléré au cours des trente dernières années, marqué par la construction de nombreux barrages (Serre-Ponçon, Sisteron, Oraison, Manosque…) destinés à assurer la fourniture d'énergie, l'irrigation des terres agricoles et l'approvisionnement en eau des villes du littoral. Certains des lacs de retenue, comme celui de Serre-Ponçon (voir chapitre « Les Alpes »), ont permis l'établissement de bases de loisirs balnéaires et nautiques.

c. Le couloir du Verdon

Le Verdon, affluent de la Durance traverse d'énormes couches calcaires qu'il a entaillées de gorges profondes qui comptent parmi les plus spectaculaires d'Europe. Sur plus de 20 km, le **Grand Canyon**, exploré par Martel au début du siècle, a été véritablement ouvert au tourisme après la dernière guerre, grâce à l'aménagement de la route de la Corniche-Sublime. Celle-ci, ponctuée d'aires de stationnement aménagées, permet de découvrir les plus beaux sites de ce défilé, parfois étroit de quelques mètres et profond, par endroits, de 700 m.

Aux très nombreux touristes de passage s'ajoutent depuis quelques années une quantité sans cesse croissante de Français, de Néerlandais, d'Allemands, venus profiter de la création de centres de loisirs sur les bords du lac de Sainte-Croix, retenue artificielle due à l'équipement hydroélectrique de la rivière. Cet engouement croissant entraîne la convoitise de nombreux promoteurs.

À l'extrémité de la vallée, **Gréoux-les-Bains**, station thermale associée à plusieurs stations pyrénéennes dans la « Chaîne du soleil », connaît une croissance continuelle de son activité. Elle a presque décuplé le nombre de ses curistes depuis 1965 et, avec 28 500 clients, elle se classe en 2000 au 4ᵉ rang des stations thermales françaises. Digne-les-Bains (5 480 curistes) reste beaucoup moins fréquentée.

C Le Languedoc

Le Languedoc est associé au Roussillon dans le cadre d'une région qui s'étend sur 27 380 km² et regroupe 2 520 000 habitants dans cinq départements : le Gard, la Lozère, l'Hérault, l'Aude et les Pyrénées-Orientales. Si la région peut compter sur des avantages climatiques presque comparables à ceux de la plus grande partie de la Provence, et si son littoral est une succession de plages presque ininterrompue, le tourisme n'est pas encore aussi développé qu'en Provence. Il connaît cependant un essor spectaculaire depuis une quinzaine d'années à la faveur de la plus grande opération d'aménagement réalisée sur un littoral français.

Les paysages languedociens associent trois ensembles naturels qui offrent au touriste des images très différentes et des attraits inégalement valorisés :

– ***un littoral bas***, avec d'interminables plages de sable et de nombreux étangs. De petites dunes, quelques marais salants et des vignobles complètent le paysage.

– ***des plateaux calcaires***, d'altitude modeste, plus ou moins entaillés par l'érosion karstique et presque totalement voués à la garrigue et au vignoble.

– ***un arrière-pays montagneux***, essentiellement formé de la bordure méridionale du Massif central et opposant ses forêts et sa fraîcheur au bas pays découvert et étouffant en été.

1. Le littoral : un nouvel Eldorado

a. Un milieu longtemps délaissé

Le littoral languedocien s'étire sur près de 180 km, entre le Petit Rhône et l'étang de Leucate. C'est **une côte basse, sableuse et ourlée d'étangs**. Elle a été régularisée par la formation d'un cordon littoral (ou lido), approvisionné par les alluvions du Rhône et dressé par des courants littoraux tournant en sens inverse des aiguilles d'une montre. Ces cordons littoraux ont peu à peu obstrué les embouchures des fleuves côtiers, isolant des lagunes (étangs de Mauguio, de Thau, de Sigean, de Leucate…). Celles-ci couvrent près de 20 000 hectares, mais ont une profondeur modeste, le plus souvent inférieure à 5 m. Elles sont reliées à la mer par d'étroits passages, les graus, maintenus ouverts par la tramontane et plus encore par l'homme.

Cette côte sableuse s'appuie sur trois pointements rocheux : calcaires à Leucate et au mont Saint-Clair à Sète, volcanique à Agde (coulée de basalte venue de l'Escandorgue). Peu favorable à l'implantation de ports, en dehors des sites de Sète et d'Agde, cette côte ne l'était pas non plus à l'activité humaine en raison des moustiques qui pullulaient dans les lagunes et des fièvres qui touchaient les populations littorales. La pêche dans les étangs, la récolte du sel et la vie portuaire sont demeurées durant des siècles les seules ressources, avant la descente des vignes vers la mer.

Le tourisme lui-même demeure bien discret jusqu'aux années 1920. Il est apparu vers le milieu du XIXᵉ siècle, dans les petits ports situés en face des principales villes de l'intérieur : Le Grau-du-Roi pour Nîmes, Palavas pour Montpellier avec laquelle elle est reliée

Le Languedoc

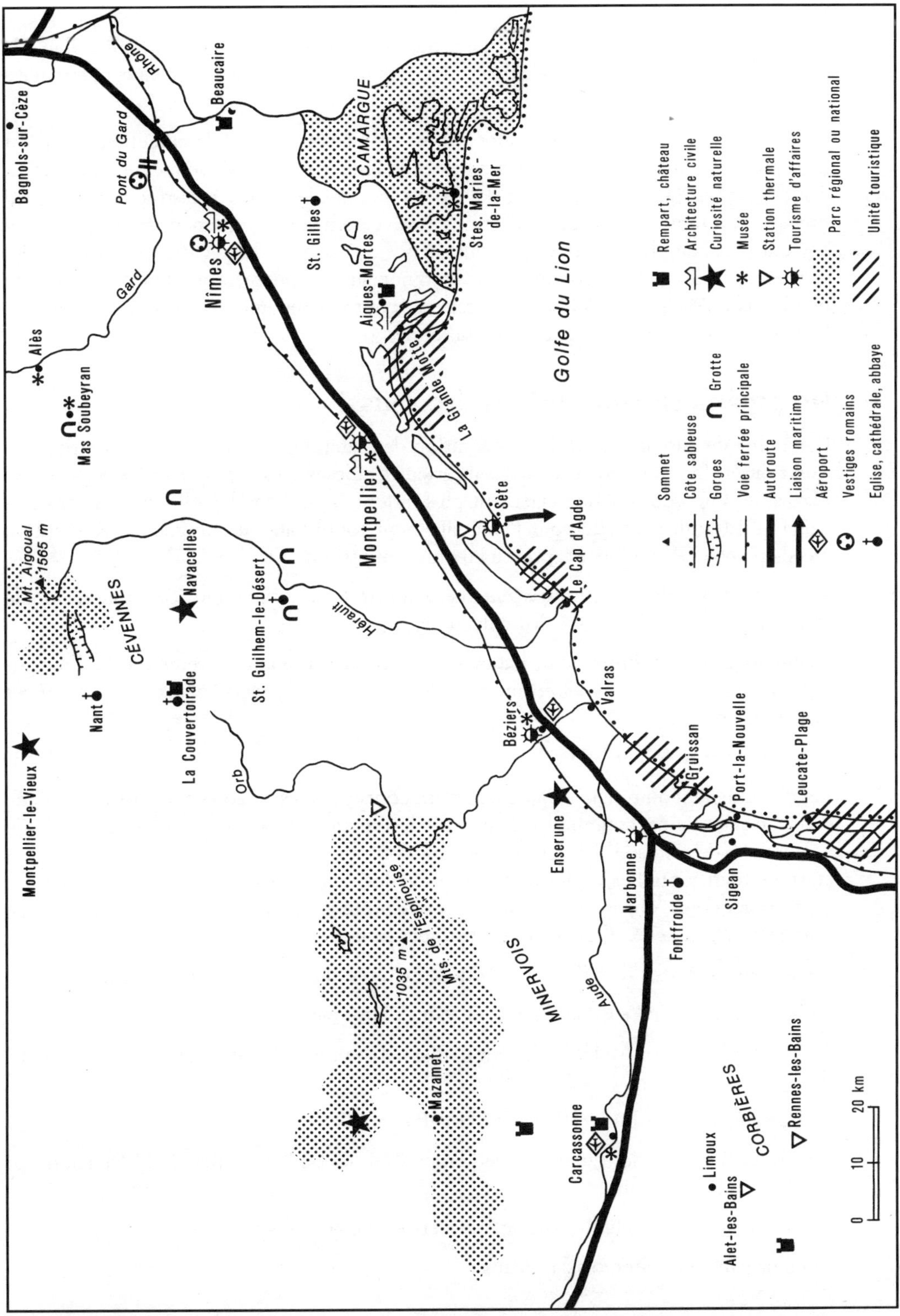

par le train en 1872, Valras pour Béziers (et Canet pour Perpignan, dans le Roussillon). Ce tourisme est surtout le fait de la bourgeoisie viticole, qui vient passer le dimanche au bord de l'eau.

Entre les deux guerres, le développement du tourisme estival donne un premier élan à la construction immobilière. Les « cabanons », les villas, les commerces se multiplient, dans le plus grand désordre.

Cette fièvre de l'immobilier se développe après 1945, bon nombre de viticulteurs vendant leurs terres littorales après les grandes gelées de l'hiver 1956. Dans le même temps, et en dépit des moustiques, le camping se développe sans que les autres infrastructures d'accueil suivent. Pourtant, le tourisme élargit progressivement son recrutement géographique et devient plus complexe. Aux migrations de fins de semaine des régionaux s'ajoutent les arrivées estivales de Parisiens ou d'autres provinciaux, les premiers étant particulièrement nombreux à l'ouest d'Agde. Les étrangers par contre demeurent assez discrets, préférant les plages provençales, espagnoles ou italiennes.

b. Un aménagement volontaire réussi

L'anarchie de l'urbanisation, la prolifération des campings sauvages et la saturation des axes routiers (au trafic entre les villes intérieures et les plages s'ajoutaient les départs vers l'Espagne) imposent un aménagement plus rationnel du littoral. Celui-ci est confié à la Mission interministérielle pour l'aménagement touristique du Languedoc-Roussillon, créée en 1963. Trois objectifs principaux lui sont assignés :

– ***créer une grande région touristique*** permettant de diversifier une économie régionale trop dépendante de la monoculture de la vigne ;

– ***contribuer à l'équilibre de la balance touristique nationale*** en retenant des Francais à l'intérieur de l'hexagone et en incitant de nombreux étrangers à passer leurs vacances dans la région ;

– ***désengorger la Côte d'Azur.***

Les objectifs sont ambitieux. L'aménagement concerne près de 200 km de littoral, touche 4 départements, 67 communes. Il prévoit la création de 400 000 lits, et l'arrivée de 1,5 million de touristes. Six unités touristiques sont prévues, comprenant chacune des stations traditionnelles et des stations nouvelles. Séparées les unes des autres par des espaces agricoles, des bois, ou par des zones protégées, elles prennent appui sur une grande ville intérieure. Ces unités touristiques sont les suivantes :

– La Grande-Motte, avec Palavas, Carnon, Le Grau-du-Roi et Port-Camargue ;

– Cap-d'Agde, avec Le Grau-d'Agde et Marseillan-Plage ;

– l'embouchure de l'Aude, avec Valras-Plage. Ce projet a momentanément été abandonné ;

– Gruissan, avec Narbonne-Plage et Saint-Pierre ;

– Leucate-Barcarès, dont une part de l'originalité tient à la présence du *Lydia*, paquebot ensablé, voué aux loisirs ;

– Saint-Cyprien, dans le Roussillon, qui s'étire du Canet-Plage à Argelès-Plage.

L'aménagement se fait à trois niveaux :

– ***l'État***, soucieux de réussir une opération modèle d'aménagement régional et de développer le tourisme social, charge la Mission de coordonner l'ensemble des opérations et de les contrôler. **Pour éviter la spéculation foncière**, elle acquiert des terrains, en ayant recours à des achats à l'amiable ou à l'expropriation après déclaration d'utilité publique, ou bien encore en créant des ZAD*, gelant ainsi 25 000 hectares de terrains littoraux. L'État finance les études des grands travaux d'infrastructures et surtout assure **la démoustication du littoral** (12 % des dépenses de la Mission entre 1963 et 1980 !), préalable indispensable à tout aménagement. En outre, il assure dans le même temps la **construction de l'autoroute** reliant Orange au Perthus, qui sera doublée d'une voie littorale permettant de joindre les différentes stations ;

– ***des sociétés d'économie mixte*** où les autorités départementales et locales jouent un grand rôle, équipent les terrains que l'État leur a cédés au prix de revient. Elles construisent les routes, les réseaux de distribution (eau, électricité, téléphone) et plantent des arbres. Ces terrains sont ensuite revendus à des promoteurs ;

– ***les promoteurs*** assurent la construction des hôtels, des villages de vacances, des terrains de camping... conformément aux plans définis pour chaque station. En effet, chacune des nouvelles stations est confiée à un architecte en chef qui définit le paysage, tout en respectant certains principes communs : circulation automobile limitée, concentration de l'habitat collectif et des hôtels au centre de la station, aires de jeux et espaces verts entre les différents quartiers... C'est ainsi que chaque unité prend un visage particulier aujourd'hui encore bien discuté :

> *« L'architecture des vacances a évolué (...). Première époque : les grands gestes. Les pyramides de Jean Balladur se dressent à La Grande-Motte et ses balcons en béton découpé se répètent en ribambelle sur les immeubles alentour. À Leucate et à Barcarès, Georges Candillis aligne derrière la plage des "carrées" en béton qui rappelleraient sa Grèce natale s'il y avait une colline pour les supporter, des cyprès, des ânes et le ciel grec... (...). Deuxième époque : la modestie régionaliste. Avec finesse et sensibilité, Jean Le Couteur dessine un port pour Cap-d'Agde avec les ingrédients locaux : quais dallés, rues piétonnes, façades de hauteur moyenne, diverses et colorées (ocre, terre de Sienne, blanc), ruelles, arcades (...). Hélas, un port méditerranéen, même correctement réinventé, perd tout son charme s'il est multiplié par trois, quatre ou cinq. (...) La même aventure se profile pour Gruissan (...) un village charmant, vivant ; un vrai site adossé à la montagne de la Clape et au vignoble (...). Pour les constructions neuves, on a choisi la mesure et une sage innovation : le fameux voûtin, imaginé par Raymond Gleize, souvenir des années passées en Afrique du Nord et qui ne choque pas de ce côté de la Méditerranée. Une forme douce, protectrice dont la répétition crée un motif original (...). Ce qui menace Gruissan, c'est plutôt, comme à Cap-d'Agde, l'étalement, la redondance d'un bassin à l'autre, d'un quartier à l'autre. »*
>
> Michèle CHAMPENOIS, *Le Monde*, *Loisirs et Tourisme*, 22 août 1981.

c. Un bilan globalement positif

L'aménagement du littoral est bien avancé. En 2006, la région – et en priorité le littoral – a enregistré 9,4 % des nuitées touristiques de l'hexagone. Les étrangers représentent 20 % de la clientèle hôtelière et 34 % de celle des campings. Les Allemands, suivis des Néerlandais et des Britanniques sont les plus nombreux et ils investissent beaucoup dans l'immobilier.

Le tourisme représente environ 10 % du produit intérieur brut régional, ce qui place le Languedoc-Roussillon au second rang, derrière la Corse, pour ce taux. Ce chiffre souligne certes le poids des activités touristiques, mais aussi la faiblesse relative des autres branches d'activité.

Le succès est tel que les stations voient peu à peu les constructions déborder du cadre fixé par l'aménagement initial, ce qui laisse planer, à longue échéance, des menaces d'urbanisation linéaire du littoral :

> *« On peut, bien sûr, discuter le parti pris architectural, critiquer des investissements utilisés quelques mois par an, noter le retard du Roussillon ; mais le succès, mesuré à la fréquentation, reste indiscutable en dépit d'une baisse récente. 5,9 millions de touristes en 94, 5,4 en 99, dont environ un quart d'étrangers, ont fourni 50 000 emplois. Mais ce succès de fréquentation, qui accentue s'il en était besoin les inégalités régionales, présente des revers tant il est vrai que le tourisme de masse décote les stations. La saturation des plages, totale durant l'été, pousse à l'utilisation des espaces fragiles tels l'embouchure de l'Aude, menace de pollution les étangs et bloque la circulation. La volonté initiale de limiter la construction à des zones séparées par des espaces naturels résiste mal à la spéculation comme le montre l'inexorable marée de béton qui envahit les cordons littoraux à l'est de Montpellier. Enfin, les logements peu entretenus (30 % au Cap-d'Agde) perdent de leur valeur au point qu'on envisage une aide de l'État pour éviter le délabrement. »*
>
> S. Montagné-Villette, *La France, les 22 Régions*, A. Colin, 2001

L'aménagement a permis de créer, directement ou indirectement **35 000 emplois permanents et 25 000 emplois saisonniers** dans une région qui compte traditionnellement l'un des taux de chômage les plus élevés du pays. Malheureusement ces emplois ne sont pas tous tenus par des régionaux et la réalisation progressive de l'ensemble du programme fera diminuer l'effectif des salariés, notamment dans le bâtiment.

Les ports de plaisance se sont multipliés sur un littoral qui en était fâcheusement dépourvu. Certains d'entre eux comptent déjà un nombre impressionnant de postes à quai : plus de 4 400 à Port-Camargue (en comptant les marinas), 2 700 à Cap d'Agde, 2 600 à Saint-Cyprien et 1 370 à La Grande-Motte.

Les investissements continuent à se développer. Ils sont parfois d'origine étrangère : allemands à Port-Leucate, écossais à Saint-Cyprien, japonais (le *Lydia*) et néerlandais à Port-Barcarès. Les stations orientales sont cependant plus avancées que celles de l'ouest. C'est ainsi que La Grande-Motte, commencée en 1967 est presque achevée, que le programme du cap d'Agde est aux trois quarts de sa réalisation alors que l'aménagement de Gruissan, commencé en 1973 n'est pas encore terminé.

Le reboisement est impressionnant dans une région auparavant dépourvue d'arbres. Ces rideaux de verdure agrémentent les paysages et permettent de faire un peu obstacle à des vents fréquents et forts. Les stations d'épuration ont permis de réduire la pollution des plages et des eaux, notamment dans les lagunes.

2. Des ceps à perte de vue

Le vignoble languedocien couvre 306 000 hectares, et produit 20 millions d'hectolitres par an, c'est-à-dire près du tiers de la récolte totale française, bien qu'**il ait perdu le quart de sa superficie depuis 25 ans**. Il reste **le plus grand vignoble de masse du monde**. La vigne, qui couvre plus du tiers des plaines du Gard, accroît son emprise vers le sud-ouest, dépassant la moitié et même souvent les deux-tiers de la surface cultivée. Il s'agit alors d'une véritable monoculture.

Ce vignoble est relativement récent. Il a commencé à prendre une grande extension au XVIIIe siècle autour de Béziers, mais c'est l'arrivée du chemin de fer qui provoque son essor véritable. Mal placé pour lutter contre la concurrence des céréales des plaines du Nord, le Languedoc abandonne son ancienne économie agricole, fondée sur la trilogie *ager-saltus-silva*, et se lance dans la viticulture. L'arrivée du phylloxéra dès 1865 dans le Languedoc oriental favorise les régions de Béziers et Narbonne. Les viticulteurs introduisent des cépages américains, résistants au parasite, et surtout font descendre les vignes sur les terrains littoraux submersibles, préservés du fléau. Cette descente est la source de bien des déboires. La surproduction, résultat de rendements élevés (parfois plus de 200 hl par ha) et de la désaffection du public pour des produits de médiocre qualité (le cépage aramon est encore fréquent, malgré une rapide diversification) entraîne des drames économiques pour la région. Les révoltes de 1907 et de 1976 rappellent ces colères vigneronnes. Le problème est d'autant plus grave que la taille moyenne de l'exploitation est inférieure à 5 hectares. À côté de grands domaines possédés par la bourgeoisie des villes, des rapatriés d'Afrique du Nord ou des sociétés (Salins du Midi) pullulent en effet les petites exploitations.

Si les paysages sont souvent monotones pour le touriste de passage, le **gastronome** trouve cependant quelques motifs pour s'arrêter dans la région. Des viticulteurs se sont en effet efforcé d'élaborer des vins de qualité, en replantant des cépages nobles, en limitant leurs vignobles aux coteaux et en améliorant la vinification. Les vins d'appellation contrôlée progressent : blanquette de Limoux, muscat de Frontignan, corbières…

Le vignoble ajoute au tourisme gastronomique le tourisme d'affaires, notamment dans les villes de Carcassonne, de Béziers, de Narbonne et de Sète. Négociants, courtiers, industries spécialisées dans la livraison de matériel agricole, fournisseurs d'engrais, d'insecticides, de fongicides… assurent souvent l'essentiel des activités de ces villes dépourvues de grandes zones industrielles à la différence des villes du Languedoc oriental. Ces dernières ont bénéficié de la proximité de la vallée du Rhône, de la reconversion précoce de leurs environs agricoles vers l'arboriculture grâce à l'irrigation (canal du Languedoc approvisionné par le Rhône). Les vergers de pêchers, d'abricotiers, de pruniers ou de cerisiers (près de Remoulins) constituent en effet le cadre paysager des campagnes nîmoises, où les vignerons ont aussi fait un bel effort vers la qualité (Costières du Gard).

3. Un chapelet de villes touristiques

a. Nîmes : de Rome aux Huguenots

Nîmes (144 000 hab., 253 000 dans l'aire urbaine), souvent qualifiée de « **Rome française** » est née autour d'une source vouée au dieu Némausus, qui a donné son nom à la ville. Comblée de faveurs par les premiers empereurs romains, elle possède de splendides édifices de cette époque, qui comptent parmi les mieux conservés d'Europe :

– *Les arènes* ont servi de forteresse au Moyen Âge, puis d'enceinte pour un village de près de 2 000 habitants (construit avec une partie des pierres de l'édifice) avant de retrouver leur vocation première avec l'organisation de corridas et de spectacles divers ;

– *la maison Carrée*, temple marqué par l'influence grecque, et construit sous Auguste, abrite aujourd'hui le musée des Antiques où sont rassemblées des mosaïques, des frises, des statues mises à jour dans la ville. C'est, avec le Musée archéologique, le plus beau musée de Nîmes ;

La maison Carrée à Nîmes

– la tour Magne et le Castellum, château d'eau romain qui recevait les eaux apportés par les différents aqueducs, sont des monuments moins visités ;

– par contre, près de la ville, *le pont du Gard*, édifié au Ier siècle au-dessus du Gardon, est l'un des édifices les plus prestigieux du Midi. Ses trois arcades de pierres dorées dominent de près de 50 m le lit de la rivière dans un cadre bien préservé malgré des milliers de visiteurs.

Nîmes est aussi **la ville huguenote** par excellence. Elle doit d'ailleurs aux protestants, interdits de charges officielles par la royauté catholique, une partie de sa fortune. Ces Huguenots s'étaient en effet tournés vers le négoce et la manufacture, notamment vers le textile, comme le rappelle le musée du Vieux Nîmes. C'est également la **porte des Cévennes** et un centre d'excursions, par exemple vers Uzès, capitale d'un ancien duché où abondent les vieux hôtels au pied de la forteresse comtale.

b. Montpellier, la ville « intellectuelle »

Montpellier (248 000 hab., 543 000 dans l'aire urbaine), bien plus récente que Nîmes, ne dispose pas du patrimoine architectural de sa rivale. Elle connaît par contre un développement spectaculaire de son tourisme d'affaires à la faveur d'un essor économique rapide qui en fait désormais la capitale du Languedoc oriental. Ceci s'est traduit par la construction de nombreux hôtels de chaîne dans la ville et ses environs.

Son image de cité « intellectuelle » lui vient du Moyen Âge. Alors reliée à la mer par le Lez, elle entretenait d'étroites liaisons avec l'Orient, ce qui lui valut de disposer dès le 12e siècle d'**une faculté de médecine célèbre** dont la renommée se perpétue avec l'université actuelle. Ce fut aussi une ville de magistrats, de banquiers et de négociants, enrichis par le commerce des draps. Elle a conservé de sa fortune bien des **hôtels du XVIIe siècle**, ornés d'escaliers monumentaux, de galeries, de balcons ouvragés, et des « folies » du XVIIIe siècle, demeures aristocratiques dispersées dans la campagne environnante.

Les terrasses ombragées de platanes et bordées d'un canal des promenades du Peyrou (XVIIe-XVIIIe siècles) et le riche musée Fabre (tableaux de Delacroix, Ingres, Courbet, David...) complètent l'inventaire touristique de la ville qui dispose par ailleurs d'environs séduisants :

– *le pic Saint-Loup* (658 m) offre un beau panorama, de la côte aux hauteurs cévenoles, et domine l'abbaye romane de Saint-Martin-de-Londres ;

– *la grotte des Demoiselles*, gigantesque gouffre aux salles immenses ; les gorges de la Vis et le cirque de Navacelles, impressionnant amphithéâtre calcaire né de l'érosion karstique ;

– *Saint-Guilhem-le-Désert*, pittoresque village édifié autour d'une abbaye fondée au XIe siècle par Guilhem, compagnon de Charlemagne et héros de nombreuses chansons de gestes. Disposant d'un morceau de la Vraie Croix, l'abbaye devint un centre de pèlerinage important sur la route de Saint-Jacques, et attire aujourd'hui des milliers de touristes, impressionnés par la beauté du site. Près de là, la grotte de Clamouse, aux fines dentelures calcaires, annonce la proximité des Causses.

c. Pézenas : le temps s'est arrêté

En dépit de sa taille modeste, Pézenas mérite d'être mentionnée. Ville de foire célèbre au Moyen Âge, la ville accueillit plus tard les états généraux du Languedoc et le gouverneur. C'est ici que **Molière** commença sa carrière. Admirablement conservée, la vieille ville possède des échoppes médiévales, de vieux hôtels et anime ses ruelles tortueuses par de multiples manifestations folkloriques et représentations théâtrales.

d. Sète : son port... et son cimetière

Sète est née de son port, fondé en 1666 par Colbert, pour être le débouché méditerranéen du canal des Deux-Mers. La ville est sans doute la plus belle du littoral languedocien ; on la découvre admirablement du **mont Saint-Clair** sous les ombrages duquel se dressent de belles villas. Le vieux port a conservé un cachet magnifique. Bordé d'hôtels et de restaurants (où l'on sert de la baudroie, des huîtres et des moules de l'étang de Thau), il voit se dérouler chaque année de magnifiques joutes nautiques. L'autre endroit célèbre de la cité chère à Valéry et à Brassens est le cimetière marin immortalisé par le poème :

> *« Ce toit tranquille où marchent des colombes*
> *Entre les pins palpite, entre les tombes ;*
> *Midi le juste y compose de feux*
> *La mer, la mer toujours recommencée ! »*

Premier port de pêche de la Méditerranée, port de commerce (vin, pétrole), Sète est aussi un port de voyageurs vers le Maghreb et les Baléares (267 000 passagers en 2006). À proximité, Balaruc-les-Bains est une station thermale très fréquentée (35 470 curistes en 2006, le deuxième rang français)

e. Béziers : le vin et le rugby

Située sur un plateau dominant l'Orb, la ville a eu une histoire mouvementée. Elle fut notamment ravagée lors de la croisade des **Albigeois** *. Ceci explique que le patrimoine monumental soit modeste : l'église de la Madeleine, ultime refuge des Albigeois *, et la cathédrale gothique de Saint-Nazaire, aux beaux vitraux, en constituent l'essentiel. La ville vit surtout du vin. Célébré dans le musée du Vieux Biterrois et du Vin, il est la motivation essentielle d'un modeste tourisme d'affaires. La ville est surtout animée lors des grands matchs de rugby et des corridas.

Les environs retiennent davantage le visiteur. Les **huit écluses de Fonsérannes** permettent d'admirer l'œuvre de Riquet et le site d'**Ensérune** orne bien des cartes postales. Cet *oppidum* * de 120 m permet de découvrir toute la plaine languedocienne, des Cévennes au Canigou et abrite les restes de civilisations du VIe siècle avant J.-C. au Ier siècle après. Un musée abrite les résultats des fouilles entreprises. À proximité, l'étang de Montady, asséché au XIIIe siècle par un drain central présente un extraordinaire parcellaire rayonnant.

f. Narbonne : l'âme languedocienne

Narbonne est la réplique modeste de Béziers à qui elle dispute la suprématie de capitale du vignoble, mais aussi du rugby. Port actif sous l'occupation romaine, elle est même élevée au titre de capitale de la Gaule narbonnaise. Conquise par les Wisigoths, puis les Sarrazins, et victime des guerres médiévales et de l'ensablement de son port, la ville a décliné jusqu'à l'essor du vignoble, au XIXe siècle.

L'ancien palais fortifié des archevêques abrite l'hôtel de ville et les principaux musées. La **cathédrale Saint-Just**, construite aux XIIIe et XIVe siècles dans le style des grandes cathédrales du Nord de la France, est demeurée inachevée ; seul le chœur existe.

g. Carcassonne : la Cité médiévale

La plaine viticole déborde vers l'Ouest, dans la vallée de l'Aude qui concentre les communications entre le Bassin aquitain et le Midi méditerranéen. La nationale 113 de Toulouse à Narbonne est aujourd'hui doublée par l'autoroute. La vallée porte également une voie ferrée importante et le canal du Midi, édifié par Pierre-Paul Riquet entre 1662 et 1680. Délaissé par la navigation commerciale en raison de son faible gabarit et d'un grand nombre d'écluses, le canal trouve une nouvelle vocation avec **l'essor du tourisme fluvial**. Des bassins ont été aménagés, des aires récréatives également (Port-Lauragais) et bien des bateaux de plaisance, notamment anglais, l'utilisent pour rejoindre la Méditerranée, s'ajoutant à une flotte de péniches aménagées.

Ce couloir de communication draine un grand nombre de touristes dont les arrêts sont, hélas, bien rares dans les villes qui jalonnent le parcours. C'est ainsi que Carcassonne elle-même a souffert de l'ouverture de l'autoroute. Pourtant la vieille ville, ou Cité, mérite largement une visite. Restaurée par Viollet-le-Duc au XIXe siècle, c'est **la plus vaste forteresse d'Europe**. Forte de ses tours, de ses créneaux, de son musée et de son église Saint-Nazaire aux vitraux remarquables, elle vit presque exclusivement du tourisme. Restaurants et magasins de souvenirs se succèdent dans ses ruelles étroites, bien restaurées. C'est la ville basse, au plan en damier, et fondée par Saint-Louis, qui fait figure de capitale viticole et concentre le tourisme d'affaires.

La Cité de Carcassonne

L'hébergement dans le Languedoc * en 2008

Départements	Hôtels homologués (chambres)	Campings (emplacements)	Villages de vacances (lits)	Gîtes ruraux (nombre)
Aude	3 310	10 204	2 127	652
Gard	4 692	19 008	1 459	628
Hérault	8 730	46 281	4 615	609
Lozère	6 273	5 617	1 196	453

Sources : Direction du Tourisme et Fédération nationale des gîtes de France.
* Les Pyrénées-Orientales sont étudiées avec la chaîne des Pyrénées.

3. Des hauteurs vides qui attendent beaucoup du tourisme

L'arrière-pays languedocien, comme la Haute-Provence, a connu une émigration continuelle depuis un siècle. Pourtant ces montagnes disposent d'un capital touristique non négligeable, que ce soit par leurs paysages, par leurs monuments, et plus encore par leur histoire et leurs traditions. Elles connaissent un développement rapide du tourisme, qui privilégie l'hébergement rural et les résidences secondaires. L'hôtellerie fait souvent défaut, faute de pouvoir assurer durant une saison trop courte une rentabilité convenable des investissements. D'ailleurs, à l'image de la Lozère, les capacités d'hébergement de l'arrière-pays demeurent bien dérisoires par rapport à celles du littoral.

a. Les Corbières : vignobles et forteresses

Les Corbières, dont les barres calcaires se dressent jusqu'à plus de 1 200 m, sont surtout connues pour leurs vins corsés et leurs citadelles haut perchées, « filles » de Carcassonne et **bastions cathares** (Peyrepertuse, Quéribus, Puilaurens, Termes et Aguilar). Les vins sont en cours de reclassement. Rouges pour la plupart, ils proviennent de cépages de qualité : carignan, grenache noir, cinsault, syrah… et sont parfois vendus dans une bouteille de forme spéciale, très pansue, baptisée « l'occitane ». À la périphérie du massif, la **blanquette de Limoux** et le vin de Fitou, soulignent bien la volonté des viticulteurs de la région de s'orienter vers des produits mieux adaptés au marché.

Si les stations thermales de Rennes-les-Bains et d'Alet-les-Bains n'attirent qu'une faible clientèle, les abbayes reçoivent bien des visiteurs : Saint-Polycarpe et Lagrasse, fondations bénédictines, et surtout **Fontfroide**. Cette abbaye cistercienne fondée au XIe siècle conserve, dans un cadre exceptionnel, une élégante église abbatiale et un cloître aux fines colonnes de marbre.

b. La bordure du Massif central

La Montagne Noire domine la plaine de Carcassonne au Nord. Elle forme le rebord méridional du Massif central. Exposée aux vents du Sud-Est et d'Ouest, c'est une région humide ; les précipitations dépassent 1 m sur les sommets. L'altitude restant modeste (1 200 m), les forêts couvrent de vastes superficies, relayées par quelques cultures mais surtout des landes et de la garrigue sur le versant sud, méditerranéen.

La Montagne Noire est presque vide. Plus que l'agriculture et un médiocre élevage, c'est le tourisme qui contribue désormais à l'animer en été. Les Carcassonnais et les Biterrois y ont de nombreuses résidences secondaires, surtout dans les basses vallées et autour des barrages. Avec **les forêts, les plans d'eau** constituent en effet les principaux attraits de la montagne. Retenues destinées à alimenter le canal du Midi, les lacs de Saint-Ferreol et de Lampy permettent la baignade et la plaisance dans un cadre ombragé qui contraste avec la plaine surchauffée. La chasse est également prospère, la région comptant de nombreux sangliers.

Au pied des pentes, s'étend le **vignoble du Minervois**, dominé çà et là par la silhouette de quelque château-fort comme ceux d'Hautpoul ou de Lastours, témoins de l'épopée cathare dont Minerve, village fortifié, est le plus célèbre symbole.

La Montagne Noire est en grande partie incorporée dans **le parc naturel régional du Haut-Languedoc**. Créé en 1973, il couvre 145 000 ha et s'étend aussi sur les monts de Lacaune, de l'Espinouse et le Sidobre. Ici aussi, les lacs artificiels constituent les supports touristiques les plus remarquables, attirant les résidences secondaires et permettant le maintien de la population qui s'efforce de développer l'hébergement rural pour les citadins. Le Sidobre ajoute les étranges silhouettes de ses énormes boules de granit en équilibre précaire, résultats de l'érosion (Peyro Clabado, roc de l'Oie). Quelques gorges (Héric) et des grottes complètent les atouts de ces reliefs qui comptent aussi sur la station thermale de Lamalou-les-Bains en plein essor. Les villes sont rares et petites, à l'image de Mazamet, spécialisée dans le délainage des peaux de mouton, et porte du parc.

c. Les Cévennes : un désert qui renaît

Les Cévennes forment une barrière allongée sud-ouest/nord-est constituée de schistes et de granit d'où émergent les formes massives de l'Aigoual (1 567 m) et du mont Lozère (1 699 m). Bien que l'altitude demeure modeste (800 m en moyenne), la rudesse du climat, la médiocrité des sols et la difficulté des communications en ont fait tour à tour une **terre de refuge et d'émigration**. Exposées aux dépressions humides venues du Sud-Est, les Cévennes enregistrent des précipitations abondantes (plus de 2 000 mm). Elles se produisent surtout en automne et au printemps, provoquant parfois des crues redoutables qui découpent la montagne en lanières étroites, les serres. L'humidité et l'altitude favorisent le développement de la forêt. Le châtaignier domine, le hêtre est fréquent, mais les conifères progressent à la faveur des reboisements.

Ces hautes terres ont servi de refuge aux populations fuyant les persécutions religieuses : **Albigeois** * au XIIIe siècle, et surtout **Cathares** * aux XVIIe et XVIIIe siècles. Ces derniers suivaient les offices de nuit (« assemblées du désert ») prononcés dans la montagne pour échapper au contrôle des autorités religieuses et royale. Il s'ensuivit une guerilla durant laquelle les Cévenols, entraînés par Cavalier et Roland, tinrent tête plusieurs années aux dragons de Louis XIV. Aujourd'hui le souvenir de ces révoltés se perpétue à Anduze, à Saint-Jean-du-Gard et au Mas-Soubeyran où un musée leur est consacré et où se déroule chaque année un important pèlerinage.

Les Cévennes ont aussi été une terre d'exil. L'économie traditionnelle, fondée sur le châtaignier (l'« arbre à pain ») et sur le mûrier (l'« arbre d'or »), ainsi que sur la culture en terrasses (les « faïsses »), a vacillé au milieu du XIXe siècle. Les maladies ont attaqué les arbres et la soie locale, récoltée dans les magnaneries * a subi la concurrence des soieries d'Extrême-Orient puis des textiles artificiels. Les jeunes ont fui vers les villes, les mas se sont vidés et les terrasses ont été rendues à la friche et se sont effondrées. À leur tour les mines d'Alès ont décliné après 1960. Dès 1970, la population cévenole était tombée à moins de 20 000 habitants, soit moins de 10 au km². La Lozère ne compte aujourd'hui que 77 500 habitants.

Le tourisme apparaît donc comme l'ultime recours. Ses chances sont considérables. Les Cévennes peuvent en effet compter sur :

– *un cadre naturel bien préservé*. Les Cévennes constituent un réservoir d'air pur et de calme pour les citadins. Les résidences secondaires se multiplient ainsi que les campings, notamment le long des rivières et à proximité des points d'eau :

> *« Oasis meurtrie dans l'océan vert de la chataigneraie, le hameau cévenol s'accroche au-dessus du vide. Le mas est rarement isolé. Massif, austère, difficile d'accès et méfiant, il tourne le dos aux visiteurs, l'examine derrière d'étroites fenêtres, vieille habitude du temps de la persécution. (...) Au pied de la maison, les batiments annexes : la clède pour sécher les châtaignes, la cave avec le pressoir pour faire le clinton, la resserre à provisions et les animaux. Au niveau supérieur, les pièces à vivre, et, au-dessus, la magnanerie, qui a été construite plus tard et servait de grange en hiver. Bâti avec les pierres du pays, le schiste brun ou noir, il est couvert de lauzes ou de briques selon l'altitude. »*

Guide Hachette, 1984.

– un hébergement rural en croissance rapide. Il pallie l'insuffisance de l'hôtellerie et favorise la venue d'une clientèle populaire ;

– *la création du parc national* en 1970. Il renforce les espoirs touristiques de la montagne cévenole. Avec 84 000 hectares, plus 228 000 hectares de zone périphérique, c'est le plus vaste parc national du pays et le seul habité. Il comprend plus de 750 kilomètres de sentiers balisés, 200 kilomètres de pistes de ski de fond, quelques stations de ski de piste (Génolhac), et l'écomusée du Mont-Lozère, qui fait revivre les traditions. Malheureusement, si les deux mois d'été voient arriver bien des touristes, dont de nombreux Belges et Néerlandais, le reste de l'année est toujours calme, ce qui contrarie les investissements dans les structures d'hébergement. Il n'y a que quelques milliers de skieurs sur les pentes en hiver, Montpelliérains sur l'Aigoual, Nîmois vers le mont Lozère.

8

La Corse

« Solenzara, bourgade de rien avec un clocher haut comme trois quilles et quatre maisons autour d'une place si aveuglante qu'au mois d'août, les chiens eux-mêmes n'osaient pas la traverser, Solenzara est devenue une station. Solenzara de la malaria est devenue Solenzara port de plaisance. »

J. Hureau, *La Corse d'aujourd'hui*, Éditions J.A.

A Un capital touristique de premier ordre

1. Une montagne dans la mer

Fréquemment surnommée « l'île de Beauté », la Corse offre, sur les 8 700 km² de son territoire, une extrême diversité de paysages, le plus souvent favorables au développement du tourisme, qu'il s'agisse du tourisme de villégiature ou du tourisme sportif.

a. Des littoraux variés

Si l'île ne mesure que 180 kilomètres du nord au sud et 80 dans sa plus grande largeur ouest-est, elle possède plus de 1 000 km de côtes variées.

– Au nord, le *cap Corse* dresse sur près de 100 kilomètres ses escarpements schisteux, ne laissant aux ports et aux baigneurs que des criques réduites.

– À l'ouest, le littoral présente un tracé particulièrement tourmenté, où caps et baies se succèdent sans interruption, dans des décors parfois grandioses comme celui des *« calanches » de Piana*. Sur près de 800 km, les roches cristallines offrent des sites providentiels aux plongeurs sous-marins et aux plaisanciers, mais aussi aux baigneurs, nappant les plages d'un sable fin. Quatre grands golfes morcellent l'ensemble, portant au fond de leur abri des stations réputées (Ajaccio, Porto, Propriano). Ces côtes rocheuses, momentanément interrompues par les falaises calcaires de Bonifacio, débordent vers le sud-est de l'île, jusqu'au golfe de Porto-Vecchio.

– Au contraire, *la côte orientale*, entre Solenzara et Bastia, déroule près de 190 kilomètres de *plages de sable* où les cordons littoraux isolent des étangs, rappelant les rivages languedociens. C'est le domaine des baigneurs et des naturistes dont le nombre augmente rapidement.

b. La montagne au bord des plages

La Corse est une véritable « montagne dans la mer ». Son altitude moyenne (568 m) est comparable à celle du Jura et ses sommets sont plus élevés que ceux de bien des massifs de la France continentale : monte Cinto, 2 710 m ; monte Rotondo, 2 622 m ; monte Renoso, 2 652 m. La montagne commence le plus souvent au bord même de la Méditerranée, offrant un dépaysement brutal au voyageur. Ainsi, le monte Cinto n'est qu'à 25 km de Porto. Il en résulte un encaissement spectaculaire des cours d'eau qui, comme le Tavignano, la rivière de Porto ou l'Orbu, ont creusé des **gorges pittoresques** (gorges de Spelunca pour la rivière de Porto). Les plus hauts sommets permettent la pratique du ski en hiver, en dépit de versants souvent trop raides ou trop brefs et d'un enneigement irrégulier. Ces stations d'altitude pourraient devenir des stations climatiques animées en été, d'autant que les possibilités de randonnées sont nombreuses, et que les rivières, rarement polluées permettent la pêche.

Si ce relief est un atout touristique par ses aptitudes sportives et par la **beauté de ses paysages** (cirque glaciaire de Bonifato, aiguilles de Bavella, cascades, gorges…), c'est aussi un handicap pour les communications. L'érosion glaciaire, modeste, n'a pas creusé de larges vallées et les cols sont élevés – Vergio, 1 484 m ; Vizzavona, 1 163 m – ce qui contribue à isoler l'une de l'autre les façades occidentale et orientale de l'île.

2. La douceur du climat

L'atout climatique de l'île

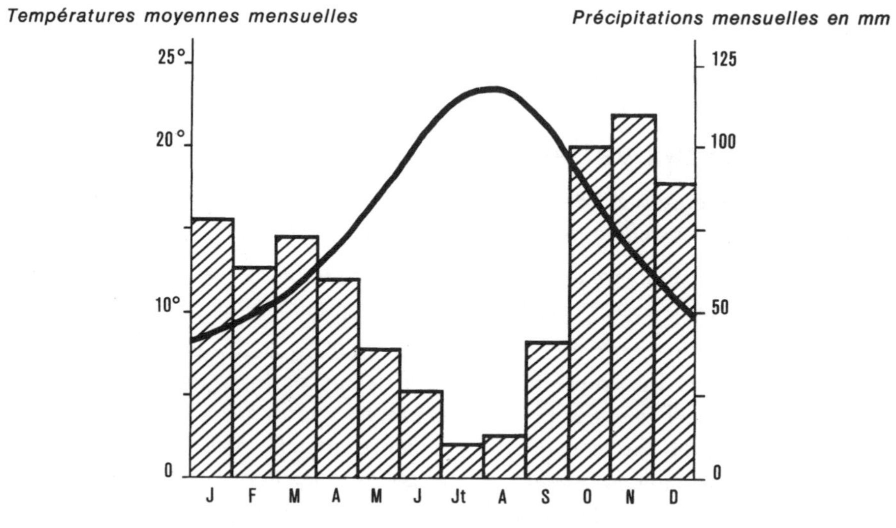

Comme les littoraux provençal et languedocien, la Corse bénéficie du **climat méditerranéen** et d'une **mer chaude** dont la température excède 23 °C en été. Les conditions climatiques sont même supérieures à celles de la Côte d'Azur : les moyennes de janvier (8,9 °C à Ajaccio) et de juillet (23,5 °C) sont plus élevées qu'à Nice, et il en est de même pour l'ensoleillement : 2 811 h à Ajaccio contre 2 780 h dans la cité azuréenne. Les précipitations, surtout importantes en automne et au printemps, ne dépassent pas 700 mm à Ajaccio et 650 mm sur la côte orientale, mieux protégée des vents d'ouest.

Les étés sont chauds et encore plus secs que sur le littoral provençal, l'influence de la latitude corrigeant celle de l'environnement maritime. Durant la saison chaude, la Corse offre l'avantage de son relief, qui permet d'échapper rapidement aux plages surchauffées.

Les vents sont par contre assez forts : l'île est soumise au souffle chaud du sirocco en été et à celui, beaucoup plus froid, du mistral – au moins sur les régions nord-occidentales. Les littoraux sont aussi sous l'influence du vent frais descendu des montagnes intérieures, le **libeccio**.

3. Le maquis, parure originale de l'île

La conjugaison du climat méditerranéen et du relief permet à la Corse de disposer d'une extrême diversité de végétation.

> « *Quand on habite un village de la côte, on peut (...) en quelques pas, se retrouver sur la plage pour contempler la Méditerranée, si bleue, si douce, (...) puis, en quelques minutes, on peut flâner en pleine campagne, parmi les vignes et les orangers, les cultures en terrasse, les figuiers de Barbarie aux fruits succulents, les oliviers, les châtaigniers, les chênes verts, les chênes-liège, les lauriers-roses et les aloès (...) En une heure ou deux de marche, on peut atteindre le maquis, cette forêt dense d'arbustes sauvages qui ne s'élèvent pas à hauteur d'homme, mais qu'on ne peut traverser hors du sentier, même avec une hache ; vous voyez votre but, une maison, un hameau, et vous ne pouvez y aller directement, car vous êtes prisonnier de la "macchia" : cistes, arbousiers, lentisques, myrtes, avec leurs épines, leurs feuilles, leurs tiges poisseuses.* »

J. Ricci, *La Corse*, F. Nathan.

Ce **maquis**, qui couvre les deux-tiers de l'île, l'a emporté sur les forêts à la faveur des incendies, hélas fréquents, allumés par les bergers en mal de pâturages ou par des touristes inconscients, et activés par des vents violents. Les forêts de feuillus, notamment de hêtres et de châtaigniers (l'« arbre à pain ») ne sont réellement importantes qu'au nord-est de l'île (la Castagniccia) et les résineux, plus précisément le pin laricio et le pin maritime, ne couvrent que des superficies modestes (Ospedale, Vizzavona).

Le climat favorise **l'arboriculture et la vigne**. La mise en culture de la plaine orientale, grâce à l'action de la Somivac (Société de mise en valeur de la Corse) et à l'arrivée de rapatriés d'Afrique du Nord, a bouleversé l'économie agricole de l'île et favorisé l'implantation du tourisme sur des littoraux jusqu'alors négligés, en contribuant à l'assainissement de régions insalubres. L'agriculture demeure cependant encore trop traditionnelle en dehors de ces grands domaines modernes et ne fournit qu'une partie de l'alimentation des touristes. La table corse est traditionnellement celle d'une île pauvre. À la châtaigne, aujourd'hui quelque peu délaissée, et qui fournit beignets et pâtisseries, s'ajoutent les charcuteries (jambon cru ou *prisuttu*, saucisses), les fromages *(bruccio)* et les vins. Parmi ces derniers, les plus prisés sont ceux de Patrimonio, capiteux et fins (cépage nielluccio), des coteaux d'Ajaccio et de Sartène.

La Corse

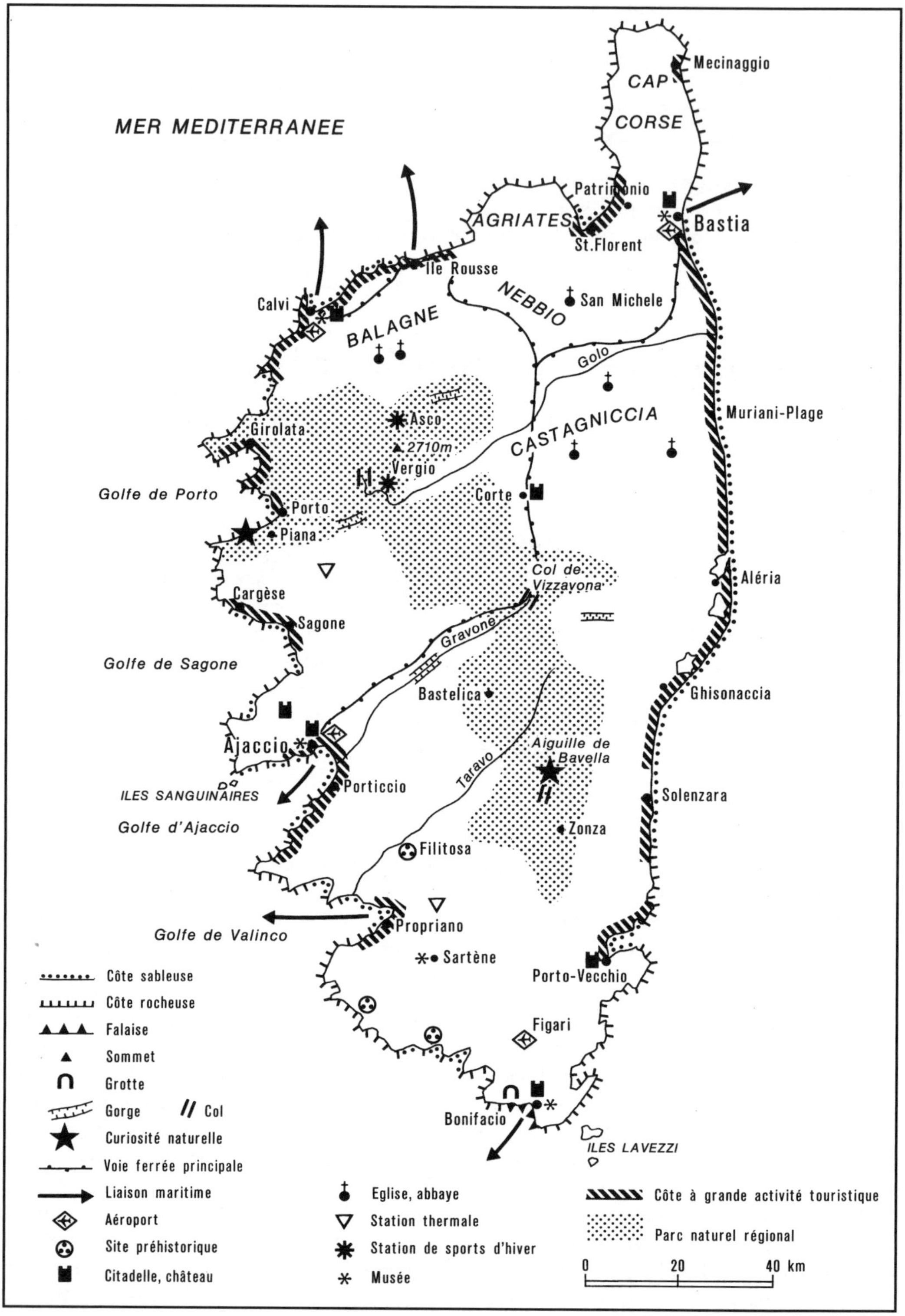
MER MEDITERRANEE
CAP CORSE
Mecinaggio
Patrimonio
AGRIATES
St.Florent
Bastia
Ile Rousse
Calvi
BALAGNE
NEBBIO
San Michele
Golo
Muriani-Plage
Girolata
Asco
2710m
Vergio
CASTAGNICCIA
Golfe de Porto
Porto
Piana
Corte
Col de Vizzavona
Aléria
Cargèse
Sagone
Golfe de Sagone
Gravone
Bastelica
Ghisonaccia
Ajaccio
Aiguille de Bavella
Porticcio
ILES SANGUINAIRES
Taravo
Solenzara
Golfe d'Ajaccio
Zonza
Filitosa
Propriano
Golfe de Valinco
Sartène
Porto-Vecchio
Figari
Bonifacio
ILES LAVEZZI
Côte sableuse
Côte rocheuse
Falaise
Sommet
Grotte
Gorge
Col
Curiosité naturelle
Voie ferrée principale
Liaison maritime
Aéroport
Site préhistorique
Citadelle, château
Eglise, abbaye
Station thermale
Station de sports d'hiver
Musée
Côte à grande activité touristique
Parc naturel régional
0
20
40 km

B Des handicaps en partie surmontés

Le potentiel touristique de la Corse est demeuré pratiquement inexploité jusqu'au début de la décennie 60. Certes, quelques étrangers, notamment des Anglais, se joignaient aux Corses installés sur le « continent », qui regagnaient l'île durant leurs congés annuels, et à quelques « Continentaux » généralement aisés qui venaient chercher soleil et dépaysement. Une petite clientèle animait en hiver les villes littorales, et en premier lieu Ajaccio, mais le nombre total de touristes demeurait bien modeste : 60 000 en 1950, 120 000 en 1960. L'île de Beauté souffrait de multiples handicaps parmi lesquels l'insularité et le retard économique occupaient une place essentielle.

1. Le poids de l'insularité

L'île n'est guère distante du continent : 180 kilomètres entre Nice et Calvi, et 83 kilomètres entre Bastia et la côte italienne. Mais elle est longtemps restée très mal desservie par les transports aériens et maritimes. De plus ces transports s'avéraient plus coûteux que sur le continent. Il a fallu attendre la décennie 70 pour que les principaux aéroports soient modernisés afin de pouvoir recevoir les gros appareils et 1976 pour que soit accordée au **transport maritime** le principe de la **continuité territoriale**, c'est-à-dire l'alignement des tarifs maritimes sur ceux de la S.N.C.F., avec des réductions comparables à celles qu'octroie la compagnie nationale (famille nombreuse, congés payés, ...) et des rabais sur les véhicules immatriculés en Corse.

Dans le même temps, la **Société nationale maritime Corse-Méditerranée**, qui assure les liaisons avec la France continentale, modernise et agrandit sa flotte tout en multipliant les services. Elle a perdu son monopole il y a un an, ce qui avive la concurrence. Les liaisons vers l'Italie sont surtout assurées par la Corsica Ferries et la Navarma. En 2007, Bastia reste le premier port de l'île, avec 2 197 000 passagers. Il devance largement Ajaccio (838 000), L'Île-Rousse (270 000), Bonifacio, Calvi et Propriano. Les principales destinations sont Marseille, Nice et Toulon pour la France, la Sardaigne, Piombino, San Remo et Livourne pour l'Italie. Le bateau assure toujours l'essentiel du trafic touristique de l'île ; il maintient d'autant mieux sa suprématie qu'il permet le passage des véhicules : près de 90 % des passagers maritimes sont accompagnés de leur voiture. Des navires à grande vitesse, comme le *Corsica Express*, ont été récemment mis en service entre le continent et l'île. En filant à environ 36 nœuds, soit 65 km/h, ils permettent de réduire sensiblement la durée du voyage. Ils acheminent environ 600 passagers et 150 véhicules.

Le trafic aérien a également augmenté. Il approche 3 millions de passagers en 2007, ajoutant au trafic régulier un nombre important de vols à coûts réduits en provenance de R.F.A., d'Italie, du Royaume-Uni, du Benelux... et de France continentale. Ajaccio, avec 1 025 000 passagers en 2007, devance Bastia (860 000), Figari (341 000) et Calvi (274 000). Figari a bénéficié de la multiplication des vols charters et de la diffusion croissante du tourisme dans le Sud de l'île.

Les relations extérieures de l'île, bien que considérablement améliorées, souffrent encore des fortes fluctuations du trafic au cours de l'année et sont fréquemment critiquées par la population insulaire, comme lors des grandes grèves de 1989 et de 1995. Plus des deux-tiers des touristes viennent en juillet ou août, d'où la nécessité de réservations précoces, notamment pour le transport des véhicules.

2. Un réseau intérieur encore déficient

Au handicap de **l'insularité** s'ajoute celui du **relief** qui contrarie les liaisons intérieures et impose aux routes des tracés certes pittoresques, mais aussi particulièrement sinueux et pentus. Jusqu'au milieu du XIXe siècle, les sentiers muletiers étaient les seules voies de pénétration intérieures, et ce n'est qu'après 1936 que la route a atteint Asco.

En dépit des efforts considérables entrepris depuis vingt ans, particulièrement en Corse orientale et en Balagne, **le réseau routier est encore insuffisant**, même sur les littoraux occidentaux, où la route en corniche reste souvent étroite. D'ailleurs, les coureurs automobiles du Tour de Corse n'ont-ils pas surnommé leur épreuve « la course aux 400 cols et aux 10 000 virages » ? Le réseau est particulièrement déficient à l'intérieur de l'île. Il faut encore compter près de 3 heures de route entre Ajaccio et Bastia, distantes à vol d'oiseau de 140 kilomètres. C'est la N198, sur la côte orientale, qui enregistre le trafic touristique le plus important, certaines pointes à plus de 9 000 véhicules/jour étant enregistrées en août.

Quant à **la voie ferrée**, on ne peut parler de réseau puisqu'il n'existe qu'une seule ligne sur laquelle le trafic reste limité et lent malgré la mise en place d'un matériel roulant moderne. Ces handicaps n'effacent pas la caractère pittoresque et très agréable du voyage et le train demeure un excellent moyen de découvrir l'intérieur de l'île. Près de 250 000 passagers l'empruntent chaque année entre Ajaccio et Bastia ou Calvi. La majeure partie du trafic se concentre durant les mois d'été, bon nombre de touristes se joignant alors aux insulaires.

3. Un hébergement longtemps négligé

La Corse ne disposait en 1961 que de 47 hôtels – totalisant 1 500 chambres – homologués, presque tous situés dans les deux principales villes. Cette insuffisance s'expliquait par le manque d'initiative et l'absence de capitaux mais aussi par une faible demande de la part des touristes qui trouvaient refuge dans la famille.

Ce sont des initiatives extérieures qui expliquent l'essor spectaculaire de la construction immobilière après 1960 :

> *« C'est la multiplication des initiatives privées qui a été le facteur d'expansion. Les gros villages de vacances et les grandes unités pavillonnaires, les ensembles touristiques et les lotissements les plus vastes sont le fruit d'initiatives extérieures. Elles émanent de groupes financiers français ou internationaux, parmi lesquels figurent la banque Rothschild, qui intervient au Club Méditerranée, la banque Lafond, (...) Les capitaux étrangers ont rarement l'exclusivité ; Les Belges ont investi à Sant'Ambroggio, en Balagne, les Suisses et les Belges au bord du golfe de Sagone. Les compagnies de transport ont participé au mouvement : l'un des premiers villages pavillonnaires, celui d'Anghione, a été édifié par la compagnie aérienne U.T.A. ; l'un des premiers lotissements, celui de Cala Rossa, à Porto-Vecchio, a été lancé par la compagnie Paquet, tandis que la compagnie générale transatlantique a créé récemment deux hôtels-clubs. »*

Découvrir la France, Larousse.

Ces initiatives extérieures d'origine continentale ont joué un rôle mobilisateur décisif. S'y sont en effet ajoutées rapidement les actions de la **Setco** (Société pour l'aménagement touristique de la Corse), celle des rapatriés d'Afrique du Nord puis celles des insulaires eux-mêmes, qui ont surtout mobilisé les capitaux issus du bâtiment et du commerce.

Ces investissements se dirigent vers tous les secteurs d'hébergement :

L'hébergement en Corse en 2008

Hôtels homologués (chambres)	Campings (emplacements)	Villages de vacances (lits)	Gîtes ruraux (nombre)
11 011	19 564	16 858	920

Sources : Direction du Tourisme et Fédération nationale des gîtes de France.

– *l'hôtellerie homologuée* a vu sa capacité presque quintupler depuis 1966. Elle représente aujourd'hui 1,8 % du parc français contre 0,7 % en 1966. Les hôtels de luxe ont même fait leur apparition. L'île en compte 19 en 2008 - le nombre a doublé en 8 ans -, ce qui souligne l'engouement dont elle bénéficie de la part de la clientèle aisée.

– *le camping* suit une évolution semblable, l'essor quantitatif se doublant d'un incontestable effort qualitatif. Présent sur tous les littoraux, et souvent pratiqué sous forme de camping « sauvage », notamment à l'intérieur de l'île, il privilégie cependant la côte orientale. Il en est de même des villages de vacances qui marquent toutefois le pas. Au total, la capacité d'accueil de l'île a plus que triplé depuis 1970 :

> *« La Corse dispose d'une capacité totale d'hébergement de 400 000 lits : 60 % de ces lits correspondent à des résidences secondaires dont la vocation touristique est, il est vrai, moins affirmée que les hébergements professionnels. (...)*
> *Les zones les plus touristiques se sont spécialisées dans des créneaux différents. La zone "d'Ajaccio et Nord" concentre près du tiers de la capacité hôtelière et un peu moins de la moitié des résidences de tourisme. L'extrême sud de l'île rassemble plus du quart des capacités d'hébergement en campings. La plaine orientale accueille près de la moitié des lits offerts par les villages de vacances. La Balagne joue la carte de la diversification et dispose d'un parc important où figurent tous les types d'hébergements. Bien que de taille inférieure, le parc de Sartène-Propriano reflète, de par sa structure, le même choix.*
> *Les zones de l'intérieur de l'île offrent de nombreux gîtes qui participent à l'essor du tourisme rural. Elles disposent surtout d'un important parc de résidences secondaires dont les propriétaires sont des insulaires ou des Corses du continent. »*
>
> *Tableaux de l'économie corse 2000*, INSEE, 2001.

4. Le manque de jeunes

Fondée sur une agriculture traditionnelle et un élevage qui associait dans une transhumance inverse les montagnes et les plaines insalubres de l'Est, l'économie corse s'est révélée très tôt incapable de nourrir ses enfants. Il en est résulté un **exode rural** imposant qui s'est précocement doublé d'une émigration vers le continent des jeunes adultes à la recherche d'un emploi dans la fonction publique, l'armée ou les douanes, le plus souvent. L'île qui comptait 298 500 habitants en 1872, n'en portait plus que 210 000 en 1968. Ces « Corses de l'extérieur » assurent une bonne part des ressources de l'île, par l'intermédiaire des dépenses touristiques faites en été, mais aussi sous la forme de pensions lorsqu'ils regagnent leur village.

Ce départ des éléments jeunes provoque un dépérissement de certains villages (la Corse est la région française présentant **la plus faible densité** : 30 habitants/km²), un vieillissement de la population et un manque d'initiative. Si la population insulaire a augmenté depuis 1968 (elle s'élève en 2 008 à 281 000), l'île enregistrant toujours une très modeste croissance naturelle et un solde migratoire légèrement positif. La main-d'œuvre fait souvent défaut lors des pointes estivales, d'autant plus que le Corse n'est pas, par tempérament, porté vers les métiers d'accueil. Toutefois, depuis plusieurs années, de nombreux jeunes manifestent leur volonté de demeurer dans l'île, ce qui rend d'autant plus urgent son décollage économique.

5. La mentalité corse

L'insularité, mais aussi l'insécurité qui suit l'occupation romaine, et qui se traduit par les razzias sarrazines, puis par la résistance à Pise, à Gênes et à la France, ont profondément marqué l'âme corse. Contraint au repliement sur les montagnes, le Corse développe alors un **réseau de solidarité** basé sur la famille, le « clan », le village. Certes, les rivalités sanglantes, (la *« vendetta »*, chère à Mérimée) ont disparu, mais l'attachement se manifeste en maintes occasions :

> *« C'est la montagne qui a forgé une humanité rude ignorant les richesses, prête à la défense batailleuse, habituée au repliement qui donne le sens de l'indépendance, contrainte à la solidarité parce que l'individu isolé ne peut survivre dans ce monde difficile (...). Les vacances, les élections, le tombeau, expressions multiples d'une communauté (...). Un portrait complet mériterait que soit esquissée une psychologie collective. Quelques traits majeurs en permettent l'ébauche ; l'orgueil d'être Corse, la conscience que la Corse est supérieure à tout, que nul étranger ne peut la comprendre, la fidélité à un système de valeurs où la solidarité reste essentielle. En contrepartie, la susceptibilité, le complexe de la victime, la xénophobie quand est menacée l'intégrité du groupe, la peur des intrusions extérieures. »*

J. Renucci, *La Corse*, PUF.

La manifestation de « l'identité corse », autrefois ponctuée par les rebellions de **Pascal Paoli**, figure légendaire de l'île, a connu un nouvel essor depuis une vingtaine d'années, prenant fréquemment la forme d'attentats visant les bâtiments officiels, mais aussi les installations touristiques (agences de voyages, Club Méditerranée), manifestations, pour certains, de la « colonisation » de leur île. Bien que l'immense majorité de la population condamne ces attentats, la tension politique qu'ils provoquent porte sans aucun doute préjudice à la fréquentation touristique qui a stagné durant de longues années avant de connaître une nouvelle progression à la fin de la décennie 1990. Les pouvoirs publics ont placé bien des espoirs dans les récentes mesures de régionalisation et dans l'accroissement des pouvoirs conférés aux insulaires, notamment dans le domaine de l'aménagement du littoral, mais les premiers résultats demeurent encore fragiles. Ces mesures changeront-elles l'attitude des nationalistes ? L'avenir touristique de l'île dépend en partie de la réponse à cette question.

C Les retombées de « l'or bleu »

1. Une fréquentation croissante

En 2006, l'île a enregistré 1,15 millions de séjours et 12,3 millions de nuitées de la part des touristes français. S'y ajoute une importante fréquentation étrangère. Les Italiens et les Suisses sont les plus dépensiers, alors que les Français se montrent plus rigoureux pour leur budget. Ceci s'explique par le fait que bon nombre de Continentaux conservent de la famille ou une résidence dans l'île, ce qui limite les frais d'hébergement. Le tourisme est devenu l'un des moteurs économiques dans une île qui offre toujours un grand retard de développement. Il devance le bâtiment et les travaux publics ainsi que l'agriculture dans l'économie régionale. Le tourisme procure de nombreux emplois directs et induits et permet le maintien de nombreux jeunes dans la région. Toutefois, les attentats et notamment la destruction de résidences ou d'hôtels appartenant à des non-Corses détournent de nombreux estivants vers d'autres littoraux. À cela s'ajoutent souvent des grèves affectant les transports maritimes.

Les touristes proviennent essentiellement de la France continentale. La Provence-Alpes-Côte d'Azur, l'Ile-de-France et Rhône-Alpes fournissent les plus gros contingents. Une originalité est à souligner : près d'un touriste sur cinq a des attaches familiales dans l'île. Parmi **les étrangers**, les Italiens sont les plus nombreux. Ils devancent les Allemands, les Suisses, les Britanniques et les résidents du Benelux.

Le tourisme concerne encore une clientèle aisée, tant pour les touristes français qu'étrangers et se caractérise par une concentration des flux sur deux mois d'été. Le mode d'hébergement touristique varie selon l'origine géographique des arrivants. Les trois-quarts des Français qui ont de la famille sur l'île bénéficient d'un hébergement gratuit. Ceux qui n'ont pas cette chance se répartissent entre le camping, l'hôtel et la location. Quant aux étrangers, ils se dirigent prioritairement vers les campings et les hôtels, fréquentant toutefois davantage que les Français les villages de vacances, notamment sur la côte orientale.

Ce bilan touristique, apparemment très favorable doit cependant faire l'objet de quelques réserves. Il est en effet **générateur de certains déséquilibres**. Sur le plan économique et social, il bouleverse les mentalités, accélère le bouleversement des activités sur le littoral, accentue le déséquilibre économique entre ce dernier et l'intérieur de l'île et favorise la spéculation immobilière… De plus, la concentration saisonnière minore la rentabilité des investissements dans l'hébergement et les transports.

2. L'attrait du littoral

Le littoral, comme dans les autres régions méditerranéennes, a été longtemps répulsif. D'abord en raison de l'insécurité des côtes, attestée par les innombrables tours de guet gênoises qui ponctuent caps et promontoires. Mais aussi à cause de la présence de marécages paludéens sur la côte orientale. Aujourd'hui, il accueille plus de 80 % des estivants, fort de ses capacités d'hébergement et de ses innombrables plages.

Toutes les côtes ne connaissent cependant pas la même activité, offrant une grande diversité, tant en ce qui concerne le nombre de touristes que les formes d'hébergement. Trois régions monopolisent l'essentiel des flux estivaux :

– *la région d'Ajaccio-Porto*. Ajaccio, tapie au fond d'un golfe magnifique, préfecture, centre commercial et plaque-tournante des transports, joint le tourisme culturel aux activités balnéaires. C'est avant tout **la ville de l'Empereur**, dont le souvenir est partout présent – car-ferry, rues à son nom, maison natale, statues, musée de l'hôtel de ville... Pourtant d'autres attractions méritent l'attention : le musée Fesch, qui abrite de remarquables peintures italiennes, et, dans les environs, le château de la Punta, édifié avec les pierres des Tuileries qui garde peintures et mobiliers du XVIIIe siècle. Les plages abondent sur la rive sud du golfe, notamment autour de Porticcio, doté d'un centre de thalassothérapie. Le littoral nord, moins fréquenté, offre de magnifiques vues sur le golfe et **les îles Sanguinaires**, forteresses avancées d'Ajaccio, célébrées par Daudet et fréquemment illustrées sur les cartes postales. Ce littoral tourmenté où les plages se font rares, déroule ses panoramas jusqu'au décor grandiose du **golfe de Porto**, où les porphyres rouges de la Girolata et les piliers de granulite des calanches de Piana dressent leurs grandioses escarpements ;

– *la Balagne* constitue la seconde région touristique, fréquentée par de nombreux étrangers. Ce « balcon » de la Corse, aux **villages perchés**, riche d'églises et de vergers, égrène hôtels, campings, villages de vacances et marinas (Sant'Ambrogio) entre **Calvi et L'Île-Rousse**, les deux centres principaux. Calvi, mieux desservi par les transports, et disposant d'infrastructures commerciales supérieures, fait figure de capitale touristique d'un littoral qui s'urbanise rapidement.

– *le Sud-Est* constitue le troisième point fort du tourisme corse, avec les deux pôles de **Bonifacio** et **Porto-Vecchio**. Bonifacio connaît surtout un tourisme de passage, motivé par le site, la citadelle et la visite des grottes marines, et renforcé par un port bien abrité, où les plaisanciers relaient peu à peu les pêcheurs. Porto-Vecchio est un haut-lieu du tourisme nautique et balnéaire. Sa rapide croissance depuis 1960 a été favorisée par l'ouverture de l'aéroport de Figari et l'essor de la plaisance. Les stations satellites se situent au nord du golfe, où les plages sont nombreuses.

À ces régions, il faut ajouter les centres plus modestes de **Propriano**, à la clientèle jeune et sportive (voile et plongée), et de Saint-Florent, qui joue le rôle de station pour les Bastiais malgré l'assainissement de l'étang de Biguglia. Enfin, bien que dépourvue de grand centre malgré **Aléria et Solenzara, la côte orientale** accroît rapidement sa clientèle qui comporte une forte minorité d'étrangers, notamment d'Allemands amateurs de naturisme pratiqué dans les villages-clubs et les campings.

Ainsi, sur le littoral, seul le désert des Agriates, vide d'habitants et dépourvu de route littorale, et, à un degré moindre, le cap Corse, où abondent les tours gênoises et autour duquel se pratique la pêche aux oursins et à la langouste, demeurent à l'écart de la vague de construction.

3. L'intérieur délaissé

À cette multiplication des centres littoraux s'oppose la léthargie de la Corse intérieure, vide d'habitants et délaissée par les touristes. Certes, plus du dixième des nuitées y sont enregistrées, mais elles sont surtout le fait des **Corses de retour au village** ou des Bastiais et des Ajacciens venus pour l'été. À ces arrivées s'ajoutent celles des touristes itinérants, souvent amateurs de camping sauvage. Ce tourisme de passage n'engendre guère de dépenses et l'hébergement demeure modeste.

Pourtant, les attraits ne manquent pas, qu'il s'agisse des richesses naturelles ou du patrimoine culturel. À la beauté des sites s'ajoutent les atouts d'une nature préservée, paradis des randonneurs, des pêcheurs et des chasseurs. Capital valorisé par la création en 1971 d'un **parc naturel régional** de 150 000 hectares qui a permis l'aménagement du **GR20** entre Calvi et Porto-Vecchio et la création de gîtes ruraux, de refuges et d'ateliers artisanaux. De même, les sites préhistoriques de Filitosa et de Cucuruzzu, où se dressent menhirs et forteresses torréennes, les ponts gênois, les églises romanes, comme celle de Murato, et les innombrables villages perchés révèlent les trésors de cette Corse méconnue.

Les aiguilles de Bavella

Les centres d'envergure restent peu nombreux. À leur modeste saison d'hiver, **Asco** et le **col de Vergio** s'efforcent d'ajouter une vocation climatique ; Guagno-les-Bains et Urbalacone, insuffisamment modernisés, ne comptent que quelques curistes. Même les centres plus importants comme **Corte**, forte de sa citadelle, de son prestige – elle fut la capitale de Paoli – et de sa récente université, ou comme **Sartène**, la plus corse des villes corses – où la procession du Vendredi saint le « *catenacciu* » est restée célèbre – ne sont guère des lieux de villégiature. Partout, le touriste passe sans séjourner, ce qui ne favorise guère les investissements touristiques et ne permet pas de maintenir la population.

9

Les Pyrénées

> « *Ô montagnes d'azur ! ô pays adoré !*
> *Rocs de la Frazona, cirque du Marboré,*
> *Cascades qui tombez des neiges entraînées,*
> *Sources, gaves, ruisseaux, torrents des Pyrénées.* »
>
> Alfred de Vigny, « Le Cor ».

Étirées sur plus de 400 kilomètres, entre l'océan Atlantique et la mer Méditerranée, les Pyrénées forment une **frontière naturelle** entre la France et l'Espagne. Bien que traversée très tôt par les « pieds poudreux » – marchands et pèlerins – et aussi par les soldats, la chaîne oppose toujours bien des difficultés aux communications, ce qui contrarie son essor touristique.

Pourtant, depuis une décennie, les Pyrénées connaissent un développement rapide de leur équipement et de leur clientèle. Les autorités régionales s'efforcent de valoriser cette « frontière du Sud » ou cette « frontière sauvage » qui a longtemps souffert de **sa situation périphérique** au sein de l'hexagone et de la Communauté européenne. L'adhésion de l'Espagne et du Portugal à cette dernière lui confère désormais une **vocation de carrefour**, comme le soulignent les aménagements en cours dans le domaine des transports.

A La diversité de la montagne pyrénéenne

1. Une barrière imposante

a. Une longue échine dissymétrique

La France ne possède qu'une faible partie du massif, soit une largeur de 20 à 40 km sur un total de 100 à 140 km. Elle comprend cependant, essentiellement pour des raisons climatiques, les régions les plus favorables à une exploitation touristique.

À la différence du versant espagnol, le versant français est en pente forte, et les dénivellations sont parfois spectaculaires : plus de 2 000 m en moins de 15 km entre la plaine de l'Adour et le pic du Midi de Bigorre. C'est ce qui explique **l'impression de muraille** que donnent les Pyrénées, d'ailleurs confirmée par l'altitude moyenne de la chaîne (1 080 m), peu inférieure à celle des Alpes (1 150 m), en dépit de l'absence de sommets comparables.

Aucun sommet pyrénéen n'excède en effet 3 500 m, que ce soit en France (**Vignemale 3 298 m**, Balaïtous 3 146 m) ou en Espagne (pic d'Aneto 3 404 m).

À cette opposition nord-sud s'ajoute une opposition longitudinale. La majeure partie de ces hauts sommets se trouve en effet dans la partie centrale de la chaîne, constituée de roches granitiques ou de sédiments anciens très durs, souvent précédés au nord de contreforts calcaires, favorables au jeu de l'érosion karstique (gorges, grottes, gouffres). La chaîne s'abaisse lentement vers l'Atlantique, où en dehors de quelques sommets isolés (pic d'Anie, 2 504 m ; la Rhune, 900 m) les paysages prennent souvent l'aspect de collines. Vers la Méditerranée, la retombée de la chaîne est plus brutale : le Canigou dresse ses 2 784 m à moins de 50 kilomètres de la mer et le massif des Albères atteint la côte.

b. Une chaîne difficile à franchir

Bien que traversées sans cesse dès le Moyen Âge par les pèlerins se dirigeant vers Saint-Jacques-de-Compostelle ou par les guerriers, comme le rappelle l'épisode de Roncevaux (Hannibal et les légions romaines avaient déjà franchi la montagne), les Pyrénées n'en constituent pas moins un obstacle contraignant entre la France, l'Espagne et l'Andorre.

La faible largeur du versant français, jointe à la relative modestie des altitudes et à une latitude assez basse (42° à 43° N) explique la faiblesse de l'érosion glaciaire quaternaire et l'absence de grandes vallées en auge comparables à celles des Alpes. Les langues glaciaires n'ont eu de l'importance que dans quelques vallées bien alimentées (Garonne, Ariège…) et toutes perpendiculaires à l'axe de la chaîne. Ces vallées, très souvent en cul-de-sac (on dit en « dents de peigne ») constituent l'une des originalités du massif. Elles ont contribué au maintien des traditions, des coutumes dans des vallées voisines de quelques kilomètres à vol d'oiseau, mais sans aucune relation, si ce n'est par le biais de la transhumance estivale sur les pâturages d'altitude. Cet **isolement** s'est traduit par la constitution de nombreuses entités politiques au Moyen Âge, divisions dont témoigne encore aujourd'hui la principauté d'Andorre.

Ceci explique que les cols, ici qualifiés de « **ports** », soient surtout orientés nord-sud et assez élevés : Somport, 1 632 m ; Pourtalet, 1 794 m ; port d'Envalira, 2 407 m ; col d'Ares, 1 513 m. Les cols orientés ouest-est jalonnent la « route des Pyrénées » et figurent à la « une » des journaux chaque année lors du passage du Tour de France cycliste. Les plus connus sont **l'Aubisque** (1 709 m), **le Tourmalet** (2 115 m), Aspin, Peyresourde, le Portet d'Aspet.

Il résulte de ces contraintes naturelles une concentration des trafics touristiques aux deux extrémités de la chaîne :

– à l'ouest, convergent la nationale 10, en partie doublée par l'autoroute dans sa partie méridionale, et la voie ferrée Paris-Bordeaux-Irun, tandis que Bayonne et Biarritz bénéficient d'un aéroport actif (931 000 passagers en 2007) ;

– à l'est, la nationale 9 et l'autoroute « la Catalane » convergent vers le col du **Perthus** (271 m) où passent plus de 50 000 véhicules par jour lors des pointes estivales. La voie ferrée Paris-Perpignan longe le littoral, l'écartement différent des voies imposant, comme à l'ouest, un changement de train à la frontière, ou une adaptation des bogies des trains rapides. Enfin, Perpignan dispose également d'un aéroport régional (423 000 passagers en 2007) ;

– au centre, la barrière ne possède aucun axe très fréquenté. Le Somport, le Puymorens et l'Envalira, les cols les moins délaissés, ajoutent leur modeste trafic à quelques tunnels comme celui de Viella. Les flux sont extérieurs à la chaîne, sur l'axe routier Pau-Tarbes-Saint-Gaudens, dans les gares et les aéroports de Pau, de Lourdes et de Tarbes. Pour améliorer les liaisons transpyrénéennes, la France et l'Espagne ont creusé un tunnel routier sous le col de Puymorens. Cet ouvrage, inauguré en octobre 1994, assure une liaison rapide entre Toulouse et Barcelone, distantes de 310 km et doit contribuer à intensifier les flux touristiques entre les deux versants de la chaîne. Un autre projet concerne le Somport. Freiné par les écologistes, il est en cours de de réalisation.

2. Des oppositions climatiques marquées

L'orientation presque zonale des Pyrénées et la présence aux deux extrémités de la chaîne d'étendues maritimes très différentes expliquent la diversité des climats et des paysages végétaux, et influencent l'orientation touristique des différentes parties du massif.

À l'ouest, du littoral au col d'Aubisque, les Pyrénées, soumises de plein fouet aux flux d'ouest et aux dépressions humides, présentent un **caractère océanique**, marqué par :

– *l'abondance des précipitations* (1 800 mm par an à Hendaye, plus de 2 500 mm en haute Soule), surtout importantes en automne et au printemps sur la côte, mais présentes également en été (juin est le meilleur mois), ce qui contrarie le tourisme ;

– *la douceur des températures*. L'influence maritime et la latitude expliquent la faiblesse de l'amplitude thermique annuelle. Les étés sont plus supportables que sur la Côte d'Azur (19,9 °C à Biarritz) et les hivers relativement doux (7,6 °C), ce qui attire les retraités, mais contrarie les sports d'hiver, d'autant que les altitudes sont ici modestes.

C'est le domaine de **l'herbe et de l'arbre**. Les collines basques sont vouées aux prairies, à la forêt et à la lande :

> *« Chêne pédonculé et hêtre y sont dans leur domaine, le hêtre apparaissant parfois dès 600 m ; le sapin descend jusqu'à cette même altitude en Barétous. C'est le domaine des collines noyées, brumeuses, ouatées, celui des Pyrénées vertes et grises, qui s'éclairent lorsque fleurissent les ajoncs ou lorsque, aux beaux jours d'automne, la lande se teinte de roux. »*
>
> R. Brunet, S. Lerat, M. Vigouroux et G. Bertrand, *Les Pyrénées*, Larousse.

Les Pyrénées centrales, plus élevées, portent davantage les marques d'un **climat montagnard**. Les précipitations dépassent souvent 1 500 mm sur les hauteurs exposées aux vents du nord-ouest, tombant en partie sous forme de neige. C'est la région des gaves et des nestes, torrents bondissants, c'est aussi celle des sports d'hiver. Les contrastes climatiques locaux sont nombreux, opposant les versants ensoleillés – ici appelés soulanes – qui portent les villages et les rares cultures, aux versants boisés – ou ombrées – qui sont couverts de pins sylvestres ou de pins à crochets.

À l'est, les Pyrénées, encore marquées par le climat montagnard dans les hautes vallées, prennent vite des colorations **méditerranéennes** dès que l'on descend vers le littoral. Elles sont surtout caractérisées par :

– *la sécheresse* (639 mm/an de précipitations à Perpignan), particulièrement redoutable en été. Si elle favorise incontestablement le tourisme balnéaire ou climatique, elle contrarie les sports d'hiver et impose une irrigation abondante pour les cultures. Les pluies tombent surtout à l'automne et au printemps, sous la forme d'orages parfois violents qui provoquent un gonflement brutal des rivières (3 500 m^3/s pour le Tech, en octobre 1940) ;

Les contrastes climatiques dans les Pyrénées

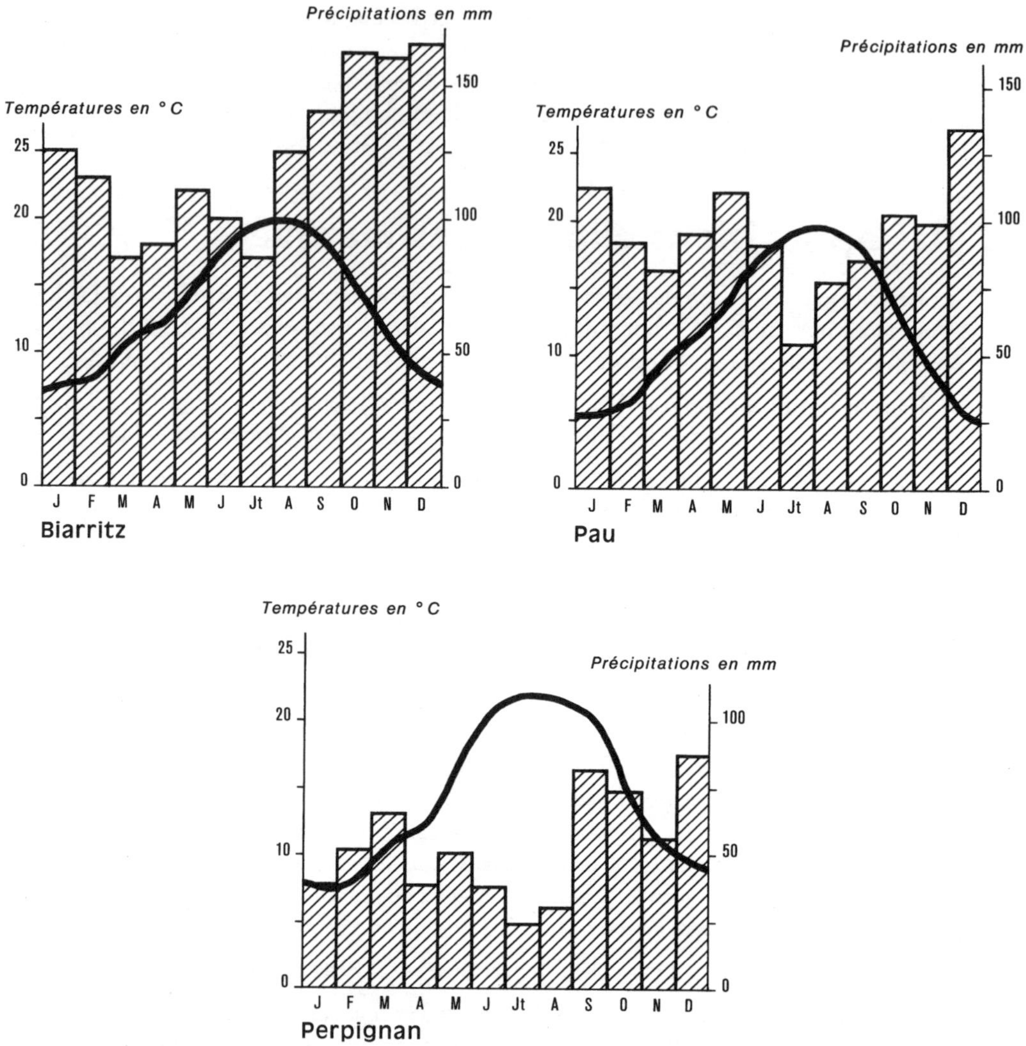

– *la douceur des températures*. Les hivers sont particulièrement cléments sur la côte (Perpignan, 7,5 °C en janvier) et dans les vallées abritées, qui comptent parmi les régions les plus ensoleillées de France (2 700 h/an), comme le rappelle le four solaire d'Odeillo. Les étés figurent parmi les plus chauds du pays (Perpignan, 23,8 °C en juillet) ;

– *la violence et la fréquence des vents*. Le marin, venu du sud-est apporte la pluie et une atmosphère lourde ; le cers, et plus au nord la tramontane, plus fréquents et froids, descendent des reliefs et imposent des haies de protection pour les cultures, contrariant le développement d'une saison touristique hivernale.

La végétation traduit bien cette ambiance méditerranéenne. Le chêne-liège, le chêne vert et l'olivier sont présents, ce dernier atteignant 500 m, et la vigne trouve un cadre de prédilection : Banyuls, muscat de Rivesaltes, Maury…

B Un tourisme encore trop discret

1. Une fréquentation très inférieure à celle des Alpes

Si les statistiques font défaut au niveau de l'ensemble de la chaîne, les départements pyrénéens étant répartis entre trois régions (Aquitaine, Midi-Pyrénées et Languedoc-Roussillon), il est cependant possible de donner une image du tourisme régional grâce à deux activités importantes : **le thermalisme** et **les sports d'hiver**. Les Pyrénées accueillent en moyenne près du quart des curistes français, mais moins de 15 % des skieurs nationaux, contre 80 % pour les Alpes.

Pourtant la montagne a bénéficié d'une attention précoce dans ce domaine, faisant même parfois figure de pionnière, notamment pour l'utilisation de ses eaux, connues par les Romains et très appréciées au XIXe siècle. Elle a même vu la Compagnie des chemins de fer du Midi construire un vaste hôtel à Superbagnères, dès le début du XXe siècle. Mais elle est restée à l'écart de l'essor du tourisme de masse qui a suivi la seconde guerre mondiale, et ce pour de multiples raisons, qui tiennent à la fois au contexte naturel et à l'économie montagnarde.

2. Un massif périphérique, dépourvu de grandes villes

Les Pyrénées occupent une position marginale au sein de l'hexagone. Pau est à 785 kilomètres de Paris, Perpignan à 910 kilomètres. De plus, l'obstacle du Massif central renforce l'éloignement ; la N9 offre un parcours bien tourmenté pour qui veut éviter les autoroutes et la N20 n'a été que récemment améliorée. Cet éloignement est encore plus manifeste vis-à-vis des principaux pays émetteurs européens. Seule, l'Espagne est proche, mais la clientèle espagnole est longtemps demeurée bien discrète, tant pour des raisons politiques (dictature franquiste) qu'économiques (niveau de vie faible) ou géographiques (difficultés des communications).

Par ailleurs, **les champs de neige** pyrénéens sont, pour la plupart, **éloignés des gares** (Barèges à 38 km de Lourdes, Cauterets à 26 kilomètres ; La Mongie à 45 km de Tarbes) qui se trouvent elles-mêmes à plus de 8 heures de train de Paris. Rien de comparable donc avec le réseau autoroutier des Alpes du Nord et les liaisons ferroviaires du quart sud-est du territoire.

Enfin, les Pyrénées ne disposent pas d'une grande ville intérieure à la chaîne. L'agglomération toulousaine est à près de 100 kilomètres du cœur de la montagne et les principales villes qui encadrent le massif sont des villes moyennes (Bayonne-Anglet-Biarritz ; Pau, Tarbes ou Perpignan).

3. Une économie montagnarde léthargique

L'économie montagnarde est bien précaire, et le tourisme arrive à point pour éviter la poursuite d'un déclin amorcé depuis plus d'un siècle et qui a entraîné une **émigration continuelle** de la population. Émigration vers les villes du piémont, vers les grandes agglomérations, et parfois même, à l'image des bergers basques, vers le Nouveau Monde. Ces départs soulignent le repli des activités traditionnelles lors de l'arrivée de la voie ferrée (Pau en 1863) et de l'ouverture des vallées aux influences extérieures. Les cultures des soulanes sont abandonnées, les pâturages retournent à la lande. De même, les foyers industriels nés de l'exploitation du bois et des petits gisements, et qui ont relayé les forges dites « catalanes », abondantes en Ariège, ferment peu à peu.

L'engouement de la haute société pour les **cures thermales** puis l'aménagement hydroélectrique de la haute montagne, amorcé dès 1901 – escaliers de barrages des hautes vallées et utilisation complexe et coordonnée des lacs naturels ou artificiels – et poursuivi jusqu'à nos jours n'ont pas suffi à retenir la population.

L'exode a été massif : l'Ariège a perdu la moitié de sa population entre 1846 et 1982, mais **le déclin semble cependant enrayé** depuis une quinzaine d'années.

> « *En dix ans, Antras (Ariège) a enregistré la création de dix-neuf logements. La plupart des nouveaux résidents ne viennent cependant que pour les beaux jours dans ce petit bourg construit en balcon sur la soulane, le versant ensoleillé de la vallée. Les habitants permanents, au nombre d'une soixantaine, sont désormais minoritaires. Cette invasion est pourtant bien acceptée par la population : la mairie elle-même a été réaménagée pour accueillir un gîte de vacances.*
>
> *D'un bout à l'autre de la chaîne pyrénéenne, les vallées revivent au rythme de cette nouvelle transhumance urbaine. On recense plus de cent mille résidences secondaires sur le versant français du massif franco-espagnol. Éparpillée sur plus d'un millier de communes de montagne, cette manne touristique est discrète. Mais dans les petits villages, elle se remarque vite. Les vieilles maisons retrouvent une seconde jeunesse et l'on croise de nouveau des enfants dans les rues. Ces résidents saisonniers ont gagné un surnom générique : les hirondelles. Une appellation plus poétique que le terme de doryphores, longtemps accolé aux estivants bordelais dans le Pays basque et le Béarn, ou aux Toulousains dans l'Ariège.* »

S. Thépot, *Géo*, n° 257, juillet 2000.

À l'opposé de la montagne, les littoraux et les principales villes du piémont ont vu leurs effectifs démographiques grandir à la faveur de l'arrivée de nouvelles industries. Demeurée à l'écart de la Révolution industrielle du XIXe siècle, la région a profité du repli stratégique de certaines industries entre les deux guerres (aéronautique, armement), de la fourniture à bas prix de courant électrique (électrométallurgie) et de l'exploitation du **gaz de Lacq** (soufre, dérivés), encore que cette dernière n'ait pas apporté tous les bénéfices escomptés et que les réserves s'épuisent. Ce sont ces villes des plaines littorales et du Piémont qui concentrent un tourisme d'affaires bien inférieur à celui des Alpes et absent de la montagne.

4. Un horizon qui s'éclaircit cependant

L'inégale répartition des attraits touristiques et plus encore l'inégale distribution des moyens de transport expliquent les disparités dans l'origine géographique de la clientèle, été comme hiver.

– *En été*, **les littoraux atlantique et méditerranéen** reçoivent des touristes de toute la France (l'Île-de-France est la première région émettrice, devant Rhône-Alpes pour le Roussillon, et l'Aquitaine elle-même pour le Pays basque), mais aussi de l'étranger :

Allemands et Anglais surtout à l'ouest, Allemands et Belges à l'est. **La montagne** ajoute alors à sa clientèle de curistes, presque totalement française, des randonneurs (le GR10 permet de parcourir toute la chaîne), des gens épris de calme et de repos, parmi lesquels Anglais et Belges ne sont pas rares.

– *En hiver*, le recrutement se rétrécit. Les **stations thermales** restées ouvertes attirent de bien des régions, mais les **champs de neige** drainent surtout des régionaux : Basques et Béarnais à l'ouest, Toulousains au centre, Catalans à l'est. Toutefois, à la faveur d'actives campagnes de publicité (« Pyrénées, frontière sauvage »), de l'amélioration des dessertes ferroviaires et de l'essor rapide de la demande espagnole, la clientèle se diversifie progressivement.

5. Les progrès de l'hébergement

L'hébergement dans les Pyrénées en 2008

Départements	Hôtels homologués (chambres)	Campings (emplacements)	Villages de vacances (lits)	Gîtes ruraux (nombre)
Pyrénées-Atlantiques	9 146	15 578	6 000*	936
Hautes-Pyrénées	17 448	9 413	3 056	892
Haute-Garonne	8 950	3 029	1 787	445
Ariège	1 254	4 501	2 074	332
Pyrénées-Orientales	6 273	38 126	7 228	488

Sources : Direction du Tourisme et Fédération nationale des gîtes de France. * : estimation

Pour faire face à cette nouvelle demande, les investissements dans l'hébergement se multiplient, qu'ils soient le fait de capitaux familiaux, d'initiatives communales (Ax-Bonascre) ou encore de sociétés d'économie mixte (Pyrénées 2000), voire d'origine étrangère (lotissements belges des Albères).

La capacité globale d'hébergement a rapidement augmenté, encore qu'il ne soit pas toujours facile d'isoler des chiffres concernant les seules Pyrénées. Elle progresse surtout sur les littoraux et dans la haute montagne, la région ariégeoise demeurant encore un peu à la traîne. À noter que si les campings l'emportent largement dans les départements côtiers, où les résidences secondaires progressent également très vite, l'hôtellerie est bien représentée dans les Hautes-Pyrénées grâce à Lourdes et aux stations thermales.

C Un potentiel touristique insuffisamment valorisé

1. Des paysages trop méconnus

En dépit d'une fréquentation bien inférieure à celle des Alpes, les Pyrénées n'en présentent pas moins des atouts particulièrement intéressants à valoriser :

– sans offrir les altitudes et les glaciers des Alpes (30 km² contre plus de 450 km²), les Pyrénées permettent cependant bien des possibilités sportives. Les hauts sommets (Vignemale, Balaïtous) sont favorables à **l'alpinisme** – pardon, au pyrénéisme –, les innombrables replats (les « plas »), modelés par l'érosion glaciaire abritent plus de 500 lacs (Artouste, Gaube, Oô) et permettent l'implantation de **stations de sports d'hiver**. Celles-ci demeurent plus modestes que dans les Alpes, et ne sont parfois que des « stades de neige », dépourvus d'hébergements.

– le jeu de l'érosion, notamment dans les calcaires, a dégagé des reliefs spectaculaires, aériens (**cirque de Gavarnie**, gorges de la Haute-Soule) ou souterrains (grottes de l'Ariège, **gouffre** de la Pierre-Saint-Martin) qui attirent promeneurs ou spéléologues.

– la nature pyrénéenne est bien préservée. L'absence d'industries dans la haute montagne favorise **la pêche** en torrent, et la création du **parc national** des Pyrénées-Occidentales a confirmé cette vocation écologiste. Créé en 1967, et adossé à la frontière espagnole et au parc d'Ordesa, il couvre 252 000 hectares :

> *« Le parc donne asile à 4 000 isards, notamment dans les vallées d'Ossau et de Cauterets où ils sont le plus facilement visibles, à plus de 200 colonies de marmottes et à une vingtaine d'ours bruns dans les vallées d'Aspe, d'Ossau et les canyons de la haute Soule. (...) Il n'est pas exceptionnel d'apercevoir en vol des vautours fauves, des aigles royaux ou des gypaëtes barbus dans ces régions des Pyrénées fréquentées encore par le coq de bruyère et le lagopède. »*
>
> Guide vert Michelin, *Pyrénées*, 1982.

– Le **climatisme** est favorisé dans la moyenne montagne, notamment à l'est, où l'air est sec et doux. Quant au **thermalisme**, il concerne la totalité de la chaîne et même une partie du piémont. Les sources présentent en effet une extrême diversité : eaux chlorurées sodiques à Salies-de-Béarn, eaux sulfatées ou bicarbonatées calciques à Bagnères-de-Bigorre ou à Capvern, eaux sulfurées surtout de la zone axiale, jaillissant à des températures parfois élevées (Eaux-Bonnes, Cauterets, Ax-les-Thermes).

2. Un patrimoine humain sous-estimé

À ces attraits naturels s'ajoute un patrimoine trop souvent ignoré de la plupart des touristes :

– les témoignages de l'activité humaine abondent, des *dessins préhistoriques* des grottes de l'Ariège aux plus spectaculaires aménagements hydroélectriques de la montagne (Pragnères, Portillon), en passant par les souvenirs de l'hérésie cathare * et le berceau du bon roi Henri ;

– l'isolement des vallées et la cohésion politique et sociale des différentes populations ont souvent permis le maintien d'un *folklore dynamique* et original ;

– *la gastronomie régionale* mérite souvent qu'on l'apprécie. Poissons, piperade (omelette aux piments et à la tomate), jambon de Bayonne ou liqueurs *(Izzara)* au Pays basque ; garbure (potage), confits, salmis et magrets du Béarn et de la Bigorre ; vins du Roussillon...

3. Les Pyrénées de l'ouest : la montagne verte

Marquées par une dominante océanique, qui contrarie parfois les vacances estivales, mais aussi l'enneigement, les Pyrénées de l'ouest regroupent deux provinces historiques, le Pays basque et le Béarn, dont l'orientation touristique est bien différente. Alors que la première compte avant tout sur son littoral, la seconde, moins prisée, mise sur le prestige de sa capitale et sur l'équipement de ses hautes vallées.

Le cirque de Troumouse

Le cirque de Gavarnie

a. Le Pays basque

Du littoral au pic d'Anie, le Pays basque constitue l'une des régions françaises ayant conservé la plus forte personnalité. Ce n'est pas dans le cadre naturel – un paysage de basse et de moyenne montagne couvert de landes, de pâturages et de forêts – qu'il faut chercher l'unité de la région, mais dans l'usage d'une langue particulière, **l'euskara**, dont l'origine, comme celle des Basques eux-mêmes, demeure encore controversée. La langue basque est également parlée de l'autre côté de la frontière, et la France ne possède que trois des « sept provinces basques », à savoir, d'ouest en est, le Labourd, la Basse-Navarre et la Soule. Cette communauté de langage s'accompagne d'une solidarité effective qui se traduit parfois par la violence et par des revendications politiques autonomistes qui, comme en Corse, ont parfois nui dans le passé à la fréquentation touristique.

La personnalité de la province se traduit également dans **l'architecture des maisons** (maisons basses, aux pans de bois teints de rouge ou de brun et au crépi blanc, aux volets de couleurs vives, et portant le nom du propriétaire, l'année de construction, voire un proverbe au-dessus de la porte d'entrée) et des églises, dont la nef est encadrée de vastes balcons de bois, ou bien encore dans les stèles funéraires portant la croix basque. Elle se manifeste dans la pratique de certains sports, tels la pelote qui réunit jeunes et anciens autour du fronton communal, par le costume (bérêt et espadrilles), ou bien encore par les chants et danses (le fandango) et par la chasse à la palombe * qui constitue le grand souci de bien des régionaux dès que l'automne arrive.

La côte basque voit alterner sur les 30 kilomètres qui séparent l'estuaire de l'Adour de celui de la Bidassoa, des plages de sable (Chiberta, Hendaye), des pointements rocheux (rocher de la Vierge à Biarritz, pointe Sainte-Anne à Hendaye) et les falaises de schistes de Socoa. Le tout face à une mer souvent houleuse, qui permet la pratique du surf, mais rend la baignade parfois dangereuse. La vie littorale est dominée par Bayonne sur le plan économique, et par Biarritz pour l'activité touristique, les deux villes groupant avec Anglet 220 000 habitants. **Bayonne** est un ancien point stratégique comme l'attestent ses fortifications romaines et médiévales et plus encore sa citadelle Vauban. La ville possède un musée basque particulièrement riche et si son port, actif au XVIIIe siècle, s'est quelque peu endormi, il enregistre cependant un trafic de plus de 4 millions de tonnes (soufre de Lacq, maïs…) qui contribue à animer la ville. Celle-ci trouve sa pleine vocation récréative lors des grandes manifestations sportives et folkloriques d'août (corridas, danses, rugby…).

Biarritz demeure la reine de la côte basque. Lancée par l'impératrice Eugénie, épouse de Napoléon III, au milieu du XIXe siècle, et ayant vu défiler bien des têtes couronnées, la ville a connu une démocratisation accentuée de sa clientèle depuis la dernière guerre, ce qui a provoqué bien des modifications de son paysage urbain :

> « *Tous les moments de l'histoire balnéaire, le temps de l'impératrice Eugénie, la "Belle Époque", les "folles années" des lendemains de la première guerre mondiale… jusqu'à l'invasion des pavillons et des campings ont imprimé leur sceau à l'agglomération. Le front de mer (…) est bordé de grands hôtels évoquant la splendeur d'antan et de hauts immeubles modernes, dont un monstre de béton (…). Au nord, derrière la Grande Plage et la plage Miramar, sont disposés en un tissu assez lâche (…) des hôtels de tous styles, des villas au parfum rétro et des pavillons récents ; c'est un secteur paisible, fleuri, où habitent des familles de la classe aisée. Au sud, en arrière de la côte des Basques, des maisons individuelles déjà anciennes côtoient de la construction récente.* »

L. Papy, *Le Midi Atlantique*, Flammarion, 1982.

Les Pyrénées de l'ouest

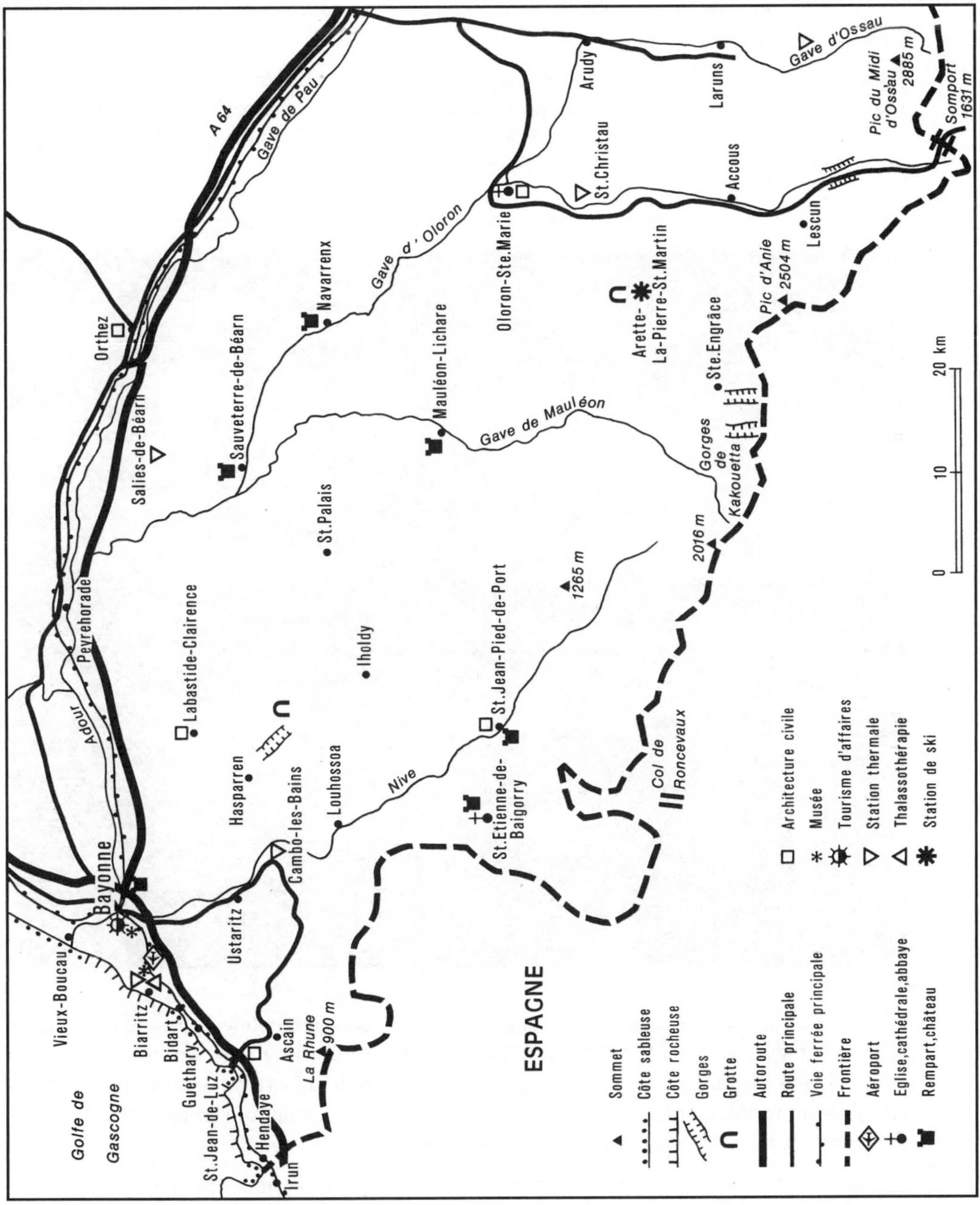

Biarritz, qui dispose d'une excellente desserte, profite également d'infrastructures touristiques de qualité (golfs, casino, musée de la mer, thalassothérapie) et s'est en outre efforcée de diversifier son activité en organisant le Festival du film latino-américain et en multipliant les congrès.

Les autres centres balnéaires souffrent de la comparaison. Bidart et Guéthary demeurent plus familiaux. **Saint-Jean-de-Luz**, port thonier en crise, conserve dans son église et dans la « maison de l'Infante » le souvenir du mariage espagnol de Louis XIV ; enfin, Hendaye profite d'une plage abritée et de la proximité de la frontière.

Lescun : aux abords de la haute montagne

À cette frange littorale très active s'oppose un intérieur bien calme, quoique les collines et la montagne s'ouvrent de plus en plus au tourisme. Si une part de leur activité est encore le fait d'« émigrés » de retour au pays pour la belle saison, ou de retraités, la clientèle s'élargit rapidement à la faveur de l'amélioration du réseau routier (région d'Iraty) et du développement de l'accueil (gîtes, petite hôtellerie).

Le tourisme privilégie les vallées voisines de la côte, notamment celles de la Nive et de la Nivelle où les résidences secondaires augmentent, et dont les villages soignent leur originalité (Itxassou, Louhossoa, Bidarray), tandis que **Cambo-les-Bains** profite de ses thermes (8 690 curistes en 2000) et de la demeure-musée d'**Edmond Rostand**.

L'activité diffuse aussi plus loin à l'intérieur du Pays basque grâce à la présence de la ville fortifiée de **Saint-Jean-Pied-de-Port** (ancienne étape des pèlerins avant le passage du **col de Roncevaux**), de Mauléon-Licharre, spécialisée dans la fabrication des espadrilles, et des reliefs spectaculaires de la haute Soule. Dans cette dernière région, les épaisses tables calcaires des Arres ont donné naissance à d'impressionnants défilés (Kakouetta), à d'innombrables lapiez* et à un spectaculaire dédale de galeries souterraines, terrain de prédilection des spéléologues émules de Marcel Loubens, grand explorateur du réseau de **la Pierre-Saint-Martin** qui descend à plus de 1 300 m sous terre. La région s'anime également l'hiver depuis l'ouverture de la station d'Arette, fréquentée par les Palois. Avec la Soule se termine en effet le Pays basque, tourné vers Bayonne, et triomphe l'influence de la capitale béarnaise.

b. Le Béarn

Rapproché de la couronne de France par Henri IV « de Navarre », le plus vaste des « États » pyrénéens fut définitivement rattaché au royaume en 1620, par Louis XIII. Son illustre passé constitue aujourd'hui un atout certain pour attirer les visiteurs, notamment dans la partie nord de la province. Les fortifications d'Orthez (ancienne capitale), de Navarrenx, de Sauveterre, veillent encore aux limites du Béarn, mais c'est à **Pau**, promue résidence comtale au milieu du XIVe siècle, et remodelé jusqu'au XVe siècle que l'histoire trouve son meilleur point d'appui. Le château, commencé sous Gaston Fébus, comte de Foix et vicomte de Béarn, au XIXe siècle, abrite un riche musée où des tapisseries des Gobelins et flamandes côtoient les souvenirs de l'illustre **famille de Navarre**. Pau devient capitale touristique au milieu du XIXe siècle, à la faveur de la publicité faite autour de son climat par le médecin anglais Taylor. Les demeures aristocratiques qui bordent le boulevard des Pyrénées, d'où l'on découvre un magnifique panorama sur la chaîne, et le casino rappellent cette gloire passée, mise à mal dès la fin du siècle dernier par la concurrence de Biarritz et des littoraux azuréens. Les tourismes de passage et d'affaires ont progressivement supplanté le tourisme de séjour. Le repli des industries aéronautiques et la découverte du gaz de Lacq, en 1951, ont favorisé l'essor de la capitale du Béarn, qui dispose par ailleurs de bons moyens de communication, dont un aéroport (763 000 passagers en 2007). Les usines de la vallée du Gave contrastent avec des campagnes vallonnées qui ont profité de l'introduction du maïs hybride pour développer l'élevage. Ce Béarn rural retient quelques curistes à Salies et quelques gastronomes désireux de goûter le vin de **Jurançon**, mais demeure à l'écart des grands flux.

En revanche, la montagne béarnaise compte surtout sur les loisirs pour conserver ses habitants. Les deux principales vallées, orientées sud-nord, bénéficient pour cela de liaisons avec l'Espagne et de la présence des sommets les plus élevés des Pyrénées de l'ouest (pic du Midi d'Ossau, 2 884 m ; pic d'Anie, 2 504 m) :

– *la vallée d'Aspe*, autrefois fréquentée par les pèlerins, conserve, avec le Somport, une liaison transpyrénéenne de bonne qualité, même si le trafic ferroviaire a été interrompu. Aux églises anciennes d'**Oloron-Sainte-Marie** et au fort du Portalet, elle ajoute le charme de ses vieux villages et de ses défilés ;

– *la vallée d'Ossau* est moins bien reliée à l'Espagne, par le col du Pourtalet, mais présente cependant une activité touristique plus importante. Elle le doit à ses modestes stations thermales (Eaux-Bonnes ; Eaux-Chaudes), et plus encore à la pêche, à la proximité du parc national, du lac d'Artouste, et à la construction des stations de sports d'hiver d'Artouste et surtout de **Gourette** (15 remontées, 7 000 lits).

Le pic du Midi d'Ossau

4. Les Pyrénées centrales

Bien que situées à l'écart des grands axes de circulation, les Pyrénées centrales accueillent de nombreux touristes, attirés surtout par les possibilités sportives ou thérapeutiques de la montagne ou par l'un des plus grands centres mondiaux de pèlerinage, Lourdes. Cette partie de la chaîne, la plus élevée, profite même d'une double saison touristique plus marquée qu'aux extrémités occidentale et orientale, depuis le développement des sports d'hiver.

Le tourisme ne se répartit pas de manière uniforme dans cette région. L'ouest, entre le col du Somport et la haute vallée de la Garonne, concentre la majorité des flux, et ne laisse à l'Ariège que des retombées économiques bien modestes, malgré un effort récent d'équipement.

a. La Bigorre

Comme le Béarn, la Bigorre est une ancienne unité historique (un comté), rattachée au royaume de France en 1607. Centrée sur la haute vallée de l'Adour, elle constitue la partie la plus attractive des Pyrénées centrales.

– *au nord*, le tourisme demeure modeste dans la vallée et sur les coteaux agricoles consacrés à la culture du maïs et à l'élevage, comme en témoignent les gros bourgs de Vic-en-Bigorre ou de Rabastens et de Maubourguet (anciennes bastides*). **Tarbes**, qui partage avec Lourdes son aéroport (444 000 passagers en 2007), connaît certes un tourisme d'affaires assez actif grâce à ses nombreuses usines (mécanique, aéronautique) et à ses fonctions de préfecture, mais elle ne dispose pas du patrimoine historique de sa voisine, Pau, et ne retient guère les touristes ;

– *plus au sud*, au contact entre le bas-pays et la montagne, au débouché du gave de Pau et de l'Adour, **Lourdes** et **Bagnères-de-Bigorre** sont davantage orientées vers l'accueil. Lourdes vit presque exclusivement du tourisme religieux, qui lui apporte chaque année environ 3 millions de visiteurs, venus du monde entier et qui en font la 3e ville de France pour la capacité hôtelière. À cette fonction religieuse, Lourdes ajoute la proximité de sites pittoresques tels les **grottes de Bétharram** ou les panoramas du pic du Jer et du Béout. Bagnères-de-Bigorre est plus modeste, malgré ses eaux, fréquentées au XIXe siècle par une élite cultivée qui lui valut le titre d'« Athènes des Pyrénées ». La clientèle de cure stagne (7 960 en 2006) et la grotte de Médous, voisine, enregistre bien moins d'entrées que celle de Bétharram.

Ces deux centres constituent les portes de la haute montagne bigourdanne, qui a connu un réel essor touristique depuis une vingtaine d'années. Trois centres dominent : **Argelès-Gazost** au confluent des vallées du Lavedan (1 310 curistes en 2006), **Barèges-Sers** (2 580 curistes), et surtout **Cauterets**, ancienne station thermale, point de départ de randonnées vers le Balaïtous ou le Vignemale, mais aussi centre de sports d'hiver grâce à l'aménagement des pentes du Lys et du Gaube (près de 22 000 lits ; 19 remontées mécaniques). Cauterets illustre d'ailleurs fort bien l'orientation touristique de ces hautes vallées de Bigorre, vers le développement d'une **double saison**, grâce à un environnement naturel exceptionnel qui éclipse totalement les quelques curiosités artistiques de la région (église romane de Saint-Savin, église fortifiée de Luz-Saint-Sauveur…). À l'escalade et aux randonnées, la montagne ajoute la beauté de ses innombrables lacs (Gaube, Aubert, Aumar) et plus encore de ses cirques glaciaires : Troumouse, Estaubé, et surtout **Gavarnie** qui voit défiler des milliers de touristes chaque été. La montagne peut également compter sur la présence de plusieurs stations de sports d'hiver, notamment sur le massif de Néouvielle. Outre Cauterets, déjà mentionné, il faut citer Barèges (16 remontées, 4 000 lits) et plus encore **La Mongie** (47 remontées, 32 000 lits), de chaque côté du col du Tourmalet. À ces stations, aujourd'hui reliées par les remontées mécaniques, s'ajoutent quelques centres modestes comme ceux de Gavarnie ou de Payolle.

Cet équipement du massif de Néouvielle ne s'est d'ailleurs pas limité à la haute vallée de l'Adour et de ses affluents. Sur le versant oriental, la **vallée d'Aure**, qui profitait déjà de la présence de la station thermale de Capvern-les-Bains (4 150 curistes en 2006) et de la récente ouverture du tunnel d'Aragnouet à Bielsa (1976) a également vu se développer les équipements sportifs, à **Saint-Lary-Soulan** (32 remontées, 23 800 lits), à Piau-Engaly - première station classée ISO 9002 - et à Peyresourde-Balestas. La vallée d'Aure bénéficie par ailleurs de sa situation géographique : elle est plus proche de Toulouse que les stations du Lavedan ou de l'Adour.

b. Le Comminges et la haute vallée de la Garonne

À l'est de la Bigorre, le tourisme demeure encore actif malgré l'absence de villes importantes (Saint-Gaudens, 14 000 hab., Lannemezan, 6 500, Bagnères-de-Luchon) Ceci résulte d'un développement précoce des activités de loisirs et d'une bonne desserte par les communications, rendue aisée par la présence de larges vallées glaciaires : la voie ferrée

Les Pyrénées centrales

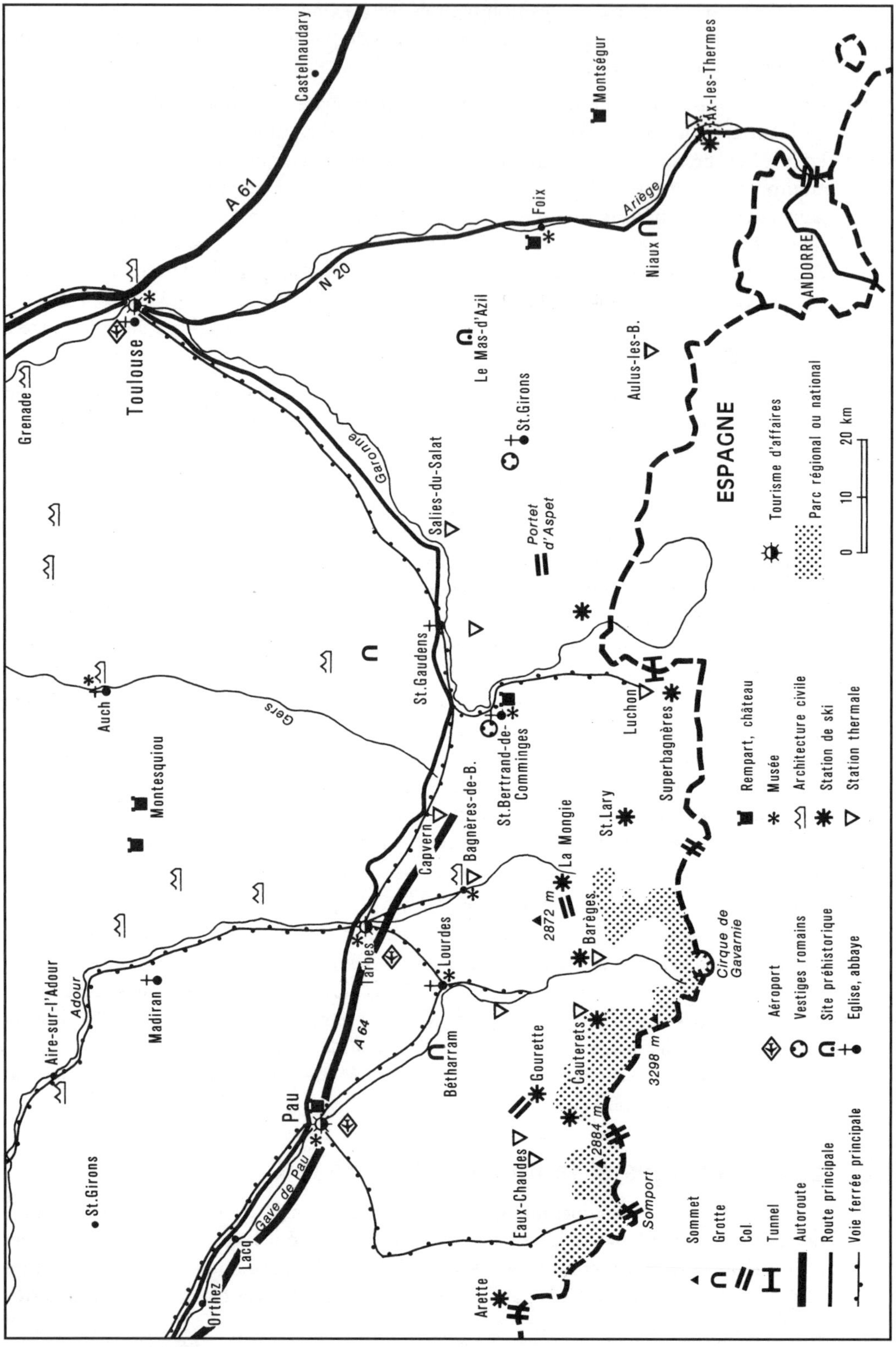

remonte jusqu'à Luchon et l'ouverture du tunnel de Viella donne accès au val d'Aran, augmentant le tourisme de passage et permettant de capter une partie de la **clientèle espagnole**. Ici encore thermalisme et sports dominent l'activité économique, le premier est illustré par **Luchon**, la plus ancienne et la plus importante des stations pyrénéennes (19 700 curistes en 1970, 29 300 en 1988, 14 650 en 2006), qui dispose de 80 sources, de 18 °C à 66 °C, dont les eaux sont particulièrement adaptées aux maladies des voies respiratoires. Quant à la vocation sportive, elle est représentée par les stations de sports d'hiver de **Superbagnères** (7 000 lits, 15 remontées), la plus ancienne de la chaîne, et par les nouveaux équipements des Agudes, de Bourg d'Oueil et du Mourtis.

Les résidences secondaires se sont multipliées dans cette haute vallée, et progressent également dans le Comminges, ancienne province historique et religieuse. Comme Luchon domine le tourisme montagnard, **Saint-Bertrand-de-Comminges** concentre celui de l'avant-pays. D'une colline ceinte de remparts et surmontée d'une cathédrale (XIe-XVIe siècle) au riche mobilier, Saint-Bertrand domine un immense champ de fouilles qui a permis de dégager la cité gallo-romaine de Lugdunum Convenarum. À proximité de la ville, les grottes de Gargas et la station thermale de Barbazan connaissent également quelque animation estivale.

c. L'Ariège, parente pauvre du tourisme pyrénéen

Les Pyrénées ariégeoises demeurent encore en retrait de l'essor touristique général et n'enregistrent encore aujourd'hui qu'une faible part des nuitées de la chaîne, été comme hiver. Elles doivent ce retard à plusieurs facteurs :

– *une émigration* plus importante qu'ailleurs, qui a vidé la plupart des villages de ses jeunes, notamment dans la haute montagne où les résidences secondaires constituent souvent plus de la moitié des logements ;

– *une déprise agricole générale*. Autrefois cultivées jusqu'à plus de 1 500 m, les pentes retournent à la lande et les reboisements sont contrariés par la complexité des problèmes fonciers, marqués par des droits et coutumes d'un autre âge. Les pâturages eux-mêmes régressent de plus de 2 500 hectares par an ;

– *l'insuffisance des voies de communication*. Seule la N20 fait figure de bon axe routier, et les liaisons avec les vallées voisines demeurent bien modestes, à l'image de la route du Portet d'Aspet ;

– *l'absence de grandes villes*. Foix est l'une des plus petites préfectures de France (un peu plus de 10 000 habitants dans l'agglomération).

Pourtant l'Ariège n'est pas dépourvue de richesses touristiques et permet détente et repos dans un cadre demeuré très rural. Au nord, les flux s'organisent ouest-est, le long de la route de la dépression prépyrénéenne qui a fixé les villes, au débouché des vallées méridiennes. Ce sont : Saint-Girons, au clocher crénelé, voisine du village médiéval de Montjoie ; Pamiers, à l'église fortifiée ; **Foix**, ancienne résidence comtale, qui conserve d'impressionnantes tours, en partie transformées en musée départemental ; Lavelanet, ville du textile, également fortifiée, et, plus avant dans la montagne, Tarascon, carrefour de vallées et petit centre industriel. Cette région peut compter sur des attraits souvent mal valorisés : grottes préhistoriques du **Mas-d'Azil**, de Niaux ; forteresses de Saint-Barthélémy et surtout de **Montségur**, haut-lieu cathare *, conquis en 1244 par les troupes royales.

À l'intérieur de la montagne, le tourisme s'ordonne autour de la N20, en attendant l'ouverture du tunnel du Puymorens. Ils profite de la proximité de la **principauté**

d'Andorre et de la présence de la principale station thermale : **Ax-les-Thermes**. À une saison d'été modeste (6 560 curistes en 2006) grâce à ses 60 sources d'eaux chaudes sulfureuses, la ville a ajouté une saison d'hiver avec la construction de la station de **Bonascre-le-Saquet** (17 remontées), qui lui permet de retenir les skieurs qui filaient auparavant vers Andorre. Cette réussite a fait des émules et l'Ariège a développé de nouvelles stations de ski : Monts-d'Olmes, Ascou-Paillières, Mijanes, et, à l'ouest, dans le Couserans (vallée du Salat) celle de **Guzet-Neige**, qui réanime un peu une vallée bien peu fréquentée malgré la présence des thermes d'Aulus. Aux sports d'hiver, la haute Ariège pourrait d'ailleurs ajouter la randonnée et l'escalade, forte de la présence de hautes montagnes, comme le pic des Trois-Seigneurs (2 200 m), le pic de Montcalm (3 077 m), et d'innombrables lacs, naturels ou de barrages (Gnioure, Fontargente...). Un potentiel souvent comparable à celui des régions occidentales voisines, mais moins bien exploité.

d. La co-principauté d'Andorre

Bien qu'elle ne fasse pas partie du territoire français, il faut laisser quelques lignes à cette enclave pyrénéenne, notamment en raison du trafic qu'elle amène sur les routes de l'Ariège ou des Pyrénées-Orientales (par le col de Puymorens).

Héritière du monde féodal, Andorre, qui compte 81 000 habitants, dont 29 500 Andorrans de souche (répartis en 7 paroisses, et en majorité de langue catalane), a conservé des institutions issues de l'acte de paréage signé en 1278 par le comte de Foix et l'évêque d'Urgel. Si ce dernier est resté l'un des co-princes, l'autre est désormais le président de la République française, chacun d'eux désignant un viguier, chargé de la justice, alors que les Andorrans élisent un Conseil, qui se choisit un syndic, siégeant à la Casa del Vall, le plus célèbre des monuments de la principauté.

Couvrant 465 km², l'Andorre est demeurée très longtemps à l'écart du monde moderne, n'étant reliée par la route à l'Espagne qu'en 1913 et à la France en 1933, par le port d'Envalira (2 407 m). Elle attire aujourd'hui plus de **10 millions de touristes et visiteurs par an** – y compris de nombreux frontaliers – attirés par le bas prix de certains produits résultant d'une fiscalité spécifique. Magasins d'optique, de photo et son, d'accessoires automobiles, d'alcools et débits de tabacs prolifèrent le long de la grande route qui traverse la Principauté. Il en est résulté une urbanisation spectaculaire de la vallée, notamment à Andorra-la-Viella, et un déclin de l'activité agricole pourtant favorisée par une position d'abri et de soulane (maïs, tabac et même vigne). La principauté, qui dispose d'un bon potentiel hôtelier (mais pas gastronomique) et de belles églises romanes s'est efforcé de **diversifier son tourisme** en développant les randonnées en montagne, à pied ou en véhicule tout terrain, mais aussi en construisant des stations de sports d'hiver, parmi lesquelles **Soldeu**, El-tarter et le Pas-de-la-Casa sont les plus fréquentées. Le tourisme, qui emploie près de 20 % des actifs, assure 80 % du P.I.B.

Le rayonnement de la principauté doit aussi beaucoup à la présence d'une puissante station de radio dont l'audience déborde largement le cadre des vallées andorranes.

5. Les Pyrénées orientales

Comme l'ouest, l'est de la chaîne pyrénéenne présente une grande originalité. Le Roussillon, ou Catalogne française, n'offre pas seulement une particularité climatique, déjà évoquée, mais aussi une forte personnalité historique et humaine. Séparé du Languedoc après la défaite occitane contre les croisés du Nord, il fut incorporé pour un

Le Roussillon

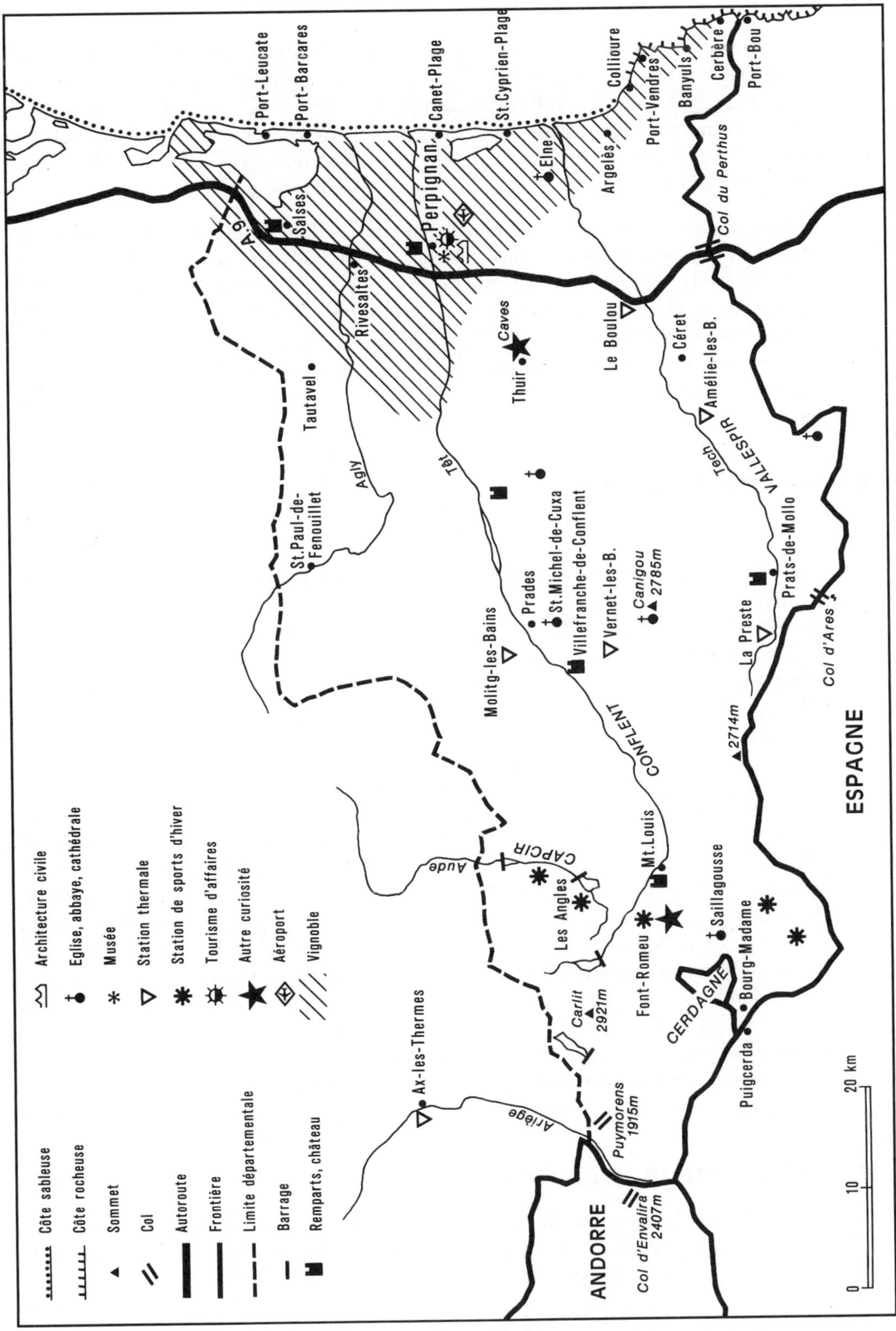

233

temps au royaume de Majorque, puis au royaume d'Espagne avant de revenir sous l'autorité française en 1659, par le traité des Pyrénées.

Utilisant la **langue catalane**, comme leurs voisins d'outre-Pyrénées, les habitants des Pyrénées-Orientales songent parfois à la création d'une grande Catalogne, à cheval sur la frontière actuelle. La solidarité régionale s'exprime aussi avec ferveur par la pratique du « **jeu à treize** », par les **sardanes**, danses très anciennes, accompagnées par un orchestre original (cobla) ou par l'organisation d'une cargolada (escargots cuits au gril) ou d'une sardinada (sardines grillées) accompagnées des vins du terroir.

Le tourisme est ancien en pays catalan. Amélie-les-Bains était fréquentée sous Louis-Philippe et les peintres sont venus chercher l'inspiration à Céret et à Collioure dès le début du siècle. Aujourd'hui, il participe activement à l'économie régionale, à côté de l'arboriculture et du maraîchage qui caractérise cette « *horta* * » parcourue par d'innombrables canaux, particulièrement belle au printemps lorsque les vergers se couvrent de fleurs au pied du Canigou encore enneigé. Ce tourisme concerne l'ensemble de la région, privilégiant certes le littoral, mais pénétrant la montagne été comme hiver et diffusant même sur les hauteurs arides des chaînons calcaires.

a. Un littoral varié

Le littoral du Roussillon offre deux visages :

– *au nord d'Argelès*, c'est une **côte basse**, ourlée d'un cordon littoral isolant des lagunes (étangs de Canet et de Salses), rappelant le littoral languedocien et incorporé en partie dans l'aménagement récent (voir chapitre « Midi méditerranéen »). À la station moderne de **Port-Barcarès**, à l'urbanisme « grec », et qui incorpore un navire ensablé (le *Lydia*) transformé en restaurants et centre de jeux, s'ajoutent les centres plus anciens de Canet-Plage, de **Saint-Cyprien** et d'Argelès-Plage, marqués par la prolifération des campings et une urbanisation galopante ;

– *au sud*, **la Côte Vermeille est une côte rocheuse** très accidentée, à forte déclivité et aux plages très rares. Suivi par une route en corniche, ce littoral, peu favorable aux baigneurs porte cependant des centres touristiques fréquentés : **Collioure**, où Matisse, Derain, Dufy, ont peint à l'ombre du château des Templiers ; Port-Vendres, important port de pêche ; **Banyuls**, ville du vin, et Cerbère, ville frontière. Juste derrière la côte, le tourisme trouve des points d'appui actifs : Thuir et ses caves (Byrrh), les tours de guet des Albères, la station thermale du Boulou (3 010 curistes en 2006), le fort de Salses, le **cloître d'Elne**, le site de Tautavel, et surtout **Perpignan**. La préfecture des Pyrénées-Orientales, bien que dépourvue d'industries, connaît un tourisme d'affaires actif grâce à son rôle commercial et au dynamisme agricole de ses environs, mais elle possède aussi bien des atouts culturels : le Castillet, ouvrage fortifié qui abrite un musée catalan, l'ancienne citadelle, qui englobe le palais des Rois de Majorque, et la Loge-de-Mer, édifice splendide devant lequel se dansent les sardanes les soirs d'été, et qui, ô scandale, est aujourd'hui transformée en « fast-food ».

b. Une montagne animée

Plus avant vers la montagne, le tourisme s'ordonne suivant les deux grandes vallées du Têt et du Tech, celle de l'Agly (les Fenouillèdes) restant en marge des flux, en dépit des gorges de Galamus et de son vignoble (Maury).

Font-Romeu

– *la vallée du Têt, ou Conflent*, tire parti des passages vers l'Andorre, de ses **stations thermales** (Molitg-les-Bains, 3 100 curistes ; Vernet-les-Bains, 2 950), de ses belles abbayes (Saint-Michel-de-Cuxa, Saint-Martin-du-Canigou), de la ville fortifiée de Villefranche et de Prades, la ville de Pablo Casals, point de départ des randonnées sur le **Canigou**, la « montagne sacrée » des Catalans.

– *la vallée du Tech*, ou *Vallespir*, encore plus ensoleillée à l'abri du Canigou, est moins active, en dépit de ses stations thermales très fréquentées (Amélie-les-Bains, 24 560 curistes en 2006 contre 9600 en 1965 et Prats-de-Mollo-La Preste) du dynamisme de Céret (la « Mecque des cubistes ») et de son ouverture vers l'Espagne, par le col d'Ares.

La **montagne catalane** est un autre foyer touristique. La haute vallée de l'Aude, ou Capcir, aux gorges spectaculaires, profite de la création de la station de sports d'hiver des Angles (18 000 lits, 18 remontées). Elle est cependant supplantée par la Cerdagne, qui bénéficie d'un climat exceptionnel pour développer ses homes d'enfants, ses maisons de repos et ses colonies de vacances, autour de Saillagousse, de Mont-Louis, qui offre au visiteur les impressionnantes murailles de sa forteresse Vauban, et surtout de Font-Romeu.

Font-Romeu, située à 1 800 m d'altitude, a été lancée dès le début du siècle. La station a connu un nouvel essor à la faveur de l'implantation d'équipements sportifs destinés à la préparation en altitude des équipes nationales et de l'aménagement de ses pentes pour les sports d'hiver (23 remontées, 20 000 lits). Mais le ski, comme dans la nouvelle station voisine de Pyrénées 2000 à laquelle elle est reliée, est contrarié par l'irrégularité de l'enneigement sur des soulanes abritées des vents. Il n'en demeure pas moins que ces investissements témoignent de la volonté des Pyrénéens de ne plus demeurer à l'écart de la manne touristique.

10

Le Sud-Ouest

« Qui passe par le Tarn, le Lot et l'Aveyron
N'est pas sûr de revenir à la maison. »

Proverbe local.

Le Sud-Ouest français correspond pour l'essentiel au Bassin aquitain. Il est aujourd'hui partagé entre deux régions administratives : l'Aquitaine et Midi-Pyrénées, qui comptent parmi les plus étendues du pays. Le présent chapitre ne respecte pas les limites officielles de ces deux régions. Il exclut les départements pyrénéens, précédemment étudiés et une partie de l'extrémité méridionale du Massif central, qui sera traitée dans un prochain chapitre.

Ces réserves faites, il n'en demeure pas moins que l'espace touristique à présenter reste très étendu. Il associe plusieurs types de paysages qui traduisent la diversité des conditions naturelles, mais aussi de l'activité humaine :

– au nord-est : *les plateaux calcaires du Périgord et du Quercy*, aux riantes et fraîches vallées ;

– au centre, le moutonnement de *collines de la vallée de la Garonne*, domaine de la vigne, des arbres fruitiers et des cultures maraîchères ; 237

– à l'ouest, l'immense *triangle de sable des Landes*, couvert de *la plus vaste forêt de France* ;

– au sud, *les collines de molasse de l'Armagnac*, où le vignoble et le maïs alternent avec bois et friches.

Ces régions très différentes présentent toutefois une certaine unité, qui tient à la fois des conditions naturelles et de l'histoire.

A Une terre de bien-être

Pour le touriste, le Sud-Ouest est avant tout une terre de bien-être, alliant les plaisirs de la table aux joies du sport, où l'on sait prendre le temps de vivre, loin des fumées des usines et des bruits de la ville. Un autre « Midi » en quelque sorte, moins prisé peut-être que celui que baigne la Méditerranée, mais moins saturé aussi par les grandes migrations d'été et inséré dans un environnement mieux préservé.

1. La douceur aquitaine

L'unité de ces régions est en effet, pour une bonne part, liée au climat. Il s'agit d'un **climat océanique, humide et doux**, qui présente parfois une certaine analogie avec le climat méditerranéen, sans en partager cependant toutes les certitudes et les excès. Le Bassin aquitain doit cette douceur à l'influence conjuguée de la latitude et de l'air maritime. Le climat est caractérisé par :

– *des étés chauds* (Bordeaux 19,6 °C et Toulouse 20,8 °C en juillet), généralement secs grâce à la protection de l'anticyclone des Açores. Toutefois cette saison est moins régulière qu'en Languedoc et en Provence et la moyenne des précipitations estivales est bien supérieure (190 mm à Bordeaux, 160 mm à Toulouse) ;

– *des hivers relativement doux* (Bordeaux, 5,2 °C, Toulouse 4,5 °C en janvier) mais pluvieux, ce qui interdit la double saison sur un littoral venté. Les jours de gel sont beaucoup plus nombreux que sur la Côte d'Azur : 44 à Bordeaux et 50 à Toulouse, contre 3 à Nice.

En dépit de sa fréquente incertitude, le climat aquitain est un **climat agréable**. Si le total des précipitations est relativement élevé (900 mm à Bordeaux, 650 mm à Toulouse), l'ensoleillement est beaucoup plus important que sur le littoral breton : 2 076 heures par an à Bordeaux et 2 081 heures à Toulouse contre 1 757 à Brest. Le nombre de jours de pluies est en effet réduit, inférieur d'un tiers à celui de la Bretagne.

Ce climat présente de multiples **nuances régionales** résultant des différences d'exposition, d'altitude, et de l'inégale proximité de l'océan. C'est ainsi que les hivers se font plus froids et plus longs aux abords du Massif central. De même, la proximité des Pyrénées explique les précipitations plus abondantes et plus fréquentes sur la partie méridionale de la côte landaise. À Toulouse, l'influence méditerranéenne est déjà sensible, renforcée par le vent d'autant, chaud et sec, qui souffle du sud-est.

2. Les plaisirs de la table

Le Sud-Ouest, c'est aussi la gastronomie portée à la hauteur d'un art. Comme en Alsace, à Lyon ou en Bourgogne, la table fait l'objet d'une véritable religion. Il est vrai que la nature est généreuse et que l'homme a su valoriser au mieux ses productions :

– la ferme livre les canards et les oies, gavés au maïs local, et qui fourniront **foies gras**, magrets, **confits** et rillons ;

– le verger fournit pêches, **noix**, pommes et prunes ;

– la forêt recèle cèpes, morilles, **truffes**… et gibier ;

– les rivières apportent lamproie, et parfois même saumons et caviar (Gironde) ;

– la mer donne les coquillages : **huîtres et moules** d'Arcachon ;

– enfin, **la vigne**, souvent présente, sait se mettre au diapason : vins de Bordeaux, de Cahors, de Madiran, Armagnac… Et l'on pourrait continuer ainsi, en citant les fromages et même les desserts d'où émergent les fraises du Périgord, les macarons de Saint-Émilion, le pastis et la tourtière des Landes.

Autant dire que les restaurants sont nombreux, de la ferme-auberge qui permet de goûter la cuisine du terroir aux tables les plus prestigieuses, telles celles de Michel Guérard (*les Prés* d'Eugénie-les-Bains), d'André Daguin (*Hôtel de France* à Auch), de Coussau (*Relais de la Poste* à Magescq), de Trama (*l'Aubergade* à Puymirol), d'Amat (*le Saint-James* à Bouliac) et *du Centenaire* aux Eyzies-de-Tayac.

3. Le sport roi

Aux plaisirs de la table, le Sud-Ouest associe souvent ceux du sport. Ce dernier mobilise toujours les foules lors des grandes festivités régionales. Celles-ci donnent lieu à quelques manifestations d'un **folklore** coloré, illustré par la silhouette du berger landais, portant béret et veste de peau de mouton, et hissé sur ses échasses. De même, le folklore basque conserve un grand dynamisme. Le sport régional par excellence, c'est le **rugby**. Chaque ville à son quinze, et les plus grandes équipes (Agen, Dax, Mont-de-Marsan, Toulouse) ont fourni bien souvent une part de l'effectif de la représentation nationale. Les noms d'Albaladejo, de Villepreux ou des frères Boniface sont toujours présents dans bien des mémoires d'amateurs du ballon ovale, relayés aujourd'hui par des Charvet ou Sella.

Le rugby à quinze n'est pas seul. Les **courses de vachettes** landaises, popularisées par la télévision, et les **corridas** bénéficient d'un public fidèle et averti. Du sport à la chasse, il n'y a qu'un pas, vite franchi. La chasse à la palombe * est demeurée l'un des loisirs favoris des régionaux, qui tendent des filets ou bâtissent leur palombière – cabane perchée en haut d'un arbre – pour tirer les oiseaux lors de leur migration automnale.

4. Des attaches terriennes très marquées

Le « savoir vivre » est aussi, pour une part, lié à l'importance des attaches rurales. L'agriculture fournit encore près de 7 % des emplois dans la région Aquitaine et dans la région Midi-Pyrénées. Et si le Sud-Ouest possède, avec Toulouse et Bordeaux, deux des plus grandes villes du pays, la **population rurale** y demeure plus importante que dans la plupart des autres régions françaises. Les **densités sont faibles** (39 hab./km² dans les Landes ; 28,6 dans le Gers) car l'émigration a vidé bien des régions au cours des cent dernières années. Ainsi le Gers, qui comptait 314 000 habitants au milieu du XIXe siècle n'en possède plus de 172 000 ; les Landes et le Lot-et-Garonne ont moins d'habitants qu'en 1876. Les villes elles-mêmes doivent une part de leur fortune à leurs attaches rurales : que serait devenue Bordeaux sans son vignoble ?

Le poids de ces liens avec la terre est renforcé par la faiblesse de l'industrie. Tenu à l'écart de la première révolution industrielle car dépourvu de fer et de charbon, le Sud-Ouest a souffert de sa **situation périphérique** au sein de l'hexagone. L'industrialisation est venue de l'extérieur : repli des industries stratégiques (aéronautique, armement) entre les deux guerres mondiales, décentralisation après 1960. Même le gaz de Lacq et la fourniture d'énergie électrique par les montagnes voisines ne lui ont pleinement profité. Il en résulte que le **tourisme d'affaires** est longtemps demeuré modeste. Depuis une quinzaine d'années, le dynamisme de Bordeaux et plus encore de Toulouse a permis à la région de développer ses **industries de pointe**, qu'il s'agisse de l'aéronautique, de l'industrie spatiale ou de l'électronique. N'ayant pas à supporter, comme les vieilles régions industrielles du nord du pays, le poids d'une reconversion totale, le Sud-Ouest fait aujourd'hui preuve d'un remarquable essor industriel accordant une large place aux industries de pointe.

5. Les marques du passé

Si le climat confère une certaine unité à la région, si la table et le sport sont les éléments communs d'un « art de vivre » souvent envié, l'histoire renforce également l'originalité du Sud-Ouest au sein du territoire national.

L'occupation humaine a été précoce, comme le rappellent les grottes et les abris sous roche des vallées périgourdines (Laugerie-Haute, Lascaux), mais c'est au Moyen Âge que la région acquiert sa personnalité, grâce à l'éloignement du pouvoir franc et au rayonnement de quelques grands seigneurs, tels les **comtes de Toulouse** qui, du IXe au XIIIe siècle, possèdent l'une des plus brillantes cours d'Europe. Les troubadours sont nombreux et la **langue d'oc** triomphe dans ces contrées méridionales.

Les limites de l'Aquitaine fluctuent cependant au fil des siècles. Le mariage d'Aliénor avec l'héritier du trône d'Angleterre Henri II Plantagenêt, en 1152, marque le début d'une rivalité séculaire entre les couronnes de France et d'Angleterre. C'est l'époque de l'insécurité, durant laquelle se multiplient les châteaux-forts, les **sauvetés** et les **bastides**.

Les sauvetés sont des villages fondés par les ordres monastiques, notamment les cisterciens. Ils accueillent les fugitifs et les errants et servent d'étapes aux pèlerins se dirigeant vers **Saint-Jacques-de-Compostelle**. Plus originales encore sont les bastides, édifiées aux XIIIe et XIVe siècles par les comtes de Toulouse ou les vassaux des rois de France et d'Angleterre pour assurer la défense de leurs territoires :

> *« Quelle qu'en fût la figure, le plan de la bastide était toujours géométrique. Ses rues se coupaient à angle droit. Toutes les deux maisons, un contre feu de 30 cm de large (...) limitait les risques pour la construction en bois. Mais ce qui donne à la bastide tout son sens, c'est sa grand'place. Toujours à arcades, elle ouvre par elles sur le négoce local au rez-de-chaussée. La maîtresse pièce y est les halles en bois qui abritent le marché. Un jour précis lui est consacré hebdomadairement, stipulé, comme d'ailleurs celui de la foire annuelle, dans le contrat de paréage véritable acte de naissance de la bastide qui réunissait sur le même parchemin les sceaux du représentant du roi, du donateur du terrain (généralement l'église) et du représentant de la population. (...) Pas de bastide sans marché comme jadis pas de sauveté sans hôpital. »*
>
> André Séverac, *Le Monde des loisirs et du tourisme*, 7-11-1981

Certaines de ces bastides ont bien conservé leurs maisons à arcades et leurs halles et sont des étapes touristiques fréquentées : Villeréal, Sauveterre d'Aveyron, Fleurance, Grenade, Gimont, Monpazier. Certaines ont grandi et sont même devenues des villes, telles Villeneuve-sur-Lot, Marmande ou La Réole.

Sans offrir une originalité aussi marquée, l'art religieux témoigne de la personnalité régionale. Carrefour d'influences le Sud-Ouest a remarquablement su allier les styles et les matériaux, mêlant par exemple la pierre et la brique. Les joyaux de **Saint-Sernin de Toulouse** et la **cathédrale d'Albi** soulignent les réussites des constructeurs.

B Une grande tradition d'accueil

1. Une clientèle nombreuse et diversifiée

Le Sud-Ouest, fort de son littoral, de ses campagnes, de ses forêts, de ses deux métropoles et de son prestigieux passé, attire un grand nombre de touristes venus des autres régions françaises, mais aussi de l'étranger. L'Aquitaine figure au 5e rang des régions d'accueil des Français (68 millions de nuitées des nationaux en 2006) et Midi-Pyrénées au 7e (46 millions de nuitées).

La clientèle est très variée. Parmi les Français, les estivants les plus nombreux viennent de l'Île-de-France, mais les régionaux restent très fidèles à leur région et assurent une bonne part des séjours. C'est notamment le cas des habitants de la région « Aquitaine » qui offrent l'un des taux de mobilité les plus faibles du pays.

Les étrangers sont de plus en plus nombreux ; en 2006, ils ont assuré environ 18 % des nuitées hôtelières et 34 % des nuitées dans les campings au sein de la région Aquitaine. Ils se dirigent surtout vers le littoral et dans le Périgord. Parmi ces étrangers, de nombreux Espagnols se joignent désormais aux Allemands, aux Anglais et aux ressortissants du Benelux. Ces étrangers multiplient les investissements immobiliers, notamment dans les vallées de la rive droite de la Garonne où bien des résidences secondaires appartiennent à des ressortissants des autres pays de l'Union européenne. À noter que les Américains participent à l'activité de l'hôtellerie régionale, beaucoup d'entre eux venant pour déguster les grands crus du Bordelais.

2. Une capacité d'hébergement en essor soutenu

Pour faire face à cette demande, le Sud-Ouest dispose d'une capacité d'hébergement importante et diversifiée qui a rapidement augmenté depuis 1950, et surtout depuis 1970. C'est ainsi qu'entre cette dernière année et 2008, le nombre de chambres classées a plus que doublé pour l'ensemble des départements. L'évolution du camping a été encore plus spectaculaire. La répartition géographique des différents moyens d'hébergement demeure très inégale. La présence de Bordeaux et de Toulouse, métropoles régionales disposant chacune de près de 10 000 chambres classées, explique la prépondérance de la Gironde et de la Haute-Garonne dans le parc hôtelier, encore que les Landes fassent bonne figure. Quant au camping, il privilégie les régions littorales. Toutefois, ce sont les départements intérieurs les plus dépourvus qui ont connu la croissance la plus spectaculaire de leur capacité d'hébergement, et en premier lieu le Gers et le Lot-et-Garonne. Ainsi se confirme une tendance à une plus grande diffusion spatiale des flux touristiques, d'autant que ces régions intérieures – Lot et Dordogne surtout – peuvent compter sur un grand nombre de résidences secondaires (164 200 en Aquitaine et 149 100 en région Midi-Pyrénées). Les centres de vacances sont également nombreux, tant sur le littoral qu'à l'intérieur.

L'hébergement dans le Sud-Ouest en 2008

Départements	Hôtels homologués (chambres)	Campings (emplacements)	Villages de vacances (lits)	Gîtes ruraux (nombre)
Dordogne	4 118	19 267	1 505	476
Gers	1 253	3 585	1 787	456
Gironde	10 294	30 655	9 891	310
Landes	4 409	39 573	14 235	518
Lot	2 814	7 062	2 108	819
Lot-et-Garonne	1 464	2 501	1 267	280
Tarn	2 013	2 744	724	547
Tarn-et-Garonne	1 117	2 009	213	234

Sources : Direction du Tourisme et Fédération nationale des gîtes de France .

3. Des liaisons sans cesse améliorées

Le Sud-Ouest a longtemps souffert d'un sous-équipement en matière de transport qui a nui tant à son développement économique en général qu'à son essor touristique, surtout si on le compare au Sud-Est du territoire.

Dans ce domaine aussi, la situation s'est bien améliorée, bien qu'elle ne soit pas encore parfaite. Les transports routiers ont profité de l'ouverture de **l'autoroute Paris-Bordeaux** et de l'aménagement de la nationale 10 en attendant la prolongation de l'autoroute vers Bayonne. De même, la construction de **l'autoroute des Deux-Mers** entre Bordeaux et Narbonne, *via* Toulouse, a renforcé l'axe de communication garonnais. Mais si les liaisons méridiennes sont satisfaisantes, les transversales sont moins performantes, particulièrement à l'est de la Garonne. Toutefois, de grands aménagements sont prévus dans les prochaines années.

Les liaisons ferroviaires sont facilitées par la relative platitude du relief et la mise en place de trains rapides à destination des deux métropoles. Le trajet Paris-Bordeaux est réduit à moins de 3 heures par le T.G.V. et la liaison Paris-Toulouse s'effectue aujourd'hui en moins de 5 heures. Ici encore, les lignes méridiennes l'emportent ; pour la plupart, les plages landaises ne sont pas desservies par le train et elles restent assez éloignées des grands axes routiers.

Les transports aériens sont actifs. **Toulouse** (6 162 000 passagers en 2007) et **Bordeaux** (3 463 000) figurent respectivement dans les premiers rangs de la hiérarchie nationale, et sont reliées directement à de nombreux aéroports européens. Les autres aéroports (Bergerac 254 000 passagers, Rodez, 153 000 passagers, Agen) n'enregistrent qu'un trafic minime tant est grande l'attraction des deux métropoles.

C Les principales régions touristiques

La diversité des « pays » aquitains est telle que le tourisme prend des visages bien différents et qu'il tend à privilégier certaines régions, tant littorales qu'intérieures.

1. Bordeaux et son vignoble

a. La porte océane

Bordeaux (1 010 000 hab. dans l'aire urbaine) se distingue des autres villes de l'Aquitaine par sa vocation portuaire. Située à 98 km de l'océan, au fond d'un vaste estuaire, la Gironde, Bordeaux est un port maritime en déclin (8,3 millions de tonnes en 2007). Il a connu ses heures de gloire au XVIIIe siècle, lorsque le commerce colonial lui procurait de substantiels bénéfices. Comme les autres ports d'estuaire, il a dû s'adapter aux exigences du trafic moderne, à savoir la réception de navires de tonnage élevé, à fort tirant d'eau, notamment de porte-conteneurs. C'est pourquoi l'activité portuaire s'est déplacée vers l'aval, dans les avant-ports du Verdon et de Bassens, mais leur trafic a été récemment affecté par la fermeture des raffineries. Bordeaux a également connu un essor industriel rapide depuis 1970, ce qui a contribué au développement d'un **tourisme d'affaires** qui profite aussi des fonctions commerciales, bancaires et administratives. Enfin, le port accueille un nombre croissant de paquebots de croisière.

b. Un foyer culturel

Bordeaux est une ville chargée d'histoire. Précocement promue capitale de l'Aquitaine, elle conserve sa primauté lors des trois siècles d'occupation anglaise. Elle accueille au XVIIIe siècle les intendants délégués par le pouvoir royal pour diriger la province et devient même pour quelque temps la « capitale » de la France lorsque le gouvernement du pays s'y retire pour fuir l'invasion étrangère en 1870, 1914, puis 1940.

La ville n'a pas conservé de très vieux monuments. Seul subsiste le palais Gallien, amphithéâtre gallo-romain, et encore est-il bien endommagé. Le Moyen Âge et la Renaissance sont mieux représentés :

– *la cathédrale Saint-André* (XIe-XVe siècles) offre quelque ressemblance avec Notre-Dame de Paris ;

– l'église Saint-Seurin (XIe-XIXe siècles) possède dans sa crypte une impressionnante collection de sarcophages ;

– la porte Cailhau, reste d'un palais médiéval, abrite un musée archéologique ;

– *la porte de la Grosse-Cloche*, ensemble fortifié, est surmontée d'une cloche célèbre qui ponctue les grands événements de la ville. C'est l'un des monuments les plus chers aux Bordelais.

C'est le XVIIIe siècle qui a laissé l'essentiel des monuments. Les intendants (Boucher, Tourny) de l'époque avaient percé de larges avenues, aménagé des places et des jardins et construit de vastes édifices.

Les plus prestigieux ensembles sont :

– *la place de la Bourse*, entourée d'immeubles dessinés par Gabriel ; c'est dans l'hôtel de la Bourse que se tenaient autrefois les réunions des grands armateurs et négociants ;

– *le Grand-Théâtre*, l'un de plus beaux monuments de France. Œuvre de l'architecte Victor Louis, il offre une longue colonnade de style corinthien et abrite un double escalier dont s'inspira Garnier pour construire celui de l'opéra de Paris ;

– les anciens hôtels du XVIIIe siècle abondent, dans le Vieux Bordeaux et le long des quais.

Bordeaux est aussi une **ville d'art**. Les musées sont nombreux et richement dotés : musée d'Aquitaine ; musée des Arts décoratifs ; musée des Beaux-Arts ; musée de la Marine ; musée Jean-Moulin, consacré à la Résistance… La ville développe aussi son rayonnement culturel grâce à son université, à ses grandes écoles et aux nombreuses manifestations artistiques qu'elle organise.

c. Un prestigieux vignoble

Bordeaux est aussi la capitale de l'un des plus célèbres vignobles du monde. Elle contrôle une bonne partie du commerce des vins par l'intermédiaire des grands négociants – les Chartrons – regroupés dans l'un de ses quartiers, et elle assure la majorité des exportations.

Le vignoble de Bordeaux est ancien. Il existait déjà à l'époque romaine, mais c'est l'ouverture du **marché anglais** au XIIe siècle qui provoque son véritable essor. Le commerce des vins est alors l'un des plus importants de l'Europe médiévale. Touché par le phylloxéra et le mildiou à la fin du XIXe siècle, le vignoble retrouve sa prospérité assez rapidement, devançant toujours son rival bourguignon aux exportations, notamment vers les pays du Benelux, le Royaume-Uni, la R.F.A. et les États-Unis. La renommée des vins de Bordeaux est telle à l'étranger que plusieurs châteaux prestigieux sont passés entre les mains de capitaux anglo-saxons, voire japonais, châteaux très disparates quant à leur architecture et qui constituent souvent l'image prestigieuse de la propriété :

> *« Le vignoble bordelais tend à devenir un vaste musée de plein air : des paysages d'une sereine beauté sont progressivement ponctués d'une multitude d'architectures raffinées déclinant leurs personnalités propres dans une gamme de styles révélateurs des siècles successifs. Nombre de propriétaires partagent un même credo : l'image du château est positivement liée à la promotion de ses produits viticoles. Cet investissement affectif, culturel et financier dans le raffinement et dans une véritable théâtralisation du milieu rural, va être progressivement rentabilisée de plusieurs façons. Par une politique de relations publiques en drainant de multiples invités et amateurs influents vers le château. Par une pratique de la communication privilégiant, sur l'étiquette des bouteilles, une imagerie graphique qui cherche à synthétiser la personnalité architecturale du château. »*

Ruth EATON, *Géo*, no 199, 09-1995.

Le vignoble couvre aujourd'hui environ 125 000 hectares et produit, bon an mal an, de 4 à 5 millions d'hectolitres dont les trois-quarts de vins rouges. Le vignoble bénéficiant de l'appellation « bordeaux » est totalement inclus dans le département de la Gironde (voir carte). À cette délimitation géographique s'ajoute un classement très complexe, prenant en compte de multiples critères et permettant de dresser une hiérarchie fut-elle contestable – entre les innombrables « châteaux ». Entrepris dès 1855 par les courtiers de Bordeaux pour les vins du médoc, le classement a été étendu après 1950 aux graves et au Saint-Émilionais. Ce classement, très complexe, distingue :

– *trois grandes catégories* : les appellations générales (bordeaux ou bordeaux supérieurs) ; les appellations régionales (médoc, graves, sauternes…) et les appellations communales (margaux, pauillac…) ;

– *différents crus*. Par ordre décroissant de valeur : premiers crus, deuxième crus… cinquième crus. Derrière ces crus classés arrivent les bourgeois supérieurs, les bons bourgeois et les bourgeois.

Au sommet de cet ensemble règnent quelques seigneurs : **Château-Lafite, Mouton-Rothschild, Château-Margaux et Château-Latour** en médoc ; le **Château Haut-Brion** dans les graves ; le **Château d'Yquem** pour les sauternes ; **Château-Ausone** et **Cheval Blanc** dans le Saint-Émilionnais.

En dépit de l'étendue et de la diversité du vignoble, le nombre de cépages utilisés n'est pas considérable. Le cabernet-sauvignon, le cabernet-franc, le merlot, le petit-verdot et le malbec donnent l'essentiel des rouges. Le sauvignon, le sémillon et la muscadelle fournissent les blancs.

Outre la visite des chais et les dégustations, la région du vignoble offre quelques sites touristiques intéressants. C'est notamment le cas de **Saint-Émilion**, village fortifié qui pos-

Le vignoble bordelais

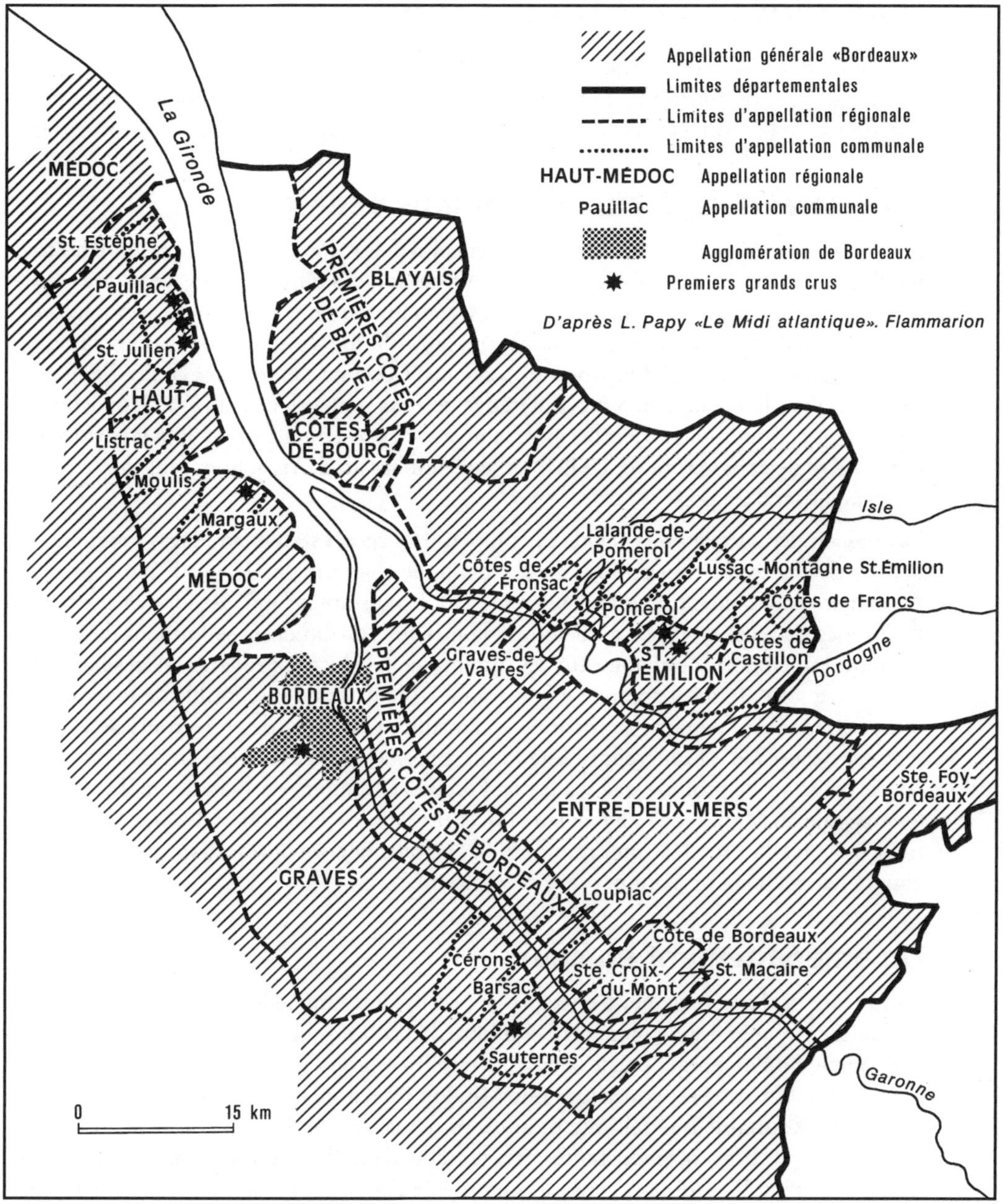

sède une église creusée dans le roc, de beaux monuments gothiques et de vieilles maisons, le tout perché au-dessus de la Dordogne. C'est aussi celui de **Libourne**, vieille bastide et ancien port d'exportation des vins de la région, demeuré centre de négoce et carrefour touristique.

2. Les Landes : la mer et la forêt

À l'ouest de la Garonne, l'Aquitaine dispose d'une réserve d'espace considérable pour le développement du tourisme, à l'heure où bien des régions littorales doivent faire face à d'insurmontables problèmes économiques et écologiques nés de la surpopulation estivale.

a. Un littoral dangereux, longtemps dédaigné

Sur 230 km, entre l'estuaire de la Gironde et celui de l'Adour, le littoral présente un tracé rectiligne. Sur cette **côte sableuse** se dressent des massifs dunaires, sans cesse enrichis et poussés par les vents d'ouest. Certains atteignent des hauteurs impressionnantes, à l'image de la dune du Pilat, près d'Arcachon, qui culmine à plus de 100 m. Ces dunes ont isolé des étangs (étang d'Hourtin et de Carcans, 6 000 ha ; étang de Cazaux-Sanguinet, 5 600 ha) remplis d'eau douce, à la différence de ceux qui ourlent le littoral languedocien. Ces étangs communiquent parfois avec la mer par des « courants » qu'il faut parfois drainer. Une seule échancrure sur ce littoral, celle du **bassin d'Arcachon**, seul site favorable à l'installation d'un port.

La côte, en dépit de la présence de ces immenses plages, est demeurée très longtemps en dehors de l'activité touristique. Ceci s'explique d'abord par le péril que représente l'océan. La baignade est rendue dangereuse par de puissantes lames de fond et surtout par l'existence de baïnes, sillons modelés par la mer sur l'estran et où se forment de violents courants qui emportent chaque été des dizaines de nageurs imprudents. À ces handicaps naturels se sont ajoutés l'absence d'une grande ville littorale susceptible de jouer un rôle moteur dans l'équipement touristique et l'insuffisance de la desserte routière et ferroviaire. Le tourisme est longtemps resté limité à la station d'Arcachon, atteinte par la voie ferrée en 1857 et promue par les frères Pereire, banquiers de Napoléon III, et par la Compagnie du Midi, société ferroviaire qui contrôlait les lignes du Sud-Ouest du pays. Ce n'est qu'après la première guerre mondiale, et plus encore après 1950 que le tourisme commence réellement à animer la côte aquitaine.

b. Un aménagement en cours

La réussite de l'aménagement entrepris sur le littoral languedocien, la crainte de voir l'urbanisation anarchique menacer l'équilibre de la côte aquitaine et le désir de revivifier l'économie landaise amènent les pouvoirs publics à promouvoir une nouvelle opération d'envergure. En 1967 est constituée une **Mission interministérielle pour l'aménagement de la côte Aquitaine** qui délimite 9 unités principales d'aménagement (voir carte) centrées sur des stations déjà existantes et 7 secteurs d'équilibre naturel, seulement aptes à recevoir des implantations légères. On privilégie l'aménagement en « profondeur » afin de préserver au maximum le littoral de la construction immobilière. On envisage aussi le creusement d'un canal reliant les différents étangs et le bassin d'Arcachon. Au total, près de 600 000 lits étaient prévus pour 1985.

Les Landes

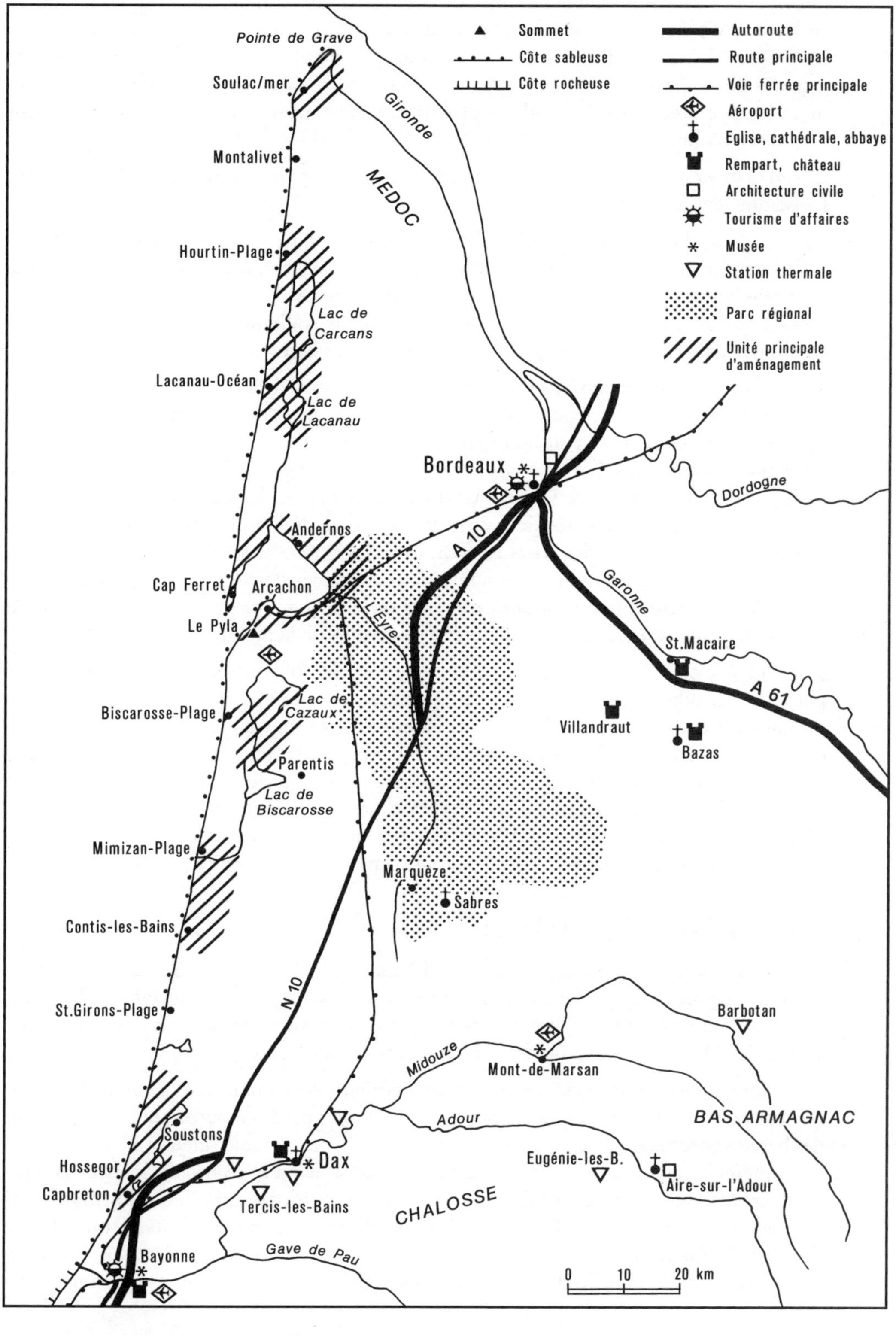
Sommet
Côte sableuse
Côte rocheuse
Autoroute
Route principale
Voie ferrée principale
Aéroport
Eglise, cathédrale, abbaye
Rempart, château
Architecture civile
Tourisme d'affaires
Musée
Station thermale
Parc régional
Unité principale d'aménagement
Pointe de Grave
Soulac/mer
Gironde
Montalivet
MEDOC
Hourtin-Plage
Lac de Carcans
Lacanau-Océan
Lac de Lacanau
Bordeaux
Dordogne
Andernos
A 10
Cap Ferret
Arcachon
Le Pyla
L'Eyre
Garonne
St.Macaire
A 61
Lac de Cazaux
Biscarosse-Plage
Villandraut
Bazas
Parentis
Lac de Biscarosse
Mimizan-Plage
Marquèze
Sabres
Contis-les-Bains
N 10
St.Girons-Plage
Barbotan
Midouze
Mont-de-Marsan
Adour
BAS ARMAGNAC
Soustons
Dax
Hossegor
Capbreton
Tercis-les-Bains
Eugénie-les-B.
Aire-sur-l'Adour
CHALOSSE
Bayonne
Gave de Pau
0
10
20 km

Le bilan est loin d'être éloquent. La Mission n'a pas eu suffisamment de capitaux à sa disposition, et certains travaux se sont avérés très onéreux, notamment la construction de collecteurs d'égouts et de ports de plaisance (Arcachon, Andernos) ou encore la défense des immeubles contre les attaques de la houle. De plus, les achats de terrains ont été retardés par l'opposition de certaines communes ou de particuliers. Enfin, les mouvements écologistes se sont mobilisés pour attirer l'attention sur les dangers menaçant l'équilibre naturel des étangs et de la forêt.

Il n'en demeure pas moins que la fréquentation touristique a continué à se développer sur l'ensemble du littoral :

– *sur la côte du Médoc*, au nord d'Arcachon, les stations sont issues du dédoublement d'un village intérieur. Elles ajoutent à leur clientèle estivale venue de loin une importante clientèle bordelaise qui permet d'allonger quelque peu la saison. Cette côte est la plus ensoleillée de tout le littoral aquitain, comme le souligne l'essor du naturisme à Montalivet-les-Bains, l'un des plus importants centres européns ;

– *le bassin d'Arcachon* conserve toutefois sa suprématie. Il la doit à son ancienneté, à l'importance de ses infrastructures d'accueil et à sa bonne desserte ferroviaire et surtout routière, grâce à une liaison autoroutière vers Bordeaux. Deux villes distinctes composent l'agglomération d'Arcachon. La ville d'été, au bord du bassin, abrite le casino et profite d'un grand port de plaisance (2 400 places), proche du port de pêche. La station d'hiver, en arrière, est mieux protégée des vents. Elle disperse de belles villas et des immeubles modernes dans une forêt de pins. Le bassin (5 000 à 15 000 ha selon la marée) fournit un plan d'eau abrité aux baigneurs et aux plaisanciers ; ces derniers se heurtent parfois à l'hostilité des ostréiculteurs qui font d'Arcachon une étape gastronomique. La **dune du Pilat** et le parc ornithologique complètent les attraits de la région.

– au sud, *la Côte d'Argent* échappe progressivement à l'influence bordelaise. Ce sont les plages des Landais. Plus tardivement fréquentées, elles ont profité de l'installation des militaires et des techniciens du pétrole (Parentis) et se sont rapidement ouvertes à une clientèle plus éloignée. **Mimizan-plage**, Contis-plage et surtout **Hossegor** et **Capbreton** sont les principales stations. Ces deux dernières sont situées de part et d'autre de l'ancien estuaire de l'Adour, à proximité d'un lac, et portent des villas et immeubles de grand standing qui en font les secondes d'Arcachon. Plus au sud, le Vieux-Boucau, devenu Port-d'Albret, s'est doté d'un beau complexe touristique, avec un port de plaisance.

c. Un intérieur bien délaissé

Derrière les dunes et les étangs commence l'immense **forêt landaise**. Elle couvre environ 950 000 hectares, qui en font la plus vaste du pays. Composée exclusivement de pins maritimes, elle n'abrite qu'une très faible population (certains cantons ont moins de 10 hab./km²) et reste en marge de la fréquentation touristique.

Cette forêt date du XIXe siècle. Les Landes étaient autrefois d'immenses étendues marécageuses couvertes d'ajoncs et de bruyères, et parcourues par les moutons que surveillaient des bergers perchés sur leurs échasses. Cette vaste plaine de sable retenait l'eau en raison de la présence d'une couche imperméable, l'alios, située à quelques décimètres de profondeur. Milieu pauvre et insalubre, la plaine fut rapidement boisée à l'initiative de Chambrelent, ingénieur des Eaux et Forêts, **sous le Second Empire**. Imitant son collègue Brémontier qui avait réussi à stopper l'avancée des dunes en plantant des gourbets et des pins, il défonce la couche d'alios, draine les sables et plante des **pins maritimes**. Dès

1900, la forêt atteint son extension actuelle. Elle amène aussi la richesse. Les pins fournissent les traverses de chemin de fer, les poteaux de mines, et de la térébenthine extraite de la résine par les gemmeurs.

Hélas, l'âge d'or n'a qu'un temps. La concurrence des résines et des bois étrangers entraîne le déclin de l'exploitation. De plus, de gigantesques incendies, comme ceux de 1949, détruisent une partie des pins. Rapidement, la défense s'organise : des tours de guêt sont implantées, de vastes trouées pare-feu sont aménagées et les points d'eau multipliés. La forêt est désormais bien protégée, bien que de grands incendies l'aient à nouveau endommagée au début de l'année 1990. Elle alimente des papeteries et des scieries, mais perd toujours ses habitants en dépit de l'ouverture de vastes clairières à la culture du maïs.

Le tourisme est-il un remède ? La création du **parc naturel régional** (206 000 ha), l'ouverture d'un remarquable écomusée à Marquèze et l'essor du canoë-kayak sur l'Eyre amorcent une politique d'aménagement touristique, mais cela ne suffit pas. Pas plus que l'implantation de résidences secondaires dans les villages ou que la renommée de quelques restaurants, comme *Au bon coin* à Mimizan.

Les principales villes sont situées à la limite de la forêt. **Mont-de-Marsan**, à l'écart de la principale voie ferrée et de la nationale 10, n'est pas un grand centre touristique en dépit de son donjon et de ses « Fêtes de la Madeleine » durant lesquelles se déroulent courses de vachettes et corridas.

3. La Chalosse et l'Armagnac

Au sud de l'Adour, la forêt s'éclaircit brusquement et le relief est plus marqué. C'est un paysage de collines, resté très rural, où la culture du maïs, l'élevage des oies et des canards et la viticulture soulignent la place accordée aux **plaisirs de la table**.

La Chalosse, entre l'Adour et le gave de Pau, est en effet une terre opulente. Plus qu'à ses bastides, elle doit sa renommée aux marchés du **foie gras** d'Aire-sur-l'Adour ou de Saint-Sever et à ses **stations thermales**. **Dax** est la plus importante. Avec 55 080 curistes en 2000, elle figure au premier rang des stations françaises : la clientèle a plus que doublé depuis 1970, favorisant l'essor de l'hôtellerie (environ 2 000 chambres classées). Plus modestes sont les stations de Saint-Paul-lès-Dax, d'Eugénie-les-Bains, de Préhacq, de Saubusse et de Tercis-les-Bains.

Entre l'Adour et la Garonne, **l'Armagnac** est constitué de longues collines étirées nord-sud, labourées par les eaux des affluents de la Garonne (Save, Gers, Baïse) dont les crues sont parfois redoutables en dépit de la construction de nombreuses retenues (lacs collinaires). Le vignoble couvre environ 30 000 hectares. La majeure partie de la vendange est destinée à la distillation. L'alcool produit bénéficie depuis 1909 de l'appellation armagnac, pour les vins originaires de trois régions précisément délimitées (Haut-Armagnac, Bas-Armagnac et Ténarèze) et provenant de cépages sélectionnés (folle blanche et jaune, piquepoul, saint-émilion et colombar). À la différence du cognac, l'armagnac est le résultat d'une seule distillation. Vieillie dans les fûts de chêne, l'**eau-de-vie** est en partie exportée, mais elle ne bénéficie pas encore d'un réseau commercial comparable à celui du cognac. D'autres produits, moins connus, sont originaires de la région, tels le « floc de Gascogne », vin de liqueur à base d'armagnac.

L'Armagnac offre aussi au visiteur des trésors d'architecture. Les **bastides** sont nombreuses (Fleurance, Montréal, Gimont), les fortifications également (Bassouès), et deux villes méritent que l'on s'y attarde : Condom et Auch. La première, outre son musée de l'Armagnac, possède une remarquable église de style gothique méridional et de vieux hôtels du XVIIIe siècle. Quant à **Auch**, carrefour et préfecture, elle s'honore d'être la cité de d'Artagnan. Sa cathédrale Sainte-Marie (XVe-XVIIIe s.) et la tour d'Armagnac dominent la vallée du Gers du rebord d'un plateau auquel on accède par un escalier monumental. **Barbotan**, avec 14 405 curistes en 2006, est une station thermale dynamique.

4. Le couloir de la Garonne

Entre Bordeaux et Toulouse, la vallée de la Garonne constitue le principal axe de communication de l'Aquitaine. Toutefois, le fleuve, au régime irrégulier et aux crues fréquentes, est inapte à la navigation moderne. Le canal latéral, prolongé par le **canal du Midi** vers Sète, ne porte qu'un modeste trafic commercial ; par contre, il trouve un second souffle avec le développement de la navigation de plaisance et du tourisme fluvial. Quant à l'autoroute des Deux-Mers, si elle enregistre un trafic croissant, elle prive souvent les villes riveraines du fleuve de touristes, comme l'autoroute du Soleil contrarie la fréquentation de Vienne ou de Valence.

Le couloir garonnais n'enregistre donc qu'un **tourisme de passage** dont les retombées économiques sont assez modestes. Ce tourisme est essentiellement orienté vers le patrimoine historique des villes riveraines du fleuve ou de leurs environs immédiats. Il ignore trop souvent le charme des paysages bien ordonnés, où s'étalent de vastes vergers, des vignes ou des cultures maraîchères, interrompus par des rideaux de peupliers, des labours et des prairies. Les châteaux-forts (Rauzan), les villes fortifiées (Saint-Macaire, Rions) et les marchés agricoles (Marmande) sont des étapes agréables, mais cependant moins connues que les villes d'Agen et de Toulouse sur la Garonne ou celles de Moissac, de Montauban et d'Albi sur le Tarn.

Agen, la capitale de la prune d'Ente qui, séchée, fournit les pruneaux, conserve quelques vieux quartiers pittoresques, un pont-canal original qui permet au canal latéral de franchir la Garonne, et possède dans son musée un marbre antique et des tableaux de Goya.

Quant à **Toulouse** (437 000 hab., 1 133 000 dans l'aire urbaine), grande métropole régionale, terrienne comme Bordeaux est océane, elle réunit les plus prestigieux monuments de la vallée. La ville a connu un développement précoce grâce à sa position de carrefour entre l'Aquitaine et le Languedoc. Dotée d'une cour brillante au Moyen Âge sous les comtes Raymond, elle est aussi une ville de libre pensée. Centre de résistance de l'hérésie cathare, elle subit les assauts des croisés du Nord avant de tomber dans le domaine royal (1271). Mais la ville retrouve rapidement son rayonnement intellectuel et économique, notamment grâce au commerce du pastel. Après une nouvelle atonie au XVIIe et au XVIIIe siècles, la ville bénéficie de l'ampleur de l'exode rural qui vide la montagne pyrénéenne et les campagnes voisines, puis du repli des industries d'armement entre les deux guerres.

Surnommée la « cité des violettes » ou encore la « ville rose » – à cause de ses maisons de briques – elle possède quelques fleurons de l'architecture civile et religieuse française :

– *la cathédrale Saint-Sernin* est l'une des merveilles de l'art roman. Elle mêle la pierre et la brique dans une harmonie parfaite et dresse un clocher polygonal de cinq étages à près de 70 m de haut ;

– *les Jacobins*, premier couvent réalisé pour les dominicains (XIIIe-XVe siècles), conserve une allure de forteresse ;

– *le Capitole* sert d'hôtel de ville. Il doit son nom à l'ancienne assemblée des « capitouls » ou consuls qui dirigeaient la ville au Moyen Âge. C'est un édifice du XVIIIe siècle, dont la longue façade, sur laquelle alternent pierre et brique, est décorée de pilastres ioniques ;

– Les vieux hôtels, édifiés du XIIIe au XVIIIe siècle, sont souvent bien conservés. Le plus prestigieux est celui d'Assézat, de style Renaissance.

Aux atouts de ses monuments, Toulouse ajoute les trésors de ses **musées**. Celui des Augustins présente une exceptionnelle collection de sculptures romanes et de nombreuses peintures (Rubens, Murillo, Corot, Delacroix) ; celui du Vieux Toulouse rappelle l'histoire de la ville et de sa région.

Comme Bordeaux, Toulouse profite également du **tourisme d'affaires**. Bien desservie par les transports, et forte de ses commerces, de ses industries modernes (aéronautique, avec **Airbus**, chimie, électronique) et de son rôle d'entrepôt régional, elle a connu un développement rapide de son hôtellerie.

Sur le Tarn, **Moissac** possède l'un des plus purs fleurons de l'art roman avec son abbaye Saint-Pierre dont le portail et le cloître ont fait la une de bien des dépliants touristiques. Elle possède aussi d'anciennes demeures pittoresques au bord de la rivière sur laquelle a été aménagée une base nautique.

Montauban, ancienne bastide, est, comme Toulouse, une ville de brique rose, à l'exception de sa cathédrale classique (XVIIe-XVIIIe siècle), faite de pierre blanche et symbole de la victoire du pouvoir royal sur l'hérésie. Les deux monuments les plus intéressants sont l'église fortifiée Saint-Jacques et l'ancien palais épiscopal qui, transformé en musée, abrite de belles collections archéologiques, des céramiques, des sculptures et surtout des peintures, notamment de nombreuses toiles et dessin d'Ingres, natif de la ville.

Albi « la Rouge », ainsi surnommée à cause de la couleur des briques de bien des demeures et des monuments, abrite le chef-d'œuvre gothique du Midi, **la cathédrale Sainte-Cécile**. C'est une immense fortification, édifiée entre le XIIe et le XVe siècle, c'est-à-dire après la défaite cathare *. L'austère cathédrale est flanquée d'un grand porche flamboyant qui annonce les extraordinaires dentelles de pierre de l'intérieur auxquelles s'ajoutent de grandes fresques. L'édifice fait oublier les autres richesses de la ville : le palais fortifié de la Berbie, ancienne résidence épiscopale qui renferme le musée Toulouse-Lautrec ; le vieux pont qui enjambe le Tarn ou encore les vieilles demeures médiévales bien restaurées.

5. Le Périgord : bonne chère et préhistoire

Le Périgord est une région de plateaux et de collines, aux sols peu fertiles, souvent couverte d'épaisses forêts de chênes et de châtaigniers. À ces hauteurs peu peuplées s'opposent les coulées vertes des vallées, axes de circulation et de peuplement. La diversité des paysages explique la multiplication des qualificatifs. On parle ainsi de « Périgord noir », de « Périgord blanc », de « Périgord vert ».

Longtemps demeuré à l'écart du tourisme, le Périgord figure aujourd'hui parmi les grandes régions d'accueil. Il le doit à ses paysages, popularisés par le film *Jacquou le Croquant*, adapté du célèbre roman d'Eugène le Roy. Il le doit aussi à ses innombrables **châteaux et manoirs**, symboles désuets d'une aristocratie autoritaire décriée par ce roman, et à ses **truffes** (les « diamants noirs »). Mais c'est surtout la mise en valeur de ses inestimables trésors préhistoriques qui l'a fait connaître dans toute l'Europe.

L'ouest du Massif central

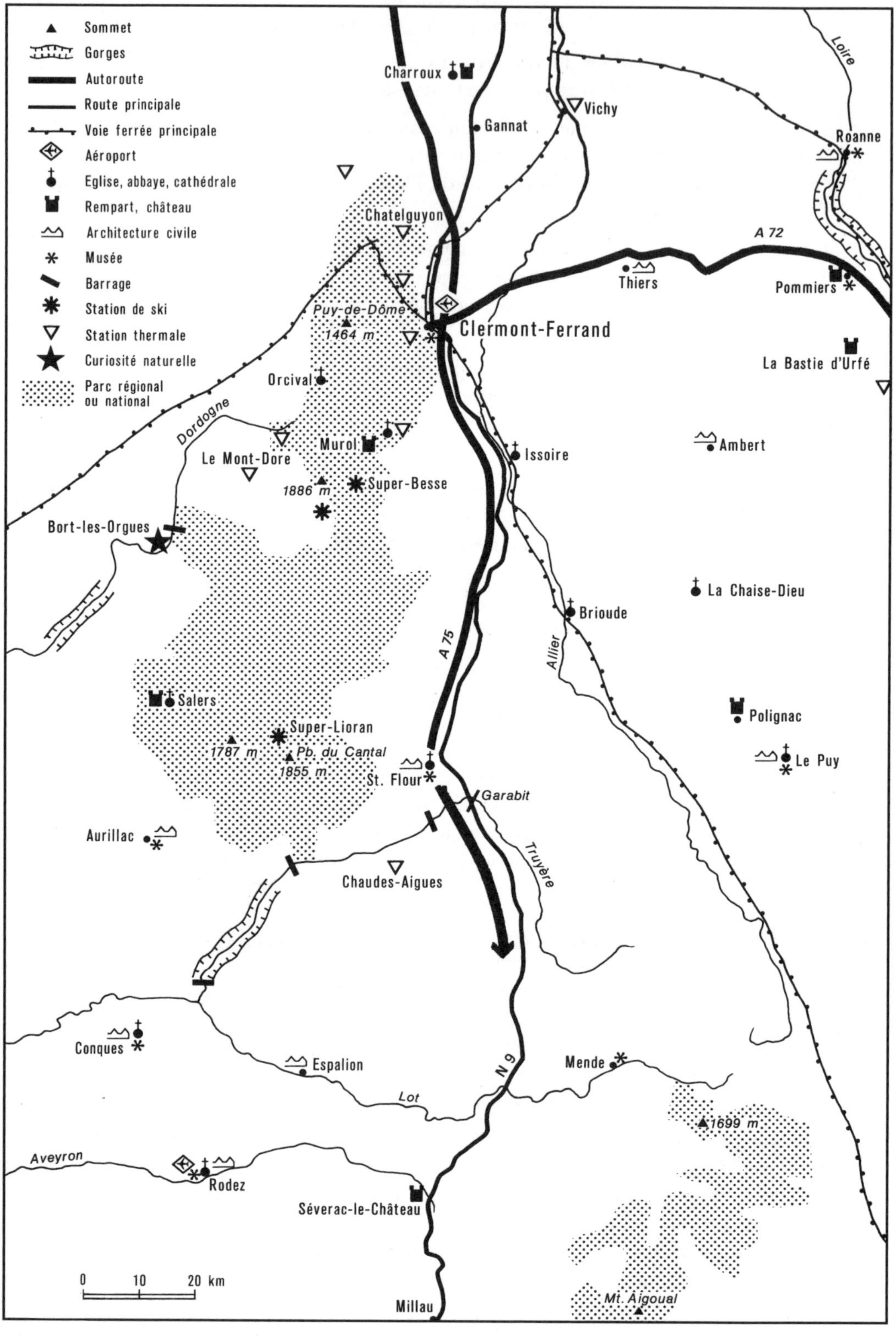

Le développement touristique a privilégié deux formes d'hébergement : la résidence secondaire et le camping. L'essentiel de la fréquentation est le fait de Français, mais la clientèle étrangère est importante, assurant plus du tiers des nuitées dans les hôtels et les campings. Anglais, Belges, Néerlandais et Allemands sont les plus nombreux. Le tourisme ne se répartit pas également dans la région. Les vallées ajoutent en effet les touristes de passage aux séjournants et portent la presque totalité des villes.

a. Le Périgord noir

C'est une région de plateaux et de collines qui doit son surnom à l'épaisseur de ses forêts. Elle est traversée par les vallées de la Dordogne et de la Vézère qui présentent chacune des attraits touristiques spécifiques :

– *la vallée de la Vézère*, c'est le « couloir de la Préhistoire ». Les abris sous roche et les grottes qui encadrent la rivière portent de nombreux témoignages de l'activité des hommes préhistoriques :

> *« La Vézère et ses affluents côtoient 25 grottes ornées, quelque 150 gisements préhistoriques, 350 sites archéologiques. Des squelettes de l'homme de Néanderthal (...) ont été découverts près des Eyzies et de Montignac.*
>
> *L'extraordinaire gisement de l'abri sous roche de Laugerie-Haute aux Eyzies, raconte, par sa richesse et la netteté de ses couches archéologiques, les étapes de l'occupation du sol pendant 20 000 ans et plus. Les pays de la Vézère révèlent toutes les splendeurs de l'art pariétal : dans la commune de Montignac, la grotte de Lascaux recèle un ensemble de peintures sans doute unique au monde ; la grotte de Font-de-Gaume, la grotte des Combarelles, et bien d'autres encore sont elles aussi décorées de magnifiques fresques représentant bisons, chevaux, rennes ; la grotte de Rouffignac et ses onze kilomètres de galeries montrent des mammouths, des rhinocéros, des bouquetins. »*

Louis Papy, *Le Midi Atlantique*, Flammarion, 1982.

Domme, ville périgourdine

Le succès touristique de la vallée est tel que l'on a reconstruit une grotte semblable à celle de Lascaux pour éviter la dégradation du site original. Le musée de la Préhistoire des Eyzies-de-Tayac enregistre en moyenne 250 000 entrées par an.

– *la vallée de la Dordogne* est celle des points de vue et des forteresses. Enserrée dans une vallée souvent étroite, la rivière dessine de beaux méandres (les « cingles » de Montfort et de Trémolat) que dominent de nombreux **châteaux**. Ceux de Domme, de Beynac et de Castelnaud sont les plus impressionnants.

Sarlat-la-Canéda est sans conteste la capitale de ce Périgord noir, le plus fréquenté par les touristes. La ville natale de La Boétie est une étape gastronomique réputée. Elle possède de nombreux hôtels des XVe et XVIe siècles remarquablement restaurés et qui offrent un décor de choix au festival annuel (théâtre, concerts).

b. Le Périgord blanc

C'est le « bon pays », c'est-à-dire une région d'agriculture et d'élevage qui s'oppose aux massifs forestiers de la Double et de la région de Sarlat. Les paysages ont souvent une teinte méridionale ; les maisons et les fermes sont couvertes de tuiles romaines et la campagne est largement humanisée. Outre ses innombrables châteaux (Bourdeilles), le Périgord blanc possède deux étapes touristiques importantes : **Brantôme** et Périgueux. Brantôme doit sa célébrité à l'abbé Pierre de Bourdeille, chroniqueur du XVIe siècle, guerrier et courtisan, qui prît comme surnom celui de la ville ; elle est aussi une étape gastronomique réputée. **Périgueux** est surtout connue pour la cathédrale Saint-Front, l'une des plus originales églises de France. Elle rappelle, par ses coupoles, Saint-Marc de Venise ; restaurée au XIXe siècle, elle domine un vieux quartier assez bien conservé. Périgueux a aussi gardé, quelques vestiges du temps de sa grandeur romaine (arènes, tour de Vésone) et possède un musée du Périgord, riche en collections préhistoriques. Chef-lieu de la Dordogne, elle a tiré parti du développement du tourisme régional.

Au sud du Périgord blanc, la vallée de la Dordogne fait aussi figure de « bon pays », comme le prouvent les cultures maraîchères, les champs de tabac, les vergers et les vignes qui tapissent les larges terrasses et les coteaux. C'est un paysage aquitain. **Montbazillac** et Bergerac sont les centres touristiques de la vallée. Le premier doit son succès à son élégant château du XVIe siècle, mais plus encore à la qualité de son vin blanc liquoreux. **Bergerac**, principale ville de la vallée, possède un musée du Vin et un musée du Tabac et profite en outre de sa situation de carrefour routier.

c. Le Périgord vert

On pourrait appeler ainsi le nord du département de la Dordogne, autour de Nontron. Les altitudes augmentent, les précipitations aussi et les paysages annoncent le Limousin. La forêt, les herbages et les landes sont fréquents. Si les résidences secondaires sont là aussi nombreuses, les attraits touristiques sont plus limités. Les nombreux lacs permettent cependant la baignade (Saint-Estèphe) et quelques rochers de granit, en forme de boules rappellent le Sidobre.

6. Le Quercy : les merveilles du calcaire

Au sud du Périgord s'étend le Quercy, où l'opposition entre plateaux et vallées est encore plus vive. Le Quercy est traditionnellement divisé en deux régions :

– *le Haut-Quercy*, constitué de vastes plateaux calcaires, **les Causses** – causse Martel, causse de Gramat, causse de Limogne –, couverts d'une maigre végétation et voués au seul élevage des moutons ;

– *le Bas-Quercy*, au sud-ouest, où les plateaux sont découpés en lanières – les Serres – par les vallées. L'altitude est plus modeste et les régions basses les « vallées » portent de belles prairies et de riches cultures.

Région pauvre, le Quercy trouve dans le tourisme une part croissante de ses revenus. Il doit sa fréquentation à la beauté de certains sites, qui comptent parmi les plus spectaculaires du pays. Région calcaire, le Quercy offre en effet une impressionnante collection de **formes d'érosion karstique** : dolines (ici appelées « cloups »), sotchs, grottes avec stalactites et stalagmites, canyons... Ces sites mobilisent des foules impressionnantes à la belle saison, qui ont permis le développement de l'hôtellerie et de la restauration dans des villages ou des villes menacés de déclin. Les sites les plus prestigieux sont :

– *Rocamadour,* village accroché au flanc d'un impressionnant escarpement, à 150 m au-dessus de la vallée de l'Alzou. C'est un lieu de pèlerinage très fréquenté depuis le XIIe siècle. Ancienne ville-forte, Rocamadour porte un château et plusieurs sanctuaires ;

– le gouffre de *Padirac,* ouvert au tourisme dès la fin du XIXe siècle. Profond de 75 m, il donne accès à une rivière souterraine sur laquelle on peut effectuer une promenade en barque pour admirer les résultats de l'érosion ;

– *la grotte de Pech-Merle* qui ajoute aux beautés du calcaire d'innombrables dessins et peintures rupestres.

Outre ces sites prestigieux, le Quercy possède de remarquables forteresses (Bonaguil), des villes pittoresques (Montpezat) et des vallées accueillantes aux pêcheurs, aux promeneurs et aux sportifs. Ce sont d'ailleurs les vallées qui concentrent la plus grande part de l'hébergement, et notamment des **résidences secondaires** qui se sont rapidement multipliées, en particulier dans la vallée du Lot. Ainsi, le tourisme de séjour s'ajoute au tourisme de passage. Il contribue à réactiver des villes comme Gramat, Figeac, Gourdon, Saint-Céré, et même à donner un second souffle à **Cahors**, la vieille capitale du Quercy. Ville natale du poète Clément Marot et de Léon Gambetta, elle possède avec le **pont Valentré** et sa **cathédrale** fortifiée de solides témoignages de sa grandeur médiévale (elle fut l'une des principales places bancaires d'Europe). Cahors est située au centre d'un vignoble livrant des vins rouges colorés et corsés, supportant bien le vieillissement.

11

Le Massif central

« Ici commence le pays du grand air. Au centre de la France, le Massif central. Au centre du Massif central, l'Auvergne. Contrée unique, elle résume l'histoire géologique de notre cher petit globe. Elle semble le musée, arrangé à plaisir – galeries de paysages et collection de roches – de tous les matériaux et de toutes les façons employées pour former la Terre. »

Henri POURRAT, *Auvergne*, Arthaud, 1973.

Le Massif central couvre 90 000 km², soit environ le sixième du territoire national. C'est un ensemble de hautes terres qui ne présentent guère d'unité historique ou humaine. Sur le plan administratif, il est d'ailleurs partagé entre six régions, dont deux seulement, l'Auvergne et le Limousin, le caractérisent réellement.

Cette montagne, en dépit d'un potentiel touristique important, demeure encore en marge des grandes migrations de loisirs qui la contournent souvent, par l'ouest et plus encore par l'est, soulignant ainsi l'obstacle redoutable qu'elle constitue pour les communications. Pourtant, depuis une quinzaine d'années, le tourisme progresse rapidement. Il n'est plus seulement le fait d'émigrés de retour au « pays », mais de résidents des régions voisines, de Parisiens et même d'étrangers. Ce tourisme ne se répartit pas également sur tout le Massif, ce qui accentue parfois les disparités économiques entre les régions.

A Un bastion de hautes terres aux paysages variés

1. Une montagne moyenne

Le Massif central est la plus élevée de nos montagnes moyennes. L'altitude des plus hauts sommets (puy de Sancy, 1 886 m ; plomb du Cantal, 1 858 m ; puy Mary, 1 787 m) est supérieure à celles enregistrées dans le Jura ou les Vosges, et l'altitude moyenne (725 m) est forte. Pourtant le Massif central n'offre pas de reliefs spectaculaires. Il est surtout constitué de plateaux.

Le Massif central présente cependant une extrême diversité de paysages qui résultent pour l'essentiel de la nature des roches et de l'évolution géologique. Massif hercynien,

Les gorges du Tarn

raboté par l'érosion, puis recouvert de sédiments à l'ère secondaire, cet ensemble a été vigoureusement relevé à l'ère tertiaire sous l'effet du plissement alpin. Le Massif, constitué de roches cristallines a basculé vers le nord-ouest et s'est fracturé. Le long des failles, des volcans sont apparus ; certains d'entre eux n'ont cessé leur activité que depuis 5 000 à 7 000 ans. Ce soulèvement tertiaire s'est accompagné d'une reprise de l'érosion glaciaire et surtout de l'érosion linéaire des cours d'eau qui a donné naissance à de nombreuses vallées, parfois taillées en véritables gorges. Le relief actuel permet de distinguer plusieurs grands ensembles de paysages :

– au Nord et à l'Ouest, des plateaux cristallins qui s'abaissent progressivement vers les plaines voisines et qui sont traversées par des vallées souvent encaissées ;

– au centre, un ensemble complexe de plateaux élevés (monts du Forez, Margeride), de fossés d'effondrement (Limagne), de volcans (chaîne des Puys, Cantal) et de coulées de laves (Aubrac) ;

– à l'Est, une bordure élevée, faite de blocs cristallins basculés lors du soulèvement tertiaire : monts du Lyonnais, Vivarais, Cévennes (voir le chapitre « La région lyonnaise… et le couloir entre les montagnes ») ;

– au Sud, de vastes plateaux calcaires situés entre 700 m et 1 100 m : les Causses.

2. Un climat rude, aux visages multiples

Le Massif central présente un climat de montagne caractérisé par :

– la rigueur et la longueur de l'hiver. Clermont-Ferrand a une moyenne de janvier de 2,7 °C et le gel est aussi fréquent à Limoges qu'à Grenoble (77 jours par an). Au froid s'ajoutent des vents violents et très froids (l'écir ou la burle) qui soulèvent la neige et forment des congères. Autrefois, ils égaraient les voyageurs, que les clochers de tourmente remettaient sur le chemin par le son de leurs cloches. Aujourd'hui, ils interrompent encore la circulation sur les routes et bloquent même parfois les trains. Ainsi, certains villages de la Haute-Loire restent encore isolés durant plusieurs jours. Si la neige est présente en altitude, elle est aussi fragile, ce qui contrarie le fonctionnement des stations de sports d'hiver, au moins lors des séjours de Noël et de Pâques.

– l'importance des précipitations. Le Massif central reçoit de plein fouet les dépressions océaniques et sa bordure méridionale est soumise aux vents humides venant de la Méditerranée. Il en résulte une pluviométrie élevée : 934 mm à Limoges, plus de 1 200 mm sur les hauteurs. Toutefois, les différences d'exposition expliquent la diversité des situations et les plaines abritées comptent parmi les régions les plus sèches du pays : Clermont-Ferrand enregistre seulement 563 mm de précipitations par an.

Le Massif central est aussi un carrefour climatique, comme l'indiquent les graphiques ci-dessus. La bordure occidentale, bien arrosée, présente des nuances océaniques, avec des hivers moins froids, mais des étés plus troublés (ex. : Limoges). Les régions orientales abritées présentent un climat montagnard teinté de continentalité (ex. : Clermont-Ferrand) ; les hivers sont froids, mais les étés plus chauds et orageux. Quant à la bordure méridionale, elle prend des allures méditerranéennes (ex. : Millau), avec des étés plus chauds (20,1 °C à Millau en juillet contre 18,4 °C à Limoges) et un ensoleillement plus important : 2 155 h par an à Millau contre 1 853 h à Limoges.

La diversité climatique du Massif central

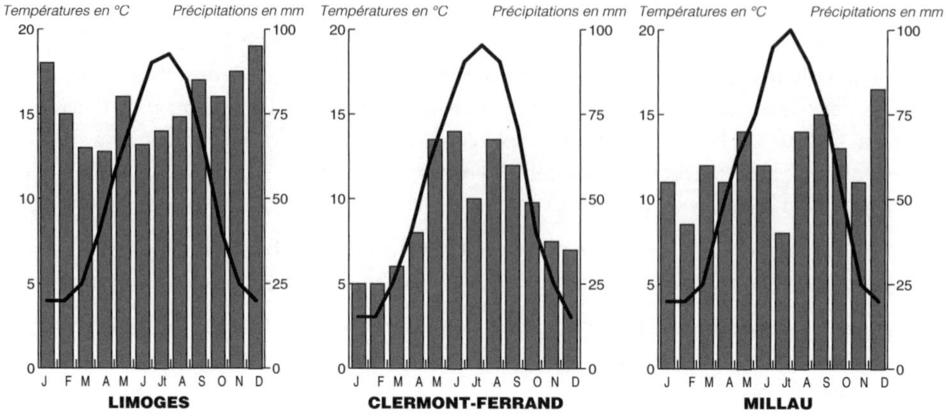

3. Le pays des eaux vives

Les effets conjugués du relief et du climat expliquent le qualificatif de « château d'eau de la France », souvent accolé au Massif central. Ce dernier alimente en effet tous les fleuves français, à l'exception du Rhin, et l'un d'entre eux y prend sa source : la Loire.

L'abondance des eaux n'est pas sans conséquence sur le tourisme. La pêche est très développée ; le Limousin est d'ailleurs la région où le nombre de permis délivrés est proportionnellement le plus important. De beaux plans d'eau ont été aménagés sur les rivières et sur la Loire pour les baigneurs et les plaisanciers. Les barrages hydroélectriques édifiés sur la Truyère, la Dordogne et le Lot suscitent la curiosité. Le canoë-kayak est assidûment pratiqué sur bien des cours d'eau, notamment sur l'Ardèche (Vallon-Pont-d'Arc). Les vallées elles-mêmes sont des sites touristiques lorsqu'elles prennent la forme de gorges vertigineuses comme celles du Tarn et de la Truyère.

B Des réserves d'espace et d'air pur

1. Une montagne souvent vide

Le Massif central est une région où la densité humaine est particulièrement faible. Elle n'est que de 42 habitants/km^2 dans le Limousin et de 50 habitants/km^2 en Auvergne. La montagne fait figure d'espace vide pour les résidents de l'Île-de-France (912 hab./km^2) ou du Nord-Pas-de-Calais (322 hab./km^2). C'est un atout non négligeable à l'heure où de nombreux touristes souhaitent bénéficier de silence et de repos afin d'oublier le pénible « métro-boulot-dodo ».

Ces faibles densités s'expliquent avant tout par l'émigration. Depuis le milieu du XIXe siècle, le Massif central a perdu plus d'un million d'habitants. La plupart des départements enregistrent actuellement des effectifs inférieurs de 30 %, voire de 50 % à ceux du siècle passé, comme le soulignent les quelques exemples ci-dessous :

La population*

Départements	1851	1962	2008
Corrèze	320 000	238 000	237 500
Creuse	287 000	164 000	122 500
Cantal	253 000	173 000	150 500
Haute-Loire	305 000	211 000	218 000
Ardèche	387 000	249 000	304 000
Aveyron	394 000	290 000	271 500

* Seuls les départements de la Haute-Vienne et de l'Allier ont augmenté leur population depuis 1851.

Cette émigration a d'abord été temporaire. L'ouvrier agricole et le paysan-propriétaire partaient durant l'hiver. Ils devenaient maçons, porteurs d'eau, ferrailleurs, colporteurs... Puis, progressivement l'émigration est devenue définitive, notamment vers les grandes villes, Paris et Lyon. Elle a rendu célèbre la silhouette du bougnat, possesseur d'un modeste établissement portant l'inscription « café-bois-charbon ». Certains ont très bien réussi, à force de courage et de persévérance. Aujourd'hui les descendants de ces émigrés dirigent de nombreuses brasseries et bien des hôtels dans la capitale, ce secteur d'activité ayant toujours concentré leur intérêt. L'émigration n'a pas rompu les liens avec la province et le village. Les communautés d'Auvergnats, de Corréziens et d'Aveyronnais sont bien organisées dans les villes d'accueil, comme le soulignent fêtes, repas et bals. Elles disposent même d'une presse spécialisée qui rend compte des menus échos du pays, à l'image de l'*Auvergnat de Paris*, créé en 1882. De plus, chaque congé donne l'occasion d'un retour dans la maison familiale, ce qui contribue à maintenir en vie bien des hameaux isolés. Ces émigrants ou leurs descendants possèdent en effet une bonne part des 142 230 résidences secondaires recensées en Auvergne et dans le Limousin, même si de nombreuses acquisitions sont le fait d'étrangers.

2. Un cadre de détente et de repos

Région peu peuplée, le Massif central bénéficie aussi de paysages propices au repos. C'est un espace essentiellement rural, où les pâturages, les landes et les forêts couvrent une bonne partie des terres. Réduites au point que l'on évoque le « mont chauve », les forêts progressent rapidement depuis plusieurs décennies à la faveur d'actives campagnes de reboisement, notamment dans l'Aubrac. Celles-ci permettent de mieux valoriser les hauteurs mais aussi de protéger les versants contre l'érosion. Si les conifères ont été longtemps privilégié, on accorde depuis quelques années une place plus importante aux feuillus, qui enrichissent le sol et s'avèrent moins sensibles aux incendies.

C'est pourquoi **le tourisme vert** trouve ici un milieu de prédilection pour son développement. Il est d'autant plus apprécié qu'il permet aux villages de retrouver une certaine animation à la belle saison, ce qui facilite le maintien des infrastructures commerciales locales et retient quelques jeunes. La teinte profondément rurale conservée par la région se manifeste de multiples façons. Bien des villes et des villages ont conservé un aspect traditionnel, trouvant quelque animation lors du marché rural hebdomadaire ou plus encore à l'occasion des grandes **foires aux bestiaux,** comme celles de Châteauneuf-de-Randon et d'Aurillac.

Les vieilles maisons typiques du Cantal, des Cévennes ou de Causses séduisent bien des amateurs. Si les costumes régionaux ne sont plus sortis qu'à l'occasion des fêtes, où la bourrée retrouve également ses droits, rythmée par le son de la vielle et de la cabrette (sorte de cornemuse), la cuisine, sobre et rustique, a conservé des odeurs de terroir.

Bien des restaurants, voire même des auberges rurales permettent de savourer les spécialités auvergnates ou limousines :

– *les soupes* conservent leur notoriété : soupe aux choux mêlée de légumes, de petit salé, de jarret et de lard du Cantal, soupe au lard garnie de choux et de pain de seigle (« bréjaude ») en Limousin ;

– les tripoux, pieds de moutons farcis cuits dans l'estomac de l'animal, les jambons de Maurs, l'aligot (mélange de pommes de terre et de tomme écrasé avec de l'ail) et les différentes cochonnailles sont les plats de résistance ;

– *les fromages* sont presque tous célèbres : saint-nectaire, fourme d'Ambert, de Montbrison, bleu d'Auvergne, cantal, murol, pour ceux fabriqués avec du lait de vache, roquefort obtenu avec le lait de brebis, « cabacou » de la Margeride, fromage de chèvre... ;

– *les poissons* ne sont pas absents : truites, saumons de l'Allier, anguilles de la Dore... ;

– *les desserts* sont de moindre notoriété : fouasse (sorte de brioche), clafoutis, ici appelés milliards, pâtes de fruits ;

– *les boissons* sont représentées par les vins de Cahors, du Forez ou de Saint-Pourçain. Quant aux liqueurs de gentiane, de verveine ou aux alcools de fruits, ils ont acquis une renommée nationale.

Quelques tables régionales comptent parmi les meilleures du pays, à l'image de *la Poularde* à Montrond-les-Bains, du *Moulin de la Gorce* à La Roche-l'Abeille et de **Troisgros** à Roanne.

3. L'hébergement rural en pointe

La structure de l'hébergement touristique révèle également l'originalité du Massif central par rapport à la plupart des autres régions d'accueil. Les **formes d'hébergement les plus populaires** et les plus « rurales » sont en effet mieux représentées. C'est ainsi que les régions Limousin et Auvergne totalisent près de 10 % des gîtes ruraux du pays en 2008, alors qu'elles ne recensent que 3,5% des chambres classées, malgré la présence des stations thermales. À cela s'ajoutent 66 villages de vacances, 10 390 meublés, 8 auberges de jeunesse, des chambres d'hôtes et des campings à la ferme. Les autres campings ont connu un spectaculaire essor depuis 1970, l'Auvergne se classant désormais au 11e rang national en ce domaine, et le Limousin au 19e.

Ce cadre d'air pur et de repos vaut aussi au Massif central d'accueillir de nombreux **centres de vacances**. S'ils ne procurent pas de gros revenus à la région, ces centres fournissent cependant des emplois et peuvent inciter les enfants et les adolescents qui les fréquentent à revenir plus tard dans la région.

Le tableau ci-dessous souligne la prépondérance de l'Auvergne, plus étendue, bénéficiant d'attraits touristiques plus nombreux et mieux valorisés. Mais à l'intérieur même de chaque région les disparités spatiales sont particulièrement marquées. La Creuse et la Haute-Loire font en effet pâle figure par rapport à la Corrèze d'une part, au Cantal et au Puy-de-Dôme d'autre part.

Mousse de pigeon au genièvre à la façon de Fernand Point
Foie gras de canard au naturel, gelée de banyuls
Huîtres creuses de Marennes au raifort et au wakame
Aspic de tomates et de crabe au cerfeuil
Pressé de tête de veau à la tomate et à l'émincé de choux blanc
Cuisses de grenouilles frites, rémoulade de céleri au cumin
Multicolore de homard aux herbes fines
Grosses asperges de Pertuis, sauce légère à l'huître

L'escalope de saumon à l'oseille dans sa version originale
Merlan au beurre meunière, cèpes secs et frais à la sauge
Petite lotte au sésame, poireaux, sauce forte
Colin sur la peau au fenouil et à l'oursin
Rouget barbet aux fruits secs « Bartoloméo »
Anguilles et écrevisses au court-bouillon acidulé

Langoustines royales, pointes vertes, crème moutardée au pamplemousse
Homard bleu poché, nage folle au gingembre
Homard bleu grillé, beurre à la cancalaise

Dos de lapin sauté au romarin, jus balsamique
Pigeonneau en tajine au citron caramélisé
Canette de Challans rôtie à la rhubarbe, jus à l'aneth
Le carré d'agneau piqué aux clous de girofle, pomme « Paolo »
Selle d'agneau à la chapelure de piments doux, roses des sables
Emincé de rognons de veau au cresson, persil et cornichons
Piccata de ris de veau croustillante, parfums de Chine
La côte de veau fermière « saute-en-bouche »
Le filet de bœuf au vin de fleurie et à la mœlle
Château de bœuf au poivre blanc éclaté
La côte de bœuf à la moutarde, puis à la poêlée d'échalotes
Tripes de bœuf aux truffes noires et aux artichauts violets

Fromages frais et affinés
Cannelloni tiède de chèvre au cerfeuil
Salade aux copeaux de Marcigny

Riz à l'impératrice aux framboises
Sablé chocolat moka, crémeux et granité
Arabesque à l'ananas et noix de coco
Friand à l'orange et à la noix
Crumble au pomelos et à la pistache
Le savarin à la pomme fondante, calvados
Soufflé chaud au citron vert, miel d'acacia
Crèmes glacées et sorbets de saison
Le grand dessert

Carte 1999 du restaurant Troisgros à Roanne

C Encore préservé des foules

1. Une clientèle souvent fidèle

L'hébergement dans le Limousin et en Auvergne en 2008

Départements	Hôtels homologués (chambres)	Campings (emplacements)	Villages de vacances (lits)	Gîtes ruraux (nombre)
Corrèze	2 167	6 545	4 515	603
Creuse	642	1 950	140	360
Haute-Vienne	2 353	3 812	1 184	416
Allier	3 166	2 958	68	358
Cantal	2 902	5 987	3435	711
Haute-Loire	1 736	4 164	3 772	436
Puy-de-Dôme	7 496	9 660	4 387	522

Sources : Direction du Tourisme et Fédération nationale des gîtes de France.

L'essor du tourisme vert et le retour des « exilés » ont certes contribué à une meilleure répartition des flux à l'intérieur du massif, mais il n'en demeure pas moins que les déséquilibres géographiques déjà constatés au niveau de l'équipement sont confirmés par l'analyse de la fréquentation. En 2006, l'Auvergne enregistre un nombre de nuitées bien supérieur à celui du Limousin (24 millions de nuitées de nationaux contre 12,4 millions). De ce fait, elle se glisse au 12e rang des régions d'accueil alors que le Limousin ne vient qu'en 18e position.

Le Massif central reçoit surtout **des Parisiens**, parmi lesquels figurent, rappelons-le bien, des émigrants. Les étrangers représentent moins de 20 % de la clientèle dans le Limousin et en Auvergne. Ils privilégient certaines régions bien délimitées : la Corrèze pour les Néerlandais, les Cévennes pour les Belges... Il faut souligner que si les Auvergnats fournissent une part appréciable des touristes dans les deux principales régions administratives, les habitants du Limousin sont beaucoup plus discrets. Ceci traduit la faiblesse de la population régionale (725 000 habitants contre 1 334 000 en Auvergne en 2008), un taux de départ très faible et une plus forte mobilité : plus de 80 % des habitants du Limousin quittent le Massif central en été. En revanche, la clientèle touristique extérieure est fidèle à la région, ce qui s'explique par le grand nombre de curistes, l'importance des « retours au pays » et par le développement des résidences secondaires.

2. Des handicaps à surmonter

Le rang modeste occupé par le Massif central sur le marché des vacances s'explique par la conjonction de différents facteurs d'ordre géographique, économique ou social. Si le massif dispose de bien des attraits, ceux-ci ne sont pas assez valorisés et la concurrence de régions plus prestigieuses est souvent néfaste.

Le massif a longtemps souffert en premier lieu d'une **desserte insuffisante** par les grands axes de communication. Malgré une altitude peu élevée, le relief multiplie les obstacles, imposant le franchissement de gorges profondes par de spectaculaires ouvrages d'art (viaducs de Garabit, du Viaur), mais aussi le creusement de bien des tunnels et des tracés routiers pittoresques mais tourmentés. Si les vallées de la Loire et de l'Allier ouvrent le

Le cœur du Massif central

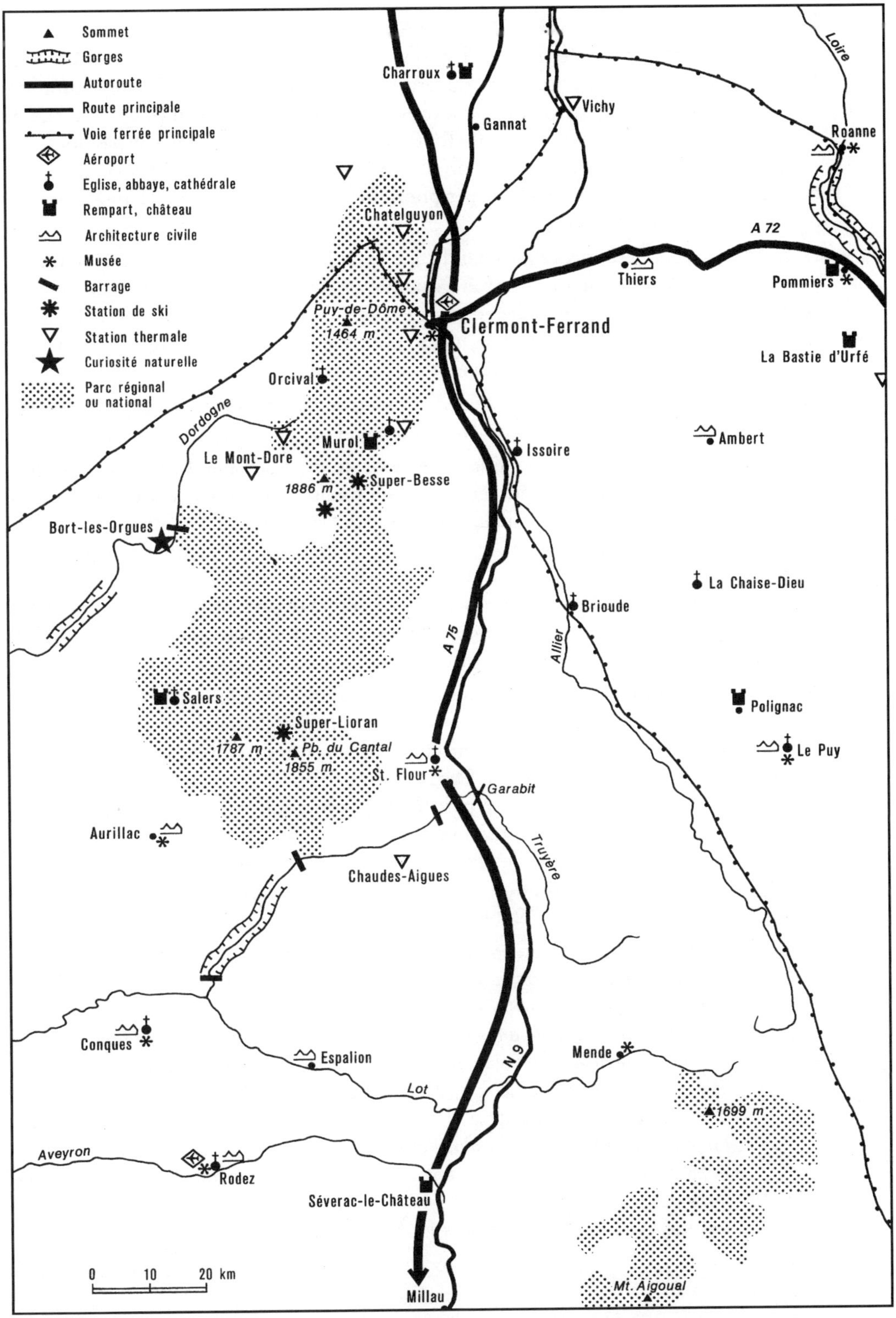

massif vers le nord, les liaisons méridionales et plus encore est-ouest sont beaucoup plus difficiles. Pourtant, situé au cœur de l'Europe des douze, le Massif central, et notamment l'Auvergne, doit devenir un grand carrefour.

La situation s'est améliorée dans le domaine routier, par la réalisation de **l'autoroute Lyon-Clermont-Ferrand** et surtout l'ouverture depuis l'hiver 1989-1990 de l'autoroute Paris-Clermont-Ferrand, désormais prolongée avec la construction du célèbre **viaduc de Millau**, haut lieu touristique régional. Toutefois ces liaisons ne traversent pas encore la totalité du massif. De plus, à l'exception de la nationale 9 (Paris-Perpignan), **la plupart des autres grands axes routiers sont périphériques**, tels la nationale 20 (Paris-Toulouse) ou la nationale 7 (Paris-Nice).

Le trafic ferroviaire est encore plus handicapé. Une large partie du réseau régional n'est pas électrifiée et les fermetures ont été nombreuses sur les lignes secondaires peu fréquentées. Si les liaisons extérieures des principales villes (Limoges, Clermont-Ferrand) sont satisfaisantes, il n'en est pas de même pour bien des liaisons intérieures souvent lentes et qui imposent parfois de fréquents changements.

Le trafic aérien demeure modeste. Les deux principaux aéroports sont ceux de Clermont-Ferrand (566 000 passagers en 2007) et de Limoges (391 000 passagers).

La faiblesse de l'industrie explique **la part modeste du tourisme d'affaires**. Certaines villes conservent certes pieusement leurs activités traditionnelles (tapisseries d'Aubusson, dentelles du Puy, ganteries de Millau, coutellerie de Thiers), mais les mines de charbon (Carmaux, Alès, Decazeville) voient leur production cesser ou décliner rapidement et l'équipement hydroélectrique de la montagne n'a pas été suivi d'industrialisation. Les foyers industriels sont fréquemment extérieurs (Saint-Étienne, Montluçon, Limoges) et rendus souvent fragiles par l'hypertrophie d'un secteur, comme le souligne l'industrie du pneumatique à Clermont-Ferrand et Montluçon.

Le thermalisme lui-même, l'un des moteurs de l'activité touristique, a perdu une part de son rayonnement. Les stations, souvent anciennes, ont dû faire face à la disparition de la clientèle de luxe. D'anciens palaces ont été vendus par appartements ou détruits et les casinos ont perdu leurs fastes d'antan. Dans le même temps des stations concurrentes sont apparues, et le Massif central a vu sa part réduite du tiers au sixième des curistes nationaux. Pourtant des signes de rétablissement se manifestent. Des stations, comme **Vichy**, ont su s'orienter vers une nouvelle clientèle et développer l'animation et les infrastructures sportives. Cette modernisation des installations est d'autant plus souhaitable que le potentiel de la région est considérable :

> *« Les sources auvergnates sont généralement surtout riches en matières carbonatées. Leur composition est très variée ; elle dépend de la nature des roches traversées et des fissures d'origine volcanique qui leur ont donné naissance.*
> *Cette variété les adapte à de nombreuses applications thérapeutiques sous forme de boisson, gargarismes, inhalations, bains, douches, injections de gaz. À la sortie du sol, elles possèdent une faible radioactivité qui stimule l'organisme. Vichy "la reine des villes d'eau" soigne l'appareil digestif, Royat le cœur et les artères, Chatelguyon l'intestin, Le Mont-Dore l'asthme et les voies respiratoires, La Bourboule les voies respiratoires et le lymphatisme, Saint-Nectaire le rein, Bourbon-l'Archambault les rhumatismes et les fractures, Néris-les-Bains les nerfs, Chaudes-Aigues et Châteauneuf-les-Bains les rhumatismes, Sailles-les-Bains les affections de la peau. »*

Guide Michelin, *Auvergne*, 1986.

De même, les stations de sports d'hiver souffrent de l'irrégularité de l'enneigement et de l'absence de longues pentes comparables à celles des Alpes proches. L'attention accordée au ski de fond permet cependant d'espérer une progression d'une clientèle avide d'air pur et de découverte.

Le massif souffre également de l'absence de grandes villes. Clermont-Ferrand (139 000 habitants, 410 000 dans l'aire urbaine) est la seule grande agglomération à l'intérieur de la montagne ; aucune autre ne dépasse les 100 000 habitants.

Les agglomérations sont en effet périphériques (Limoges, 140 000 hab., 409 000 dans l'aire urbaine ; Saint-Étienne (176 000 ; 322 000) ; Roanne (35 700 ; 105 000), ce qui contribue d'ailleurs à l'inégale répartition des flux touristiques. Les marges du massif, proches de ces villes extérieures, servent souvent d'aire de loisirs aux citadins et voient se multiplier les infrastructures d'accueil (résidences secondaires) et d'animation.

3. Des efforts encourageants

Si la fréquentation touristique n'est pas encore à la hauteur des possibilités offertes par la région, les dernières années ont montré que le développement de l'accueil pouvait constituer un frein à l'exode rural. Les initiatives se sont multipliées. Des communes ont développé les infrastructures destinées aux skieurs (Besse), d'autres ont aménagé des plans d'eau, comme dans le Limousin, d'autres encore ont créé des campings. Les pouvoirs publics ont facilité l'implantation de villages-vacances par des subventions permettant de pallier à la non-rentabilité des installations résultant d'une saison trop brève. Le développement des sports d'hiver a favorisé la construction hôtelière dans les stations auvergnates les plus fréquentées. La création de la Société de mise en valeur de l'Auvergne et du Limousin (**la Somival**) en 1962 a largement contribué à cet essor ; cette société a ajouté plus de 20 000 lits au capital régional en construisant des terrains de camping et des villages-vacances.

L'amélioration des liaisons ferroviaires entre les stations d'hiver d'Auvergne et Paris permet certes d'attirer une partie de la clientèle sportive de la capitale, mais les effectifs concernés demeurent modestes. Pourtant, les tarifs pratiqués dans les stations sont généralement moins élevés que dans les Alpes. Les trains touristiques, comme l'Aubrac et le Cévenol, contribuent à mieux faire connaître la région, ses richesses et ses traditions. Enfin, le développement des stages artisanaux trouve dans bien des villes et des villages un support de choix (tapisserie, dentelle, cuisine). Certains « hippies » avaient d'ailleurs trouvé dans l'Aveyron ou les Cévennes un cadre favorable pour le développement de l'artisanat, voire de l'élevage.

D Le Limousin : le cheval et l'eau

1. Un pays vert

À l'ouest du Massif central, le Limousin est le **pays de l'arbre et de l'herbe**. Exposé aux vents d'ouest et constitué de sols cristallins imperméables, il déroule des horizons reposants où les forêts et les prés alternent sans relâche. L'altitude est modeste, elle permet cependant de distinguer la « montagne » limousine, formée par des plateaux étagés entre 800 m et 1 000 m (Millevaches, Gentioux, Monédières) et des régions basses, où les rivières s'encaissent dans des gorges pittoresques.

C'est donc une région favorable au repos, mais qui souffre un peu d'**étés incertains** et de la dépopulation accentuée de ses hautes terres. En outre, moins favorisée par la nature que l'Auvergne voisine – pas de volcans, une seule station thermale –, elle ne dispose pas non plus d'un passé aussi prestigieux qui lui aurait laissé un patrimoine architectural attirant.

2. Un remarquable effort d'aménagement touristique

Le Limousin a cependant manifesté une grande ardeur pour promouvoir ses paysages, ses rivières et ses villes. Les initiatives privées (Club Méditerranée), communales, régionales et l'action de la Somival ont permis de développer la fréquentation estivale.

Aux supports classiques que sont **la chasse** et plus encore **la pêche** se sont ajoutés les attraits de la baignade, de la voile et l'équitation. La construction de certains barrages a en effet permis l'aménagement de vastes **plans d'eau,** comme ceux de Treignac et surtout de Vassivière. Ce dernier a fixé des campings, des villages-vacances, mais aussi des résidences secondaires, fréquentés par des touristes extérieurs à la région. **L'équitation** a fait de Pompadour l'un des centres les plus connus du territoire ; elle se développe en d'autres endroits, notamment à Meymac, à Saint-Pardoux et à Eygurande. Par ailleurs, les roulottes hippomobiles ont trouvé sur les petites routes de la région un cadre d'évolution privilégié.

3. La Corrèze l'emporte

Des trois départements qui composent le Limousin, la Corrèze est, de loin, le plus fréquenté. Elle attire même des étrangers, et notamment des Néerlandais, séduits par ses forêts et son calme. Si le tourisme de villégiature est très diffus, le tourisme de passage privilégie les vallées qui concentrent une grande majorité de la population. Le département compte sur ses **barrages** (Bort, Marèges, Chastang sur la Dordogne), sur les orgues basaltiques de Bort, sur les vieilles demeures et le reste des remparts d'**Uzerche** « la perle du Limousin », sur les ruines imposantes du château de Ventadour. Par contre, les deux principales villes, Tulle et Brive ne possèdent pas un patrimoine architectural particulièrement intéressant. La seconde est toutefois une étape fréquentée en raison de sa situation de carrefour ferroviaire et routier.

La Creuse possède avec la rivière du même nom un itinéraire agréable, cher à George Sand. Toutefois, plus qu'aux ruines élégantes du château de Crozant et au musée de Guéret, le département doit sa fréquentation touristique aux ateliers d'art de Felletin et d'Aubusson, d'où sortent des tapisseries prestigieuses, traditionnelles, ou portant la marque de Lurçat ou de Picart le Doux, maîtres du renouveau de cet artisanat après la guerre de 1939-1945.

De même, la Haute-Vienne doit aux émaux et à la porcelaine l'essentiel de ses touristes. Ces derniers ne font souvent que passer, mais ils visitent les ateliers spécialisés de **Limoges** qui ont acquis une réputation mondiale. La capitale du Limousin possède avec la cathédrale Saint-Étienne l'une des plus belles églises gothiques du Limousin. À peu de distance de la ville, Oradour-sur-Glane, village martyr, témoigne toujours des atrocités nazies perpétrées durant la dernière guerre dans une région où la résistance fut active.

E L'Auvergne : thermalisme et volcans

L'Auvergne est la région la plus fréquentée du Massif central. Elle compte avant tout sur ses nombreuses stations thermales et sur ses **volcans**. Ces derniers confèrent aux paysages auvergnats une grande originalité. Leur importance touristique a d'ailleurs été confirmée par la création d'un **parc régional** de 325 000 km² en 1977. Le tourisme est surtout actif autour des édifices volcaniques – que bordent les stations thermales – mais les grandes vallées méridiennes, voies de communication fondamentales, comptent aussi sur l'arrivée de visiteurs venus d'abord pour le patrimoine architectural des villes.

1. La région des volcans

Trois ensembles peuvent être distingués dans l'Auvergne des volcans, tant par leurs paysages que par l'inégale intensité de la fréquentation touristique, liée pour une bonne part aux disparités offertes par les réseaux de communication. De grandioses projets ont même été émis pour mieux valoriser ce potentiel, comme la construction d'un parc souterrain consacré aux volcans au sein même du Puy-de-Dôme : le parc **Vulcania** dont la fréquentation insuffisante ne permet malheureusement pas la rentabilité.

a. La chaîne des Puys

Au nord, la chaîne des Puys, aussi appelée les monts Dômes à cause du sommet le plus élevé (1 465 m), aligne à proximité de Clermont-Ferrand plus de 70 puys qui offrent un spectaculaire échantillonnage des différentes formes volcaniques. Se succèdent des cônes parfaits comme le puy des Goules, des cratères égueulés (puy de la Vache), des dômes (puy du Sarcoui, dit « le Chaudron »), des coulées de lave, qui ont parfois barré des rivières (cheire d'Aydat). Le plus prestigieux de ces sites est le **puy de Dôme**, d'où l'on découvre un immense panorama. Le sommet porte les ruines d'un temple romain dédié à Mercure et il a servi de théâtre aux expériences de Blaise Pascal, l'écrivain mais aussi mathématicien et physicien, natif de Clermont-Ferrand.

Les touristes sont nombreux à parcourir les pentes des volcans l'été ou à applaudir les exploits des géants de la route lorsque le Tour de France escalade les pentes du puy de Dôme. Aux promeneurs et randonneurs s'ajoutent les curistes de **Royat** (7 690 en 2006) et de Châtelguyon (4 030). La proximité de Clermont-Ferrand favorise incontestablement la fréquentation de cette chaîne des Puys, plus facile d'accès que le massif du Cantal.

b. Les monts Dore

Les monts Dore constituent l'une des régions les plus touristiques de l'Auvergne. Ils doivent leur fréquentation à la beauté de leurs paysages, à leurs lacs, à leurs stations thermales et à leurs possibilités sportives. Ils offrent en effet des sites magnifiques dus à l'érosion glaciaire et linéaire. Les sommets, tels le **puy de Sancy**, ouvrent de vastes panoramas et prennent parfois des formes originales (roches Tuilière et Sanadoire). Les vallées, modelées par les glaces, sont toujours agréables et les lacs abondent : de barrage morainique comme le lac Guéry, de barrage volcanique tel le lac Chambon, ou encore de cratère (lacs Servière et Pavin). Les principaux centres touristiques sont des stations thermales. **Le Mont-Dore** (7 440 curistes en 2006) ajoute à sa clientèle thermale qui stagne, une clientèle sportive grâce au développement des sports d'hiver. La ville dispose de 18 remontées mécaniques et d'une capacité d'hébergement importante (10 000 lits). Cette vocation sportive a fait école. **Super-Besse** (22 remontées, 14 000 lits) rivalise désormais avec son aînée et d'autres communes, telles Chambon, développent leur équipement, visant surtout les adeptes du ski de fond. **La Bourboule** (4 300 curistes), spécialisée elle aussi dans le traitement des voies respiratoires, est une station pour enfants comme le soulignent les nombreux hôpitaux et centres de cures spécialisés. Elle perd cependant de la clientèle depuis plusieurs années. Beaucoup moins fréquentée, la station de Saint-Nectaire possède l'une des plus belles églises du roman auvergnat, à laquelle s'ajoute celle d'Orcival, plus au nord.

c. Le Cantal

Plus au sud, le Cantal est le **plus vaste édifice volcanique d'Europe**. Il mesure 50 km de diamètre et possède plusieurs sommets qui dépassent 1 500 m (plomb du Cantal, puy Mary, puy Griou). Profondément entaillé par l'érosion, découpé en larges **planèzes**, il est en partie couvert de pâturages où quelques burons fabriquent encore le saint-nectaire, la fourme et le bleu, luttant difficilement contre la concurrence des grandes fromageries des vallées. La création de la station de sports d'hiver de **Super-Lioran** (5 200 lits, 22 remontées mécaniques) a permis de relancer un tourisme trop discret. Les centres les plus animés sont tous à la périphérie. Aurillac, capitale économique et touristique, vaut surtout par ses grandes foires aux bestiaux, ses vieilles rues et sa maison des Volcans. **Saint-Flour**, juché sur sa table basaltique, possède une belle cathédrale gothique aux allures de forteresse. Quant à Salers, ville-forte, elle recèle des vieux hôtels et des maisons cantaliennes typiques qui sont l'un des charmes majeurs de cette montagne :

> *« Les anciennes maisons valent surtout par leur grande salle commune qui est comme l'expression de toute la vie domestique : elle est salle à manger, cuisine, chambre, foyer surtout. Le cantou n'est pas une cheminée ordinaire ; c'est un âtre habitable : sous la voûte en grosse pierre, quatre personnes peuvent prendre place ! (…) Au centre de la salle, l'énorme table trône avec ses tiroirs profonds, flanquée de deux bancs. Au fond du côté du nord, la souillarde est le lieu de l'eau, de la vaisselle et de la laiterie : un escalier permet d'atteindre la cave. Et voici encore quelques lits pour les maîtres de maison : la meilleure place car les autres chambres sont glaciales. Ajoutons encore quelques coffres, la pendule et les beaux cuivres qui viennent d'Aurillac. Tel est l'oustau, maison et maisonnée à la fois. »*
>
> Guy Bouet et André Fel, *Le Massif central*, Flammarion, 1983.

2. Les plaines : des églises et des châteaux

a. Les vallées de l'Allier et de la Dore

Dans la vallée de l'Allier les plaines s'appellent les limagnes. Portant souvent des sols riches, elles sont vouées à la grande culture et ne retiennent pas l'œil du touriste. Celui-ci privilégie la visite des villes qui s'égrènent en chapelet au contact de la plaine et de la montagne, le long de la nationale 9, principale voie de communication, en attendant la prolongation de l'autoroute : Riom, Clermont-Ferrand, Issoire et Brioude.

Si toutes abritent de vieilles maisons ou de vieux hôtels pittoresques, **Clermont-Ferrand** (139 000 hab., 540 000 dans l'aire urbaine) est l'étape touristique principale, tant pour le tourisme culturel que d'affaires. La ville a grandi autour d'une colline qui porte la **cathédrale gothique** en pierre noire de Volvic. Avec la basilique romane de Notre-Dame-du-Port et les vieux hôtels des XVe et XVIe siècles, elle constitue un beau patrimoine pour cette vieille capitale régionale qui est aussi un centre d'excursions vers les puys ou l'*oppidum* de **Gergovie**, lieu où César fut défait par les tribus arvernes dirigées par Vercingétorix. Clermont-Ferrand est aussi une ville industrielle, la patrie de l'entreprise **Michelin** qui continue de dominer l'économie locale malgré l'arrivée d'autres entreprises.

La vallée de la Dore est beaucoup moins passagère. Pourtant, le charme de ses paysages vallonnés, de ses vieilles villes (Ambert, ville natale d'Henri Pourrat, écrivain régional) et la visite de l'ancien moulin de Richard-de-Bas ou des coutelleries de **Thiers** méritent que l'on s'écarte des grands axes.

b. Les bassins de la Loire

À l'est, la vallée de la Loire offre un tracé plus spectaculaire, marqué par l'alternance de gorges et de bassins. Ces derniers concentrent les centres touristiques les plus prestigieux :

– *Le Puy*, au centre du bassin du Velay, offre l'un des plus beaux sites du pays. La plaine est en effet hérissée de rochers volcaniques aux parois abruptes. L'un d'eux, le rocher Corneille, est surmonté d'une gigantesque statue de fonte de Notre-Dame-de-France. L'autre porte la chapelle de Saint-Michel-d'Aiguille, de style oriental. La cathédrale romane Notre-Dame rappelle que Le Puy était l'une des grandes étapes des pèlerins en route vers Saint-Jacques-de-Compostelle. **Capitale de la dentelle** qui fournissait autrefois un complément de ressources aux paysannes durant l'hiver, la ville possède un musée dédié à cet art. À quelques kilomètres se trouve le site célèbre de **Polignac**, coulée de basalte hérissée d'un château-fort ;

– *la plaine du Forez* profite de la proximité de Saint-Étienne. Parsemée d'étangs, elle voit, comme les hauteurs qui l'encadrent, se multiplier les résidences secondaires. Les touristes de passage s'attardent surtout à la **Bastie d'Urfé**, chef-d'œuvre de la Renaissance, et à Montbrison ;

– *le bassin de Roanne* est plus animé par le tourisme d'affaires et par les gastronomes. C'est ici que se situe l'une des meilleures tables de toute la France, celle de Troisgros.

c. Le Bourbonnais : le règne de Vichy

Au nord de l'Auvergne, les paysages changent rapidement. L'altitude diminue, les températures s'adoucissent et les fermes se dispersent dans des campagnes verdoyantes et bocagères. Même les toits abandonnent les tuiles romanes pour adopter les tuiles plates du nord de la France. C'est ici une terre de transition comme le souligne la limite entre parlers d'oïl et parlers d'oc qui traverse la région.

Le thermalisme est le moteur du tourisme, et **Vichy** en demeure la capitale. Appréciées dès l'époque romaine, ses eaux chaudes comme à la Grande Grille, ou froides comme aux sources des Célestins ou du Parc, connurent leur consécration au XIXe siècle. L'établissement thermal fut construit dès les années 1820, puis la cour impériale y séjourna fréquemment entre 1860 et 1870. Le casino, les grands hôtels, les vastes parcs et l'opéra ont vu défiler plus de 100 000 curistes par an jusqu'à la première guerre mondiale. C'est d'ailleurs l'importance de son parc hôtelier qui lui valut de devenir la capitale politique de l'État français durant les années sombres 1940-1944. Touchée ensuite par la perte de sa clientèle de luxe, elle ferme ses palaces qui sont vendus par appartements ou démolis. Mais très vite, **la station diversifie ses activités**. Elle se dote d'un vaste plan d'eau sur l'Allier pour accueillir les baigneurs, les rameurs, puis les véliplanchistes, multiplie les compétitions de haut niveau (aviron, tennis...), crée un centre audiovisuel d'apprentissage des langues, favorise les rencontres et accueille des congrès. Grâce à cela, et en dépit de la forte diminution du nombre de ses curistes (6 100 en 2006 contre 27 470 en 1965), elle reste la capitale touristique de la région, loin devant Néris-les-Bains (6 300 curistes) et Bourbon-l'Archambault (2 740 curistes).

Montluçon, ville industrielle née de l'exploitation des mines de charbon voisines, à Commentry, possède un château qui abrite des musées consacrés au folklore et aux faïences. Moulins, ancien fief des princes de Bourbon, doit son animation à ses foires agricoles, à ses nouvelles industries et à son musée des costumes de scène. Elle possède dans sa cathédrale le célèbre retable du Maître de Moulins, conserve un beffroi couronné de jacquemarts, mais elle est souvent ignorée des touristes filant vers le sud.

F Causses et Ségalas : canyons et roquefort

La bordure méridionale du Massif central est en grande partie composée de vastes et épaisses tables calcaires – les Grands Causses – encadrées par les terrains cristallins des Ségalas, de la Montagne Noire et des Cévennes. Les deux dernières régions ayant été étudiées avec le Languedoc, l'analyse touristique se limitera ici aux Ségalas et aux Causses.

Les Ségalas – autrefois terres à seigle, d'où leur nom – sont des plateaux inclinés dont l'altitude diminue rapidement vers le bassin aquitain. Les paysages sont verdoyants ; les prairies, nombreuses, sont fréquemment entourées de haies, et le reboisement progresse. Pays pauvre au XIXe siècle et victime d'une émigration considérable (les exilés sont bien implantés dans l'hôtellerie parisienne), le Rouergue bénéficie aujourd'hui d'un élevage bovin et ovin prospère et ajoute les bénéfices du tourisme. Ce dernier prend souvent l'aspect d'un tourisme vert, comme le montrent les gîtes ruraux et le camping à la ferme.

Le tourisme de passage est aussi actif grâce à la présence des spectaculaires **vallées de la Truyère, du Lot et de l'Aveyron**, à quelques villes pittoresques telles Villefranche-de-Rouergue, au château de Najac, au viaduc du Viaur (haut de plus de 100 m) et surtout à Conques. Conques est l'un des joyaux de l'art roman. Sertie dans un écrin de verdure, l'abbaye était une étape importante sur la route de Compostelle, entre Le Puy et Moissac. Plus que l'église, c'est l'inestimable trésor qu'elle renferme qui mobilise les foules. Sorti pour l'essentiel de l'atelier monastique local, il offre un témoignage unique de l'évolution de l'orfèvrerie et de la dinanderie du IXe au XVe siècle.

Les Causses font figure de déserts de pierre à côté des Ségalas. Du nord au sud se succèdent, séparés par les percées des grandes rivières : le causse Comtal, le causse de Sauveterre, le causse Méjean, le causse Noir et le causse du Larzac. L'altitude varie entre 600 m et 1 250 m. Si les étés prennent des teintes méridionales, les hivers sont rudes, les vents violents, et la neige tombe en bourrasques. Ces plateaux constituent de mornes étendues d'herbe rase et de cailloux, parfois amoncelés par l'homme en murets (les « clapas ») à la périphérie des rares champs.

Ces étendues désertes sont vouées à l'élevage extensif des brebis. Celles-ci alimentent en laine les centres textiles du Tarn (Mazamet), mais livrent surtout le lait destiné à la fabrication du célèbre **roquefort**. C'est dans les caves de Roquefort-sur-Soulzon que le fromage est ensemencé d'une moisissure provenant des failles du causse voisin, et qu'il est conservé plusieurs mois, exposé aux souffles d'air froids et humides qui pénètrent par les fissures du calcaire. La production dépasse 16 000 t par an, et une partie de la production est exportée vers l'étranger. Ces grands Causses – par opposition aux petits Causses du Quercy – portent quelques champs de céréales, tapis sur les sols argileux des **dolines** que les bergers ont aussi parfois aménagées en mares pour abreuver les troupeaux (les lavognes). Attachés à leur terre, les paysans se sont opposés aux projets d'extension du camp militaire du Larzac dans la décennie 70, et les manifestations qu'ils ont organisées ont fait connaître au grand public ces régions austères et silencieuses :

> *« La pierre dans ce pays a de quoi rendre fou. Les hommes la font parler. C'est qu'il n'y a guère de bois, ici, alors que le minéral est partout. Sur les Causses, la terre ne se trouve qu'en grattant, en épierrant les champs, caillou après caillou, et des générations de pasteurs et de paysans ont bâti murets, abris et hameaux en ramassant sur leurs pas ce qu'ils trouvaient. Mais ce sont sans doute les voûtes qui expriment le mieux l'esprit du lieu. Vous en trouverez partout, à chaque détour de chemin, dans la plupart des bâtiments anciens. Hommes et bêtes abritent leurs trésors communs sous elles, des bergeries où l'on tire le lait des brebis, aux caves où mûrissent les formes du roquefort, fleuron de l'économie locale. »*

Fabrice NICOLINO, *Géo*, nº 207, 05-1996.

Le tourisme est actif, mais il s'agit surtout d'un **tourisme de passage**. Il s'appuie, comme dans le Quercy, sur les spectaculaires reliefs aériens ou souterrains nés de l'érosion karstique : canyons vertigineux du Tarn et de la Jonte, gouffre de l'**Aven-Armand**, chaos rocheux de Montpellier-le-Vieux, abîme du Bramabiau... Les villes d'étape sont situées dans les vallées, où sourdent les sources, ou à la périphérie des Causses. **Rodez**, aux confins des Ségalas, est la principale. Sa cathédrale de grès rouge aux allures de forteresse et ses vieilles maisons lui donnent un charme indéniable. Au nord, Mende est proche du Gévaudan ; ancienne cité épiscopale, c'est l'une des plus petites préfectures de France. **Millau**, tapie dans la vallée du Tarn, au pied de la muraille du Larzac, reste la capitale de la ganterie. Elle profite également de la nationale 9, axe touristique qui permet d'admirer au passage les ruines imposantes des forteresses de Séverac-le-Château et de la Couvertoirade et surtout de la construction de son viaduc.

Réserve de nature sauvage et d'espace, l'Aveyron dispose de Micropolis, la cité des insectes. Elle se doit d'adapter rapidement ses hébergements touristiques à une demande sans cesse croissante. Il dispose en 2008 de 9 204 emplacements dans les campings, de 515 gîtes ruraux (11 en 1974), de 3 645 chambres d'hôtels classées et de nombreuses chambres d'hôtes. Comme le montrent ces chiffres, les progrès sont spectaculaires, mais ils ne sont pas suffisants. Comme dans tout le Massif central, les investissements sont difficiles car la rentabilité est aléatoire avec une saison qui ne dépasse guère deux mois en été.

12

Le Poitou et les Charentes

« Un jour, c'était vers la fin avril, je m'en allai seul, au hasard, me promener sur les grandes routes. Les ormeaux n'avaient point encore de feuilles, mais ils se couvraient de bourgeons ; les prairies ne formaient qu'un vaste jardin fleuri de marguerites ; les haies d'aubépine étaient en fleurs ; le soleil, vif et chaud, faisait chanter les alouettes. »

Eugène FROMENTIN, *Dominique*.

Limitées par la Loire au nord, la Creuse à l'est, la Gironde au sud et l'océan à l'ouest, le Poitou et les Charentes forment une région de transition entre le Bassin parisien et le Midi océanique. Bien qu'exclue de la région administrative « Poitou-Charentes », la Vendée – souvent appelée Bas-Poitou – présente un certain nombre d'analogies avec les régions voisines sur le plan touristique. De plus, elle faisait autrefois partie de la province du Poitou ; c'est pourquoi elle sera étudiée ici avec les quatre autres départements (Deux-Sèvres, Charente, Charente-Maritime et Vienne).

A Une région de passage

La région présentée ici est **une région basse**. Les altitudes les plus élevées ne dépassent pas 400 m (345 m près de Confolens) et les plaines et les bas plateaux constituent l'essentiel des paysages. De ce fait, le seuil du Poitou, dont l'altitude est de 150 m, constitue une voie de passage naturelle entre le Bassin parisien et les pays aquitains.

1. Invasions et pèlerinages

La facilité de circulation explique le **rôle stratégique** tenu très tôt par la région, comme le rappellent les batailles de Vouillé en 507 (Clovis arrêta les Wisigoths d'Alaric) et de Poitiers en 732 (Charles Martel stoppa l'avance arabe). Plus tard, c'est également à Poitiers que le roi de France Jean le Bon fut fait prisonnier par les troupes anglaises du Prince Noir. La région fut traversée dès le Moyen Âge par une foule de pèlerins se dirigeant vers **Saint-Jacques-de-Compostelle**. Ces « jacquets » empruntaient différents itinéraires qui suivaient le plus souvent les anciennes routes romaines. Le plus fréquenté passait par Tours, Poitiers, Charroux, Angoulême et Libourne ; d'autres convergeaient à Parthenay et menaient à Blaye, *via* Saintes.

Aujourd'hui, **les axes de communication** privilégient toujours la partie orientale, c'est-à-dire les vallées de la Vienne et du Clain. C'est là que passent la voie ferrée Paris-Bordeaux *via* Poitiers et Angoulême, la nationale 10 et, sur une partie de son tracé, l'autoroute A10. Au-delà de Poitiers, cette dernière se dirige vers l'ouest, ce qui permet d'améliorer la desserte du littoral charentais. Celui-ci est d'ailleurs plus favorisé que son voisin vendéen, tant en ce qui concerne les transports routiers que ferroviaires. Ces derniers vont faire l'objet d'une nette amélioration avec la mise en place du T.G.V. Atlantique. Quant au trafic aérien, il ne joue qu'un faible rôle au sein même de la région en raison de la proximité des aéroports de Nantes et de Bordeaux. La Rochelle (220 000 passagers en 2007), Poitiers (122 000) et Cognac n'enregistrent qu'un trafic très modeste.

2. Le triomphe du roman

Régions de passage, le Poitou et les Charentes ont largement bénéficié des influences extérieures, mais cela ne les a pas empêché d'affirmer leur personnalité à travers **l'architecture**, et plus particulièrement dans les édifices religieux. De nombreuses églises ont été construites le long des principaux itinéraires de pèlerinage, d'autant plus facilement que le sous-sol fournit en abondance un calcaire facile à travailler, et que des grands féodaux, tels les ducs d'Aquitaine ou les seigneurs de Lusignan ont aidé les constructions pour s'attirer les faveurs de l'Église.

L'art roman triomphe partout. Les églises possèdent le plus souvent des porches dépourvus de tympan et de liteau, mais offrent des voussures multiples très décorées. Les **églises saintongeaises** sont les plus sobres ; elles présentent des façades ornées d'arcades aveugles et encadrées de contreforts élancés prenant la forme de colonnes. Au contraire, en Poitou, les façades portent d'abondantes sculptures et l'intérieur des églises est parfois décoré de fresques remarquables (Saint-Savin-sur-Gartempe) ; de plus, les contreforts sont fréquemment surmontés de clochetons coniques en forme de pomme de pin. Le nombre et la beauté des édifices romans (Aulnay, Melle, Saintes) éclipsent les rares églises gothiques qui traduisent l'influence du style angevin (cathédrale de Poitiers).

L'originalité de l'art religieux tient aussi à la présence d'innombrables **lanternes des morts**. Ce sont des piliers creux portant un fanal abrité sous un toit qui symbolise la vie éternelle de l'âme. Ces lanternes surmontent un ossuaire et comportent parfois un autel (Fenioux, Saint-Pierre-d'Oléron).

3. Les portes du Midi

Régions de transition entre la France du Nord et le Midi aquitain, Poitou et Charentes bénéficient de conditions climatiques favorables au tourisme, notamment sur le littoral. Si les **influences océaniques** sont omniprésentes, marquées par la relative régularité des précipitations et une faible amplitude thermique, les précipitations (725 mm à La Rochelle, 680 mm à Oléron) sont bien inférieures à celles de la Bretagne et du Pays basque et l'ensoleillement excède 2 000 h par an (2 024 h à Poitiers).

La transition se marque également dans les paysages. La tuile romane apparaît dès que l'on a passé Châtellerault et la vigne s'épanouit dans les Charentes. Mimosas et tamaris abondent à Noirmoutier. **Terres de douceur** comme les pays de Loire, Poitou et Charentes sont aussi des terres de bonne chère, annonçant le Sud-Ouest gastronomique. Mais la cuisine y est cependant moins raffinée et se caractérise davantage par sa rusticité que par son élaboration (aucun 3 étoiles et un seul 2 étoiles sur le guide Michelin). Elle dispose pourtant de produits de qualité. La mer livre soles et turbots, mais surtout **huîtres et moules**. La chaudrée (soupe de poissons au vin blanc) et la mouclade (moules marinières ou à la crème, au vin blanc mêlé d'échalotes) sont les plats renommés. Si le beurre est renommé, ce sont les fromages de chèvres les plus typiques (chabichou). Les volailles sont bien représentées avec le **canard de Challans** et l'oie du Poitou. Les sucreries sont également nombreuses : « marguerites et duchesses » d'Angoulême (bonbons au chocolat), nougatines de Poitiers, angéliques de Niort. Quant aux boissons, outre le cognac, il faut mentionner le pineau des Charentes et **le muscadet**.

B Un tourisme littoral et populaire

1. Le « boom » des vingt dernières années

Entre la Gironde et la Loire, le littoral accapare la majeure partie de l'activité touristique. Lancé dès le premier tiers du XIXe siècle à **Royan** et dans les années 1860 aux **Sables-d'Olonne**, le tourisme balnéaire a conforté sa suprématie au cours des vingt dernières années. Il profite de l'existence de belles plages de sable, d'une mer moins dangereuse que sur la côte landaise et de conditions climatiques plus favorables qu'en Bretagne. Il a diffusé progressivement sur l'ensemble de la côte, incitant même les pouvoirs publics, par l'intermédiaire du Conservatoire du littoral, à se porter acquéreurs de terrains pour éviter une urbanisation anarchique du front de mer. Le tourisme nautique s'est également développé de manière spectaculaire. Il s'appuie sur la présence de vastes plans d'eau abrités par les îles, sur de beaux ports de plaisance et sur le rôle moteur joué par La Rochelle, l'une des villes phares de la voile française. Le littoral ajoute les attraits de la gastronomie et les possibilités offertes au tourisme culturel. **La suprématie du littoral** se trouve d'ailleurs confirmée par la répartition de l'hébergement : les deux départements littoraux recensent 58 % des gîtes ruraux et des chambres classées et surtout 94 % des emplacements de camping.

L'intérieur, pourtant beaucoup mieux desservi par les différents moyens de communication, reste toujours quelque peu à l'écart de la fréquentation touristique. Le tourisme d'affaires à Poitiers, à Niort ou à Cognac et le tourisme culturel, basé sur un patrimoine architectural remarquable, ne suffisent pas à assurer une diffusion satisfaisante des flux. Certes, les efforts faits pour promouvoir le tourisme vert ne sont pas négligeables, mais les paysages sont moins spectaculaires que dans le Massif central voisin, les Alpes ou les Pyrénées. L'intérieur totalise cependant près du tiers des séjours, et des efforts importants ont été faits durant les années 80 pour accroître la fréquentation. Les aides émanent en particulier des conseils généraux, mais également du ministère de l'Agriculture. Elles ont porté sur le développement de la capacité d'accueil de la petite hôtellerie, des gîtes et des campings, mais aussi sur le développement des équipements de loisirs.

2. Le règne du camping

La structure de l'hébergement touristique des cinq départements met en relief le rôle fondamental joué par le camping-caravaning. La région étudiée (Vendée comprise) regroupe 12,2 % des places offertes en France, alors qu'elle ne recense que 3,6 % des chambres classées. Bien que la capacité des terrains ait doublé depuis 1970, elle se révèle parfois insuffisante. Dans la seule région « Poitou-Charentes » – donc Vendée exclue –, les campings enregistrent près de 40 % des séjours effectués en été. Viennent ensuite les résidences principales de parents ou d'amis. Ceci souligne le **caractère populaire du tourisme régional** : les hébergements les moins onéreux sont ici sur-représentés par rapport à la moyenne nationale. Les colonies de vacances sont également nombreuses, notamment dans les deux départements côtiers.

L'hébergement en Poitou-Charentes et en Vendée en 2008

Départements	Hôtels homologués (chambres)	Campings (emplacements)	Villages de vacances (lits)	Gîtes ruraux (nombre)
Charente	1 780	1 986	1 745	340
Charente-Maritime	7 192	48 975	13 086	560
Deux-Sèvres	1 715	1 954	304	291
Vienne	4 891	3 349	696	250
Vendée	4 287	56 499	6 331	403

Sources : Direction du Tourisme et Fédération nationale des gîtes de France.

L'hôtellerie, assez peu fréquentée, est dominée par les établissements modestes : les zéro, une et deux étoiles regroupent en effet 76 % de la capacité globale de la région (sans la Vendée). Les établissements 4 étoiles et luxe sont, par contre, peu nombreux : on en dénombre 2. Quant aux résidences secondaires (103 230 en « Poitou-Charentes »), elles sont surtout développées sur le littoral et dans les principales vallées (Charente, Vienne).

3. Une clientèle en cours de diversification

La structure de l'hébergement souligne l'importance relative de la **clientèle populaire**, constituée d'ouvriers, d'employés et de personnel de service. Elle vient pour l'essentiel d'Île-de-France. Toutefois, les régions voisines contribuent aussi à l'essor du tourisme : les Nantais fréquentent les plages vendéennes et bien des Bordelais demeurent fidèles à Royan. Le recrutement se diversifie avec la construction d'appartements et de villas modestes en bordure du littoral. La clientèle aisée se concentre dans quelques stations (Royan, Les Sables-d'Olonne) et demeure bien moins nombreuse que sur les littoraux provençaux ou sur certaines côtes bretonnes. Par ailleurs, la clientèle étrangère reste limitée :

> *« La part de la clientèle étrangère dans l'hôtellerie du Poitou-Charentes, ne constitue que 13 % de la fréquentation annuelle totale (...) Britanniques et Espagnols se partagent la moitié des 615 000 nuitées étrangères enregistrées en 1999 sur la région. Les Belges et les Allemands n'en représentent respectivement que 15 % et 13 %. Les Pays-Bas, l'Italie et les autres pays d'Europe n'en rassemblent que 17 %. Les différentes nationalités ne se répartissent pas uniformément sur l'ensemble du territoire régional. (...) on constate que les Britanniques sont les plus nombreux en zone litto-*

rale, en particulier en pays royannais et au détriment des îles. À l'inverse, les Allemands sont majoritaires dans les îles et constituent 22 % des étrangers sur l'ensemble de la côte. (...) Avec 18 % sur la saison, l'hôtellerie de plein air concentre un peu plus d'étrangers que l'hôtellerie. Néerlandais et Britanniques représentent chacun plus du tiers des campeurs étrangers en Poitou-Charentes. Les Allemands en représentent 17 % et les autres nationalités confondues concentrent moins de 15 %. »

Tableaux économiques de Poitou-Charentes 2000-2001, INSEE, 2001.

C Les Charentes

1. Les Charentes de la mer

À la différence de la côte vendéenne, le littoral charentais, peuplé, a connu une **vie maritime très active** dès le Moyen Âge. Elle était basée sur l'extraction du sel marin, la pêche et le commerce lointain. Depuis les années 1950, le tourisme a pris une place grandissante, tant sur les littoraux continentaux qu'insulaires.

a. La Côte de Beauté : la primauté de Royan

Au sud, la rive septentrionale de la Gironde présente une alternance de caps, de falaises calcaires creusées de grottes et de baies sablonneuses. Ces dernières, appelées conches, sont bien abritées des vents et s'ouvrent vers le sud. Le tourisme est dominé par **Royan**. La ville, déjà fréquentée au XIXe siècle, a été totalement reconstruite après avoir été rasée en 1945, lors d'un bombardement aérien. Elle offre en front de mer un ensemble architectural moderne, où se côtoient un palais des Congrès, de grands hôtels et des commerces variés. Accueillant chaque année près de 150 000 touristes, la ville déborde vers la station huppée de Pontaillac, et vers **Saint-Georges-de-Didonne**, plus populaire. Les résidences secondaires et les campings pullulent en front de mer ou dans l'arrière-pays. Dotée d'un beau port de plaisance, Royan est aussi un centre d'excursions vers l'église romane de Talmont, construite sur une falaise surplombant la Gironde ou vers le phare de Cordouan, édifié au XVIIe siècle pour guider les navires entrant dans l'estuaire.

Au nord, la presqu'île d'Arvert, ourlée de dunes et couverte d'une belle forêt de pins, connaissait un « mitage » rapide par les résidences et les campings. Le Conservatoire du littoral a acquis des terrains pour préserver un cadre naturel particulièrement agréable. Ronce-les-Bains et **La Palmyre**, dont le zoo attire plus de 700 000 visiteurs par an, sont les stations les plus animées, alors que le phare de la Coubre permet de découvrir un magnifique panorama sur le littoral.

b. La mer intérieure : La Rochelle et la voile

La mer charentaise est une véritable Méditerranée. Elle s'ouvre sur l'océan par des passes, **les pertuis** : pertuis breton entre Ré et la côte vendéenne, pertuis d'Antioche entre Ré et Oléron, pertuis de Maumuisson, entre Oléron et la presqu'île d'Arvert. Abritée des grandes tempêtes, cette mer offre un cadre idéal à la **navigation de plaisance**, le jeu de la marée dans les pertuis créant des courants assez rapides.

Sur le continent, le littoral fut jusqu'au XVIIIe siècle voué à l'exploitation des marais salants et le port de Brouage ravitaillait toute l'Europe du Nord. Aujourd'hui, les salines ont fait place à des marais ou à des parcs à huîtres. Ces derniers sont particulièrement développés autour de l'embouchure de la Seudre, près de Marennes, qui fournit plus de 60 % de la production nationale. Les paysages sont souvent splendides :

> *« Nul paysage marin n'a plus de séduction que celui-ci : des coureaux chargés de vases aux contours et aux coloris toujours changeants suivant les mouvements de la marée et au gré des ciels ; le monde étrange des claires qui semblent un gigantesque vitrail où miroite le soleil ; les ports ostréicoles avec leurs cabanes en briques et en planches noires coiffées de tuiles rouges ; les chenaux et leurs pinasses dont les moteurs pétaradent (…) et des bourgs pittoresques… »*

Louis PAPY, *Le Midi Atlantique*, Flammarion, 1982.

L'huître plate, victime d'une épizootie, a laissé place à l'huître portugaise, puis celle-ci, menacée à son tour, a été remplacée au début des années 1970 par l'huître japonaise. Le naissain* est récolté en mer, fixé sur des tuiles chaulées, des piquets ou des pierres. Élevée deux ans en pleine mer, **l'huître** est ensuite placée dans les claires, ces bassins où elle grossit, prend sa coloration verte et un goût particulier grâce à la présence d'une diatomée*. **La mytiliculture**, elle, est surtout développée dans la baie de l'Aiguillon et autour de l'embouchure de la Charente.

La Rochelle est le principal centre touristique, notamment grâce à sa vieille ville, à son aquarium (près de 800 000 visiteurs par an) et aux **Francofolies**. Port de commerce actif dès le XIIIe siècle, enrichi par le commerce du sel, puis le trafic colonial, la ville devint une place-forte protestante, ce qui lui valut de souffrir de plusieurs sièges, dont celui conduit par Richelieu en 1628. Ce brillant passé est attesté par un remarquable patrimoine architectural duquel émergent :

– *le vieux port*, où s'abritent pêcheurs et plaisanciers, toujours gardé par trois tours : Saint-Nicolas (ancienne prison), celle de la Chaîne (on tendait autrefois une chaîne entre ces deux forts pour empêcher les navires d'entrer) et celle de la Lanterne ;

– *la vieille ville*, qui a conservé ses rues étroites bordées de galeries voûtées où les anciennes maisons à pans de bois côtoient des hôtels des XVIe, XVIIe et XVIIIe siècles, dont les façades sont décorées d'armoiries, de médaillons ou d'inscriptions. Il faut ajouter à cela la porte de la Grosse-Horloge, surmontée d'un beffroi, l'hôtel de ville (XVe s.), le palais de Justice et l'hôtel de la Bourse (XVIIIe s.) ainsi que les musées consacrés à l'histoire naturelle, à la peinture et à l'histoire de la cité.

La construction à la fin du XIXe siècle de **l'avant-port de La Pallice** a permis à La Rochelle de conserver un certain trafic (7,6 millions de tonnes en 2007). Sa vocation maritime s'affirme avec le port des Minimes, premier port de plaisance sur l'Atlantique. Les compétitions nautiques sont nombreuses (Grand Pavois ; Plymouth-La-Rochelle) et le Salon de la navigation comme le Festival du film de la navigation de plaisance attirent bien des visiteurs. La ville est enfin un centre d'excursions vers **Rochefort**, port ruiné qui compte sur ses eaux (11 620 curistes en 2007) et sur ses musées (musée naval, musée Pierre-Loti), vers Brouage, aujourd'hui isolée au milieu des marécages, vers les îles ou encore sur la Charente.

Sur ce littoral voué à la conchyculture ou à la plaisance, les stations balnéaires ne sont pas nombreuses. Les plus importantes sont celles de Châtelaillon et de Fouras.

La citadelle de Vauban à Saint-Martin en Ré

c. Les îles charentaises

Trois îles bordent le littoral charentais. Peu élevées, vouées traditionnellement à l'agriculture, à la pêche et à la conchyculture, elles connaissent chaque été une véritable invasion touristique.

Aix, trop petite (130 hectares), n'enregistre qu'un tourisme de passage. Fortifiée par Vauban puis par Napoléon Ier, elle doit à ce dernier l'essentiel de son prestige. C'est d'ici que partit l'empereur pour monter à bord d'un navire anglais à la suite de la défaite de Waterloo. Un musée lui est consacré, un autre abrite des collections ethnologique et zoologique relatives à l'Afrique.

Oléron, la plus grande (175 km^2) n'est plus une île depuis qu'un pont la relie au continent (1966). Plus de 300 000 touristes y viennent chaque été, ce qui a conduit à une prolifération des campings et à la multiplication des résidences secondaires.

> *« Au pied de la forêt de chênes verts, épaisse et profonde, qui occupe plusieurs kilomètres de large jusqu'à la pointe de Gatseau, s'étire la plage de Vert-Bois, l'une des plus belles d'Europe, dit-on, prolongée jusqu'au pertuis par celle de Saint-Trojean-les-Bains. En retrait des grands bois, la station de ce nom tourne désespérément le dos aux vents violents de l'Atlantique : de son climat idyllique témoignent la prolifération des sanatoriums, des préventoriums et des centres de cures, mais aussi celle d'une flore peu fréquente à cette latitude : lauriers-roses, agaves, figuiers… Dès le*

milieu de l'hiver, les mimosas sont en fleurs ; leur fête, grand défilé carnavalesque, a lieu le dernier dimanche de février. L'été, un petit train touristique conduit les enfants de tous âges jusqu'à l'anse de Gatseau, ouverte sur l'une des passes les plus redoutables de notre littoral : Malmusson. »

Pays et Gens des Charentes et du Poitou,
Larousse et Sélection du Reader's Digest, 1983.

L'activité touristique est surtout intense autour de **Saint-Trojan-les-Bains**, qui dispose d'un centre de thalassothérapie, et de Boyardville. Le ballet des bateaux de pêche dans les ports de La Cotinière et du Château-d'Oléron, la silhouette des derniers moulins à vent et le panorama offert par le phare de Chassiron constituent des attraits susceptibles de détourner quelques instants la clientèle estivale des plages.

Ré, surnommée « la blanche », s'étend sur 85 km². Constituée d'îlots soudés, elle conserve un charme certain. Des maisons basses, crépies à la chaux et aux volets peints de couleurs vives, des glycines et des roses trémières qui décorent les jardins, un ciel plus clair que sur le continent : autant d'atouts pour mobiliser plus de 150 000 touristes chaque été. Comme à Oléron, la majeure partie des arrivants se dirigent vers les campings. Les résidences secondaires appartiennent surtout à des Parisiens, mais aussi à des étrangers, notamment des Allemands. La forte demande provoque un renchérissement rapide du prix des terrains et des constructions. Outre ses plages, l'île possède quelques curiosités : fort de la Prée, phare des Baleines, Musée naval et citadelle Vauban (pénitencier) à Saint-Martin. Le tourisme a connu un véritable coup de fouet avec la construction d'un pont reliant l'île au continent. Ce dernier, ouvert en juillet 1988, facilite l'accès au monde insulaire et évite aux touristes les longues files d'attente devant les embarcadères. Toutefois, il est vivement critiqué par une partie de la population rhétaise qui craint une dégradation rapide de son environnement.

2. Les Charentes intérieures : l'or du cognac

Cognac : les chais

Les Charentes

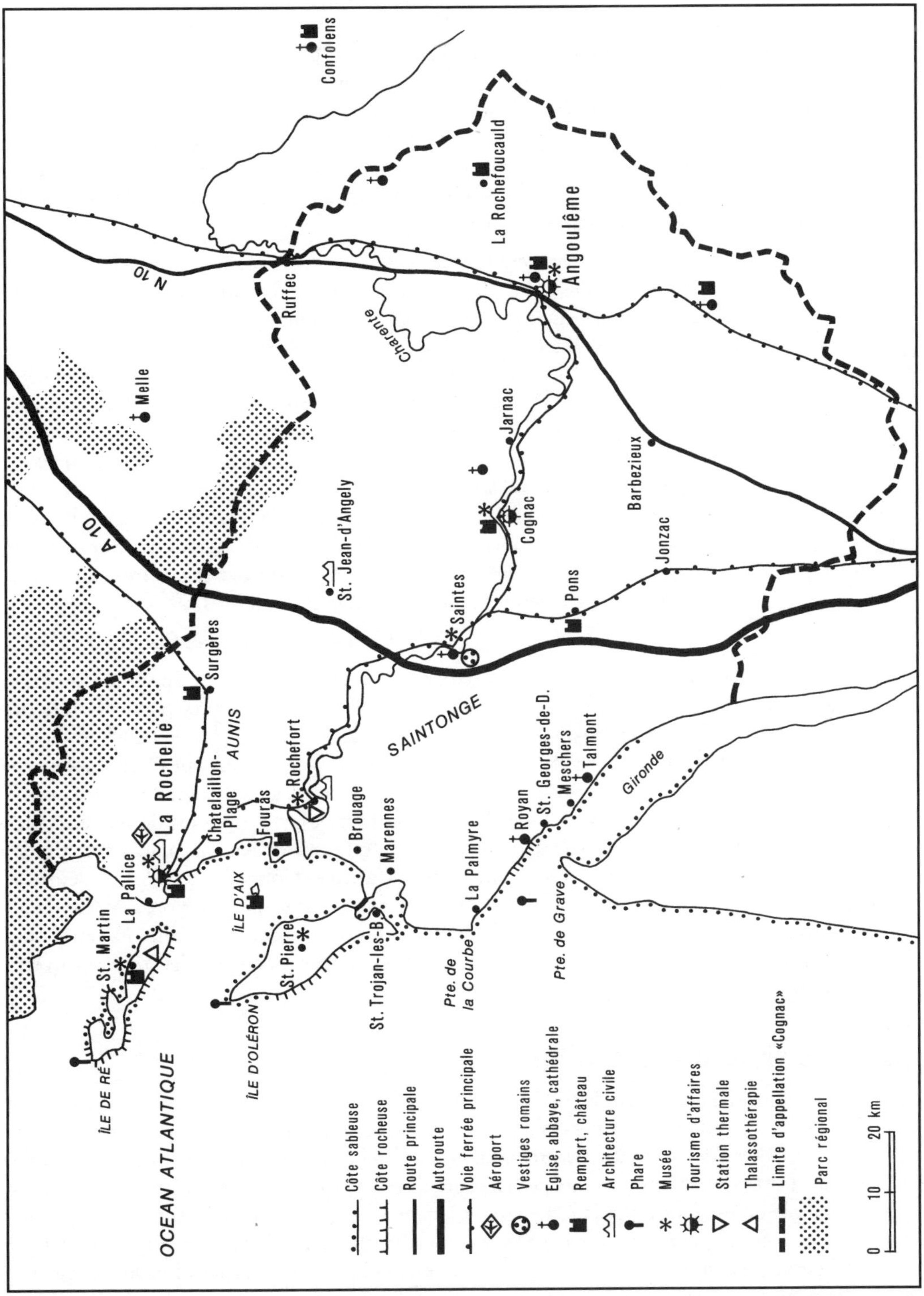

a. Le tourisme est plus discret à l'intérieur des Charentes

Il s'agit le plus souvent d'un **tourisme de passage**, motivé par la visite de quelque monument, ou, plus encore, des **chais** des grandes maisons de cognac. **Le vignoble** est en effet la grande richesse de la région. Il s'étend sur un peu plus de 100 000 hectares plantés exclusivement de cépages blancs (ugni blanc ou saint-émilion-des-charentes, colombard et folle-blanche), et compris pour l'essentiel dans les départements de la Charente et de la Charente-Maritime. Plusieurs crus sont distingués par ordre décroissant de prestige : **grande-champagne**, petite-champagne, borderies, fins-bois, bons-bois, bois ordinaires. La presque totalité de la vendange est destinée à la distillation. Pratiquée dès le XVIIe siècle, celle-ci est assurée par le maître de chais :

> *« La distillation, sévèrement réglementée, se fait en deux temps et à l'aide d'un alambic de cuivre à feu nu. Une première chauffe donne les "brouillis" de 25° à 30°, qui sont repassés à la chaudière pour une seconde chauffe : de celle-ci est issue une eau-de-vie dont le distillateur isole les "têtes" et les "queues" pour ne conserver que le "cœur". Le "cœur" est du cognac titrant environ 70° (...). La réduction du degré alcoolique, de 70° à 40°, s'accomplit par vieillissement de l'alcool dans des fûts neufs de chêne du Limousin. Dans ces fûts de 500 litres, disposés dans des chais, l'eau-de-vie s'imprègne lentement des principes issus du bois : c'est une combinaison subtile de l'eau-de-vie et du tanin qui fait l'arôme et le bouquet du vieux cognac. Au bout de quelques années, l'évaporation abaisse le degré alcoolique jusqu'à 50°, 40° ; la quantité évaporée, la "part des anges", est régulièrement remplacée par de l'eau-de-vie du même âge (...). L'art du distillateur consiste à savoir mélanger les cuves à l'arrivée au chai, à surveiller la fermentation, à procéder aux ouillages. »*
>
> L. PAPY, *Le Midi Atlantique*, Flammarion, 1982

Le vignoble est très morcelé ; près de 40 000 viticulteurs produisent du vin destiné à la distillation. Mais celle-ci est beaucoup plus concentrée. Elle est assurée par des **bouilleurs de cru** ou par des **négociants**. Ces derniers sont très puissants ; s'ils ne possèdent qu'une faible partie du vignoble, ils achètent du vin et des eaux-de-vie aux autres producteurs et assurent les mélanges et le stockage du cognac. Certaines de ces grandes maisons de cognac datent du XVIIIe siècle, telles **Martell** ou **Hennessy**. Disposant de réseaux commerciaux bien rôdés et de stocks considérables, elles effectuent la majeure partie des exportations. Outre celles-ci, il faut citer Rémy Martin et Courvoisier. 80 % des ventes se font à l'étranger, notamment au Royaume-Uni, en Amérique du Nord, en Extrême-Orient, en R.F.A. et dans les pays du Bénélux. Les étrangers sont d'ailleurs nombreux parmi les milliers de touristes venus chaque année visiter les chais, déguster et, souvent, acheter.

b. Une rivière et les villes

Le vignoble ne couvre pas la totalité des paysages. Les campagnes charentaises l'associent aux prés, aux champs et aux bois dans un ensemble empreint de **calme** et de **douceur**, où les coulées verdoyantes des rivières constituent les lieux privilégiés pour des promenades, mais aussi pour l'implantation des campings et des résidences secondaires. Le meilleur exemple en est fourni par **la Charente**. Ce fleuve de 360 kilomètres, serpente au milieu des prés et des peupliers, longeant paresseusement les quais de bien des villes, anciennes étapes de la batellerie. La Charente connut en effet un trafic très actif lorsque les gabares (bateaux) remontaient le sel et le poisson vers l'intérieur et conduisaient les alcools et les pierres de construction vers les ports littoraux. Elle a de ce fait fixé bien des **châteaux** et des manoirs qu'il est désormais possible de redécouvrir à la faveur des croisières organisées à la belle saison, la Charente traverse aussi trois villes touristiques :

– ***Saintes*** bénéficie d'un brillant passé. Capitale des Santons, elle devint une cité gallo-romaine prospère puis une étape importante sur les « chemins de Saint-Jacques ». De l'Antiquité, elle a conservé les imposants vestiges d'un **vaste amphithéâtre** mais aussi l'arc de Germanicus, et le Musée archéologique rassemble de nombreux chapiteaux, colonnes et bas-reliefs. Son rayonnement religieux médiéval est attesté par **l'église Saint-Eutrope** qui possède une crypte romane splendide, par la cathédrale Saint-Pierre, et par l'abbaye aux Dames. La ville de Bernard Palissy est aussi un centre d'excursions vers les nombreuses églises romanes qui parsèment la campagne saintongeaise (Sablonceaux) ;

– *Cognac*, la ville natale de François Ier, doit son succès à la présence des grandes maisons de négoce ; l'une d'entre elles occupe d'ailleurs le château royal ; la station thermale de Jonzac (7 580 curistes en 2006) est active ;

– ***Angoulême*** ajoute aussi le tourisme d'affaires au tourisme culturel. Perchée sur un plateau calcaire, elle fut une ville-forte et le point de départ du trafic fluvial sur la Charente. La ville touristique est toujours ceinte de remparts. Elle abrite de vieilles demeures et des hôtels anciens, mais surtout l'extraordinaire **cathédrale Saint-Pierre**, à la façade de style poitevin, décorée d'innombrables sculptures.

Les autres centres touristiques sont beaucoup plus modestes. Ils profitent de la présence de belles ruines féodales (Barbezieux, Jonzac), d'un château de la Renaissance (La Rochefoucauld) ou encore de l'existence de beaux édifices religieux (Cellefrouin). Une ville pourtant mérite d'être plus longuement évoquée : **Confolens**, aux limites de l'Angoûmois, du Poitou et du Limousin, qui organise un festival folklorique qui attire chaque année des groupes venus du monde entier.

D Le Haut-Poitou et la Vendée

Comme les Charentes, le Haut-Poitou et la Vendée présentent des paysages variés, tantôt marqués par l'écrin vert du bocage, tantôt plus monotones, lorsque la grande culture domine, tantôt boisés, comme dans les Brandes, à l'est de Poitiers. Plus encore que dans les Charentes, le tourisme privilégie le littoral, bien que de réels efforts aient été accomplis pour promouvoir l'arrière-pays.

1. Le littoral vendéen

Le littoral vendéen est resté en partie à l'écart des migrations estivales jusqu'à la seconde guerre mondiale, tant en raison de l'absence d'une grande ville que de l'insuffisance des communications. Le tourisme s'était davantage développé au nord, sur la **Côte de Jade** (incluse dans la Loire-Atlantique), à **Saint-Brévin** et à **Pornic**, plus proches de l'agglomération nantaise. D'abord desservies par le rail (Pornic) ou par le bac, ces stations ont tiré parti de la construction du pont de Saint-Nazaire. Cet ouvrage d'art leur a en effet permis d'attirer de nouveaux touristes de la rive septentrionale du fleuve.

Sur la côte proprement vendéenne, seule la station des Sables-d'Olonne attirait de nombreux estivants. Tout a changé depuis une trentaine d'années. L'essor de l'automobile, la saturation de bien des stations ont favorisé la mise en valeur de la côte entre Fromentine et la baie de l'Aiguillon. Il est vrai que les conditions naturelles sont favorables. Entre le marais breton et le marais poitevin, les **plages de sable** abondent, interrompues de temps à autre par quelques pointements rocheux, comme ceux de la « corniche vendéenne ». La déclivité du plateau continental est faible, l'océan peu dangereux et l'ensoleillement important, autant d'arguments favorables à l'épanouissement du tourisme balnéaire.

La principale station est toujours celle des **Sables-d'Olonne**. Desservie par la voie ferrée, elle dispose d'un bon équipement hôtelier, d'un casino, d'un port de plaisance de 600 places et de nombreux campings et meublés. Les hôtels et les villas du début du siècle s'alignent en front de mer, derrière une plage qui reçoit plus de 120 000 baigneurs en été.

Au sud, **La Tranche-sur-Mer** et La Faute-sur-Mer profitent de la présence de belles forêts de pins maritimes dans lesquelles se dispersent les campings et les résidences secondaires. À proximité, le **marais poitevin**, englobé dans un parc naturel régional depuis 1979, traduit la conquête séculaire d'un golfe marin par les paysans, aidés il est vrai par l'alluvionnement des rivières côtières. Le « marais séché » porte des prairies et des labours et ne présente guère d'intérêt touristique. Par contre le « marais mouillé », surnommé la « Venise verte » permet de belles promenades en barques – les plates – poussées à l'aide d'une gaffe – la pigouille. Les canaux courent sous d'épaisses voûtes de feuillage qui fournissent une ombre agréable en été et contribuent à créer des jeux de lumière sans cesse renouvelés. En bordure du marais se dressent les ruines de l'abbaye de Maillezais, fondée au Xe siècle.

Au nord des Sables-d'Olonne, les principales stations sont celles de **Saint-Gilles-Croix-de-Vie**, important port de pêche et de plaisance, de Sion et de **Saint-Jean-de-Monts**. Cette dernière station est la plus récente de la côte vendéenne. Elle offre de grands immeubles en front de mer et de nombreuses villas et campings qui bénéficient, ici aussi, de la présence de bois. C'est là que le promoteur Merlin a lancé de grands programmes immobiliers, profitant de terrains moins chers que sur les littoraux méridionaux. En arrière de la côte, **le marais breton** voit peu à peu disparaître ses salines. Les fermes – les « bourrines » –, aux murs blanchis à la chaux, remplacent leur couverture de chaume par des tuiles, et les barques – les yoles – se font de plus en plus rares.

2. Les îles

Les îles vendéennes, comme les îles charentaises, doivent aussi faire face à l'invasion estivale. Celle-ci est surtout importante à **Noirmoutier** (120 000 touristes), reliée au continent par un pont et disposant de très longues plages de sable. De nombreux touristes empruntent encore le gois, passage accessible à marée basse et jalonné de refuges destinés à accueillir les imprudents. L'île a conservé des marais salants et porte des chênes verts et des mimosas qui soulignent la douceur du climat local. Plus petite, plus éloignée, l'île d'**Yeu** n'accueille qu'une dizaine de milliers d'estivants. Son littoral, rocheux, est moins favorable aux baigneurs, surtout sur la côte ouest. Port-Joinville est un port de pêche actif qui s'est ouvert à la plaisance (166 places) en 1978. L'île a servi de lieu de détention ; c'est ici que le maréchal Pétain fut enfermé après son procès.

Vendée et Haut-Poitou

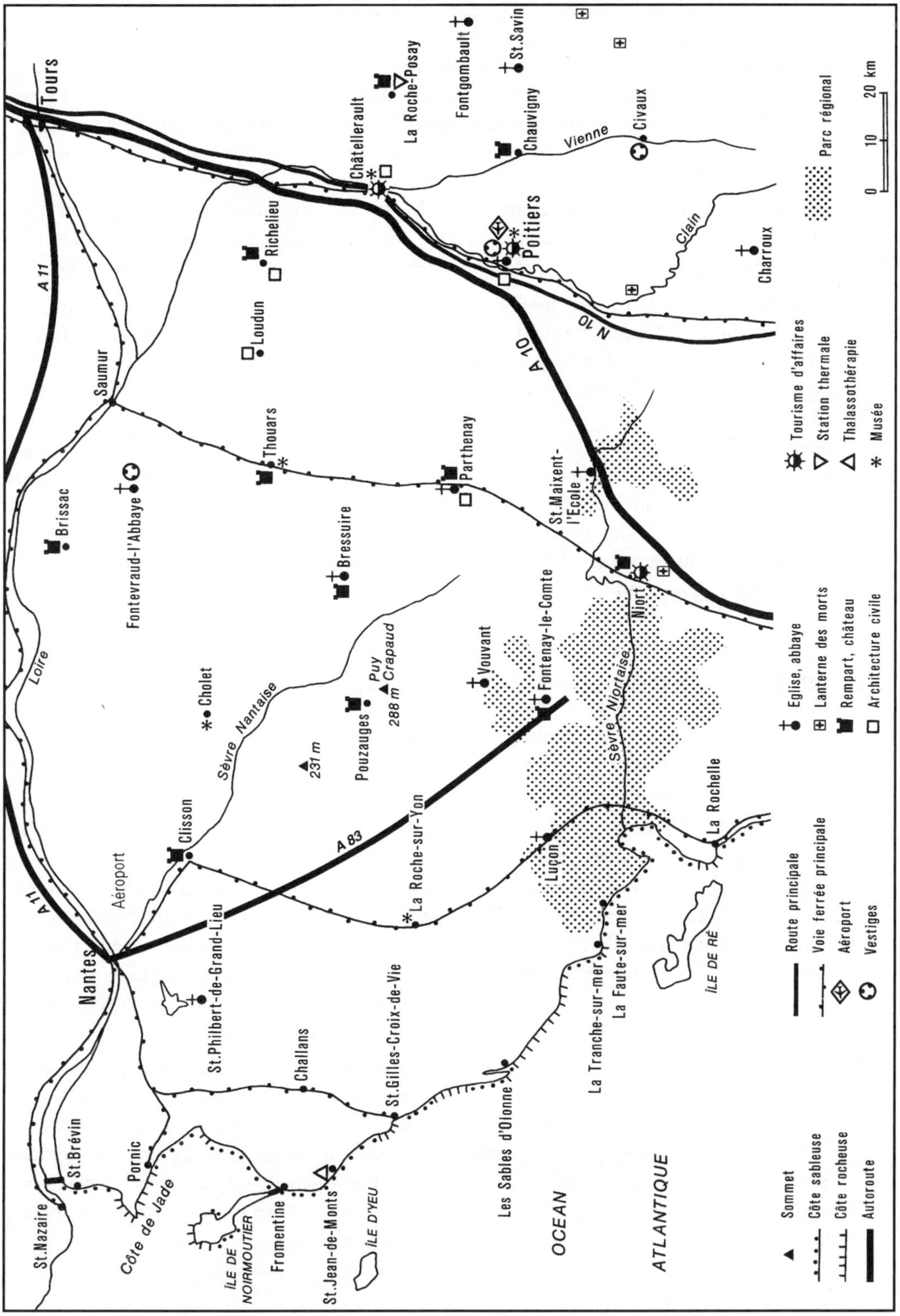

3. Le pays chouan

La Vendée rappelle la Bretagne. C'est **un monde cloisonné par le bocage**, où les haies rompent la monotonie des paysages très faiblement vallonnés. Les collines vendéennes ne dépassent pas 300 m (puy Crapaud, 288 m). Le tourisme rural progresse lentement et la région la plus fréquentée se trouve au sud, à proximité de Fontenay-le-Comte. La présence de la **forêt de Voulvant**, du château des Lusignan, construit selon la légende par la fée Mélusine, et d'un parc zoologique contribue à attirer les amateurs de repos et de promenades. Ailleurs, le tourisme demeure très ponctuel. Il s'appuie sur le spectacle des grandes foires aux bestiaux (Parthenay, Bressuire), sur quelques villes pittoresques (Thouars), sur le tourisme d'affaires (Niort, capitale française de l'assurance) ou sur les souvenirs historiques, qu'il s'agisse de Clémenceau, et plus encore des guerres de Vendée.

Pour beaucoup, la Vendée demeure en effet le pays chouan, du nom donné aux paysans soulevés contre la Convention en 1793 et qui se ralliaient, la nuit, en imitant le cri de la chouette. Dirigés par des hommes du peuple, tels Stofflet, des prêtres et des nobles comme Charette et La Rochejacquelein, ces chouans tinrent en échec durant plusieurs années les « bleus », c'est-à-dire l'armée républicaine dirigée par Kléber, puis Hoche. Ils profitaient de l'abri des haies pour multiplier les embuscades et se servaient des ailes des moulins pour transmettre leurs messages. Bien des manoirs et des **châteaux**, comme ceux de la Chabotterie (aménagée en musée), près de la Roche-sur-Yon, de la Durbelière ou de Tiffauges (où vécut Gilles de Rais, le « Barbe-Bleue ») ponctuent l'itinéraire de la Vendée militaire. Chaque année, un spectacle son et lumière commémore au Puy-du-Fou le souvenir de la vendée traditionnelle.

4. Le Haut-Poitou : l'attrait des vallées

À l'est, le tourisme est également discret, surtout sur les plateaux. Il est plus actif dans les vallées qui concentrent les principales villes, les axes de communication et la majeure partie des résidences secondaires et des campings.

La vallée du Clain est la plus animée. Elle le doit à la présence de **Poitiers** et de Châtellerault. Poitiers (119 000 habitants dans l'agglomération) est le principal centre régional pour le tourisme d'affaires. Mais c'est aussi une ville d'art. La vieille ville, située sur un promontoire dominant le Clain, est un véritable musée d'architecture grâce au baptistère Saint-Jean, l'un des plus anciens témoignages de l'art religieux en France, à **Notre-Dame-la-Grande**, merveille du roman poitevin, à la façade sculptée et aux clochers en pommes de pin, à la cathédrale Saint-Pierre, témoignage de l'art gothique angevin et à de nombreuses autres églises comme Saint-Hilaire-le-Grand ou à de vieux hôtels.

Au nord de Poitiers se situe le **parc du Futuroscope**. Construit à l'initiative du conseil général de la Vienne, il est depuis mars 2000 sous le contrôle du groupe Amaury. Tourné vers les technologies nouvelles, il regroupe plus d'une vingtaine d'attractions consacrées entre autres au cinéma dynamique et au cinéma en trois dimensions. Le site a accueilli en 2006 1,3 million de visiteurs, ce qui traduit une baisse sensible depuis 2000 (3 millions). Relié récemment à la ligne T.G.V., il a cependant joué un rôle d'impulsion pour l'économie locale. Il a en effet vu s'implanter à ses côtés des entreprises de haute technologie et de nombreux hôtels.

Châtellerault, au confluent du Clain et de la Vienne a également vu son tourisme d'affaires progresser à la faveur de l'industrialisation. **Les vallées de la Vienne, de la Gartempe et de la Creuse** abritent plusieurs centres de séjour tels la Roche-Posay, station thermale réputée pour le traitement des dermatoses et des rhumatismes (6 960 curistes en 2006) et qui commercialise ses crèmes et autres produits dérivés, Saint-Savin-sur-Gartempe, qui possède une belle église romane, ou Chauvigny.

13

Au fil de la Loire…

« Plus me plaît le séjour qu'ont bâti mes aïeux
Que des palais romains le front audacieux ;
Plus que le marbre dur me plaît l'ardoise fine,
Plus mon Loir gaulois que le Tibre latin,
Plus mon petit Liré que le mont Palatin,
et plus que l'air marin la douceur angevine. »

Joachim Du Bellay

Au centre de la France, la Loire traverse des régions offrant au voyageur des paysages bien différents. Forêts, prairies, labours, vignes ou vergers multiplient les décors, varient les horizons. Toutefois, en dépit de cette diversité, ces régions présentent une certaine unité. Elles le doivent d'abord au **climat,** tempéré par l'océan tout proche, mais aussi à **l'histoire** qui a transformé la vallée du plus long des fleuves français en **un couloir de châteaux prestigieux**. Le découpage administratif récent n'a pas respecté cette unité. Deux régions se partagent les paysages : les Pays de la Loire à l'ouest, la région « Centre » à l'est. Nous exclurons de l'étude qui va suivre les départements de la Loire-Atlantique et de la Vendée, respectivement analysés avec la Bretagne et le Poitou.

Les régions restantes, qui forment ce que nous appellerons les pays de Loire, doivent à la présence des châteaux et des manoirs l'essentiel de leur fréquentation touristique. Mais, si le tourisme culturel l'emporte, le tourisme d'affaires progresse rapidement et le tourisme de villégiature, plus timide, s'étend aussi à la faveur de l'aménagement de nouvelles infrastructures, notamment dans les régions rurales.

A Un couloir de châteaux

1. L'esquisse féodale

Les pays de Loire ont connu une occupation humaine précoce comme le rappellent les vestiges préhistoriques du Grand-Pressigny. L'époque médiévale a doté la région des prestigieuses **abbayes** de Fleury, de Saint-Benoît-sur-Loire et de Charroux.

Les désordres féodaux favorisent la multiplication des **forteresses** dans une région où la royauté capétienne se heurte aux ambitions des comtes de Blois et surtout de la maison d'Anjou, dont l'un des membres (Henri Plantagenêt) deviendra roi d'Angleterre, et un autre (le Bon Roi René) animera l'une des plus belles cours au XVe siècle. Ces forteresses

La Vallée de la Loire

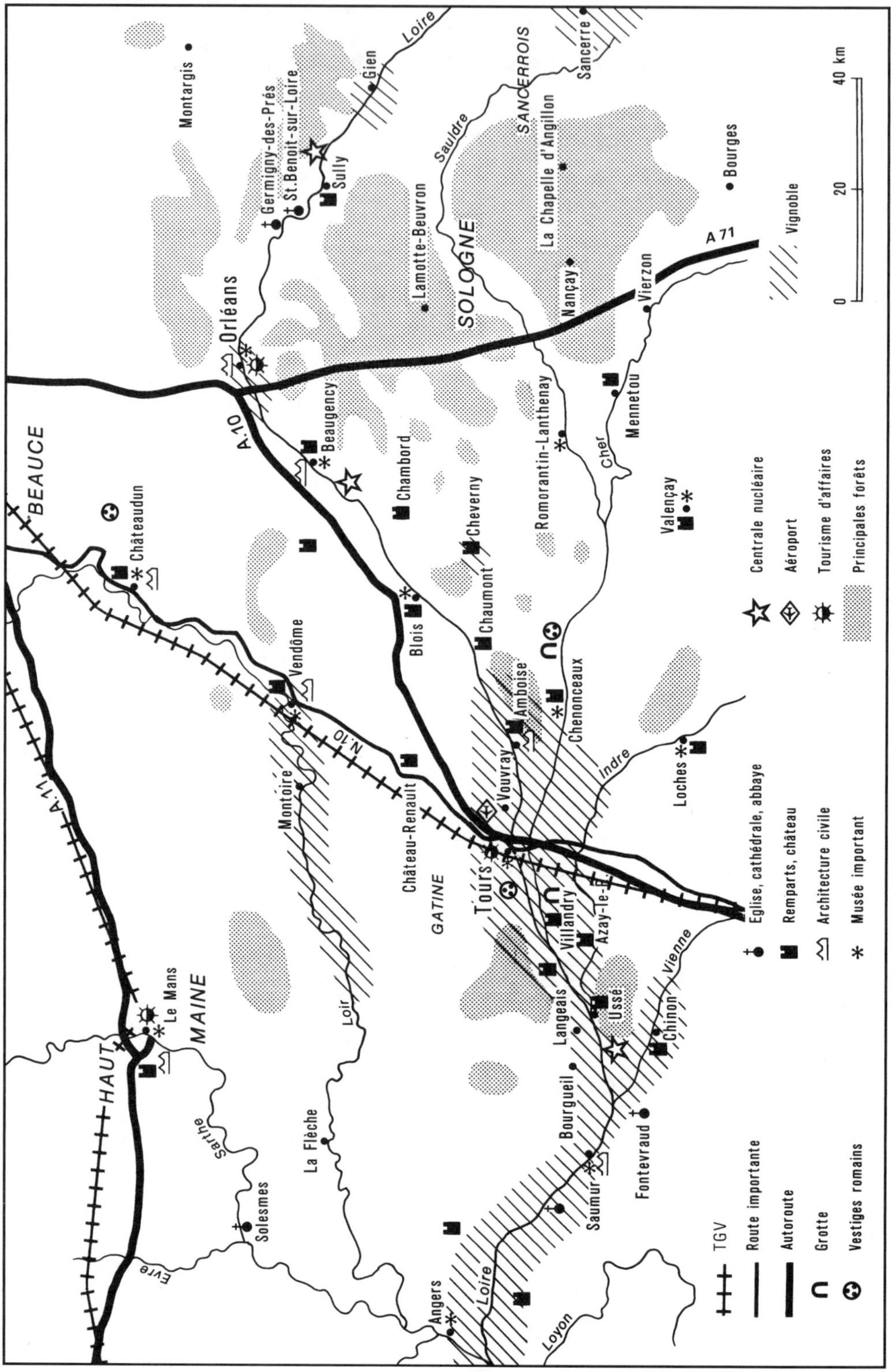

ont certes souffert du temps, mais bon nombre demeurent impressionnantes, comme celles de Loches, de Montbazon, de Langeais, de Luynes, ou encore d'Angers.

Dans le même temps, l'architecture religieuse prospère. Ce sont les **cathédrales** d'Angers, de Tours et surtout de Bourges, celle-ci figurant parmi les plus belles de France.

2. Le triomphe de la Renaissance

Apaisés les désordres de la féodalité et de la guerre de Cent Ans, les pays de Loire connaissent une période de grande prospérité et accueillent fréquemment les rois :

> *« Dédaignant Paris et le Louvre, où erraient les sinistres souvenirs d'Étienne Marcel et des cabochiens, les Valois préféraient les campagnes et les petites villes de Touraine et d'Orléanais. Louis XII, François Ier et leurs successeurs s'y déplaçaient de château en château, avec plusieurs milliers de personnes à leur suite. On épuisait les ressources de Chambord et l'on partait pour Blois. (...) Sous un ciel clément et sur un sol généreux, les régions de la Loire fournissaient, à ces milliers de courtisans et de serviteurs le froment pour le pain blanc, les troupeaux et le gibier pour les plats savoureux, le vin pour les banquets fastueux. »*
>
> Paul Fénelon, *Les Pays de la Loire*, Flammarion. 1978.

C'est de cette époque que datent les merveilles de la région. Ils mêlent dans un génial désordre des influences diverses et portent surtout l'empreinte du **style italien** apprécié par les rois de France lors des campagnes du XVe et XVIe siècles. Le château conserve parfois un aspect de forteresse (Amboise, Chaumont), mais le plus souvent c'est une floraison architecturale sans précédent sur les façades, les escaliers ou les toits, à l'image de **Chambord.**

> *« Le château (...) est le plus vaste de la Loire : 800 chapiteaux, 440 pièces, 365 cheminées, 74 escaliers... Indépendamment de sa taille impressionnante, il se signale par de nombreuses terrasses, sa lanterne centrale et son célèbre escalier. (...) C'est un château nouveau sur un thème traditionnel. Le plan en est médiéval, avec donjon et tour d'angle, destinés uniquement à supporter terrasses, cheminées et lanternes. La décoration, en outre, est d'inspiration originale : pilastres, niches, coquilles, motifs d'ardoise incrustés, l'escalier à vis, de même que les larges proportions et les larges fenêtres.*
>
> *Il ne faut pas oublier que Chambord est essentiellement un rendez-vous de chasse et que ses terrasses s'apparentent à la fois à une tribune et à une petite ville avec rues, places et monuments. Toute une vie se déroulait sur cette "esplanade" d'où la vue est si belle sur la forêt et le parc. »*
>
> Y.-D. Papin, *Les Beautés de la France*, Larousse, 1976.

Aujourd'hui, de nombreux spectacles de son et lumière permettent de faire revivre les grandes heures de ces châteaux où se déroulèrent souvent des événements importants de notre histoire.

Terre de prédilection pour l'architecture, les pays de Loire s'honorent également du souvenir d'écrivains et d'artistes célèbres. Ce sont Jean de Meung, l'un des auteurs du *Roman de la rose*, et le poète Charles d'Orléans au Moyen Âge ; Clément Marot, **Rabelais, Ronsard, Du Bellay** ou encore Baïf aux XVe et XVIe siècles ; plus tard encore **Balzac** ou **George Sand.**

B Le jardin de la France

1. Un climat bénéfique

La douceur angevine chantée par Du Bellay au XVIe siècle est bien réelle. Le climat ligérien est caractérisé par la **modération des températures et des précipitations** qui résultent de la situation déjà méridionale de la région et de l'influence régulatrice de l'océan voisin.

Les hivers sont rarement très froids (janvier 3,5 °C à Tours), mais plutôt ventés et pluvieux bien que les belles journées ne soient pas rares. Les étés sont chauds (Tours 19,1 °C en juillet) mais pas secs. Ils succèdent à un printemps souvent précoce et se prolongent souvent sur une partie de l'automne, favorisant la maturation des raisins et donnant des aspects féeriques à la Sologne.

Les précipitations sont assez régulières toute l'année, mais elles comptent parmi les plus faibles du pays. Elles sont le plus souvent comprises entre 600 mm et 700 mm ; un peu plus élevées sur les hauteurs des Alpes mancelles, elles sont, par contre, plus modestes au sud de la Beauce, région abritée des vents du nord-ouest.

Cette douceur vaut au val de Loire cette vocation de « jardin de la France ». Les mimosas, les magnolias fleurissent en pleine terre et les chênes verts comme la vigne soulignent la douceur des températures. Les roseraies abondent, les pépinières jalonnent la vallée du fleuve, donnant au touriste un avant-goût du Midi aquitain.

2. Une terre généreuse

Terre de douceur, les pays de Loire sont aussi des terres de bonne chère. Si la cuisine est demeurée assez simple en général, elle dispose de produits diversifiés et de qualité. Si Le Mans doit aux rillettes une partie de sa notoriété, ce sont les produits de **la pêche** et de **la chasse** qui occupent la première place. Les rivières et les lacs livrent en effet des poissons variés et quelques pêcheurs continuent même à traquer le saumon et l'alose sur la Loire. Le gibier doit sa place à la Sologne, premier territoire de chasse du pays. Les fromages de chèvre du Berry (crottins de Chavignol, pyramides de Valençay), les fruits des vergers qui ourlent la vallée de la Loire et les vins de Sancerre, d'Anjou ou de Touraine complètent une table qui honore la région. Les restaurants sont nombreux. Eux aussi ont profité de l'afflux de touristes dans le Val de Loire ou en Sologne. Ce sont d'ailleurs ces deux régions qui concentrent les établissements les plus cotés. Parmi eux, Barrier et Jean Bardet à Tours, *la Crémaillère* à Orléans, *la Chancelière* à Montbazon et Bernard Robin à Bracieux.

C Une clientèle très diversifiée

1. Le tourisme culturel prépondérant

L'analyse de la clientèle touristique des pays de Loire impose une distinction essentielle :

– la clientèle de séjour est surtout originaire de l'Île-de-France et des régions voisines. S'y ajoute une forte proportion d'habitants des pays de Loire. Ceci s'explique par l'abondance des résidences secondaires, en particulier dans le Loiret et l'Indre-et-Loire. La région enregistre 90 millions de nuitées en 2006, la région des Pays de la Loire (Vendée il est vrai incluse) en recensant 62 millions contre 28 millions dans la région Centre. Si le Val de Loire attire, beaucoup de ses habitants partent à la belle saison vers les plages bretonnes ou vendéennes ou bien encore vers les Landes, les Pyrénées-Atlantiques et les littoraux méditerranéens.

– par contre, le tourisme de passage est très important. Il est lié bien entendu à la présence des châteaux mais aussi à l'importance des **axes routiers** qui traversent la région. On trouve en effet d'ouest en est : l'autoroute A10 Paris-Bordeaux, la nationale 10, la nationale 20 (Paris-Toulouse) et, en limite régionale, la nationale 7 (Paris-Nice). Par ailleurs, la densité du réseau ferroviaire et surtout l'existence de **liaisons rapides avec Paris (TGV)** facilitent également le développement industriel et commercial des grandes villes, Tours et Orléans, qui bénéficient de ce fait d'un tourisme d'affaires croissant, voire même de congrès. Quant aux châteaux, ils placent les pays de Loire parmi les principales régions de **tourisme culturel** du monde. En France, ils viennent juste derrière Paris. Plus de 8 millions de visiteurs sont enregistrés chaque année à l'entrée des principaux monuments de la région. Parmi ceux-ci, plusieurs comptent parmi les plus fréquentés du pays : 850 000 entrées à Chenonceaux, 668 000 à Chambord, 383 000 à Cheverny, 380 000 à Amboise, 327 000 à Villandry et 254 000 à Azay-le-Rideau en 2006. Les étrangers constituent plus du tiers de la clientèle totale. Leur nombre ne cesse d'augmenter et, à la faveur de la démocratisation des transports aériens, leur origine géographique se diversifie. Aux Européens et aux Américains s'ajoutent des Japonais et des Chinois.

2. Un hébergement insuffisant

Pour répondre à un tel afflux de personnes qui se concentre trop souvent sur les châteaux les plus célèbres, les pays de Loire ne disposent pas d'un équipement d'accueil suffisant, mais il est vrai que la majeure partie de la clientèle ne demeure que quelques heures dans la région. La plupart des visites sont effectuées dans le cadre d'un **circuit en autocar.** Les Provinciaux ou les Parisiens regagnent leur domicile ; les étrangers retournent vers leur hôtel de la capitale. Il en résulte que les retombées économiques de ce tourisme culturel sont souvent réduites au ticket d'entrée, à quelques cartes postales et, au mieux, à un repas dans un restaurant de la région.

L'hébergement dans le Val de Loire en 2008*

Départements	Hôtels homologués (chambres)	Campings (emplacements)	Villages de vacances (lits)	Gîtes ruraux (nombre)
Cher	1 992	2 088	181	255
Eure-et-Loir	1 864	2 465	—	121
Indre	1 674	2 501	590	209
Indre-et-Loire	5 708	5 780	446	528
Loir-et-Cher	3 002	5 362	520	377
Loiret	4 641	3 706	400	194
Maine-et-Loire	3 762	5 099	947	271
Mayenne	1 111	923	488	133
Sarthe	2 711	3 942	—	166

Sources : Direction du Tourisme et Fédération nationale des gîtes de France. * : Loire-Atlantique exclue (Voir chapitre suivant)

Ceci explique que les neuf départements concernés, qui regroupent 7 % de la population de la France métropolitaine sur 11,8 % du territoire n'occupent qu'une place modeste sur l'échiquier national en ne comptabilisant que 4,3 % des chambres d'hôtels classées, 3,4 % des emplacements dans les campings et 5 % des gîtes ruraux. L'hôtellerie a pourtant bien progressé depuis 1970 : le nombre de chambres classées a plus que doublé. Elle constitue un type d'hébergement privilégié en raison de l'importance du tourisme de passage, assurant plus de la moitié dans la plupart des départements. La répartition des hôtels demeure bien inégale. Les disparités géographiques, qui s'étaient réduites entre 1970 et 1993, semblent se stabiliser depuis quelques années. Par ailleurs, il faut noter que les étrangers représentent entre le tiers et 60 % de la clientèle des campings selon les départements.

Parmi les hôtels de la région, un certain nombre d'établissements de classe se sont installés dans de vieux châteaux, offrant ainsi un cadre prestigieux à leur clientèle. Des tables les plus prestigieuses, on peut citer le *Domaine des Hauts de Loire* à Onzain, *le Choiseul* à Amboise, et *le Relais* de Bracieux.

Le camping a également connu une remarquable progression. Comme les autres types d'hébergement, il privilégie les régions riveraines du fleuve, qui portent la plupart des monuments les plus connus, mais aussi de belles forêts et des plans d'eau aménagés. Toutefois, les zones rurales ont fait un remarquable effort pour développer leurs infrastructures d'accueil. Elles ont bénéficié de l'aide des fonds publics dans le cadre des Plans d'aménagement ruraux et des Contrats de pays. Le nombre de gîtes reste toutefois bien en retrait de celui de la plupart des régions.

D Les régions touristiques

La prépondérance du tourisme culturel explique la concentration des flux dans la vallée de la Loire. Les efforts faits par les régions voisines pour promouvoir leurs attraits souffrent évidemment de la comparaison ; il n'empêche que plusieurs d'entre elles disposent d'un capital touristique intéressant qui mobilise un nombre croissant de personnes, venues le temps d'une visite, d'un week-end, mais aussi parfois pour un séjour plus conséquent.

1. Le Val de Loire

La Loire a longtemps constitué l'artère vitale de la région. Elle assurait en effet jusqu'au siècle dernier un important trafic commercial. L'accroissement du tirant d'eau des bateaux, le triomphe du chemin de fer puis de l'automobile ont définitivement ruiné le trafic. Les canaux et les affluents se reconvertissent progressivement au **tourisme fluvial**, mais celui-ci est cependant moins actif que dans la Bourgogne voisine. La Loire, bien que régularisée progressivement par la construction de barrages dans le Massif central, sur son cours et sur celui de ses affluents, demeure par ailleurs un fleuve irrégulier qui a toujours constitué une menace pour les habitants de la vallée.

> « *L'irrégularité de son régime en fait pour ses riverains une voisine instable. Gonflée l'automne par des averses méditerranéennes sur son haut bassin, l'hiver par des pluies atlantiques, au printemps par la fonte des neiges du Massif central, elle roule*

des eaux capables d'atteindre dans ses grandes crises, des volumes de plus de 6 000 à 8 000 m³/s (9 200 à Briare en septembre 1866). Privée d'alimentation l'été, elle s'abaisse en juillet et août à des débits dérisoires, jusqu'à 5 m³/s... pour se chercher de "mouille" en "mouille", au fond d'un lit encombré de grèves. »

Yves Babonaux, *Les Pays de Loire*, Larousse, 1973.

a. De Nevers à Orléans : vignoble et abbayes

Entre Nevers et Orléans, la vallée de la Loire ne connaît qu'un tourisme de passage assez modeste, motivé en partie par la présence du vignoble de Sancerre et par quelques trésors d'architecture.

Le vignoble de Sancerre couvre les pentes bien exposées des collines dont les sommets restent couverts de landes ou de forêts. Il produit environ 150 000 hectolitres par an, les vins blancs dominant largement. Les vins, assez tendres, se boivent surtout jeunes, mais ils vieillissent assez bien. De l'autre côté de la Loire, s'étendent dans la Nièvre les vignobles plus modestes de Pouilly (pouilly et pouilly fumé).

Les villes, peu peuplées, méritent cependant une brève visite, Briare pour son original pont-canal métallique et **Gien** pour ses musées de la Faïencerie et de la Chasse. Mais les monuments les plus visités sont les abbayes de **Germigny** (église carolingienne abritant une ancienne mosaïque de style byzantin) et de **Saint-Benoit,** ainsi que le château de **Sully-sur-Loire,** impressionnante forteresse commencée au XIIIe siècle et qui vit passer Jeanne d'Arc, Sully et Voltaire.

b. L'Orléanais : de forêt en roseraie

La vallée de la Loire s'élargit à partir d'Orléans pour atteindre près de 10 km de large. Les paysages sont très contrastés. À l'écrin du val, couvert de vergers, de cultures maraîchères et de pépinières s'opposent les **forêts de Sologne et d'Orléans**, espaces récréatifs appréciés des citadins le dimanche.

Orléans, qui regroupe **360 000** habitants dans son aire urbaine, doit à sa position au sommet de la boucle du fleuve, et à la proximité de la capitale une vocation de carrefour, confirmée au cours des siècles. Capitale des Carnutes avant la conquête romaine, la ville n'a cessé d'être un centre commercial actif durant tout le Moyen Âge, grâce au trafic routier et à la batellerie. Les industries prospèrent au XIXe siècle, et la ville qui a boudé le rail (la grande gare, Les Aubrais, est extérieure) profite depuis 1950 d'un nouveau dynamisme économique qui se traduit par le développement du tourisme d'affaires. Le tourisme culturel est par contre assez modeste en dépit de la présence de la cathédrale, de belles façades médiévales et Renaissance et de musées. Près d'Orléans, le parc floral de la Source, où naît le Loiret, constitue une splendide vitrine de l'horticulture du val. Chaque année, se déroulent de grandes fêtes commémorant la libération de la ville par **Jeanne d'Arc** en 1429.

En aval d'Orléans, l'histoire fait curieusement voisiner la ville médiévale de Beaugency, qui conserve un vieux pont et les restes d'une puissante forteresse, avec les centrales nucléaires de Saint-Laurent-des-Eaux, qui sont visitées chaque année par des milliers de personnes.

c. La Touraine : vins et châteaux

C'est à Blois que commence réellement le « couloir des châteaux ». Ceux-ci sont présents sur les deux rives du fleuve et rivalisent de beauté et de prestige, portant témoignage de bien des événements historiques. **Blois,** ancienne résidence royale, offre dans son château composite un aperçu de bien des styles, même si le célèbre escalier François Ier constitue l'élément le plus prestigieux. C'est ici qu'Henri III fit assassiner le duc de Guise, comme le rappelle le spectacle son et lumière. À peu de distance du château, le vieux Blois conserve beaucoup d'hôtels anciens. La ville est aussi un centre d'excursions vers les châteaux de Chaumont, de Chambord et de Cheverny, qui présentent au touriste émerveillé des visages très différents.

Le château de Chambord

Tours (380 000 hab. dans l'aire urbaine) comme Orléans, est une ville-carrefour. Elle le doit à la convergence des vallées de la Loire, de la Brenne, du Cher et de l'Indre. Si, comme à Orléans, la gare est extérieure à la ville, l'autoroute a donné un nouveau souffle à cette métropole de 298 000 habitants qui profite du tourisme culturel mais aussi d'un **tourisme d'affaires et de congrès** prospère. L'hébergement hôtelier est satisfaisant. Centre de pèlerinage très fréquenté au Moyen Âge grâce à la présence des reliques de saint Martin, Tours a conservé de beaux édifices, à commencer par la cathédrale Saint-Gatien, décorée de magnifiques verrières et par les hôtels du « vieux Tours » qui ont été bien mis en valeur par la rénovation du quartier et la création de voies piétonnes.

Tours est aussi un centre d'excursions. Aux portes mêmes de la ville, le prieuré de Saint-Cosme (maison et tombeau de Ronsard) et le château de Plessis-les-Tours, cher à Louis XI, attirent des visiteurs. Mais ceux-ci sont encore plus nombreux dans les châteaux plus éloignés dressés sur les rives des principales rivières :

– sur la Loire, **Amboise** n'a conservé qu'une faible partie de son vaste château où mourut Charles VIII. À peu de distance, le manoir du Clos-Lucé, où vécut Léonard de Vinci, honore l'illustre savant d'un musée consacré à ses inventions. En aval de Tours, **Villandry** et ses splendides jardins à la française, Langeais et son beau mobilier, ainsi qu'Ussé, monopolisent l'attention ;

– la vallée du Cher, bordée de forêts, accueille de nombreuses colonies de vacances et abrite des résidences secondaires. Des aires de loisirs ont été aménagées sur la rivière à Saint-Aignan et Montrichard. C'est toutefois **Chenonceaux** qui mobilise le plus les touristes. Surnommé le « château des femmes » en raison du rôle important tenu par certaines de ses résidentes (Diane de Poitiers et Catherine de Médicis), il enjambe le Cher d'un pont-galerie très élégant, dû à l'architecte Philibert Delorme ;

– sur l'Indre, dont la vallée était chère à Balzac, **Loches,** formidable forteresse de Foulques Nerra où vécut la belle Agnès Sorel, et plus encore **Azay-le-Rideau,** merveille de la Renaissance abritant un riche musée, sont les joyaux de l'architecture locale.

Mais la Touraine, ce sont aussi les vins. La région répond véritablement au titre de « jardin de la France ». C'est là que le climat ligérien est le plus agréable, que les vallées sont les plus riches (« broderies d'or » disait Michelet qui les opposait aux plateaux voisins, qualifiés « d'habits de bure »). **Le vignoble s'épanouit**. Il s'étend sur 13 000 hectares, fournissant environ 800 000 hectolitres de vin par an, les appellations (A.O.C.) les plus connues étant celles de **Bourgueil**, de **Touraine**, de **Chinon**, de **Vouvray** et de Montlouis. Les cépages sont très variés. Le sauvignon, le pineau de la Loire, le menu-pineau et le chardonnay donnent les vins blancs ; le gamay noir, le cabernet-franc, le cot et le grolleau fournissent la majorité des rouges. Les nombreuses **grottes** creusées dans le calcaire des rives de la Loire servent de caves idéales pour la conservation de ces vins. Elles abritent également de nombreuses champignonnières et quelques demeures troglodytiques.

d. L'Anjou : la vigne et l'histoire

Entre Saumur et Angers, la vallée de la Loire porte toujours de beaux vignobles, qui s'étendent même aux coteaux bien exposés des régions voisines. La vigne fournit en moyenne 900 000 hectolitres de vins rouges, rosés et blancs bénéficiant fréquemment de l'appellation A.O.C. (« Anjou », « Saumur », « Rosé de Loire »...).

Le tourisme compte aussi sur la présence de nombreux châteaux. Toutefois, à la différence de l'Orléanais et plus encore de la Touraine, ce ne sont pas les édifices de la renaissance qui attirent ici. L'Anjou n'a pas fait l'objet de longs séjours de la cour royale. Ce sont les édifices médiévaux qui dominent, symbolisant la puissance des comtes locaux, de Foulques Nerra au Bon Roi René, en passant par les Plantagenêts. Les abbayes sont également nombreuses, la plus prestigieuse étant celle de Fontevraud. Commencée au XIIe siècle, elle est bien restaurée et constitue le plus vaste édifice monastique du pays. Elle s'oriente aussi vers l'accueil de congrès, de séminaires et l'organisation de concerts :

> *« Pendant sept siècles, ce seront des femmes, souvent aristocrates de sang royal et fort riches, qui se succèderont à la tête de l'abbaye. Cela n'ira pas sans provoquer parfois certains problèmes avec les moines qui trouvaient pénible d'obéir à une femme.*
>
> *Sur les cinq couvents, seul celui des moines a été détruit. Du couvent de la Madeleine, il reste le réfectoire et la salle du chapitre. Les trois autres sont entiers mais en chantier de restauration. On y fait d'ailleurs souvent des découvertes,*

comme celles des tombeaux des Plantagenêt retrouvés cette année dans le transept nord de l'église abbatiale. Leurs gisants, magnifiques sculptures de tuffeau polychrome, sont aujourd'hui dans le transept sud. La finesse des draperies et la beauté des couleurs sont remarquables.

Le chœur et le transept de l'église, de style roman angevin, furent bâtis en 1119. Dans la nef à coupole, construite plus tard, on sent déjà l'influence byzantine. »

Le Figaro, 5/6-07-1986.

Angers est la capitale touristique de la région. La ville a profité de la convergence des vallées affluentes de la Maine et de la proximité de la vallée de la Loire. Angers possède des restes imposants de ses murailles féodales. Le château construit sous Saint-Louis abrite la plus belle et la plus grande tapisserie médiévale (la tenture de l'Apocalypse). La cathédrale Saint-Maurice et ses beaux vitraux, le musée des Beaux-Arts avec les œuvres du sculpteur David d'Angers et le musée Lurçat (tapisserie du *Chant du monde*) sont les autres attraits de la capitale historique de l'Anjou qui dispose par ailleurs d'environs pittoresques – bocage du Ségréen au nord-ouest, des Mauges au sud, pins et landes du Baugeois au nord-est – où les résidences secondaires se développent peu à peu.

Saumur est l'autre centre touristique. Outre la visite de ses caves creusées dans le calcaire, et la dégustation de ses vins, la ville offre de nombreux musées (du Cheval, de la Cavalerie, des Blindés) et les parades organisées par la cavalerie du Cadre noir.

2. La Sologne : le pays de « Raboliot »

À l'intérieur de la boucle de la Loire, la Sologne déroule sur 500 000 hectares ses **forêts** de chênes et de pins, ses landes de bruyères et ses innombrables **étangs**. C'est une région **très humide**, souvent ouatée de brouillards à l'automne, où la densité humaine est très faible (moins de 20 habitants/km²). Elle est longtemps demeurée malsaine à cause de ses marécages. Amorcés sous le Second Empire, le reboisement et l'entretien des étangs ont permis le développement de la chasse. Celle-ci procure aujourd'hui l'essentiel des revenus :

« *L'hectare loué à des chasseurs rapporte davantage que s'il est consacré aux céréales ou à la pâture. On élève le gibier pour les coups de fusil du dimanche : perdreaux et sarcelles ont remplacé poules et canards autour des fermes. On estime à 15 000 par an la production de faisans. Si l'on cultive encore des céréales, c'est pour servir de nourriture, quand elles sont en herbe, aux lapins, aux cerfs et aux chevreuils. Les exploitations de naguère sont louées à des sociétés de chasseurs (...). Selon ses goûts et ses moyens, on se livre à la chasse ordinaire au fusil, ou bien à la battue. (...) Autour de Chambord et de Cheverny, il n'est pas rare d'entendre, au cours d'un après-midi d'automne ou d'hiver, retentir le son des cors, les aboiements des meutes et les galops des chevaux lancés à la poursuite d'un cerf ou d'un sanglier.* »

Paul Fénelon, *Les Pays de la Loire*, Flammarion, 1978.

Pour la plupart, les chasseurs viennent des quartiers luxueux de la capitale ou de Neuilly. Si la chasse permet aux hôtels et aux restaurants de la région de faire le plein en fin de semaine, elle provoque aussi une montée vertigineuse des prix des terres et, par suite, un déclin de l'agriculture.

En dehors de la chasse, le tourisme est bien discret. Il est vrai que les villes sont rares. **Romorantin-Lanthenay** garde cependant de vieilles maisons solognotes typiques à pans de bois et façade de briques et son musée de la Sologne retrace l'histoire de cette région qu'il faut surtout parcourir à l'automne, lorsque les brumes stagnent au-dessus des étangs et que la forêt se colore de mille feux. C'est la vraie Sologne, celle de *Raboliot*, le braconnier évoqué par Maurice Genevoix et celle du ***Grand Meaulnes*** d'Alain Fournier, dont le souvenir demeure à La Chapelle-d'Angillon.

3. Le Berry : cathédrale et écrivains

Le Berry est au cœur de la France, et plusieurs de ses villages se disputent l'honneur d'être le point central de l'hexagone. Il offre des paysages variés, dont l'activité touristique est très inégale.

a. La Champagne berrichonne : du blé et Bourges

Au centre, la vaste champagne berrichonne rappelle la Beauce par ses horizons monotones, ses immenses champs de céréales et de colza. Traversée par des routes rectilignes, elle ne retient pas les touristes sur le plateau. Par contre, les vallées sont plus fréquentées. Ce sont elles qui portent les principales villes.

Bourges, sur l'Yèvre, est la capitale économique mais aussi touristique du Berry. Elle le doit à son festival annuel du « Printemps de Bourges » et à son prestigieux passé. L'ancienne Avaricum, capitale des Bituriges, vaincue par César après un long siège, a longtemps profité de sa position de carrefour. Elle possède deux joyaux architecturaux :

– *la cathédrale Saint-Étienne*, l'une des plus belles églises gothiques de France, célèbre par ses cinq portails finement sculptés et par ses immenses vitraux du XIIIe siècle.

– *le palais de Jacques Cœur*. Ce dernier, grand argentier du roi Charles VII et richissime marchand se fit construire ici un hôtel splendide de style gothique.

Bourges possède également bien des demeures anciennes et des hôtels particuliers de style Renaissance et elle honore le Berry d'un musée régional richement doté.

Dans la vallée du Cher, Vierzon, promue carrefour ferroviaire et routier conserve aussi d'anciennes maisons dans sa vieille ville et tire parti de sa position de porte de la Sologne. Plus en amont, Meillant possède un château imposant où les styles gothique et italien se mêlent agréablement, alors que Noirlac est l'une des abbayes cisterciennes les mieux conservées de France.

Les vallées de l'Indre et de la Creuse sont plus pittoresques. Elles traversent le pays Boischaut, cher à **George Sand** qui y résida longtemps et qui en fit le décor de la plupart de ses romans. À Nohant, son château est transformé en musée évoquant la vie passionnée de l'écrivain. Son souvenir est aussi présent à Gargilesse-Dampierre, village tapi dans la vallée de la Creuse, dans un écrin de verdure qui attira bien des peintres célèbres.

À l'ouest du Berry, la **Brenne** rappelle la Sologne par ses forêts, ses landes et ses étangs. Les plus vastes sont aménagés pour la baignade et la voile, ce qui permet de diversifier un peu la clientèle, essentiellement constituée de nombreux chasseurs et pêcheurs :

4. Le Maine : le bocage et l'eau

Au nord d'Angers, le Maine annonce déjà la Normandie. Le climat devient plus humide, la vigne disparaît et les riants coteaux du Val de Loire font place aux prés et aux haies vives ou même, vers l'est, aux belles forêts, comme celle de Bercé. C'est un cadre favorable à l'essor du tourisme vert :

> *« Ici, c'est le repos, mais un repos qui n'est pas ennui. Aux plaisirs de la marche ou de l'équitation s'ajoutent ceux de l'eau (...). Quant à l'amateur de vieilles pierres, il trouve toujours à proximité de quoi satisfaire sa curiosité. C'est dans cet esprit, joindre au repos la distraction, que sont nées en 1964, les premières "stations vertes de vacances" (...). Pour mériter le label (...) une localité doit satisfaire à certaines conditions consignées dans une "charte" : offrir des possibilités d'hébergement suffisantes (hôtels, meublés, campings) et des distractions (baignade, terrains de jeux, maisons de jeunes) ; l'accueil, enfin, doit être sympathique (syndicat d'initiative, magasins) et on veille à maintenir l'harmonie du paysage. (...) Les petites villes, mieux équipées, ont été les premières sur les rangs ; mais des villages ont réussi un remarquable effort d'équipement comme Vivoin. »*
>
> A. Frémont, J. Gouhier et J. Dufour, *Découvrir la France*, Larousse, 1972.

Les gîtes ruraux, les fermes-auberges ont bénéficié de l'essor de ce tourisme vert qui s'appuie sur la présence de nombreuses rivières et plans d'eau, utilisés pour la pêche mais aussi aménagés parfois pour la baignade et la voile. Le **tourisme fluvial** est également bien représenté. La Sarthe, la Mayenne et l'Oudon ont été balisés et permettent d'agréables promenades sur des péniches louées à Angers, Laval ou au Mans.

Enfin, si le tourisme culturel ne dispose pas d'un capital aussi prestigieux que dans le val de Loire, il peut toutefois compter sur les innombrables **châteaux et manoirs** qui parsèment le bocage ou bordent les rivières (Le Lude, Le Plessis-Bourré, Bazouges, La Possonnière où naquit Ronsard) ou encore sur les abbayes, dont la plus connue est celle de Solesmes.

Le Mans (300 000 hab. dans l'aire urbaine) est la seule grande ville dans ces régions demeurées profondément rurales. Plus qu'à sa foire, à sa belle cathédrale gothique, à ses vieilles demeures et à ses musées, la ville doit son activité touristique à la présence d'un circuit automobile. Les 24 Heures du Mans « auto », et, plus récemment créées, les 24 Heures « moto » drainent des centaines de milliers de spectateurs. Le centre aqualudique des Atlandides mobilise aussi de nombreux visiteurs.

14

La Bretagne

« La profusion soudaine des chenaux et des rocs et des îles qui se déployaient tel un paysage de rêve sorti d'un lac magique, et la limpidité des fonds et le chatoiement polychrome des forêts de goémons et de pierres et la sérénité de l'eau et la justesse précise du jeu de l'ourlet des vagues glauques, tout cela aussi était beau. »

Henri QUÉFELLEC, *Quand la terre fait naufrage*, Presses de la Cité, 1965.

La Bretagne appartient au groupe de tête des régions touristiques françaises et même européennes. Elle le doit principalement à ses littoraux. Ceux-ci offrent non seulement des sites pittoresques et de belles plages, mais ils favorisent le tourisme nautique et permettent une pêche fructueuse, susceptible de ravir bien des gastronomes. À cette Bretagne de la mer ou **Armor**, qui voit déferler chaque été des millions de touristes venus d'horizons variés, s'oppose toujours une Bretagne intérieure, **l'Arcoat** (le pays aux bois) souvent bien délaissée en dépit de la beauté de ses paysages et du charme de son bocage. C'est pourtant elle qui a le mieux conservé les traditions donnant à la province l'une des plus fortes personnalités régionales du pays.

Cette **personnalité** est si affirmée qu'elle ne tient pas toujours compte des limites administratives. C'est pourquoi ce chapitre ajoute aux quatre départements de la région « Bretagne » (Côtes-d'Armor, Ille-et-Vilaine, Finistère, Morbihan) la majeure partie de celui de la Loire-Atlantique. Nantes, figure prestigieuse de l'histoire bretonne, ne saurait être écartée de cette étude touristique, quelle que soit son originalité économique.

A L'empreinte de la mer

Au fil de sa triple façade maritime, la Bretagne déroule plus de 1 100 kilomètres de côtes, près de 3 500 même si l'on prend en compte les longs rentrants des rias et des îles. Aucun point de la région n'est à plus de 70 kilomètres de la mer. Autant dire que **l'influence maritime** est omniprésente ; elle marque les paysages et le climat, mais aussi les activités humaines et constitue l'un des attraits touristiques essentiels de la région.

1. Les séductions du littoral

Le littoral breton offre une extraordinaire collection de paysages marins, issus de la lutte inlassable des flots et de la roche. C'est un spectacle sans cesse renouvelé au gré des promenades et du balancement de la marée :

– *rochers* dressés en à-pic vertigineux comme ceux du cap Fréhel, ou entassés en énormes boules (Ploumanach) ;

– *baies* largement ouvertes au large et découvrant d'interminables estrans à marée basse qui sont vite envahis par les amateurs de crabes, de crevettes ou de palourdes ;

– *rades abritées* (Brest) ou *abers** profonds, abris incomparables pour les navigateurs ;

– *criques protégées* ou *longues plages de sable* (La Baule, Carnac), paradis de la baignade familiale ;

– écueils et îles battus par les flots et le vent, ponctuant le cheminement des touristes de passage…

Ces différentes formes ne se répartissent pas également sur tout le littoral. La côte nord, plus élevée et plus massive, est aussi plus variée ; mais elle est souvent ourlée d'écueils qui rendent la navigation dangereuse, comme le rappellent les naufrages du *Torrey Canyon* ou de l'*Amoco Cadiz*. Au contraire, la côte sud est souvent basse ; elle présente des indentations plus fines, multiplie les abris portuaires et offre des plages plus nombreuses et surtout plus étendues.

Le Finistère, littoral tourmenté

Douarnenez

2. Un climat océanique

La Bretagne doit aussi à la mer son originalité climatique. Le climat breton est souvent choisi comme modèle du climat océanique, c'est-à-dire d'un climat marqué par :

– *la douceur des températures*. Le rôle régulateur de l'océan Atlantique et de la Manche, accentué par des vents d'ouest dominants et par la dérive nord-atlantique, contribue à réduire aux alentours de 10 °C l'amplitude thermique annuelle. Les hivers sont doux. Avec une moyenne de 6,1 °C en janvier (5,8 °C en février), Brest est moins froide que Montpellier ou Bordeaux. Le gel est rare (17 jours à Brest), et la neige encore plus. D'ailleurs les mimosas fleurissent à Belle-Île et Dinard porte des palmiers. Les étés, par contre, demeurent souvent frais (Brest, 15,6 °C en juillet et 16 °C en août) et sont surtout incertains. Que l'anticyclone des Açores recouvre la péninsule (1976) et la Bretagne connaît un été lumineux ; qu'il reste limité à des latitudes plus basses, et la fréquentation touristique fléchit, surtout dans les campings ;

– *une humidité constante*. Plus que l'abondance, c'est la fréquence des précipitations qui caractérise le climat breton. Il ne pleut guère plus à Brest (1 129 mm) qu'à Bordeaux, et moins qu'à Biarritz, mais il y pleut plus de **200 jours par an**, avec un maximum d'automne et d'hiver (voir graphique). Ces pluies tombent surtout sous forme de **crachin**, pluie fine et pénétrante qui voile les paysages, embourbe les chemins et fait parfois fuir le touriste. Apportées par les vents du sud-ouest (le suroît) ou par ceux, plus froids, du nord-ouest (le noroît), les pluies sont plus abondantes sur les reliefs que sur le littoral où la hauteur annuelle est parfois inférieure à 700 mm, comme autour de Saint-Malo et dans le Morbihan.

Le climat breton

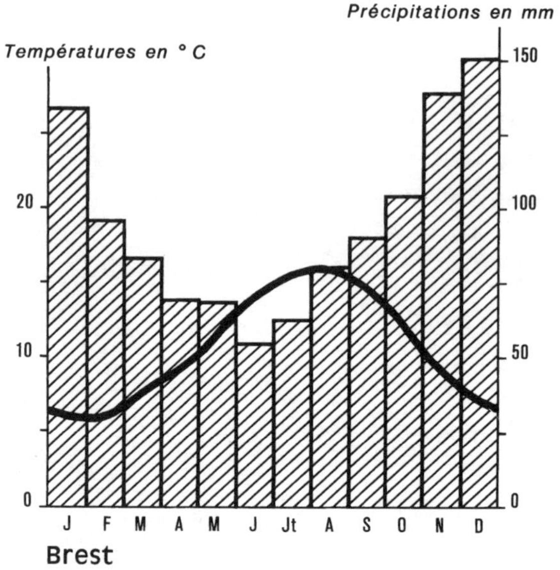

3. Le pays de la lande et du bocage

L'influence de la mer est aussi manifeste au niveau des paysages végétaux. L'humidité favorise la pousse de **l'arbre** et de **l'herbe**. Le bocage couvre encore une bonne partie de la région, tissant un maillage plus ou moins dense de haies mêlant l'aubépine, les frênes, les hêtres et parfois les chênes. Ce bocage, qui fait le charme de la Bretagne intérieure a une très longue histoire, encore bien méconnue. Il souligne les limites de la propriété, retient les troupeaux, les protège du vent et du froid, freine le ruissellement et sert d'abri au gibier. Pourtant, il tend à disparaître progressivement face aux exigences de l'agriculture moderne. Les chemins creux sont comblés, les haies arrachées afin de faciliter l'évolution des tracteurs et des machines sur des parcelles agrandies par le **remembrement**. Si la modernisation de l'agriculture y trouve son compte, le paysage y perd bien des attraits.

La lande de bruyère, de genêts et d'ajoncs, image traditionnelle de la région, régresse également. Elle est cependant toujours présente sur les hauteurs (Montagne Noire, landes de Lanvaux) et porte de magnifiques couleurs au printemps et à l'automne. Par contre, les forêts sont rares. Elles ne couvrent que 5 % du sol, ce qui fait de la région l'une des moins boisées du pays. Quelques belles forêts subsistent cependant, telle celle de Paimpont.

4. La terre du granit

C'est aussi à l'eau que le massif armoricain doit ses paysages. Les rivières ont « rajeuni » le modelé monotone de plateaux et de collines résultant de l'érosion du vieux massif hercynien. Elles ont creusé des **vallées profondes** (gorges de Toul-Goulic, du Daoulas) attrayantes pour le touriste mais gênantes pour les communications (viaduc de Morlaix). Elles ont aussi mis en relief les crêtes de grès et de quartzites des monts d'Arrée et de la

Montagne Noire (roc Trévezel, Toullaëron) d'où l'on découvre de magnifiques panoramas sur la campagne. Il en résulte qu'en dépit d'une altitude modeste – moins de 400 m – le Massif armoricain offre des horizons variés.

L'attrait de la Bretagne doit aussi beaucoup au **granit**. S'il n'est pas la roche la plus fréquente – ce sont les schistes –, c'est lui qui marque la personnalité de la région. Il donne des reliefs spectaculaires, qu'il soit érodé en gigantesques rochers circulaires comme à Ploumanach, ou qu'il se dresse face aux flots comme à la pointe du Raz. Il donne aussi un matériau de construction résistant qui marque **l'architecture régionale**. La beauté de bien des églises, des calvaires et des châteaux tient pour une part à l'utilisation de cette roche que les artistes locaux ont su utilisé avec beaucoup de talent.

B Une terre de traditions

1. Le pays des légendes

La Bretagne est la région française qui a sans doute conservé le mieux ses traditions. Ceci s'explique peut-être en partie par la rudesse du pays et par le combat quotidien de l'homme avec la mer :

> *« "Le Breton, homme dur", a vécu dans la familiarité de l'au-delà et du fantastique. Où a-t-on ailleurs, en France, à ce point bâti des légendes et attaché un mythe à chaque pierre, à chaque source, à chaque falaise. à ce point intégré au christianisme la multiple saveur du paganisme et des épopées ? (…) Il n'est pas un recoin de Bretagne, surtout sur les côtes de Basse-Bretagne et dans les "montagnes" de l'ouest où de frustes sculptures, des fontaines "miraculeuses" de dolmens, de rochers, n'évoquent ces légendes complaisamment évoquées par les guides. »*
>
> R. Brunet, *Découvrir la France*, Larousse, 1972.

Parmi ces légendes, les plus célèbres sont celles des **chevaliers de la Table ronde**, de **Merlin l'Enchanteur** et de la fée Viviane, de Tristan et Yseult, ou encore celle de la ville d'Ys, cité engloutie au large de Douarnenez et dont les cloches se feraient parfois entendre. On peut y ajouter les Korrigans, ces lutins malicieux.

D'autres facteurs expliquent l'importance des traditions et le dynamisme du **folklore**. La profonde croyance des populations d'abord, la Bretagne étant restée l'une des provinces catholiques les plus pratiquantes. L'isolement ensuite. Cernée par la mer, morcelée par son bocage, où la population se disperse, la région est longtemps demeurée coupée du reste du pays. Soumise par Charlemagne en 799, elle a vite contesté la souveraineté franque et s'est érigée en duché sous Nominoë et même, durant un temps, en royaume. Ce n'est qu'à l'occasion des mariages successifs de la duchesse Anne avec Charles VIII puis Louis XII que s'est amorcé un rapprochement avec le pouvoir central. L'union a été définitivement scellée en **1532**, lorsque Claude, fille d'Anne et épouse de François Ier, a cédé son duché à la couronne royale. Mais l'isolement n'a pas été totalement rompu pour autant car les communications ont continué à rester déficientes et la province est restée en dehors de la révolution industrielle. Cette tonalité rurale, conservée plus longtemps, explique aussi le maintien de la langue.

2. Le renouveau de la langue bretonne

La langue bretonne a été « importée » par les populations celtes des îles britanniques fuyant les invasions des Angles* et des Saxons* aux ve et vi^e^ siècles. Elle s'est surtout implantée dans la partie occidentale de la province, ce qui permet de distinguer une **Bretagne bretonnante** – où l'on parle breton et français – et **un pays gallo**, où l'on ne parle que le français. La limite entre les deux aires linguistiques se situe sur une ligne Saint-Brieuc-Vannes. Combattue par les instituteurs de la Troisième République, la langue bretonne connaît un renouveau certain. Elle le doit à quelques chanteurs tels Alan Stivell, au dynamisme de certaines associations. Elle est aujourd'hui utilisée à la radio et la télévision régionales et enseignée dans les lycées. Il est même possible de passer son baccalauréat en breton.

On estime à environ un million de personnes la population s'exprimant quotidiennement en breton (sur 2 900 000 habitants). Le breton est d'ailleurs présent partout :

– dans les noms de villages en « ker » (maison), en « coat » ou « goat » (bois) ou en « plounou », « pleu » (paroisse) ;

– dans les noms des personnes : Le Bihan (petit), Le Fur (sage), Le Goff (forgeron) ;

– dans les prénoms : les « Loïc », « Yann », « Gaël » sont portés par bien des habitants.

3. Un folklore dynamique

La Bretagne a aussi conservé bien des fêtes traditionnelles, comme les **festou noz** (fêtes de nuit) et plus encore **les pardons**. Ces derniers sont des fêtes religieuses marquées par le recueillement en quelque église ou chapelle, suivi par une longue procession, puis par des festivités plus profanes. Les grands pardons attirent des milliers de touristes, surtout lorsqu'ils ont lieu aux beaux jours (**Saint-Anne-d'Auray**, Saint-Anne-la-Palud, Folgoet).

Ces manifestations donnent souvent l'occasion de ressortir les costumes traditionnels. Ceux des femmes sont surtout remarquables par les tabliers brodés et plus encore par les **coiffes** dont il existe de multiples variantes, la plus spectaculaire, sinon la plus belle étant celle du pays bigouden, haut tuyau de dentelle. Les hommes retrouvent le chapeau de feutre et le gilet brodé. Les danses sont aussi à l'honneur. Rythmées par le son des bombardes (hautbois), des cornemuses et des **binious**, elles s'appellent gavotte, jabodao ou encore danse des rubans. Un repas complète la fête. Si la Bretagne n'est pas une grande région gastronomique, elle offre cependant bien des plaisirs au gourmet. **Les produits de la mer** d'abord : homards, langoustes, coquilles Saint-Jacques, huîtres du Belon, palourdes. Certaines viandes sont aussi à l'honneur, comme l'andouille de Guéméné. Ce sont pourtant les plats les plus simples qui caractérisent le mieux la région : **crêpes** de froment et de sarrasin, far, biscuits nantais, accompagnés de **cidre** évidemment, encore que la Basse-Loire produise de bons vins (muscadet, gros-plant).

4. Une architecture souvent originale

La Bretagne offre aux touristes des monuments qui comptent parmi les plus originaux du pays. Ce sont d'abord les **mégalithes**, ces énormes blocs dressés (menhirs) ou déposés horizontalement (dolmens), ou encore rassemblés en hémicycle (cromlechs). Érigés entre le cinquième et le second millénaire avant notre ère, ils suscitent encore bien des interrogations de la part des spécialistes quant à leur réelle signification. Si ces mégalithes sont présents dans bien d'autres régions, nulle part ils ne sont aussi nombreux qu'en Bretagne, et notamment dans le Morbihan.

L'art religieux est tout aussi typique. Point de vastes cathédrales dans une région pauvre, et peu de vestiges de l'art roman, mais une multitude d'églises et de **calvaires**, témoignages d'une foi fervente et d'un art paysan habile à travailler le granit. **Les enclos paroissiaux**, nombreux dans le Finistère, sont les plus belles réussites de l'art breton. Ils regroupent :

– une église, au plan très simple, flanqué d'un clocher carré finement ouvragé. Son porche, ouvert au sud abrite des bancs de pierre qui servaient autrefois aux entretiens des notables de la paroisse ;

– un petit cimetière auquel on accède par une porte monumentale et qui contient un ossuaire, bâtiment sculpté destiné à accueillir les ossements des corps exhumés lorsque le cimetière est plein ;

– un calvaire, souvent finement sculpté. C'est le monument le plus typique et le plus travaillé. Il porte d'innombrables personnages.

Les enclos paroissiaux

L'architecture militaire est aussi marquée par le granit. Les forteresses les plus imposantes et les plus visitées se trouvent à l'est de la région. Elles témoignent de la rivalité entre le duché de Bretagne et le royaume de France ; ce sont les **châteaux** de Fougères, de Vitré, de Josselin. D'autres ceignent le littoral : Guérande, Vannes, Concarneau, Saint-Malo… À l'intérieur de la Bretagne, les grands ouvrages sont rares. La pauvreté de l'aristocratie terrienne ne lui permettait d'édifier que des **manoirs**. Certains d'entre eux, comme celui de Kerjean, en Léon, atteignent cependant des tailles respectables.

Les maisons bretonnes elles-mêmes sont souvent typées, avec leurs encadrements de granit, leurs murs souvent blanchis et leurs toits d'ardoise. Le mobilier ancien fait la fortune des antiquaires ; les touristes s'arrachent souvent à prix d'or les **lits clos**, fermés par une porte ouvragée ou des rideaux, mais aussi des vaisseliers et des armoires.

C Un tourisme estival florissant

1. Au sixième rang national

En 2006, la région Bretagne figure au quatrième rang des régions françaises pour les nuitées des touristes nationaux (voyages personnels), derrière Provence-Alpes-Côte d'Azur, Rhône-Alpes et le Languedoc-Roussillon. Ce classement (qui exclut donc la Loire Atlantique, historiquement bretonne) souligne un petite régression depuis le début de la décennie 80, date à laquelle la Bretagne apparaissait encore en troisième position. La région enregistre 71 millions de nuitées **de la part des nationaux,** auxquelles s'ajoutent celles de nombreux étrangers. Le tourisme représente environ 5 % du P.I.B. régional et il fournit plus de 30 000 emplois à temps plein et autant d'emplois saisonniers.

Il s'agit pour l'essentiel d'un tourisme de classes moyennes si l'on fait abstraction de quelques stations orientées vers une clientèle luxueuse (Dinard, La Baule). L'hébergement privilégie les **résidences secondaires** (201 100 sans la Loire-Atlantique), **les meublés et les campings.** Ces derniers représentent 14,9 % de la capacité nationale et les gîtes ruraux 10,3 %, alors que l'hôtellerie classée ne recense que 5,4 % des chambres du pays (Loire-Atlantique comprise pour toutes ces données). Il faut ajouter à cela les villages de vacances et les centres de vacances pour enfants et adolescents. Des disparités régionales assez marquées apparaissent : le camping est mieux représenté sur la côte méridionale alors que les résidences secondaires et les meublés recensent une large part de la capacité d'accueil dans les Côtes-d'Armor.

> « *Les formes touristiques diffuses, avec dispersion des hébergements et des équipements, l'emportent : petits ports ouverts aux plaisanciers, quelque 50 stations balnéaires, 11 centres de thalassothérapie, le groupe Accor dirigeant ceux de Quiberon et de Dinard, nombreux "complexes de remise en forme". Au niveau communal, hormis quelques stations morphologiquement caractérisées – front de mer aménagé, habitat dense, équipements de loisirs – comme Dinard, Saint-Malo, Bénodet, Quiberon, l'essor touristique se traduit surtout par le mitage de maisons individuelles voire de petits lotissements.*
>
> *Ici donc, en dehors de quelques programmes d'équipement portuaire (Trébeurden, Saint-Quay-Portrieux dans les Côtes-d'Armor), pas de grands aménagements du type du littoral languedocien, mais un développement mesuré, des implantations "à dimensions humaines" réalisables par des entreprises locales, des artisans locaux. Une telle option, à l'opposé du "tout tourisme", tente de concilier développements menus et protection des espaces naturels encore existants ; elle s'inscrit dans le schéma d'aménagement du littoral breton approuvé par les instances régionales et locales.* »

J. Gras, *La France, les 22 Régions*, A. Colin, 2001.

Le tourisme en Bretagne

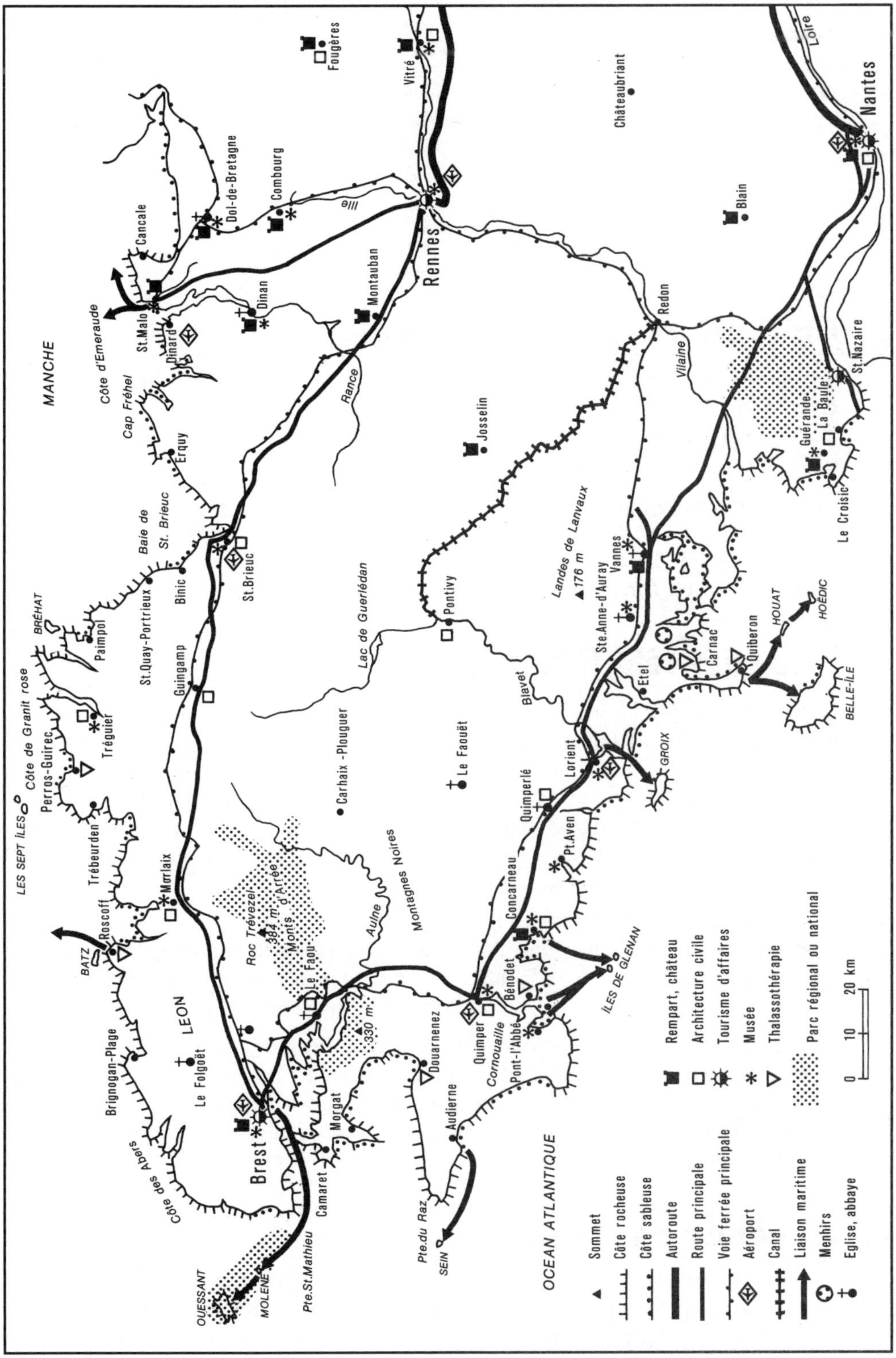

L'hébergement en Bretagne et en Loire-Atlantique en 2008

Départements	Hôtels homologués (chambres)	Campings (emplacements)	Villages de vacances (lits)	Gîtes ruraux (nombre)
Côtes-d'Armor	3 525	16 107	2 438	1 506
Finistère	5 849	32 400	5 782	1 356
Ille-et-Vilaine	8 153	8 724	250	586
Loire-Atlantique	8 845	19 369	2 922	326
Morbihan	6 157	30 353	6 813	862

Sources : Direction du Tourisme et Fédération nationale des gîtes de France.

2. Un tourisme surtout littoral

Le tourisme privilégie l'Armor. Les côtes regroupent d'ailleurs plus des deux tiers des chambres d'hôtels classées et des places de campings. Le tourisme balnéaire est très développé en dépit de la température de l'eau parfois un peu fraîche. Quant au tourisme nautique, il a connu un extraordinaire essor sur l'ensemble des côtes bretonnes.

Ce tourisme nautique a profité de l'apparition de bateaux de plastique moins coûteux, mais aussi du prestige de certains marins bretons (Éric Tabarly) et de l'engouement croissant pour les grandes épreuves nautiques (Route du rhum, Transatlantique en solitaire) dont le départ ou l'arrivée donnent lieu à une grande affluence dans les ports bretons.

3. Une clientèle fidèle...

La Bretagne recrute l'essentiel de sa clientèle touristique dans la moitié occidentale du pays, et plus particulièrement dans le quart nord-ouest. L'Île-de-France fournit près du tiers des estivants. C'est, pour une part, la conséquence de la forte émigration rurale qui a sévi en Bretagne à la fin du XIXe siècle et dans la première moitié du XXe siècle. De nombreux Bretons se sont dirigés vers Paris et leurs descendants conservent des liens privilégiés avec la province d'origine, possédant parfois une résidence secondaire qui deviendra principale à l'heure de la retraite .

Les Bretons eux-mêmes fournissent un large effectif de touristes. Leur taux de mobilité estivale est inférieur à la moyenne nationale ; plus du tiers de ceux qui partent en été restent fidèles à leur province. À la différence des autres touristes, ils se dirigent en partie vers l'intérieur de la région, fuyant des littoraux trop animés.

La Bretagne accueille aussi de nombreux **étrangers**. En 2006, ceux-ci représentent 18 % de la clientèle dans les hôtels et 30 % dans les campings. Les Anglais sont nombreux, ce qui s'explique par la proximité géographique mais aussi par le goût de cette clientèle pour les « côtes fraîches ». Les Allemands viennent au second rang, devançant les Néerlandais et les Italiens dans les hôtels et les Néerlandais dans les campings.

4. ... venue par la route

La grande majorité des touristes arrivent par la route. Ils bénéficient de l'amélioration du réseau réalisée jadis dans le cadre du **Plan routier breton** et surtout de l'ouverture de l'autoroute Paris-Rennes. Il n'en demeure pas moins que le réseau régional reste insuffisant. Les meilleurs axes sont périphériques : les « routes des rias » confortent la prééminence du littoral.

Le retard est plus manifeste encore au niveau des transports ferroviaires. Là encore, les liaisons ouest-est sont privilégiées. Le **T.G.V. Atlantique** a permis d'améliorer les dessertes des principales villes. Les rames, qui circulent à vitesse élevée jusqu'au Mans, prolongent leur itinéraire jusqu'aux grandes villes en empruntant les lignes ordinaires. Rennes et Nantes sont à 2 h de Paris et Brest à moins de 4 h. Par contre, bien des lignes régionales ne sont pas électrifiées et les liaisons nord-sud sont lentes. De nombreuses voies secondaires, déficitaires, ont été fermées et les changements sont fréquents.

Les transports aériens jouent un rôle modeste dans la fréquentation touristique, sauf en ce qui concerne le tourisme d'affaires. Ceci explique que les premiers aéroports soient ceux de Nantes (2 590 000 passagers en 2007) et de Brest (850 000). Celui de Rennes (535 000 passagers) souffre évidemment de la proximité de Paris et de la concurrence conjuguée du rail et de la route. Les autres aéroports n'ont qu'un modeste trafic, à l'exception de celui de Dinard (178 000 passagers).

Quant aux transports maritimes, ils ont profité de l'ouverture de nouvelles relations avec les îles Britanniques et de l'essor des départs vers les îles Anglo-Normandes. Le trafic de Saint-Malo est d'ailleurs le plus important de Bretagne (970 000 passagers en 2007 contre 163 000 en 1973). Celui de Roscoff a également progressé : 561 000 passagers.

D Les régions touristiques bretonnes

Si le tourisme privilégie essentiellement l'Armor, il ne se répartit pas uniformément le long des côtes. Les disparités de fréquentation demeurent marquées ; elles s'expliquent par la situation géographique, la diversité du cadre naturel, l'inégal développement du réseau de communication ou encore la structure de l'hébergement.

1. La côte nord

Le littoral qui s'étend de la presqu'île de Crozon à la baie du Mont-Saint-Michel a connu un développement touristique précoce, dû pour une large part aux **estivants britanniques** venus dès le milieu du XIXe siècle dans les stations abritées entourant Saint-Malo.

Trois régions touristiques peuvent être distinguées sur ce littoral septentrional, à savoir d'ouest en est : le Léon, le Trégor et la Côte d'Émeraude. **Le tourisme tend à augmenter continuellement d'ouest en est**, au fur et à mesure que l'on se rapproche des grandes régions émettrices.

a. Brest et le Léon : la Côte Sauvage

De la rade de Brest à la baie de Morlaix, **le Léon** présente la côte la plus sauvage de toute la Bretagne. Un **littoral rocheux**, élevé, précédé d'une multitude d'îles, d'îlots et de récifs, fouetté par les vents et battu par les tempêtes. La navigation y est dangereuse, comme le rappellent certains proverbes (« Qui voit Ouessant voit son sang ») et les naufrages des pétroliers (*Amoco Cadiz* à Portsall). À ces handicaps naturels opposés au tourisme balnéaire et nautique, le Léon ajoute son éloignement de la capitale et la modestie de son réseau de communication. C'est, de loin, la région la moins fréquentée de Bretagne. Les Brestois constituent la principale clientèle, surtout à l'ouest dans le « **pays des abers** » (aber Benoît, aber Wrac'h).

Pourtant, le Léon n'est pas dénué de séduction. Le climat, adouci par la dérive nord-atlantique est très doux ; il permet au littoral de compter parmi les grandes régions de production de primeurs : la « **ceinture dorée** » envoie ses choux-fleurs et ses artichauts dans toute la France et même en Angleterre. Les abers offrent de bons abris aux plaisanciers et quelques plages abritées des vents d'ouest accueillent les baigneurs : Brignogan, Carantec, **Roscoff**. Cette dernière ville profite aussi de ses installations de **thalassothérapie** et de l'essor de ses relations maritimes avec les îles britanniques. Près de là, **Saint-Pol-de-Léon,** grand marché agricole, possède deux des plus beaux édifices religieux de la Bretagne : son ancienne cathédrale et la chapelle du Kreisker au vertigineux clocher de granit.

Quant à **Brest** (145 000 hab., 300 000 dans l'aire urbaine), la capitale régionale, elle doit l'essentiel de ses attraits à sa rade et à la marine, célébrée par les vieux gréements. **La rade** est l'une des plus belles d'Europe. Elle s'étend sur 150 km² et ses eaux profondes (20 m parfois) permettent l'évolution des grands bâtiments. Fermée par un étroit goulet, facile à défendre, elle a valu à Brest de devenir dès le XVIIe siècle le premier port militaire français de l'Atlantique. Comme celle de Toulon, la rade peut être visitée en bateau. Brest offre également au visiteur le célèbre pont-levant de Recouvrance, un château, seul vestige ayant échappé aux destructions de la dernière guerre, de riches musées (Musée naval, musée du Vieux Brest) et le parc Océanopolis (plus de 300 000 visiteurs annuels). C'est aussi le point de départ de belles excursions terrestres vers la presqu'île de Crozon (Camaret, port langoustier, pointe de Penhir) ou le grand phare du Conquet, ou, pour les plus téméraires, d'une promenade en mer vers Ouessant.

À ces attraits littoraux, le Léon ajoute, à quelques kilomètres du rivage, bien des richesses artistiques, à commencer par le manoir Renaissance de Kerjean ou l'église du Folgoet, centre de l'un des plus grands pardons bretons. Mais c'est plus encore à ses **enclos paroissiaux** que la région doit sa renommée. Ceux de **Guimiliau** et de Saint-Thégonec sont les plus connus, mais bien d'autres méritent une visite.

b. Le Trégorrois : un littoral pittoresque

Entre la baie de Morlaix et celle de Saint-Brieuc, le littoral présente un tracé plus mouvementé encore que dans le Léon, ajoutant de larges indentations aux innombrables récifs qui, ici encore, gênent les plaisanciers mais contribuent à la beauté des paysages. Cette dernière doit aussi beaucoup à la présence de **granit rose** qui, décomposé par les embruns et la pluie, donne de gigantesques amoncellements de blocs circulaires entre Perros-Guirec et Trebeurden.

Ce littoral bénéficie également de plages plus nombreuses et plus étendues, souvent abritées des vents d'ouest. Plus proche de Paris, il dispose en outre d'un réseau de communication plus satisfaisant, même dans le domaine ferroviaire. La fréquentation touristique est en conséquence bien supérieure à celle du Léon. La clientèle s'élargit et les principales stations accueillent de nombreux étrangers.

Présent sur la presque totalité du littoral, le tourisme privilégie cependant deux zones :

– la côte de granit rose. **Perros-Guirec** en est la capitale touristique. La station possède un bon équipement hôtelier, un centre de thalassothérapie et elle est le point de départ pour des excursions vers les Sept Îles, importantes réserves d'oiseaux. Elle profite de la proximité des belles plages de Trégastel et **Trébeurden**, du pittoresque du littoral et de la présence du radome * de Pleumeur-Bodou, ou un musée explique l'évolution des techniques de télécommunications ;

– la baie de Saint-Brieuc, à l'est, est le paradis du **tourisme familial** et des **colonies de vacances**, ainsi que des classes de mer (plus de 3 000 lits dans les centres de vacances). Les plages, à faible déclivité, découvrent largement à marée basse et permettent le ramassage des coquillages. La fréquentation touristique est ancienne : Saint-Quay a été lancée au début du XIXe siècle. Les campings sont nombreux et les résidences secondaires progressent rapidement. Les principales stations sont **Saint-Quay-Portrieux** et Binic, qui disposent de grands ports de plaisance d'une capacité respective de 1 500 et de 525 places.

En dehors de ces deux zones, le tourisme est surtout actif à **Paimpol** et à Tréguier. La première doit son prestige au roman de Pierre Loti *(Pêcheur d'Islande)* qui rappelle la vocation maritime de la ville, mais aussi à la chanson de Théodore Botrel. C'est le point de départ d'excursions vers l'île de **Bréhat**, véritable paradis méditerranéen en Bretagne ; les mimosas et les lauriers-roses voisinent avec les bruyères et les genêts sur un archipel tourmenté qui offre bien des abris aux plaisanciers. Quant à **Tréguier**, elle groupe ses vieilles demeures autour de sa belle cathédrale gothique Saint-Tugdual, rappelant qu'elle fut un centre religieux actif. Carrefours routiers et ferroviaires, les principales villes de la région (Saint-Brieuc, Morlaix et Guingamp) ne connaissent qu'un modeste tourisme de passage.

c. La Côte d'Émeraude : le règne de Dinard

Du Val-André à la baie du Mont-Saint-Michel, le littoral présente également un tracé complexe le long duquel alternent les éperons rocheux, les plages de sable et les marais. Abritée des vents d'ouest par le Trégor, cette côte a par ailleurs bénéficié d'un développement touristique précoce, amorcé par **les Anglais** à Dinard, au milieu du XIXe siècle. Elle offre la plus importante concentration d'équipements de la côte nord et profite de sa situation géographique. Voisine de Rennes, qui lui fournit une clientèle fidèle dès les premiers beaux jours, la Côte d'Émeraude porte aussi les plages bretonnes les plus proches de la région parisienne… et de Londres.

Deux stations dominent l'activité touristique :

– Saint-Malo. C'est la ville des marins célèbres : Jacques Cartier, qui explora l'estuaire du Saint-Laurent, Duguay-Trouin et Surcouf, les corsaires qui valurent à la ville son surnom de « **cité-corsaire** ». C'est aussi le souvenir de **Chateaubriand** qui repose au large sur l'île du Grand-Bé. Profondément endommagée par les combats de 1944, Saint-Malo a fait l'objet d'une exceptionnelle restauration. Ceinte de remparts, **la vieille ville** abrite dans son château le musée de la Cité et le musée de Cire de Quic-en-Groigne, qui présente les Malouins célèbres. Saint-Malo possède aussi un centre de thalassothérapie et un magnifique aquarium. Son port de voyageurs est le plus important de Bretagne. Au trafic trans-Manche s'ajoutent les nombreuses excursions vers le cap Fréhel, les îles Anglo-Normandes ou encore Dinan. Il faut y ajouter l'animation constante des divers ports de plaisance (plus de 1 600 places au total). Combinant avec bonheur plusieurs formes de tourisme, la ville dispose d'un beau parc hôtelier, de près de 4 000 résidences secondaires, de 1 500 places de camping et de 2 000 lits dans les centres ou villages de vacances ;

– Dinard fait face à Saint-Malo, de l'autre côté de la ria, barrée par une usine marémotrice. Station de luxe de la côte nord, elle possède une remarquable infrastructure hôtelière, avec plusieurs hôtels 4 étoiles, et près de 3 000 résidences secondaires. C'est aussi la première station pour le camping et les centres de vacances. À proximité s'étendent **les plages** de Saint-Briac et de Saint-Lunaire.

Les autres stations sont plus modestes. À l'ouest, **Saint-Cast, Erquy** – la capitale de la coquille Saint-Jacques – et Val-André accueillent une clientèle familiale et regroupent de nombreux centres de vacances. À l'est, **Cancale**, célèbre par ses huîtres, offre un beau panorama sur la baie du Mont-Saint-Michel.

À peu de distance du littoral, les sites touristiques abondent. **Dinan**, au fond de **la ria de la Rance**, est une ville fortifiée qui conserve de nombreuses maisons des XVe et XVIe siècles, aujourd'hui transformées en ateliers d'artistes et d'artisans. Dol-de-Bretagne mise sur sa cathédrale pour attirer les visiteurs et Combourg sur son château qui valut à Chateaubriand quelques-unes de ses plus belles pages.

2. La côte sud

Le littoral méridional de la Bretagne s'est orienté plus tardivement vers l'activité touristique, à l'exception de quelques stations proches de la Loire. Il a toutefois rapidement comblé son retard et séduit un nombre croissant de Français et d'étrangers, comptant sur des atouts naturels non négligeables :

– des plages plus nombreuses et plus étendues, à l'image de celles de Carnac et de La Baule ;

– un ensoleillement nettement supérieur (2 055 h par an à Carnac contre 1 830 à Bréhat) et des plages souvent ouvertes vers le sud.

Trois régions touristiques peuvent être distinguées sur ce littoral : la Cornouaille, le Morbihan et la Côte d'Amour.

a. La Cornouaille : des coiffes et des ports

Entre la presqu'île de Crozon et Le Pouldu, la Cornouaille est restée la région bretonne la plus typique. Son originalité tient à la persistance des traditions du pays bigouden (fêtes, coiffes), à l'abondance des ports de pêche qui offrent des spectacles sans cesse renouvelés aux touristes et aux indentations de ses rias*, abris recherchés des plaisanciers.

Au nord-ouest, la côte est rocheuse et élevée. Elle offre surtout de magnifiques panoramas marins, notamment du phare d'Ekmuhl et de la **pointe du Raz** d'où, par temps clair, on aperçoit **l'île de Sein**. Cette dernière, plate et minuscule (0,5 km^2) est animée en été grâce aux excursionnistes et aux plaisanciers, mais elle retrouve sa solitude et son austérité dès la fin août; les grandes tempêtes l'isolent même du continent durant plusieurs jours. Le tourisme de passage est donc le plus actif sur cette côte où les plages sont rares. Seule **Audierne** est une station balnéaire fréquentée, ainsi qu'un important port de pêche.

Entre Pont-l'Abbé et Le Pouldu, le littoral, moins élevé, est plus favorable au tourisme balnéaire et au tourisme nautique. Le premier compte sur des plages agréables (baie de la Forêt), le second sur les abris des rias et de nombreux ports de plaisance (La Forêt-Fouesnant, Bénodet) et sur les écoles de voile comme celle des **îles de Glénan**. Les stations les plus connues sont aussi les plus luxueuses : **Bénodet** et Beg-Meil. D'autres centres touristiques se situent au fond des rias. Pont-l'Abbé, capitale du **pays bigouden** honore les costumes locaux d'un musée et de nombreuses manifestations folkloriques. **Pont-Aven** est la cité des peintres ; Gauguin y vint à plusieurs reprises. **Quimper** ajoute à ses fonctions administratives et commerciales les beautés de sa cathédrale gothique Saint-Corentin et de ses vieilles maisons à colombages. La plus typique des anciennes villes bretonnes possède aussi de beaux musées (Beaux-Arts, Faïencerie) et souligne son attachement aux traditions et au folklore lors des « grandes fêtes de Cornouaille ».

Les ports de pêche profitent de l'essor du tourisme. L'arrivée des bateaux et la dégustation de poisson mobilisent en effet bien des estivants qui accourent également lors des grandes fêtes traditionnelles comme celles des Filets Bleus à **Concarneau.** Cette dernière ville est d'ailleurs la plus fréquentée. Elle le doit en partie à l'existence de la ville close, minuscule enclave ceinte de remparts, sise au milieu du port.

Phare de Ploumanach', Côtes d'Armor

b. La côte du Morbihan : des plages et des îles

Entre Le Pouldu et l'estuaire de la Vilaine, le littoral du Morbihan offre un tracé plus mouvementé, marqué par la présence d'un vaste golfe (Morbihan signifie « petite mer » en breton), d'une presqu'île (Quiberon) et d'un chapelet d'îles. La protection naturelle qui en résulte contre les tempêtes explique que le tourisme nautique et balnéaire se soit surtout concentré autour de la baie de Quiberon.

La presqu'île de Quiberon est un tombolo, c'est-à-dire qu'elle est née du rattachement à la côte d'une ancienne île par un cordon de sable. Elle oppose sa côte sauvage, où déferlent les vagues, à sa longue plage abritée qui s'étend au-delà de Carnac et reçoit chaque été plus de 100 000 baigneurs. C'est la seule partie du littoral desservie par le rail entre Concarneau et La Baule. Le tourisme profite également de la présence de deux centres de thalassothérapie et des innombrables menhirs de Carnac et de Kerzerho. À proximité, le port de plaisance de La Trinité-sur-mer, est l'un des plus importants de cette côte (1 225 postes contre 760 à Quiberon).

Si le camping est roi, les résidences secondaires se multiplient et dépassent parfois en nombre les résidences principales dans les grandes stations. C'est le cas à Quiberon, mais aussi à Carnac ou à Saint-Gildas-de-Rhuys.

Le golfe du Morbihan, sans doute né d'un affaissement récent du littoral est aussi un foyer touristique important. Le jeu des marées, la présence de plusieurs centaines d'îles, la dégustation des huîtres, la plaisance et les excursions en vedette contribuent au charme de ce golfe, au fond duquel se tapit **Vannes**. L'ancienne capitale des Vénètes, tribu gauloise qui infligea une défaite navale à César, est un important marché régional. Elle offre au visiteur des vieilles demeures, une cathédrale gothique et les restes de ses remparts. À l'ouest, **Saint-Anne-d'Auray** est le plus prestigieux des pélerinages bretons.

Le tourisme se développe aussi sur les autres parties du littoral : tourisme balnéaire à Damgad et à Saint-Gildas-de-Rhuys, tourisme de passage à **Lorient**, la principale ville. Second port de pêche du pays pour le volume des prises, Lorient fut fondée par Colbert pour recevoir les entrepôts de la Compagnie des Indes. Devenue port militaire sous Napoléon Ier, elle fut très endommagée durant la seconde guerre mondiale par les bombardements alliés car les Allemands y avaient édifié une base pour leurs sous-marins. Au spectacle de ses gros chalutiers, Lorient ajoute les attraits de son port de plaisance et la proximité des plages de l'Armor. C'est aussi le point de départ pour l'île de Groix.

Les îles du Morbihan ne connaissent pas toutes la même activité touristique. Rocheuses, elles présentent le plus souvent une côte occidentale « sauvage » sur laquelle se brisent les tempêtes à une côte orientale plus accueillante, parfois ourlée de criques abritées. Ces îles souffrent cependant de l'isolement et elles perdent bien des habitants. Par contre l'été apporte quelque animation, avec l'arrivée des plaisanciers, des excursionnistes et des estivants. Ces derniers augmentent chaque année, multipliant les résidences secondaires qui constituent parfois la majorité des résidences (Sauzon, à Belle-Île ; île d'Hoedic). Cet afflux pose même des problèmes au niveau de l'approvisionnement en eau. Plus vaste, **Belle-Île** concentre la majorité des flux. Elle le doit à ses paysages, à ses grottes, à ses impressionnantes falaises et à ses plages plus nombreuses.

c. La Côte d'Amour : La Baule et les autres...

Au sud du littoral breton, la Côte d'Amour bénéficie de très belles plages, d'une bonne desserte routière et ferroviaire et de la proximité des agglomérations de Nantes et de Saint-Nazaire qui fournissent une clientèle appréciée pour allonger la saison.

La Baule est sans conteste la station la plus prestigieuse de ce littoral. Se vantant de posséder « la plus belle plage d'Europe », elle a connu une animation touristique précoce, dès 1860. Assez bien abritée, ouverte au sud, La Baule est avec Dinard la station la plus **luxueuse** de tout le littoral breton. Ses grands hôtels (l'Hermitage, le Royal) côtoient le casino et les immeubles en front de mer. Les villas luxueuses se dispersent dans les pins, en arrière du littoral. La clientèle étrangère, en particulier britannique et allemande, est nombreuse.

La Baule a quelque peu éclipsé les autres stations, telles Le Pouliguen et **Pornichet,** dotés de beaux ports de plaisance, ou encore Le Croisic, port de pêche actif. Cette Côte d'Amour profite aussi de la proximité des remparts de **Guérande** qui dominent des marais salants en voie de disparition et de **la Grande-Brière**, intégrée depuis 1970 dans un parc naturel régional. C'est un vaste marais, drainé par une multitude de canaux et couvert de plantes aquatiques, en particulier de roseaux. Autrefois, les habitants souffraient des fièvres et vivaient misérablement de l'exploitation de la tourbe, de la pêche et de la chasse. Ils habitaient dans des chaumières posées sur les buttes et circulaient dans des barques à fond plat, les plattières. Aujourd'hui, la population travaille à Saint-Nazaire et l'habitat a, fort heureusement, bien changé. Toutefois, les plattières servent toujours ; elles transportent les touristes à travers cette « Venise verte », récemment transformée en parc régional, si tranquille et si reposante, à deux pas des plages surchargées.

3. L'intérieur

a. L'éclosion du tourisme « vert »

L'Arcoat est longtemps demeuré à l'écart des grands flux touristiques, d'autant plus facilement que les axes de communication essentiels sont périphériques et que les reliefs ne sont pas très spectaculaires. La situation a pourtant évolué depuis une vingtaine d'années. Les flux se sont amplifiés à la faveur de l'essor de l'hébergement en milieu rural (gîtes ruraux, auberges rurales, camping à la ferme), de la création du **parc naturel d'Armorique** (1970), de l'organisation du Festival des Vieilles Charrues à Carhaix et de l'apparition du **tourisme fluvial** qui redonne vie au canal de Nantes à Brest et au Blavet canalisé. Aménagés au XVIIIe siècle pour assurer une liaison stratégique entre la Manche et l'océan à l'abri de la flotte anglaise, ces canaux sont aujourd'hui inadaptés au trafic de marchandises ; par contre, ils portent de nombreuses péniches aménagées pour les loisirs. De même, comme le Limousin, la Bretagne s'est efforcée de développer la vogue des roulottes hippomobiles. Autant d'efforts qui se sont traduits par l'arrivée d'une nouvelle clientèle éprise de verdure et de repos.

Ce tourisme intérieur est extrêmement diffus. Il tend cependant à privilégier quelques régions :

– les monts d'Arrée, autour de Huelgoat. Les vallées pittoresques, les points de vue et la proximité des enclos paroissiaux du Léon sont les attraits essentiels ;

– le lac de Guerlédan. Long de 12 km, il sert aux amateurs de voile et de ski nautique. À proximité, les gorges de Daoulas et la forêt de Quénécan sont des lieux de promenades agréables. Mur-de-Bretagne est le centre touristique le plus animé ;

– la forêt de Paimpont, vestige de l'ancienne forêt de Brocéliande, où Merlin l'Enchanteur aurait rencontré la fée Viviane.

b. Et les villes ?

À ce tourisme en milieu rural, il faut ajouter le tourisme de passage toujours actif. Il s'appuie sur le patrimoine architectural des villes : les **églises**, surtout à l'ouest (Le Faouet), les **châteaux-forts**, plus à l'est (Vitré, Josselin). Deux cas particuliers méritent d'être dégagés de ces villes bretonnes, tant en raison de l'importance des villes que de la diversité des formes de tourisme. Il s'agit bien entendu de Nantes et de l'estuaire de la Loire d'une part, de Rennes, la grande ville intérieure, d'autre part.

L'estuaire de la Loire se distingue de la Bretagne. Aux bocages verdoyants et secrets ou aux littoraux pittoresques s'opposent brutalement les fumées des raffineries, les navires géants en cours de construction ou les barres d'immeubles de la plus grande agglomération bretonne (Nantes, 281 000 hab., 804 000 dans l'aire urbaine). Le tourisme d'affaires compte sur un important trafic portuaire et sur des activités industrielles diversifiées (constructions navales et aéronautiques, pôle énergétique...), ce qui expliquent la construction de nouveaux hôtels de chaîne à **Nantes** et **Saint-Nazaire**. Pour mieux assurer son développement, l'agglomération nantaise compte sur l'amélioration de sa desserte ferroviaire et aérienne.

Le tourisme culturel est également prospère. Il profite des trésors artistiques de l'ancienne capitale de l'Armorique et du duché de Bretagne. Le souvenir de la **duchesse Anne** est toujours présent dans les vieilles rues de Nantes et plus encore au château qui servit de résidence ducale. Reconstruit en grande partie au XVe siècle, celui-ci abrite les principaux musées de la ville : musée d'Art populaire, musée d'Art décoratif, musée de la Marine. Ce dernier illustre le prestigieux passé maritime de la ville qui, comme Bordeaux fit fortune au XVIIIe siècle, dans le cadre du trafic colonial. Les navires acheminaient des Noirs capturés sur les côtes d'Afrique vers les plantations d'Amérique et rapportaient du sucre, du café, du coton.

Nantes est aussi pour les gastronomes la capitale des **vins blancs de la Basse-Loire** qui accompagnent avec bonheur les poissons et les crustacés. Le vignoble est pour l'essentiel compris dans la Loire-Atlantique. Le muscadet bénéficie de l'appellation d'origine contrôlée et sa production atteint 700 000 hl par an ; le gros-plant et les côteaux-d'ancenis ne sont que des V.D.Q.S.

Nantes est aussi le point de départ d'excursions sur l'Erdre et sur la Sèvre nantaise qui permettent de découvrir manoirs et gentilhommières. Au sud, près du lac de Grandlieu, l'abbaye Saint-Philbert est l'un des plus anciens sanctuaires de France. Sa crypte abrite le sarcophage du fondateur des abbayes de Jumièges et de Noirmoutier.

Rennes (210 000 hab., 600 000 dans l'aire urbaine) est l'autre grande agglomération de l'intérieur. Bourgade gauloise née au confluent de l'Ille et de la Vilaine, elle grandit rapidement au Moyen Âge, ceinte dans des remparts aujourd'hui disparus, et forte de son rôle de **carrefour commercial**. Détruite presque totalement par un gigantesque incendie en 1720, Rennes n'a pas conservé bien des maisons de cette époque. Celles qui subsistent dressent leurs pans de bois et leur encorbellements dans les rues voisines de la cathédrale, au milieu d'hôtels particuliers aux façades sculptées.

Les plus beaux édifices datent des XVIIe et XVIIIe siècles. Le joyau en est le **palais de Justice**, ancien hôtel du Parlement de Bretagne, qui abritait des pièces richement décorées de boiseries, de plafonds à caissons et de tapisseries des Gobelins. Gravement endommagé par un incendie en 1994, il est en cours de restauration. Rennes possède aussi de beaux musées (musée des Beaux-Arts, musée de Bretagne) et son prestige culturel bénéficie de la présence d'une université et du rayonnement de son quotidien, *Ouest France*, le plus fort tirage français.

Comme sa rivale Nantes, Rennes connaît un **tourisme d'affaires** actif, qui lui a permis de développer ses infrastructures hôtelières. L'essor industriel est manifeste depuis plus d'une décennie. Aux bénéfices de la décentralisation (usines Citroën) s'est ajouté le dynamisme des entreprises régionales et la ville développe aujourd'hui un technopôle orienté notamment vers les biotechnologies. À proximité de la ville a été aménagé un écomusée qui rappelle l'évolution des rapports de l'homme avec l'environnement dans la campagne bretonne.

15

La Normandie

« À perte de vue (les pommiers) étaient en pleine floraison d'un luxe inouï ; les pieds dans la houe et en toilette de bal, ne prenant pas de précaution pour ne pas gâcher le plus merveilleux satin rose qu'on eut jamais vu et que faisait briller le soleil : l'horizon lointain de la mer (leur) fournissait comme un arrière-plan d'estampe japonaise (…) »

Marcel PROUST.

A Une unité historique plus que géographique

1. L'empreinte du passé toujours vivace

L'ancienne province est avant tout une **région historique**, née de la cession par Charles le Simple d'une partie du royaume à Rollon, chef viking, lors du traité de Saint-Clair-sur-Epte, en 911. Donation que les premiers ducs normands étendirent aux limites de la Normandie actuelle. L'implantation des **Vikings** n'a pas seulement donné son nom à la région, elle a aussi marqué la toponymie de bien des villes et villages, comme le souligne leur terminaison en « bec » (ruisseau), en « beuf » (demeure), ou en « tôt » (habitation), et contribué à détourner l'attention des populations vers le rivage. L'on a même parfois cherché à définir un « type » normand, malgré les brassages séculaires de population :

« Celui-ci se distingue dans les descriptions classiques, par sa haute stature, par sa forte corpulence lorsqu'il est bien nourri, par ses yeux bleus et pâles, par ses cheveux blonds ou roux, et par un teint laiteux qui se colore en couperose sous le vent et la bonne chère. (…) Dans une large mesure cet homme ressemble au climat de son pays. Selon la célèbre formule, il semble toujours hésiter. "Pt'être ben qu'oui -Pt'être ben qu'non…" La formule n'est pas fausse. (…) Plus que l'hésitation, elle marque la réserve, l'extrême prudence devant l'événement, la volonté obstinée de mesurer subtilement chaque parole ou acte qui engagent, la maîtrise de soi associée à la jouissance des choses. »

A. FRÉMONT, « La Normandie »,
Atlas et Géographie de la France moderne, Flammarion.

Cette personnalité régionale s'est également traduite dans **l'architecture**, comme en témoignent les grands monuments de la région. Disposant de matériaux de qualité, tirés

La Normandie touristique

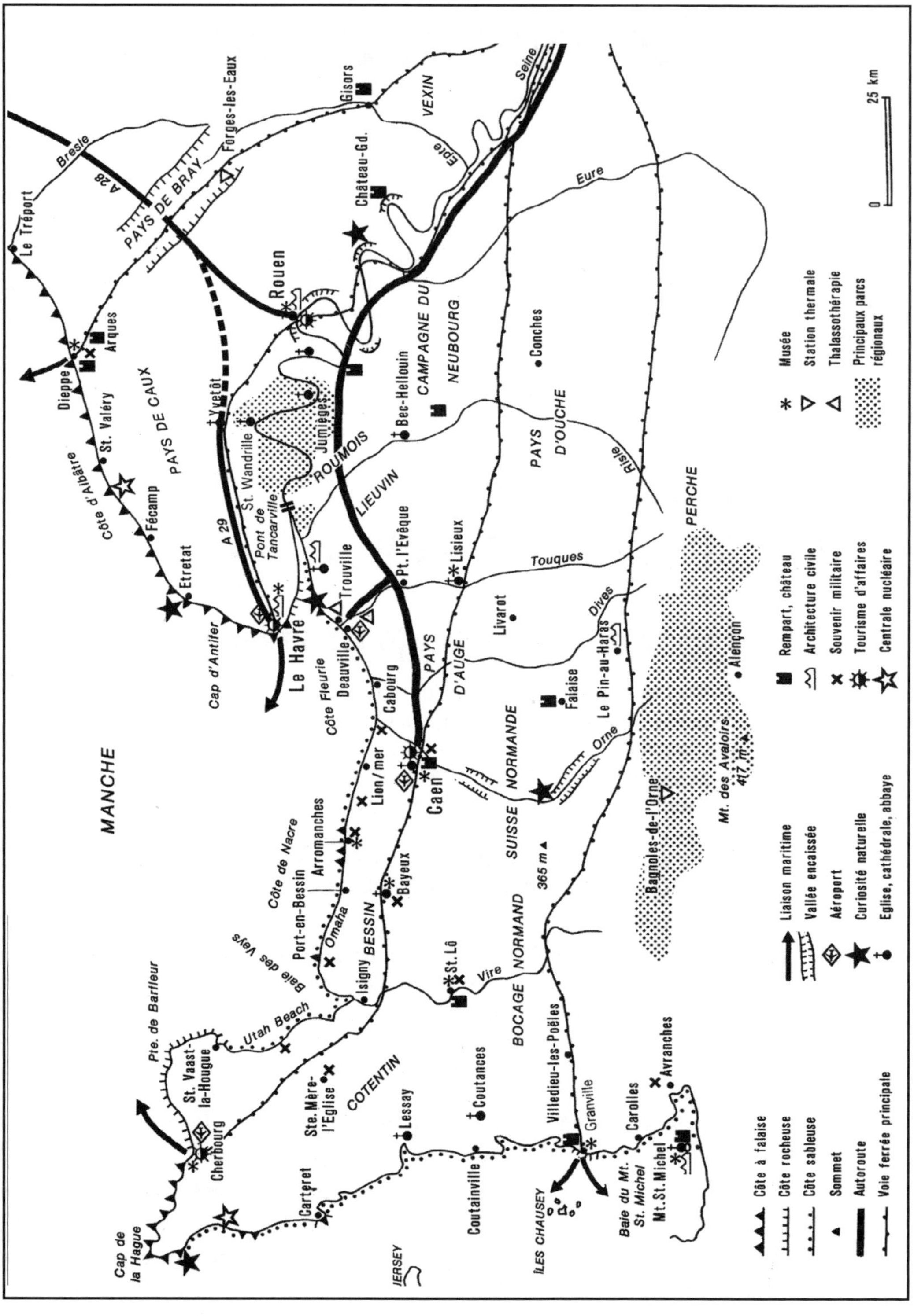

des rives de la Seine, ou des carrières, comme la célèbre pierre de Caen (qui a aussi servi pour l'abbaye de Westminster), les moines bénédictins ont donné à la province une parure exceptionnelle, caractérisée par la pureté des lignes, la sobriété de la décoration et l'élan vertical des tours, au point que l'on parle fréquemment d'une école normande. Ces abbatiales romanes, claires et altières, comme celles de Caen (Saint-Étienne et la Trinité), de Saint-Martin-de-Boscherville, de Jumièges..., ont ouvert la voie au style gothique qui allie les influences locales et celles venues de l'Île-de-France. C'est Coutances, la « Merveille » du Mont-Saint-Michel, la cathédrale de Rouen...

L'originalité architecturale est aussi marquée dans les constructions civiles : les « **chaumières** » triomphent dans les pays argileux, les colombages joints par un torchis ou de la brique, comme dans le pays d'Auge ; au contraire grès, granit et schiste dominent dans le Cotentin, annonçant déjà la Bretagne.

À cette unité historique, confirmée par le découpage administratif actuel, qui regroupe en deux régions économiques les cinq départements normands, s'oppose la **diversité géographique** de la province, que le touriste perçoit rapidement lorsqu'il la traverse.

2. L'image d'un « pays vert »...

Grasses prairies et pommiers en fleurs immortalisent sur bien des cartes postales l'image d'une Normandie réservoir d'air pur et de verdure aux portes de la capitale. Le « pays vert » caractérise bien la **Normandie bocagère** du Cotentin, du pays d'Auge, du Perche et du Bray, où les haies morcellent l'horizon et varient les paysages, dispersant souvent hameaux et fermes dans un écrin végétal. Il se fait déjà plus discret en pays d'Ouche et dans le Roumois où les champs alternent avec les prairies et disparaît presque sur les openfields des campagnes de Caen et d'Argentan et sur les plateaux du pays de Caux et de l'Eure qui rappellent les horizons beaucerons.

Le bocage correspond donc surtout à la Normandie « armoricaine », c'est-à-dire constituée de roches anciennes dont l'inégale dureté a favorisé le jeu de l'érosion. C'est la partie la plus pittoresque de la province, où se situent les altitudes les plus élevées (mont des Avaloirs et Signal d'Écouves 417 m), et où les rivières encaissées accentuent l'impression de relief, comme l'Orne dans la « Suisse normande ». C'est aussi la Normandie la plus traditionnelle, la moins industrialisée et la moins fréquentée par les touristes.

La diversité des paysages de la campagne normande se retrouve sur les littoraux qui offrent des aptitudes très variées au développement du tourisme :

– *falaises abruptes* du pays de Caux, surplombant d'étroites plages de galets d'accès difficile parfois et réduites encore à marée haute, mais offrant des reliefs spectaculaires nés de l'érosion marine, telle l'aiguille d'Étretat ;

– *plages de sable* de la Côte de Nacre ou de l'ouest du Cotentin, à faible déclivité, favorables au tourisme familial ;

– *côtes rocheuses* du nord Cotentin, battues par les flots et les vents...

3. ... au climat incertain...

Sa verdure, la Normandie la doit aussi à son climat océanique. L'humidité de l'atmosphère, la faiblesse des amplitudes saisonnières, et plus encore l'extrême variabilité du temps caractérisent le climat normand, marqué par la prépondérance des flux d'ouest.

« (Les types de temps) les plus fréquents, ce sont aussi les plus inconstants. ils se caractérisent presque toujours par un mauvais temps persistant, que de nuances ! (...) : pluies fines et continues des fronts chauds assombrissant le ciel de leur voile de nuages stratifiés ; averses et rafales des fronts froids ; éclaircies ensoleillées entrecoupées d'averses des secteurs froids postérieurs, tiédeur des calmes secteurs chauds bruineux.

Le régime d'ouest détermine des pluies copieuses et lentes qui saturent l'atmosphère, noient les contours des objets et donnent une sensation de fraîcheur, parfois presque de froid. C'est par excellence le temps pourri des jours sombres et des mois noirs. »

P. Pédelaborde, *Le Climat du Bassin parisien*, 1957.

Si les hivers concentrent la majeure partie des précipitations sans être très froids (4,5 °C à Caen en janvier), les étés comptent parmi les plus frais du pays (16 °C à Cherbourg en juillet) et la température de la Manche n'excède guère 16 °C sur la plupart des côtes. De plus, ces étés sont souvent incertains, juin s'avérant plus favorable qu'août, et bien des campeurs en ont fait la déplaisante expérience.

Ce climat présente des nuances régionales assez différenciées, en dépit de la modestie du relief. Aux régions abritées, plus ensoleillées à la belle saison, tels les plateaux de l'Eure, s'opposent le Cotentin, réellement océanique et le pays de Caux, soumis de plein fouet aux vents d'ouest et ou la neige persiste parfois quelque temps au cours de l'hiver.

4. ... mais aux riches terroirs

Sols et climats permettent par contre à la Normandie de disposer d'une agriculture et d'un élevage performants qui se traduisent dans une gastronomie souvent plus copieuse et riche qu'élaborée. La région, en effet, malgré la qualité et la diversité de ses produits, ne dispose pas de « grandes tables » et la plupart des guides gastronomiques ne mentionnent aucun de ses restaurants en tête de leur palmarès. La table normande possède pourtant bien des atouts :

– **le gigot de pré-salé** fait la renommée des herbages de la baie du Mont-Saint-Michel, **l'andouille** de Vire et les **tripes** de Caen restent des spécialités renommées ;

– la Manche permet de disposer en quantité d'**huîtres** (Courseulles), de **soles**, de turbots, mais la pollution fait des ravages, notamment parmi les crevettes de la baie de Seine.

– mais ce sont surtout ses **fromages** qui font la renommée de la région alors que la crème fraiche sert à l'élaboration de nombreux plats accompagnés volontiers de cidre et que le « trou normand » à base de calvados permet de mieux déguster :

« Le plus connu, le camembert, doit sa renommée à la fermière Marie Harel qui, au début du XIXe siècle, modifia la recette d'un fromage onctueux vendu sur le marché de Vimoutiers. Aujourd'hui 10 % de la production annuelle (106 300 tonnes) sont fabriqués avec du lait cru et moulés à la louche, selon des règles strictes qui permettent d'obtenir le label "véritable camembert de Normandie" ; 90 % sont réalisés loin du terroir d'origine avec moins de rigueur. Le pont-l'évêque, dont la production annuelle atteint 3 600 tonnes, serait le descendant de l'angelot, cité dans le Roman de la rose. *Sa préparation, à partir de lait encore tiède et crèmeux, doit répondre à des exigences qualitatives sévères pour avoir droit à l'appellation "pont-l'évêque fermier fabriqué en pays d'Auge". Quant au livarot, apparu pour la première fois à la*

cour du Roi-Soleil en 1690, son élaboration nécessite 5 litres de lait par fromage (2,2 litres pour un camembert). Il n'arrive sur la table que 60 à 100 jours après la traite du lait (20 à 30 jours pour un camembert). Sa production est plus limitée : 600 tonnes (on n'utilise que le lait des communes jouxtant Livarot). Les méthodes de fabrication et d'affinage de ces fromages sont présentées au conservatoire des techniques fromagères traditionnelles de Livarot. »

Géo, n° 102, août 1987.

B Dans la mouvance de Paris

1. Le tourisme : une initiative parisienne

Les plages normandes ont connu une animation précoce, profitant tout d'abord de la proximité de la capitale. **Dieppe**, à 160 km de Notre-Dame, est l'une des plus anciennes stations balnéaires françaises, fréquentée par Henri III en 1578, la reine Hortense puis la duchesse de Berry. Le tourisme a aussi bénéficié de la simultanéité de la vogue des bains de mer et de l'essor du réseau ferroviaire, qui explique la création de nouvelles stations, telle Deauville lancée vers 1860 par le duc de Morny. Les bords de mer voient s'édifier les villas des Parisiens aisés et les « trains de plaisir » avant 1914, puis les « trains de congés payés » après 1936 emmènent vers les plages manchoises une clientèle plus populaire.

Cette dépendance vis-à-vis de la capitale s'est accentuée depuis la seconde guerre mondiale, faisant de la Normandie la plus « parisienne » des régions touristiques. L'Ile-de-France fournit une large part des séjours, surtout en Basse-Normandie. **Les Parisiens sont partout présents** : en été sur toutes les côtes, dès les beaux jours à Deauville et toute l'année dans les innombrables résidences secondaires qui piquettent les vallées normandes, animant la restauration et l'hôtellerie et favorisant la bonne tenue d'un marché immobilier qui s'est démocratisé comme en témoignent la réussite des promoteurs tels Merlin ou Ribourel.

Cette invasion dominicale et estivale est la traduction, certes, des atouts normands, mais aussi de la facilité des communications avec la capitale.

2. Un réseau de communication centré sur Paris

La Normandie dispose en effet d'un remarquable réseau de communication, placé sous le commandement parisien et centré sur la vallée de la Seine, **l'axe Paris-Rouen-Le Havre** constituant l'une des artères majeures du réseau national, alors que Caen joue le rôle de centre nerveux de la Basse-Normandie. **L'autoroute A13**, qui prolonge l'autoroute de l'ouest (la première construite en France) met désormais Deauville à 2 heures de la capitale, renforçant la prééminence de la Côte Fleurie sur les stations du pays de Caux, d'autant que le pont de Tancarville et plus encore le pont de Normandie, ouvert en 1995, lui a permis d'attirer une part de la clientèle de Haute-Normandie.

Le réseau ferré, moins utilisé par les touristes de villégiature, mais fréquenté par les voyageurs d'affaires qui dédaignent l'avion, peu rentable à si faible distance de Paris, conforte la desserte des deux grands ports, alors que le Cotentin demeure encore ici le parent pauvre de la région. Toutefois, la mise en service de **trains rapides** a permis d'améliorer la desserte de la Basse-Normandie et l'électrification de la ligne Paris-Cherbourg a réduit à 2 h 42 la durée du trajet entre les deux villes.

Orientée vers Paris, la Normandie n'en est pas moins ouverte sur l'extérieur : l'aéroport de Deauville est relié à Londres, et si les transatlantiques ont déserté Cherbourg et Le Havre, les deux ports assurent un important trafic vers les îles Britanniques, avec respectivement 748 000 et 304 000 passagers en 2007. Ils sont complétés par les ports de Caen (1 020 000 passagers) et de Dieppe (265 000). S'ajoutent à cela de nombreuses liaisons maritimes vers les îles Anglo-Normandes, notamment vers Jersey.

Autant, sinon plus que le cadre naturel, le réseau de transport explique l'inégal développement du tourisme sur les littoraux et dans l'arrière-pays, la Normandie offrant cependant l'originalité, par rapport à bien d'autres régions maritimes, de ne pas connaître une animation exclusive de ses plages au détriment de l'intérieur, confirmant ainsi sa double vocation, paysanne et maritime.

3. La suprématie de la Basse-Normandie

Déjà favorisée par les transports, la Basse-Normandie dispose également des littoraux les plus favorables et des stations les plus prestigieuses. De ce fait, elle offre une capacité d'hébergement bien supérieure à la Haute-Normandie, bien que cette dernière compte les deux villes les plus peuplées, où le tourisme d'affaires a entraîné le développement de l'hôtellerie, notamment à l'initiative des chaînes intégrées.

L'hébergement en Normandie en 2008

Départements	Hôtels homologués (chambres)	Campings (emplacements)	Villages de vacances (lits)	Gîtes ruraux (nombre)
Calvados	8 118	13 816	1 485	684
Manche	3 641	14 727	1 871	577
Orne	1 798	1 448	—	267
Eure	2 292	3 728	—	251
Seine-Maritime	7 405	6 547	318	418

Sources : Direction du Tourisme et Fédération nationale des gîtes de France.

La Basse-Normandie regroupe ainsi 58 % des chambres de l'hôtellerie de tourisme, mais aussi 74 % des emplacements de camping. Sa suprématie est aussi manifeste au niveau des capacités des ports de plaisance et du chiffre d'affaires des casinos, celui de Deauville dominant de très loin les autres.

Il en résulte **des différences marquées au niveau des flux touristiques**. En ce qui concerne les nuitées, la Basse-Normandie se classe en 2006 au 10e rang des régions françaises avec 28 millions de nuitées. Ce dernier chiffre résulte de la conjugaison de ses attraits multiples et de la faible mobilité de ses habitants, qui demeurent souvent fidèles à leur région. Au contraire, la Haute-Normandie, plus urbanisée et moins favorisée par les conditions naturelles, enregistre une fréquentation plus modeste, avec 10,7 millions de nuitées, ce qui la classe au 20e rang national. Au sein même des deux régions administratives, les différences spatiales sont considérables, en particulier entre les littoraux et l'intérieur. Ainsi, le Calvados et la Manche possèdent de loin les plus fortes capacités d'hébergement et les équipements touristiques les plus complets ; au contraire, l'Orne et l'Eure apparaissent encore bien dépourvues en ce domaine. Les étrangers, parmi lesquels les Britanniques sont les plus nombreux, représentent en 2006 une part importante des nuitées hôtelières dans le Calvados et la Manche, mais faible dans l'Orne.

C Les régions touristiques normandes

1. La Normandie occidentale

À l'ouest de Caen, le bocage triomphe, le maillage des grands axes de circulation se fait moins dense, augmentant ainsi les distances avec la Basse-Seine et surtout l'agglomération parisienne. C'est la **Normandie « profonde »**, demeurée **plus traditionnelle** et **plus rurale**, qui n'entre que timidement encore dans la fonction touristique. Les régionaux fournissent toujours une bonne partie des promeneurs et des baigneurs, l'hébergement et les autres infrastructures spécialisées étant encore modestes.

Pourtant **Bessin** et **Cotentin** ne manquent pas d'atouts : les littoraux sont variés et loin d'être saturés, les prix des repas et des chambres restent très raisonnables et bien des sites mériteraient une plus large audience, tels le nez de Jobourg, falaise battue par les flots et les vents, les îles Chausey ou la pointe du Hoc.

Trois formes de tourisme dominent :

– *le tourisme de passage* est avant tout orienté vers le **Mont-Saint-Michel**. Sis sur un îlot de granit au milieu d'une immense baie où le marnage des marées dépasse 10 m, il fut tour à tour abbaye, forteresse, prison, avant de devenir l'un des hauts-lieux du tourisme français, sinon européen. Commencée au VIIIe siècle, la construction superpose remparts, cachots, crypte, abbaye et église, la « Merveille », ensemble gothique prestigieux, en étant le joyau (1 122 000 visiteurs en 2006). Aujourd'hui classé dans le patrimoine mondial, le Mont fait l'objet d'importants travaux d'aménagement de la baie destinés à éviter son ensablement. En effet, la présence d'une longue route-digue conduisant les touristes vers le site modifie le tracé et la vitesse des courants marins et menace la beauté du paysage.

Les autres sites souffrent évidemment d'une telle comparaison. **L'architecture religieuse** (romane à Lessay, gothique à Coutances) ou civile (Bricquebec, Pirou, Balleroy) et les fonderies de cuivre de **Villedieu-les-Poëles** ne sont que de modestes étapes. Les plages du Cotentin oriental (Utah Beach), Sainte-Mère-Église, qui conservent le souvenir des parachutistes américains, ainsi que Saint-Lô et Avranches, villes-clés de la **bataille de Normandie**, accueillent aussi des visiteurs, parmi lesquels se comptent d'assez nombreux étrangers, notamment venus d'Amérique du Nord ;

– *le tourisme balnéaire* se développe rapidement sur les immenses plages à faible déclivité du Cotentin occidental, seulement interrompues par les éperons rocheux de Flamanville, de Carteret et de Granville. Il est surtout actif autour de cette ville, Jullouville, Pirou,

Coutainville (la plage des Saint-Lois) et Carolles étant les stations les plus animées. Pour protéger ses plages de l'urbanisation, les pouvoirs publics ont pris de nouvelles mesures ;

– *le tourisme nautique* a contribué à réactiver les ports de pêche de Saint-Vaast-la-Hougue, de Carteret et Barfleur, mais c'est à Cherbourg et à Granville qu'il profite le plus. **Cherbourg**, abritée derrière son immense rade artificielle accueille de nombreux Anglais qui en font le premier port d'escale national pour le nautisme étranger. Ses bassins reçoivent également les cars-ferries en provenance des îles britanniques, mais ce trafic n'entraîne guère de retombées économiques, les passagers filant rapidement vers la Bretagne ou le sud. Quant à **Granville**, assez bien reliée à Paris, elle tire profit de sa situation sur la baie du Mont-Saint-Michel, à proximité des îles Anglo-Normandes et de Chausey, vers lesquelles les excursions sont nombreuses :

> *« Les traités de Brétigny (1360) puis de Paris (1763) ont oublié les îles Chausey qui sont restées normandes. Il faut ajouter que l'archipel ne se trouve qu'à une quinzaine de kilomètres de la pointe du Roc et que les 52 îlots émergés à marée basse occupent tout juste 65 ha. (...) Les îles sont désormais classées réserve naturelle. Les marées les plus hautes (14 m séparent la basse mer de la pleine mer) y créent des paysages sans cesse renouvelés avec des passes qui s'ouvrent et se bouchent, des franges de sable fin qui disparaissent sous les flots et des récifs qui émergent l'espace de quelques heures, isolés au sein d'immenses champs d'algues. Un sentier littoral fait le tour de la Grande Île, la seule à être habitée. Les amoureux de la nature trouveront ici leur paradis (...) Ceux qui souhaitent séjourner aujourd'hui à Chausey trouveront sur place un seul hôtel, mais aussi une vaste ferme où ont été aménagés des gîtes de mer. »*
>
> *Littoral normand, le Guide*, Casterman, 1996.

Fréquentée dès le premier tiers du XIXe siècle, Granville est dotée d'un casino dès 1858 et elle accueille des écrivains célèbres, comme Stendhal et Victor Hugo. Desservie précocement par le train, elle connaît un véritable âge d'or au début du XXe siècle, mais son rayonnement décline après la seconde guerre mondiale, au profit de Deauville et de la Côte Fleurie, plus proches de la capitale.

2. La Normandie centrale

La Normandie centrale est avec la vallée de la Seine la région touristique la plus active. Elle a d'ailleurs vu sa primauté confortée par l'ouverture de l'autoroute A13 et par la construction des ponts de Brotonne et de Tancarville, ce dernier lui permettant de détourner à son profit une partie de la clientèle havraise traditionnellement orientée vers le littoral cauchois. Le tourisme y est également assez varié et ne se limite pas au littoral, à la différence de nombreuses régions maritimes, trouvant dans les vallées, dans Caen et dans Lisieux entre autres des points forts pour sa diffusion spatiale. Il n'en demeure pas moins que la répartition des flux se fait prioritairement sur **un axe Paris-Deauville**.

a. Le littoral

Le littoral de la Normandie centrale est presque rectiligne, sa régularisation par l'érosion marine étant déjà bien avancée : point de cap ni de baies profondes. Pourtant il s'avère beaucoup plus varié que celui du pays de Caux, car il tranche avec les auréoles sédimentaires du Bassin parisien et offre tour à tour de **belles plages** (Blonville, Lion-sur-Mer...), des corniches pittoresques (entre Honfleur et Deauville) voire même de belles **falaises** (Arromanches) ou des chaos schisteux (les célèbres « Vaches noires » de Villers). Favorable au tourisme balnéaire ou de passage, il l'est cependant moins au tourisme nautique, les ports, situés le plus souvent au débouché des rivières littorales, nécessitant de coûteux travaux d'entretien de leur chenal.

Trois ensembles littoraux peuvent être distingués d'Ouest en Est, la fréquentation touristique ayant tendance à diminuer au fur et à mesure que l'on s'éloigne vers le Cotentin :

– *la Côte de Grâce*, de Honfleur à Villerville, est un lieu traditionnel de **week-end** pour les Parisiens et les Havrais. **Honfleur**, qui ne dispose pourtant pas de plage, est l'une des villes les plus fréquentées durant toute l'année. Elle doit son succès au pittoresque de son vieux port où se mirent les ardoises bleutées des vieilles maisons jouxtant les quais et que des générations de peintres ont immortalisées, de Corot à Utrillo ou Braque, en passant par Monet. Ce vieux port sert d'abri aux plaisanciers et aux pêcheurs qui arriment leur bateau près de la célèbre église Sainte-Catherine, à la charpente et au clocher de bois (XVe siècle) ;

– *la Côte Fleurie*, de Villerville à l'Orne, est par excellence le littoral des Parisiens. Il dispose d'un équipement très complet – ports de plaisance, golfs, tennis, piscines, casinos, hippodromes... – qui s'inscrit au milieu d'un parc immobilier très disparate où se côtoient les hôtels de luxe, les pensions de famille, les « chaumières », les villas baroques et les immeubles modernes tels ceux de Port-Deauville. Le littoral est en grande partie urbanisé et l'arrière-pays fait également l'objet d'une importante spéculation foncière et immobilière. 331

Si les stations sont nombreuses, elles tendent cependant à conserver l'empreinte d'une certaine clientèle. C'est ainsi que Houlgate, Villers ou Blonville attirent surtout une clientèle moyenne alors que Cabourg et Deauville rivalisent pour conserver l'image prestigieuse acquise au siècle passé, la seconde demeurant incontestablement la station-vedette de tout le littoral normand, grâce à son équipement (hôtels quatre étoiles et quatre étoiles luxe, casino actif) mais aussi à un certain snobisme qui en fait le « 21e arrondissement » de la capitale :

> « *Dans l'arrière-pays ou à proximité immédiate des Planches et de l'hippodrome, sur les versants du mont Canisy, de riches résidences secondaires accueillent avec les hôtels de luxe le "Tout-Deauville". Celui-ci juxtapose en fait plusieurs sociétés qui se hiérarchisent selon la dignité des fortunes. Les aristocrates et les hommes de la banque souvent propriétaires des plus anciennes villas, les fondateurs, se commettent rarement. Les artistes d'un moment, les vedettes d'une année, les jockeys et les entraîneurs, les chanteurs et les publicistes se montrent beaucoup, par profession. La faune habituelle des papillons éblouis tourne autour de ces lumières dans les rugissements du "rock" ou des "spiders". Pour s'offrir, la ville a ses lieux et ses moments : l'hippodrome et l'esplanade de la plage, les galas du Casino, les réceptions du maire, le Grand Prix.* »
>
> A. Frémont, « La Normandie »,
> *Atlas et Géographie de la France moderne*, Flammarion.

Le succès touristique de la Côte Fleurie n'est cependant pas sans faille : la saison ne dure réellement que deux mois, malgré les efforts de diversification entrepris (Festival du film américain, vente des yearlings à Deauville par exemple) ; bien des villas ne sont plus guère entretenues et des palaces doivent être vendus en appartements, ne pouvant faire face à des frais de fonctionnement élevés ;

Les cabines de plage d'Étretat

– *la Côte de Nacre*, entre Orne et Vire, est incontestablement orientée vers un **tourisme plus populaire.** Les stations familiales sont moins bien équipées que leurs homologues orientales. Si les familles parisiennes y viennent passer un mois, elle est avant tout la côte des Caennais. La baignade, le ramassage des coquillages, sur des plages de sable et de galets qui découvrent largement à marée basse, demeurent plus importants que le nautisme qui a pourtant contribué à animer Courseulles et Ouistreham.

Plus qu'à ses stations balnéaires, la Côte de Nacre doit sa renommée à l'histoire : c'est **le débarquement allié du 6 juin 1944** qui fixe le nom des plages : Sword, Juno, Gold, Omaha. Les touristes étrangers sont nombreux à venir parcourir le théâtre des combats, à se recueillir dans les innombrables cimetières militaires et à visiter le musée d'Arromanches, ville phare du *Jour le plus long* qui conserve au large des éléments du port artificiel construit par les Alliés.

b. L'intérieur

À l'inégale fréquentation du littoral répond celle de l'intérieur. Comme la Côte Fleurie domine l'activité balnéaire et nautique, **le pays d'Auge** concentre la majeure partie des visiteurs et des touristes. Collines et vallées bocagères en font l'image d'un terroir opulent, paradis des **gastronomes** par ses trois fromages (livarot, pont-l'évêque, camembert), de son cidre et de son calvados. Il porte aussi de nombreux **haras** comme celui des Rothschild à Meautry, aux portes de Deauville. Enfin, il est surtout riche en manoirs et en fermes à colombages prisés des Parisiens qui les acquièrent en grand nombre, contribuant à animer en fin de semaine les bourgs de Dozulé, ou de Pont-l'Évêque, et révélant la nouvelle vocation de cet espace rural situé à deux heures de route de la capitale. Le pays d'Auge peut en outre compter sur le centre de pèlerinage de **Lisieux** qui accueille chaque année des milliers de fidèles venus pour certains de l'étranger.

Les autres régions de la Normandie centrale ne participent pas aussi intensément au tourisme. À l'est, les plaines de l'Eure rappellent le Caux par leur paysage ouvert dont la monotonie n'est rompue que par des gros bourgs tels Le Neubourg, ou par la silhouette élancée de quelques églises (abbaye du Bec-Hellouin) ou de quelques châteaux (Harcourt, Omonville) haltes éphémères sur des plaines hâtivement traversées chaque week-end.

Ces horizons découverts se retrouvent dans la campagne entourant **Caen**, capitale de la Basse-Normandie, qui a connu un rapide développement démographique et industriel depuis vingt ans. Presque totalement rasée en 1944, et masquée par la ceinture d'immeubles et de lotissements pavillonnaires, la vieille ville, bien restaurée, porte témoignage de l'époque de Guillaume le Conquérant avec son château féodal et ses deux abbayes aux Hommes et aux Dames, fleurons de l'art roman normand, comme l'église Saint-Pierre. Elle dispose aussi d'un remarquable **musée de la seconde guerre mondiale**. Plus à l'ouest, **Bayeux**, berceau des ducs, abrite près de sa haute cathédrale, la tapisserie (en réalité une broderie) de la reine Mathilde qui relate la conquête de l'Angleterre en 1066.

Au sud de cette Normandie centrale, dans le pays d'Ouche, le Perche, le paysage se fait plus verdoyant, les horizons plus variés, offrant même dans la **Suisse normande** et au nord d'Alençon le spectacle de vallées encaissées (vallées de l'Orne, de la Cour) et de rochers à pic (roches d'Oëtre). Châteaux (Falaise, Domfront) et manoirs abondent dans cette Normandie paisible, traditionnellement vouée à l'élevage (Haras-du-Pin) qui s'anime quelque peu à la faveur de la décentralisation – dont profite Alençon, ancienne capitale de la dentelle – et de l'arrivée des Parisiens aux beaux jours. Le **parc naturel régional**, créé en 1975 et qui englobe dans ses 234 000 ha les vastes forêts d'Écouves, de Perseigne et des Andaines, confirme cette vocation d'accueil, déjà ancienne à **Bagnoles-de-l'Orne**, station thermale dynamique qui a su moderniser ses installations et développer l'animation (10 720 curistes en 2006).

3. La vallée de la Seine

Non contente de réunir les principaux axes routiers et ferroviaires ainsi que la voie royale de la batellerie française, la basse vallée de la Seine concentre une part essentielle de la population normande et abrite un **capital historique** qui séduit les régionaux mais aussi bien des visiteurs extérieurs.

Ce couloir concentre d'abord la majeure partie du **tourisme d'affaires** régional, ce qui fait le bonheur des restaurateurs havrais et rouennais, les deux grands ports complémentaires mais aussi rivaux ayant amené le développement de nombreuses activités industrielles sur les rives du fleuve, notamment la pétrochimie (raffineries de Gonfreville, de Port-Jérôme...) et les constructions mécaniques.

Malgré l'extension de l'urbanisation et de l'industrialisation, le val de Seine a conservé bien des attraits pour les amoureux de la nature. C'est la Normandie des grandes hêtraies, « cathédrales de la nature » qui couronnent les hautes terrasses alluviales des méandres comme celles des forêts de Brotonne, de Roumare ou du Rouvray. C'est aussi celle des **impressionnistes** qui ont retrouvé leur sanctuaire avec l'aménagement de la propriété de Monet à Giverny. C'est enfin le charme des rives du grand fleuve que l'on découvre des innombrables panoramas qui ponctuent les rives convexes (Duclair, roches d'Orival, Bonsecours...), des auberges au bord de l'eau (La Bouille, Caudebec, Duclair) que recherchent les régionaux, Rouennais entre Vernon et Villequier, Havrais en aval. C'est enfin la **Normandie médiévale**, forte des silhouettes de ses **forteresses** (Château-Gaillard, château de Robert le Diable) et de ses grandes **abbayes romanes** (Jumièges, Saint-Martin-de-Boscherville, Saint-Wandrille).

La capitale touristique de cette vallée est incontestablement **Rouen** (546 000 hab. dans l'aire urbaine). Port maritime et fluvial, classé au 5e rang national (22,2 millions de tonnes en 2007) et spécialisé dans la réception des produits énergétiques et des bois et dans l'exportation des blés et des voitures, la ville-musée ajoute à l'animation de ses quais – illustrée aussi par la célébration de la Grande Armada – un exceptionnel patrimoine historique. La **vieille ville**, groupée autour de ses trois joyaux gothiques (la cathédrale, Saint-Ouen et Saint-Maclou), a été presque totalement détruite durant la guerre de 1939-1945. Un remarquable effort de restauration a remis en valeur des centaines de maisons à pans de bois, entre la place du vieux marché où Jeanne fut brûlée en 1431 et l'aître Saint-Maclou, en passant sous l'arcade du Gros-Horloge, édifice Renaissance, flanqué d'un beffroi. S'y ajoutent de **riches musées** comme ceux des Beaux-Arts (céramiques, porcelaines, peintures), de la ferronnerie et des antiquités, ainsi que ceux dédiés à Corneille et Flaubert.

Sur l'estuaire, **Le Havre** (294 000 hab. dans l'aire urbaine), fondée en 1517 sur ordre de François Ier et presque totalement rasée en septembre 1944, ne possède pas le patrimoine de Rouen. Certes, l'architecture résolument moderne des quartiers de la porte Océane et de l'église Saint-Joseph, due à l'architecte Auguste Perret, s'accorde bien aux larges perspectives d'un plan urbain en damier, et les musées méritent attention, mais c'est avant tout **le port** qui monopolise les regards des visiteurs. Ceux-ci viennent admirer le ballet des grands navires ou parcourent les quais des bassins à flots ou de marée, découvrant les mastodontes qui permettent au Havre, débouché maritime de la capitale, de se classer dans les premiers rangs européens avec un trafic de 79 millions de tonnes en 2007.

> *« Sans cesse, à toute heure du jour et de la nuit et sans se soucier de la marée, des monstres multicolores et battant pavillon de tous les pays entrent et sortent, guidés par les célèbres remorqueurs* Abeille *qui manœuvrent avec précision autour d'eux. (...) Sur les quais, des engins élévateurs soulèvent comme boîtes d'allumettes des conteneurs géants, déposent comme des fétus des billes de bois exotiques, ou vident par pelletées énormes des milliers de tonnes de charbon destinées à la centrale thermique qui alimente le port en électricité et dont les deux cheminées jumelles, hautes de 240 m, dominent tout le site ; leurs lignes fuselées composent avec les mâts des navires et les bras des engins à quai d'étonnants mobiles abstraits... »*
>
> J. Hureau, *La Normandie aujourd'hui*, Éditions J.A.

Et si les grands transatlantiques ne sont plus des buts d'excursions, paquebots de croisière et cars-ferries à destination des îles Britanniques permettent au port de voyageurs de conserver un important trafic de passagers.

4. La Normandie orientale

Entre la Bresle et la Seine, la Normandie orientale ne contribue que modestement à l'activité touristique régionale. Le littoral concentre la presque totalité des flux, qu'ils soient de fin de semaine ou estivaux. Cette relative atonie s'explique par le contexte naturel, mais aussi par l'insuffisance des transports et par la modestie du patrimoine culturel.

Le littoral est surtout constitué de hautes **falaises de craie**, incrustées de silex, qui reculent rapidement sous l'assaut incessant des flots. La Côte d'Albâtre – c'est son nom – est échancrée de criques le plus souvent tapissées de galets, et parfois difficiles d'accès. Les ports, qui sont aussi les stations balnéaires, sont rares et presque toujours situés en position d'abri au débouché des vallées qui restent parfois suspendues au-dessus de la mer – les valleuses. Les stations ne disposent souvent que d'une capacité d'accueil très modeste et ne doivent au tourisme qu'une activité de courte durée. Les plus importantes sont :

– *Dieppe*. Traditionnellement tournée vers le grand large depuis le XVIe siècle, la première ville du littoral cauchois conjugue les atouts de sa vie portuaire – pêche, commerce et voyageurs, avec 265 000 passsagers en 2007 –, de son immense esplanade en front de mer et de son histoire, de l'armateur Ango au débarquement malheureux de 1942. Elle ajoute à la clientèle régionale de nombreux Parisiens et même des Britanniques demeurés fidèles à ces côtes « fraîches » ;

– aux confins du littoral picard, *Mers-les-Bains*, Le Tréport et Eu profitent de la large échancrure de la vallée de la Bresle et d'un beau massif forestier. Aux baigneurs s'ajoutent les visiteurs du château et surtout de l'église d'Eu qui compte parmi les plus belles de Normandie ;

– les autres stations disposent d'infrastructures touristiques plus rudimentaires et recrutent leur clientèle estivale sur un horizon plus limité. Elles doivent leur renommée à quelques attraits spécifiques : les falaises et « l'aiguille » pour Étretat, le souvenir des Terre-Neuvas et la bénédictine pour Fécamp…

Les régions intérieures sont beaucoup moins animées. La généralisation de l'automobile a certes dilaté l'espace touristique des Rouennais et des Havrais et contribué à l'implantation de résidences secondaires dans les vallées affluentes de la Seine – Austreberthe, Cailly – ou à l'animation dominicale de quelques restaurants, mais le tourisme ne joue qu'un rôle dérisoire dans l'économie.

Le pays de Caux, plateau crayeux balayé par les vents d'Ouest, offre les horizons monotones de la grande culture qu'agrémentent cependant les oasis de verdure des « masures » qui masquent les bâtiments d'habitation et d'exploitation des paysans souvent secrets, chers à Maupassant.

Ces horizons dénudés que traversent sans s'arrêter les touristes parisiens, cèdent brutalement la place à des paysages plus verdoyants à l'Est et au Nord. Au-delà de l'Andelle, la forêt de Lyons, l'une des plus belles hêtraies de France, fait transition entre le Caux et le Vexin normand, alors qu'au nord, celle d'Eawy annonce les vallonnements bocagers de la boutonnière du **Bray**. Ce dernier est entièrement voué à la production laitière et fromagère – demi-sel, double-crème – à destination de l'agglomération parisienne. Aux bourgs traditionnels s'ajoute la très modeste station de **Forges-les-Eaux** qui compte désormais sur son seul casino pour trouver quelque animation, ses thermes étant fermés. Cette ville symbolise en quelque sorte la moindre attraction de cette Normandie orientale pourtant proche de la capitale.

16

Et Paris ?

« Je ne suis français que par cette grande cité, grande en peuples, grande en noblesse, mais surtout grande et incomparable en diversité et variété, la gloire de la France et l'un des plus notables ornements du monde. »

MONTAIGNE.

Célébrée par des centaines de chansons, considérée par beaucoup comme la plus belle cité du monde, la « **ville-lumière** » est le premier centre touristique de France. Elle le doit d'abord à un **patrimoine architectural et culturel** exceptionnel, qui fait accourir chaque année des millions d'étrangers venus de tous les pays ; mais elle le doit aussi à son rôle de **capitale politique, industrielle et financière,** qui lui vaut de compter sur un tourisme d'affaires incessant.

De plus, Paris, dont l'aire urbaine compte 12 millions d'habitants, dispose de tous les atouts pour mettre en valeur ses richesses : des réseaux de communication denses et efficaces ; une hôtellerie de grande capacité, avec des établissements de grand luxe ; des tables figurant parmi les plus célèbres du monde… Paris et sa banlieue constituent également la première zone émettrice de France. Plus de 85 % des résidents de l'agglomération partent en vacances chaque année – ce qui pose de graves problèmes de circulation – et les Parisiens figurent en tête de la clientèle touristique dans la plupart des régions françaises.

A Un site et une situation sans cesse valorisés

1. La naissance d'une capitale

La fortune de Paris tient pour une part à sa **situation** et à son **site** :

– Paris est vite devenu l'un des plus importants **carrefours** de l'Europe occidentale, au point de convergence des grandes vallées de la Seine et de ses affluents (Yonne, Loing, Marne, Oise) dans un Bassin parisien qui n'offre aucun obstacle majeur à la circulation ;

– le site primitif était celui de l'île de la Cité. Il offrait à la fois un franchissement aisé du fleuve et des possibilités défensives certaines :

« Il fallait aller de la mer du Nord à l'Ibérie (…). On descendait vers Compiègne. Senlis et la plaine de France (…) entre les buttes de la rive orientale de l'Oise et

celles de la Goële. L'accès était direct, presque rectiligne et le moins vallonné ou marécageux possible. Au sud-ouest, la plate Beauce permettait de gagner rapidement la vallée de la Loire. Entre les deux, on ne pouvait éviter de traverser un paysage coupé de buttes et de larges vallées accompagnées à cette époque de marécages : le seul emplacement pratique se situait entre Charenton et Grenelle. À l'est, on se heurtait successivement à la Marne, à la forêt briarde, puis à la Seine : à l'ouest, une fois le fleuve passé, des coteaux vigoureux se dressaient. Au centre, au contraire, le col de la Chapelle permettait un accès facile à une plaine assez dégagée bordant la rive droite au pied de la butte de Montmartre tandis que l'île offrait un relais pour le passage et que, sur la rive gauche, la solide avancée de la montagne Sainte-Geneviève évitait en partie les marais. (...) L'île avait en outre l'avantage, comme on le vit au cours des siècles, d'être un lieu facilement fortifiable et défendable tandis que la plaine, déblayée à la fois au nord par un ancien méandre de la Seine et au sud-est au niveau du confluent avec la Marne, pouvait permettre un développement urbain relativement ample. »

J. Beaujeu-Garnier, *Paris et la Région Île-de-France*, Flammarion, 1977.

2. Une capitale bien desservie

La fonction de passage n'a cessée d'être valorisée au cours des siècles. Promue capitale dès le Moyen Âge, le seigneur d'Île-de-France, Hugues Capet ayant été élu roi de France en 987, Paris s'est dotée au fil des siècles de moyens de transport particulièrement performants ; la centralisation politique précoce en a fait le centre de gravité de tous les réseaux nationaux :

– la capitale figure, avec **Orly et Roissy**, parmi les premières places aéroportuaires du monde (86 362 000 passagers en 2007). Elle est reliée par des lignes régulières à toutes les capitales ainsi qu'à la plupart des grandes métropoles industrielles, mais elle dessert aussi les principales villes de province, ce qui lui permet de capter une nombreuse clientèle d'affaires ;

– *le réseau autoroutier et routier* confirme la suprématie parisienne. C'est de l'agglomération que partent les axes les plus fréquentés (autoroute du Nord, autoroute du Soleil...) sur lesquels se superposent les flux nationaux et ceux venant de Belgique, des Pays-Bas, des îles Britanniques, de R.F.A.

– *les plus importantes gares de France* sont aussi les gares parisiennes (Lyon, Austerlitz, Montparnasse, Saint-Lazare, Nord et Est) et la capitale figure au centre du réseau ferroviaire à grande vitesse en cours de constitution en Europe occidentale.

B Un tourisme culturel intense

1. Le Paris des monuments

La capitale possède tant de monuments qu'un choix sévère – et donc critiquable – s'impose. La plupart des édifices prestigieux se concentrent dans les 8 premiers arrondissements, entre la Bastille et l'Étoile d'une part, entre l'Opéra et l'Observatoire d'autre part. Plusieurs quartiers peuvent être distingués à l'intérieur de ce périmètre.

Quelques monuments et musées parmi les plus visités d'Île-de-France en 2006

Nom	Nombre de visiteurs
Musée du Louvre	8 350 000
Tour Eiffel	6 695 000
Centre Pompidou (musée)	5 133 000
Versailles (château et Trianons)	4 040 000
Cité des Sciences	3 055 000
Musée d'Orsay	3 010 000
Arc de Triomphe	1 330 000
Musée de l'Armée	1 180 000
Sainte-Chapelle	833 000
Petit Palais	787 000
Musée d'Art moderne	775 000
Musée Rodin	700 000

Source : Direction du tourisme.

a. Les îles : le cœur de Paris

L'île de la Cité n'a guère conservé de demeures médiévales, Haussmann les ayant presque toutes rasées lors de ses grands travaux sous le Second Empire. Heureusement, elle possède quelques-uns des joyaux de l'architecture parisienne :

– *Notre-Dame* est l'une des plus belles cathédrales gothiques de France. Édifiée de 1163 à 1345, elle fut restaurée par Viollet-le-Duc au siècle dernier. L'équilibre de sa façade, ornée d'une immense rosace, le magnifique chevet aux grands arcs-boutants et les portails annexes séduisent toujours les touristes et les Parisiens ;

– le Palais de Justice est l'ancien palais des premiers Capétiens. Très restauré, il vaut surtout par la *Sainte-Chapelle*, merveille de l'art gothique élevée par Saint-Louis et décorée d'immenses vitraux, et par la Conciergerie qui servit de prison lors de la Révolution : Marie-Antoinette, le poète André Chénier et Lavoisier y furent incarcérés.

L'île Saint-Louis est bien moins animée. Ses vieux hôtels aux balcons sculptés, ses rues étroites en font un monde un peu secret prisé des hommes politiques et des écrivains.

b. La montagne Sainte-Geneviève : Paris studieux

La montagne Sainte-Geneviève fut le centre de la cité romaine comme en témoignent encore les restes des thermes jouxtant **le musée de Cluny**, qui abrite des collections médiévales et des tapisseries célèbres (*La Dame à la licorne*). Elle est aussi le centre des études, le quartier des **universités** et des bibliothèques, symbolisé par **la Sorbonne**. Le **Panthéon** est l'édifice le plus visité ; l'église bâtie par Soufflot au XVIIIe siècle a été transformée pour accueillir les grands hommes : Hugo, Zola, Jaurès, Jean Moulin… y reposent.

À proximité, **le Luxembourg**, construit au XVIIe siècle pour Marie de Médicis, abrite aujourd'hui le Sénat. Ses vastes jardins servent de lieu de promenade.

Notre-Dame de Paris, merveille gothique

c. Les Halles : l'ancien ventre de Paris

Les Halles ont abrité le plus vaste marché parisien jusqu'en 1969, date du transfert à Rungis. Elles ont cependant conservé leur animation, d'abord grâce à la présence de la plus grande station de métro de la capitale, mais aussi et surtout en raison de l'existence d'un vaste « **forum** » où se côtoient les commerces les plus divers, et du **centre Georges Pompidou** (appelé aussi Beaubourg). Ce dernier, édifié de 1972 à 1977 est une gigantesque construction de verre et d'acier qui connait une animation incessante. C'est d'ailleurs le monument le plus visité de la capitale.

Alors que l'on prévoyait dix mille visiteurs par jour, le centre Pompidou en accueille plus de 20 000, et même plus de 25 000 certains jours fériés. Il était l'un des sites le plus visités de la capitale avant sa fermeture provisoire pour travaux en 1997. Il est aujourd'hui de nouveau ouvert. Le centre possède un riche musée national d'art moderne et de nombreux départements, mais c'est la bibliothèque qui est la plus fréquentée. Les quatorze mille lecteurs quotidiens ont à leur disposition trois cent soixante mille volumes, deux mille périodiques français et étrangers et un laboratoire de langues étrangères permet de s'initier à plus de 80 langues. Des expositions de renommée internationale sont organisées plusieurs fois par an dans ce temple de la culture du XXe siècle où se côtoient professeurs, étudiants, touristes étrangers, provinciaux et badauds.

d. Le Marais : de vieux et beaux hôtels

L'ancien marécage, défriché et assaini par les moines après le XIIIe siècle, a accueilli les souverains aux XIVe et XVe siècles. Lors des trois siècles suivants, grands seigneurs et courtisans font élever de nombreux **hôtels particuliers**. Abandonnés au début du XXe siècle, convertis en entrepôts ou, au mieux en bureaux, ces hôtels font l'objet depuis vingt ans d'une active restauration qui met en relief un prestigieux ensemble de monuments. Certains d'entre eux sont transformés en musées : hôtel Carnavalet, palais Soubise et hôtel de Rohan qui abritent les Archives nationales, hôtel de Sens… ; d'autres servent de résidences privées.

En bordure de ce quartier, **la place des Vosges** constitue la plus ancienne place monumentale de Paris. Construite au XVIIe siècle, elle juxtapose des pavillons aux façades de pierre et de briques, couronnés d'un toit d'ardoises.

e. La voie triomphale : du Louvre à l'Arc de Triomphe

À l'ouest de la capitale, parallèlement à la Seine, se succèdent, au long de l'une des plus belles perspectives du monde des monuments de tous styles, de toutes époques qui constituent le principal périmètre touristique de Paris :

– *le Louvre* est surtout renommé pour son musée, le plus riche du monde. Sans cesse étendu, il juxtapose, dans plus de 200 salles, des antiquités égyptiennes, grecques et romaines, des sculptures, des peintures, des dessins, des objets d'art et du mobilier. Mais c'est aussi un immense édifice dont la construction a débuté sous Philippe Auguste et s'est achevée sous Napoléon III. De grands artistes ont participé à sa construction : Pierre Lescot, Jean Goujon, Claude Perrault. La partie la plus réussie de ce vaste ensemble est la Cour carrée. De vastes aménagements ont été réalisés pour faciliter les visites, notamment la “pyramide” en verre de l'architecte Pei, entourée de nombreux jets d'eau ;

– *le jardin des Tuileries*, dessiné par Le Nôtre au XVIe siècle, offre une succession de parterres, de bassins et de terrasses qui prolonge le musée du Louvre. Il abrite aussi le musée du Jeu de paume, consacré aux impressionnistes ;

– *la place de la Concorde* et les deux hôtels qui la bordent (hôtel Crillon et hôtel de la Marine) ont été réalisés au XVIIe siècle par Gabriel. Cette place mesure plus de 8 hectares. Au centre se dresse l'obélisque de Louksor, offert à la France par le vice-roi d'Égypte au XIXe siècle. Elle porte également les célèbres chevaux de Marly, dus au sculpteur Coustou ;

– *les Champs-Élysées* constituent la plus large artère de la capitale. La foule ne cesse de flâner le long de cette avenue bordée de cinémas, de magasins de luxe, d'agences de voyages et de banques. Vers la place de la Concorde les Champs-Élysées sont bordés de vastes jardins derrière lesquels se dressent **le Petit et le Grand Palais** construits pour l'exposition universelle de 1900 et transformés en musées. Au sommet de l'avenue, **l'Arc de Triomphe** est un autre point fort du tourisme parisien. Construit sur l'ordre de Napoléon Ier pour honorer les armées françaises, il porte des sculptures nombreuses dont *La Marseillaise* de Rude ; sous la voûte repose le soldat inconnu, combattant de 1914-1918, honoré par les chefs d'État étrangers lors de leur venue en France.

f. Montmartre : la butte et ses artistes

La butte Montmartre offre d'abord un panorama exceptionnel sur la capitale. Mais elle est aussi l'un des hauts lieux de la peinture et de l'esprit parisien. Depuis deux siècles, bien des **artistes** ont fréquenté sa petite place ombragée de platanes, gravi ses interminables escaliers, peint ses vieilles demeures, ou chanté Paris. Les noms célèbres pullulent : Berlioz, Nerval, Bruant, Max Jacob, Mac Orlan, Picasso… Tous ont donné cette auréole de « bohème », de liberté à la butte qui s'efforce de maintenir ses traditions par la vendange de la dernière parcelle de vigne de Paris ou par des manifestations diverses. Les peintres sont toujours au rendez-vous et quelques cabarets tels *le Lapin Agile* ont conservé l'atmosphère du XIXe siècle.

Le **Sacré-Cœur**, édifice romano-byzantin du XIXe siècle, attire de nombreux visiteurs et sa silhouette, évoquée par bien des peintres, dont Utrillo, est devenue aussi familière aux étrangers que celle de la tour Eiffel.

Au pied de la butte, la place Blanche, le **Moulin Rouge** (dont Toulouse-Lautrec a immortalisé le french-cancan) et la place Pigalle drainent également de nombreux touristes dans les théâtres de chansonniers, les boites de nuit ou les cabarets qui font de ce quartier l'un des plus fréquentés par les noctambules, avec celui de Saint-Germain-des-Prés, qui est aussi un quartier d'artistes, et celui des Champs-Élysées.

g. D'autres encore…

À ces grands ensembles monumentaux, il faut ajouter des édifices prestigieux, mais plus isolés :

– *la tour Eiffel*, édifice métallique de 7 000 tonnes et de 300 mètres de haut, le plus élevé du monde lors de sa construction (1887-1889) et qui symbolise Paris dans le monde entier ;

– *les Invalides*. Ce fut à l'origine un hôpital fondé par Louis XIV pour accueillir les vieux soldats blessés. Il entoure l'église Saint-Louis, de Hardouin-Mansart, et abrite le tombeau de Napoléon ainsi que le riche musée de l'Armée ;

– *l'Opéra*, construit au XIXe siècle par Garnier, l'église de la Madeleine, le Palais-Royal attirent également bien des visiteurs.

2. De musée en théâtre...

Le tourisme culturel s'appuie aussi sur l'existence de nombreux musées. À ceux qui ont été mentionnés, il faut ajouter, entre autres, le musée des Arts africains et océaniens, le musée de l'Homme, le musée des arts premiers, quai Branly, le musée des Arts et Traditions populaires, le musée Grévin...

Paris compte aussi sur plus de 80 bibliothèques, 124 théâtres (Odéon, Comédie-Française,...), près de 400 salles de cinémas – certaines privilégiant les films en langue anglaise sur les Champs-Élysées durant l'été pour attirer la clientèle étrangère –, une cinquantaine de salles de concerts (Pleyel...) et sur plus de 400 galeries de peinture.

La ville abrite aussi l'Académie française, l'Institut, les universités et les grandes écoles les plus célèbres. Les maisons d'éditions, la presse y sont également largement représentées.

3. Des environs également attractifs

a. Une couronne de châteaux et de cathédrales

L'exceptionnel patrimoine de la capitale fait trop souvent oublier les richesses des régions environnantes. Or les plateaux et les vallées portent bien des monuments célèbres vers lesquels se dirigent des milliers de touristes français et étrangers.

Les **châteaux** d'abord. Les forteresses médiévales ont été nombreuses. Si certaines sont bien endommagées (Chevreuse, Montlhéry), d'autres, très restaurées, témoignent de l'architecture militaire de l'époque : **Pierrefonds** et Provins en sont les plus belles manifestations avec Senlis. Mais plus que ces constructions militaires ce sont les palais de la Renaissance ou de l'époque classique qui mobilisent les visiteurs :

– *Versailles* est sans conteste le plus prestigieux. Le château a été construit au XVIIe siècle, sur l'ordre de Louis XIV qui se méfiait de Paris depuis la Fronde. Les plus grands artistes de l'époque ont participé à la construction (l'architecte Hardouin-Mansart, le jardinier Le Nôtre, le décorateur Le Brun). La chapelle, la galerie des Glaces, l'opéra, les appartements royaux sont les plus beaux joyaux de cet ensemble. Dans les jardins à la française, où de vastes pelouses alternent avec des canaux et des fontaines, se dressent le Grand Trianon, aux colonnes de marbre rose, et le Petit Trianon, construction plus tardive, plus modeste et plus sobre à laquelle participa Gabriel ;

– *Fontainebleau* est un autre haut-lieu du tourisme culturel. Bien des souverains ont contribué à sa construction, de François Ier et Henri II à Napoléon Ier, en passant par Louis XV et Louis XVI. Il en résulte un édifice composite mais élégant qui offre de magnifiques appartements, une salle de bal décoré par Le Primatice et Philibert Delorme, de nombreuses cours (dont celle des « adieux » de Napoléon), et de vastes jardins ;

– *Vaux-le-Vicomte*, bâti par Fouquet, surintendant des Finances de Louis XIV, est un précurseur de Versailles. Les appartements somptueux, les jardins élégants permettent d'imaginer les fêtes grandioses qui éblouirent Louis XIV et valurent à Fouquet sa disgrâce ;

Les environs de Paris

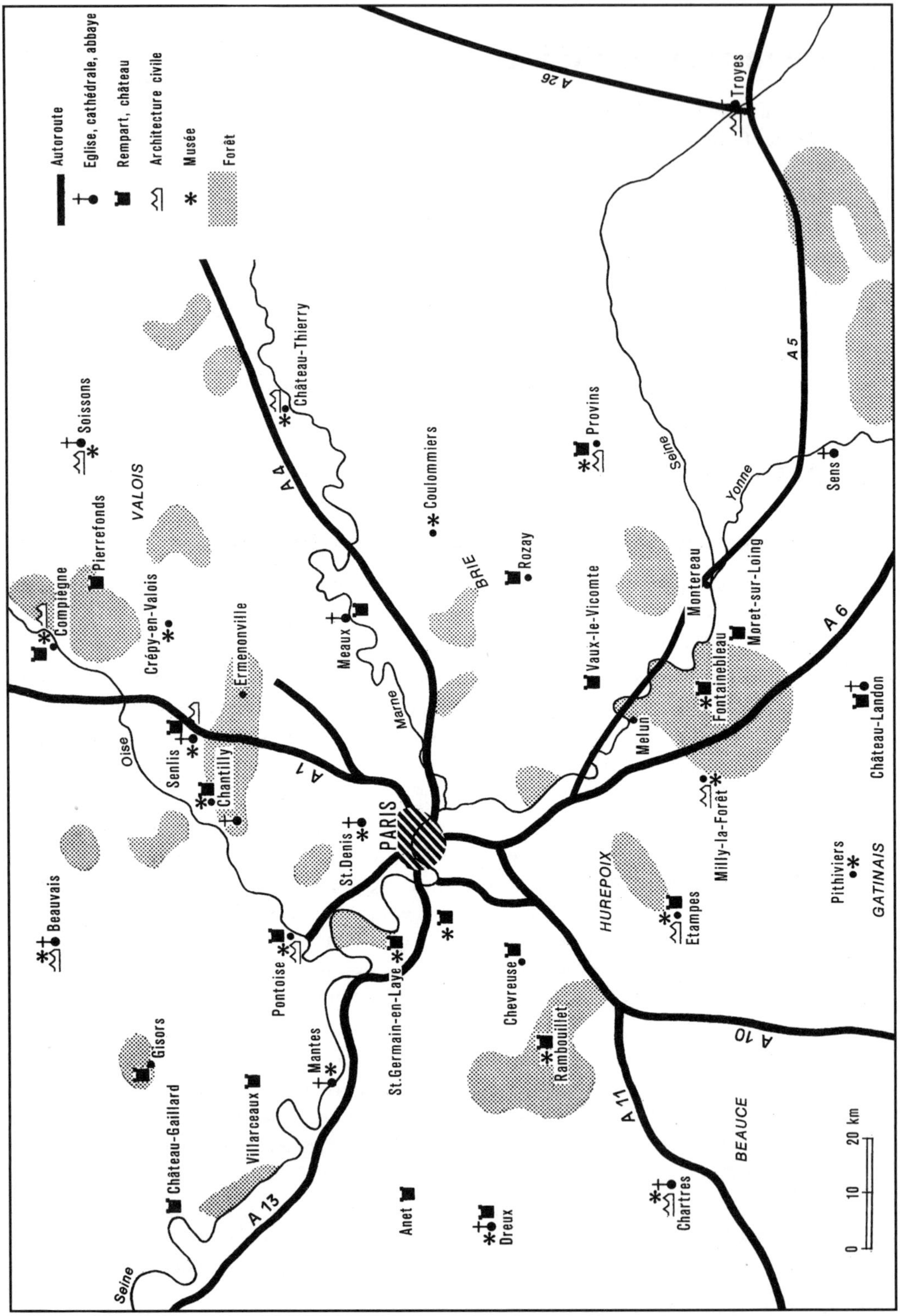

– *Chantilly* au nord de Paris, a vu passer bien des personnages célèbres, du Connétable de Montmorency, confident de François Ier et d'Henri II, à qui l'on doit le Petit Château, au Grand Condé et au duc d'Aumale qui fit construire le Grand Château au XIXe siècle dans un style Renaissance et qui réunit une remarquable collection d'objets d'art aujourd'hui exposés dans le musée intérieur ;

– plus près de Paris, *Saint-Germain-en-Laye*, réalisé par François Ier autour d'un vieux donjon et d'une chapelle de Saint-Louis, abrite un riche musée des Antiquités nationales. **La Malmaison**, à Rueil, doit plus son prestige à son histoire qu'à son architecture. Demeure privée de Joséphine de Beauharnais, première épouse de Napoléon Ier, elle est toute entière imprégnée des souvenirs de l'Empire, et transformée en musée ;

– *Compiègne* date du XVIIIe siècle. Résidence privilégiée de Napoléon III et de son épouse, il connut bien des fastes sous le Second Empire. Les appartements des rois (Louis XV et Louis XVI) et des empereurs, la galerie de bal et les musées du palais sont les plus grands centres d'intérêt. Parmi ces musées, celui de la voiture est le mieux doté ; il présente de nombreux chars, berlines, carrosses et de vieilles automobiles. Près de la ville, la « Mer de Sable » constitue une aire de loisirs appréciée des Parisiens et plus au nord, le parc Astérix accueille environ 2 millions de visiteurs par an.

D'autres châteaux seraient encore à citer : Anet, bijou de la Renaissance où vécut Diane de Poitiers, Rambouillet, Dampierre, Villarceaux…

Paris est également entouré de prestigieuses **cathédrales gothiques** qui témoignent de la fécondité de l'architecture religieuse régionale au Moyen Âge et des possibilités nouvelles que permit alors l'adoption de la croisée d'ogives. Les fleurons les plus visités sont dispersés :

– *Saint-Denis*, la nécropole des rois de France, marque les premiers pas de cet art gothique. L'église abbatiale a été construite par Suger, abbé local, au XIIe siècle ;

– *Senlis* porte aussi avec la cathédrale Notre-Dame l'un des plus anciens édifices gothiques du pays. Dans cette ville médiévale remarquablement conservée, la cathédrale bénéficie d'un environnement architectural de qualité ;

– *Soissons et Beauvais*, plus au nord, annoncent une autre couronne de cathédrales, avec Laon, Amiens et Reims ;

– *Chartres*, au sud, est peut-être la plus connue. Évoquée par Charles Péguy dans l'un de ses plus beaux poèmes, elle doit sa renommée à ses extraordinaires vitraux :

> *« Crypte romane de l'évêque Fulbert, clochers du XIIe siècle, portail royal (ouest) que décore un monde de personnages figés et énigmatiques, appartiennent à un premier édifice détruit par un incendie de 1194 ; le second, c'est-à-dire l'église actuelle. était achevée vers 1220 : modèle désormais classique de nos grandes cathédrales ; les porches latéraux se sont ornés au XIIIe siècle, d'un statuaire aux multiples chefs-d'œuvre : Sainte-Modeste, Saint-Potentien, Saint-Georges, Saint-Théodore,… Enfin, Chartres a conservé presque entière sa parure chatoyante de vitraux : grandes figures de prophètes et d'apôtres, menu peuple d'artisans accompagnant les saints locaux, que le moindre rayon fait étinceler et dont les teintes inégalées scintillent encore lorsque l'ombre a gagné les profondeurs du grand vaisseau. »*

Marie BÉCET, *La France, géographie, tourisme*, Larousse.

b. De belles et vastes forêts

Si les étrangers se dirigent d'abord vers les châteaux, les musées et les cathédrales, les Parisiens transforment les campagnes qui entourent l'agglomération en aires de loisirs. Chaque week-end, la capitale se vide d'une partie de ses habitants qui partent vers des résidences secondaires (Yonne, Normandie) mais aussi vers les forêts. Celles-ci sont nombreuses et, comme la plupart sont des forêts domaniales, elles sont bien aménagées. Les plus vastes sont celles de **Fontainebleau** (17 000 hectares), où des rochers permettent la pratique de l'escalade, de Compiègne (14 500 hectares) et de Rambouillet (13 000 hectares) ; bien d'autres, plus modestes (Sénart, Crécy) contribuent aussi à l'accueil des promeneurs.

C Un tourisme d'affaires incessant

1. Une concentration exceptionnelle des activités

Paris bénéficie de l'extrême centralisation qui a marqué la France durant des siècles. Cela lui vaut de cumuler de nombreux services, souvent favorables au développement du tourisme d'affaires :

– *les ministères*, le plus souvent regroupés dans le 7e arrondissement ;

– *les ambassades*, également situées dans le centre ouest ;

– *les sièges sociaux* des banques (Crédit lyonnais, Société générale, B.N.P. (...), qui privilégient le quartier de la Bourse et les Grands Boulevards, et ceux des grandes entreprises nationalisées ou privées, le plus souvent concentrés dans le 8e arrondissement ;

– le siège ou une représentation des *grands organismes internationaux* tels l'UNESCO ou l'O.C.D.E. ;

– les bureaux des *grandes compagnies d'assurances*, regroupés pour une part dans le 10e arrondissement...

2. Foires et salons

Le tourisme d'affaires s'appuie également sur les nombreuses manifestations commerciales qui ponctuent l'année. Les plus importantes se déroulent dans le cadre du parc des expositions de la porte de Versailles (Foire de Paris ; Salon de l'agriculture, « la plus grande ferme de France »...), ou dans le nouveau parc des expositions situé en banlieue, à Villepinte. D'autres manifestations, s'adressant à une clientèle plus restreinte se déroulent dans les grands hôtels, comme la présentation des collections de la haute couture parisienne. Celle-ci, illustrée par les grands noms de Dior, Chanel, Jean-Paul Gautier, Yves Saint-Laurent, contribue, ainsi que la parfumerie et la joaillerie de luxe (Cartier, Van Cleef et Arpels) à la renommée de la capitale auprès de la clientèle féminine aisée du monde entier.

La capitale accueille aussi de nombreux **congrès, séminaires**, colloques ou autres symposiums organisés par des entreprises, des associations professionnelles, voire des partis politiques ou des syndicats.

3. Des tables et des cabarets mondialement connus

Le tourisme d'affaires favorise également la fréquentation d'autres établissements, qu'il s'agisse de **cabarets** (le Lido), de **music-halls** (le Moulin Rouge, Olympia, Folies-Bergères) ou de **restaurants.** Paris est en effet l'une des capitales mondiales de la gastronomie. Les établissements les plus prestigieux, comme les grands hôtels sont situés au centre-est de la capitale, le 8e arrondissement en totalisant le plus grand nombre. Les plus connus doivent une large part de leur activité à la clientèle étrangère, qu'il s'agisse d'hommes d'affaires ou de touristes venus pour contempler les monuments.

D L'hôtellerie privilégiée

1. Une capacité importante

L'hôtellerie est le type d'hébergement le plus fréquenté par les touristes, qu'ils soient Français ou étrangers. Il existe certes d'autres moyens de se loger : locations (elles se développent même pour les étrangers dans les immeubles du front de Seine), parents et amis, auberges de jeunesse et même camping (un à Paris !), mais l'hôtellerie assure une énorme majorité des nuitées, forte de sa grande capacité et de sa diversité.

L'Île-de-France possède plus du tiers des chambres non classées et 24 % des chambres classées de la France métropolitaine. Sa prépondérance est surtout manifeste au niveau de la grande hôtellerie, puisqu'elle recense 47 % des chambres quatre étoiles et luxe.

L'hôtellerie, et plus particulièrement la grande hôtellerie sont pour une large part concentrées à Paris. Et au sein même de la capitale, la répartition des chambres n'est pas uniforme. Le quart nord-ouest de Paris comptabilise le plus grand nombre de chambres classées, les arrondissements les mieux dotés se trouvant être le 8e, le 9e et le 17e.

L'hébergement dans le Nord de la France en 2008

Départements	Hôtels homologués (chambres)	Campings (emplacements)	Hébergements sociaux (lits)	Gîtes ruraux (nombre)
Paris	78 165	510	330	—
Seine-et-Marne	15 086	7 375	—	147
Yvelines	7 607	3 306	—	41
Essonne	6 634	3 081	981	55
Hauts-de-Seine	13 307	—	—	—
Seine-Saint-Denis	10 326	236	—	—
Val-de-Marne	7 790	400	—	—
Val-d'Oise	10 177	758	300	33

Sources : Direction du Tourisme et Fédération nationale des gîtes de France.

L'hôtel Concorde-La Fayette

Le parc hôtelier régional, qui compte près de 130 000 chambres homologuées, a fait l'objet d'une transformation rapide au cours des vingt dernières années, souvent à l'initiative des **chaînes intégrées** qui ont créé de nouveaux hôtels parfois de très grande dimension (plus de 1 000 chambres au Méridien Paris et au Concorde La Fayette). Les implantations, après avoir privilégié le centre de la capitale (Hilton-Suffren) se sont déplacées vers la périphérie (Holiday Inn, Novotel-Bagnolet), à proximité des axes autoroutiers (porte d'Orléans), mais aussi vers les villes nouvelles (Évry), la capitale n'offrant plus de terrains ou alors à des prix trop élevés. **Disneyland Paris**, parc d'attraction qui a enregistré 185 millions de visiteurs depuis son ouverture en 1992 et constitue la première destination touristique en Europe, rassemble plus de 6 000 chambres, à l'est de la capitale.

Les hôtels les plus prestigieux, quant à eux, se concentrent dans le quartier des Champs-Élysées (Plaza-Athénée, Crillon, George V) et dans le 1er arrondissement (Ritz, Meurice, Intercontinental, Louvre-Concorde).

2. Des clientèles au comportement varié

En 2007, l'Île-de-France a enregistré 40,5 millions de nuitées en ce qui concerne la clientèle nationale. S'ajoute à cela une très forte fréquentation étrangère qui représente en moyenne plus de la moitié des arrivées et les deux tiers des nuitées hôtelières. Parmi les étrangers, **les Européens sont les plus nombreux**, les Britanniques, les Allemands et les Italiens constituant les plus gros contingents. Les **Américains** viennent en tête au niveau des autres nationalités. Ils devancent de loin les autres pays. C'est notamment le fait des Japonais auxquels s'ajoutent désormais de nombreux Coréens et des Chinois.

Le comportement de la clientèle varie selon l'origine géographique. Les Américains, et plus encore les Japonais, fréquentent d'abord les grands hôtels (4 étoiles et luxe). Il est vrai que le change leur est avantageux et que bon nombre d'entre eux, notamment parmi les Japonais, viennent dans le cadre de **voyages organisés**, ce qui leur permet de bénéficier d'un tarif réduit dans les hôtels. La clientèle européenne se dirige plutôt vers les hôtels 3 étoiles et même 2 étoiles. Si elle privilégie toujours les hôtels parisiens, elle amorce depuis quelques années un glissement vers la banlieue, ce qui s'explique en partie par la construction de nouveaux hôtels sur les communes limitrophes de Paris (Montrouge, Bagnolet...).

La clientèle française, minoritaire à Paris, est par contre majoritaire dans les départements de la grande et petite couronne. Elle se tourne essentiellement vers la petite hôtellerie.

3. Une clientèle bien répartie dans l'année

À la différence de la plupart des régions touristiques, l'hôtellerie parisienne ne connait pratiquement pas de temps mort. Le lourd handicap que constitue l'activité saisonnière ne l'affecte pas. Les étrangers sont plus nombreux au second et au troisième trimestres, mais ce sont les périodes où la clientèle française est la moins abondante. Il en résulte un remarquable équilibre qui ferait le bonheur de bien des hôteliers dans les autres régions touristiques de l'hexagone.

17

Les départements et territoires d'outre-mer

> *« Palmes !... Alors une mer plus crédule et hantée d'invisibles départs, étagée comme un ciel au-dessus des vergers, se gorgeait de fruits d'or, de poissons violets et d'oiseaux. »*
>
> SAINT-JOHN PERSE.

De son ancien empire colonial, la France a conservé quelques territoires, dotés après la seconde guerre mondiale de statuts particuliers. Ce sont :

– les départements d'outre-mer, au nombre de cinq : la Guadeloupe, la Réunion, la Martinique, la Guyane et Saint-Pierre-et-Miquelon ;

– les territoires d'outre-mer : la Polynésie française, Wallis-et-Futuna, la Nouvelle-Calédonie et les Terres australes et antarctiques françaises ; la Nouvelle-Calédonie bénéficie d'un statut spécial ;

– une collectivité territoriale de la République : Mayotte.

Certains de ces départements et territoires d'outre-mer présentent une activité touristique importante. Ils sont situés dans la zone intertropicale et bénéficient de ce fait de conditions climatiques particulièrement favorables au moment où les activités balnéaires et nautiques constituent des éléments moteurs du tourisme. Le développement de ce dernier est d'autant plus important que les économies locales demeurent fragiles. Ces DOM-TOM dépendent en effet trop exclusivement de leurs productions agricoles (canne à sucre, bananes, ananas, café...), et, dépourvus d'industries, ils doivent importer une large part de leurs produits de consommation et de leurs biens d'équipement. Par ailleurs, le tourisme fournit de précieux emplois dans des régions durement touchées par le chômage et dont la population croît rapidement. Le taux d'accroissement naturel est en effet, selon les DOM, trois à quatre fois supérieur à celui de la métropole.

A La Guadeloupe et la Martinique

Guadeloupe et Martinique constituent les Antilles françaises. Elles sont situées dans la mer des Caraïbes, entre les 7° et 9° de latitude Nord, à environ 6 700 km de la France, à 4 000 km de New York et à 500 km des côtes du Venezuela. Les deux départements sont distants entre eux de 130 km, et à ce titre, présentent des conditions climatiques très voisines.

1. Un climat tropical, rafraîchi par l'alizé

La Guadeloupe et la Martinique ont un climat **chaud et humide**. Les températures moyennes sont voisines de 25 °C et l'amplitude thermique annuelle ne dépasse pas 4 °C (Pointe-à-Pitre : 24,4 °C en janvier, 26,6 °C en septembre). L'amplitude diurne est un peu plus élevée. Cette chaleur est rendue aisément supportable par le souffle des **alizés**, en provenance du nord-est.

Ces alizés apportent aussi les précipitations. Celles-ci sont relativement abondantes sur les versants « au vent » des îles, atteignant même des chiffres élevés sur les hauteurs. C'est ainsi que les littoraux nord-est de la Martinique reçoivent plus de 2 m d'eau par an, la montagne Pelée plus de 8 m, alors que la côte sud-ouest enregistre un total annuel inférieur à 1 m par endroits. Ce sont d'ailleurs ces littoraux « **sous le vent** », baignés par la mer des Caraïbes, qui concentrent la majeure partie des activités touristiques.

Ce climat chaud présente cependant des nuances saisonnières ; ainsi s'opposent une saison sèche – le carême – de janvier à mai, et une saison humide – l'hivernage – de juillet à novembre, parfois marquée par le passage de **cyclones tropicaux**, comme « David » en 1979, ou « Hugo » en 1989.

2. Une végétation luxuriante

Les Antilles françaises présentent une végétation tropicale marquée par la diversité des espèces et l'abondance des **fleurs**. La Martinique a d'ailleurs été surnommée « l'île aux fleurs ». Les paysages végétaux sont très variés, en raison des différences d'exposition et d'altitude, allant de la forêt tropicale humide en altitude à la mangrove *, en passant par les savanes. À proximité du littoral, les bougainvillées, les orchidées sauvages, les flamboyants et les hibiscus forment un décor de rêve qui contribue largement au dépaysement du touriste.

Ces îles offrent aussi une faune très différente de celle des régions tempérées. Sur terre, ce sont surtout les oiseaux qui attirent les regards ; la mer offre une richesse de couleurs encore plus impressionnante, avec des poissons de toutes tailles, de tous coloris, des coraux et des madrépores, nombreux surtout sur les côtes occidentales.

3. De plage en volcan

L'attrait des Antilles françaises réside aussi pour une bonne part dans la diversité du relief, tant littoral qu'intérieur.

La Guadeloupe est un archipel de 1 780 km² formé de 9 îles principales et d'une centaine d'îlets et de récifs. Cet archipel comprend la Guadeloupe proprement dite, formée de deux îles jumelles, séparées par un étroit chenal, la rivière Salée.

– Au Nord-Est, **Grande-Terre** est une île calcaire, au relief très discret ; les hauteurs, ou mornes, ne dépassent pas 150 m. La côte orientale, sauvage, s'oppose à la côte caraïbe, en partie marécageuse, et bordée de mangrove *. Le tourisme se concentre dans la partie méridionale, entre la pointe des Châteaux et Pointe-à-Pitre. Saint-François, Sainte-Anne (Club Méditerranée) et Gosier sont les principales stations de ce littoral abrité, qui concentre une large part de la capacité d'hébergement du département. Au Nord, Anse-Bertrand, Port-Louis et Le Moule sont les lieux les plus attractifs.

La Guadeloupe

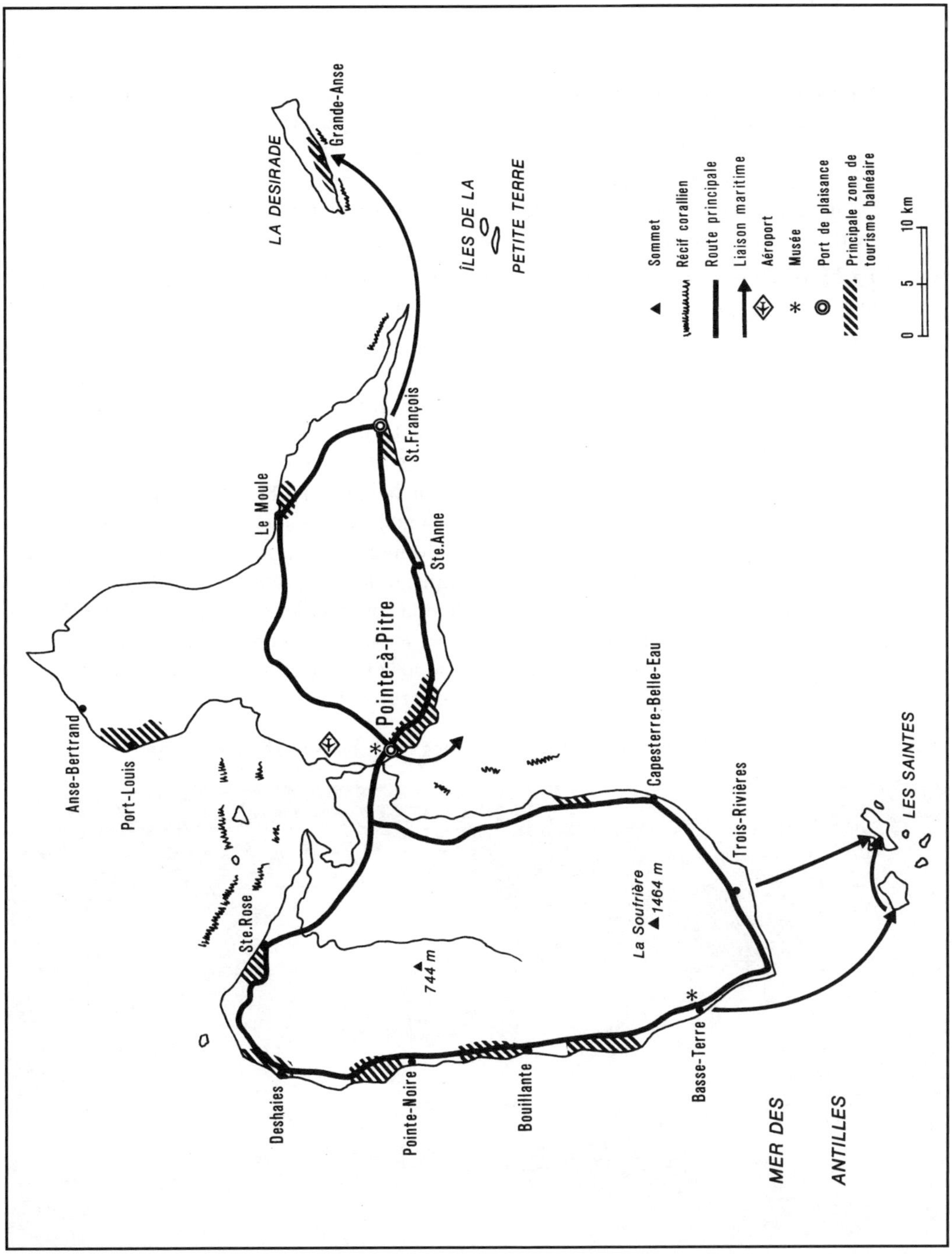

– Au Sud-Ouest, **Basse-Terre**, île volcanique, présente au contraire un relief montagneux, surtout au sud, où la Soufrière culmine à près de 1 500 m. Ici aussi, le tourisme se concentre sur le littoral « sous le vent », de Deshaies à Trois-Rivières, profitant de la présence de nombreuses criques, ou anses. Toutefois, si le tourisme balnéaire et nautique prime, l'intérieur attire aussi. Il profite de l'aménagement du parc naturel national de la Guadeloupe. **La Soufrière**, volcan de type péléen dont le sommet disparaît souvent dans les nuages, séduit les randonneurs… et mobilise de temps à autre les vulcanologues, comme lors de son bref réveil en 1976. Sur ces hauteurs, les cascades abondent. Les chutes du Carbet sont les plus impressionnantes ; elles dépassent 100 m. Quant aux autres îles, elles doivent aussi à leurs plages l'essentiel d'une fréquentation touristique plus modeste qu'à Grand-Terre, mais qui progresse cependant assez vite, notamment à Saint-Martin et à Saint-Barthélémy.

La Martinique (1 100 km^2) rappelle un peu Basse-Terre. C'est en effet une île montagneuse, où les plaines sont rares. Les paysages sont variés :

– *Le Nord* est constitué de deux ensembles volcaniques : **la montagne Pelée** (1 397 m) et les pitons du Carbet, profondément entaillés par l'érosion. Les deux massifs sont intégrés dans le parc naturel de la Martinique, créé en 1974 sur 70 000 hectares, couvrant la majeure partie des reliefs de l'île. La forêt tropicale, les sources chaudes, les cascades et les panoramas constituent les attraits prédominants de ces volcans aujourd'hui assagis. Le tourisme littoral, quant à lui, se concentre sur la côte caraïbe, plus abritée que la côte atlantique sur laquelle déferlent de gros rouleaux. Les hôtels se regroupent entre Fort-de-France, centre économique et porte d'entrée maritime et aérienne de l'île, et Saint-Pierre. Cette dernière station porte témoignage de l'éruption brutale de la montagne Pelée le 8 mai 1902. Une nuée ardente déferla sur la ville, tuant 30 000 habitants, ne laissant la vie qu'à un prisonnier, protégé par les murs de sa geôle. Ce tragique événement est expliqué dans le musée vulcanologique et ses traces sont toujours visibles sur les ruines de la ville, qui n'a été que partiellement reconstruite.

La beauté des plages tropicales : Saint-Anne en Martinique

– *Au centre*, la plaine du Lamentin n'offre que peu d'intérêt touristique. Elle abrite par contre une grande partie de la population et surtout l'aéroport international.

– *Au Sud*, les altitudes s'élèvent à nouveau, mais demeurent modestes (500 m). C'est un paysage de **mornes**, c'est-à-dire de collines aux sommets arrondis, partiellement couvertes de forêts. Les côtes, tant à l'ouest qu'à l'est sont très découpées. Presqu'îles, promontoires et golfes alternent, offrant d'excellents abris sur la côte caraïbe, ici encore la plus favorisée pour l'activité touristique, notamment entre Les Trois-Îlets et Sainte-Anne.

4. Un brassage de populations et de traditions

La Guadeloupe et la Martinique sont françaises depuis 1635. Découvertes toutes deux par Christophe Colomb, elles étaient alors occupées par des populations caraïbes, venues du Venezuela actuel et qui avaient chassé les anciens habitants, les Arawaks. Les premiers colons européens arrivèrent vers le milieu du XVIIe siècle et développèrent rapidement la culture de la canne à sucre en recourant à la main-d'œuvre africaine. L'abolition de l'esclavage en 1848, à l'initiative de Victor Schœlcher, fut suivie de l'arrivée d'une main-d'œuvre asiatique qui contribua encore à mélanger les races.

Cette diversité de la population antillaise (451 000 habitants en Guadeloupe et 401 000 en Martinique en 2008) se traduit par l'existence d'un folklore coloré, popularisé en Europe et en Amérique du Nord par des groupes de danseurs et de chanteurs. Ce **folklore** est marqué par l'importance de la danse et des fêtes, les différents carnavals constituant chaque année l'apothéose de ces manifestations. C'est alors que les costumes créoles réapparaissent et que la biguine triomphe, les chants locaux ponctuant souvent les défilés.

La personnalité antillaise se traduit aussi dans les **combats de coqs**, les pitts, qui donnent lieu à d'innombrables paris, et une cuisine colorée et souvent pimentée qui mêle les influences françaises, africaines, espagnoles et asiatiques. Les plats typiques sont légion : « accras » ou beignets de poissons, crabes de terre farcis, boudin créole, « colombo » (sorte de curry accompagné de graines tropicales), poissons et crustacés, et une multitude de légumes (fruit à pain, ticoncombres, patates douces, ignames) et de fruits (mangue, abricot, papaye, noix de coco, banane). Le tout accompagné d'un punch ou simplement d'un rhum agricole, c'est-à-dire obtenu par distillation du pur jus de canne.

5. Un tourisme qui se diversifie lentement

C'est essentiellement à leur climat et à leurs plages que la Guadeloupe et la Martinique doivent leur fréquentation touristique. Celle-ci a rapidement augmenté au cours des deux dernières décennies, à la faveur de l'amélioration de la desserte aérienne et de nombreux investissements hôteliers réalisés surtout à l'intention d'une **clientèle aisée** européenne et nord-américaine, ce qui explique la part importante des **hôtels 3 et 4 étoiles** qui rassemblent une large part de la capacité hôtelière en Martinique. L'initiative de ces investissements est venue pour une large part des chaînes françaises : Méridien, P.L.M., Frantel, Novotel… du moins pour les plus grandes unités.

Les autres modes d'hébergement se sont rapidement diversifiés pour répondre, d'une part à l'évolution de la clientèle, notamment d'origine européenne, et d'autre part au désir de

La Martinique

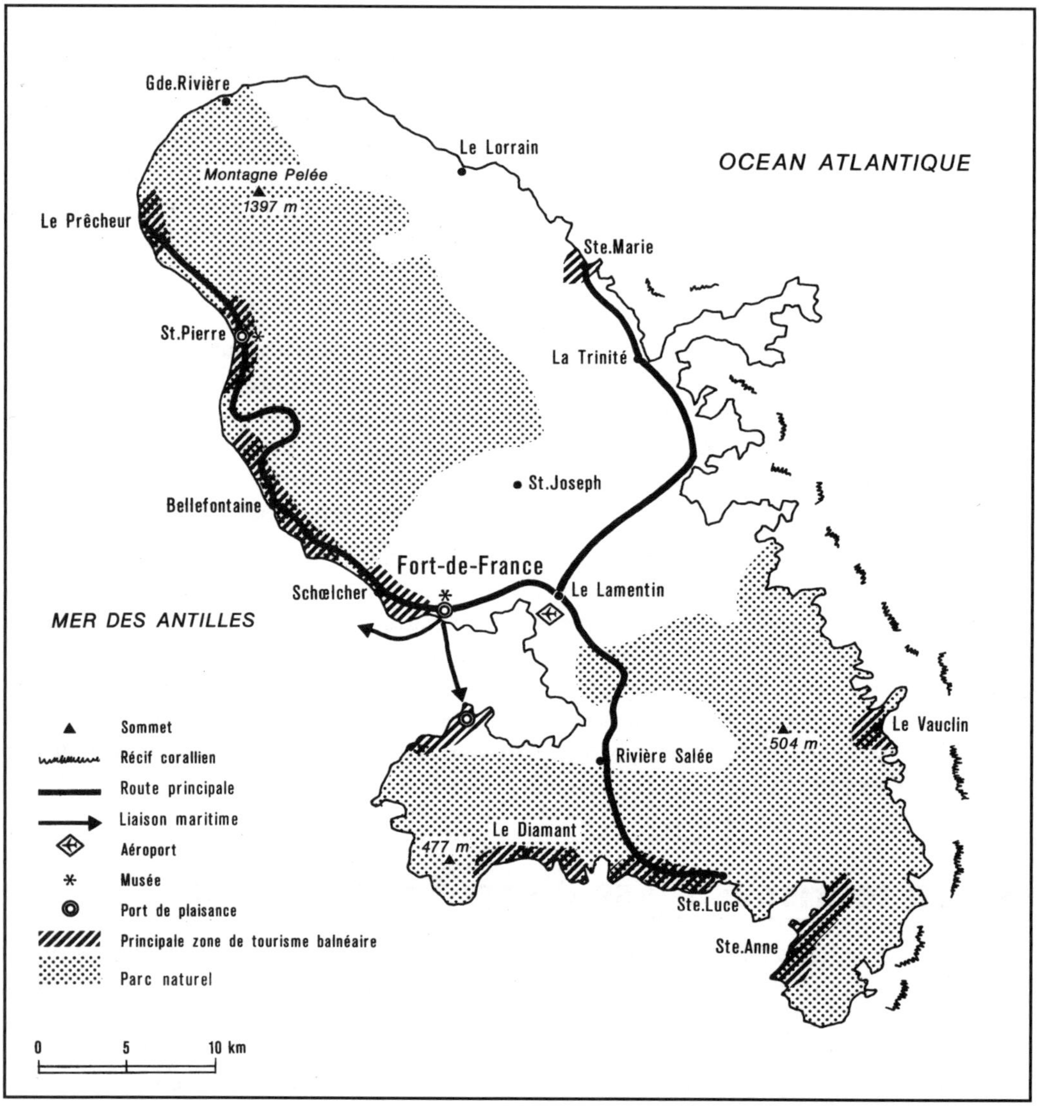

mieux intégrer l'activité touristique dans l'environnement naturel et économique régional. Malgré ces efforts, l'hôtellerie demeure prépondérante. Ainsi, en 2006, la Guadeloupe compte 84 hôtels classés réunissant 12 144 lits et la Martinique 120 établissements recensant 10 242 lits. S'y ajoutent, à la Guadeloupe, 7 résidences de tourisme (2 870 lits), 380 tmeublés, totalisant 1 550 lits, et 2 villages de vacances. La Martinique, outre ses hôtels, rassemble 2 810 lits dans ses 450 meublés et 1 400 dans ses 4 villages de vacances.

En 2006, la Guadeloupe a accueilli 375 000 touristes, représentant près de 5,4 millions de nuitées. La Martinique a reçu la même année 412 000 touristes. S'ajoutent à ces flux de nombreux visiteurs débarquant des nombreux paquebots qui font de la mer Caraïbe le premier espace touristique mondial pour les croisières. La progression rapide de ce marché est illustré parles nombreuses commandes de navires passées par les compagnies spécialisées aux grands chantiers navals, notamment ceux de Saint-Nazaire. Toutefois, la concurrence avec les autres îles des Antilles est de plus en plus vive. C'est pourquoi la Guadeloupe poursuit l'aménagement de ses infrastructures, améliorant le port de Basse-Terre et la gare maritime de Pointe-à-Pitre. Le tourisme de plaisance marque un peu le pas après une période de forte croissance. Il s'appuie sur la présence de nombreux abris naturels et de belles marinas comme celles de Bas-du-Fort, de Rivière-Sens et de Saint-François en Guadeloupe.

Dans les deux départements, la majeure partie des arrivants viennent de la métropole. Parmi eux, il faut compter de nombreux Antillais de retour au pays à l'occasion de leurs congés annuels (beaucoup sont fonctionnaires). Ces derniers sont généralement accueillis dans leur famille ou chez des amis, alors que les autres touristes privilégient l'hôtellerie, et plus particulièrement la **grande hôtellerie**. En 2006, les touristes en provenance de la métropole ou d'un DOM-TOM représentent plus de 85 % de la clientèle en Martinique comme en Guadeloupe. Les autres pays européens, les îles voisines des Caraïbes et les États-Unis assurent l'essentiel des autres arrivées.

En dépit du développement rapide de son parc depuis une vingtaine d'années, l'hôtellerie antillaise se heurte encore à de nombreuses difficultés. Celles-ci tiennent d'abord aux fluctuations considérables de la fréquentation en cours d'année, la haute saison, d'octobre à avril, concentrant une part importante des effectifs. La durée des séjours demeure assez brève. Si la moyenne est d'une douzaine de jours, elle ne dépasse pas 5 jours dans l'hôtellerie, durée correspondant souvent à celle des voyages organisés par les tours-opérateurs d'Europe ou du Nouveau Monde.

Le tourisme antillais souffre aussi des fluctuations du dollar, de l'insuffisance des relations aériennes avec le continent américain et de la concurrence redoutable des îles voisines qui offrent souvent des tarifs moins onéreux et des prestations de meilleure qualité. Les prix pratiqués dans les Antilles françaises demeurent en effet élevés en raison de la nécessité d'importer de la métropole la majeure partie des équipements. De plus, la main d'œuvre locale n'est pas toujours suffisamment qualifiée, tant au niveau de la gestion que de l'accueil, la pratique de l'anglais n'étant pas aussi développée que dans bien d'autres îles des Caraïbes. Les revendications autonomistes ou indépendantistes qui se s'étaientt développées il y a quelques années et freiné momentanément le tourisme, ont cessé. Les investissements, notamment dans les infrastructures d'hébergement et la navigation de plaisance, ont été encouragés par une fiscalité avantageuse (loi Pons, loi Périssol...).

Pour **promouvoir le tourisme insulaire**, les deux départements se sont dotés d'organismes de promotion. En Martinique, l'agence régionale pour le développement touristique de la

Martinique conjugue ses efforts avec ceux de l'office de tourisme. En Guadeloupe, l'office du tourisme et l'agence régionale du tourisme jouent un rôle comparable. Le développement du tourisme antillais compte aussi sur la diversification des hébergements et l'amélioration de la desserte aérienne. Si Air France a perdu depuis 1986 son monopole entre la métropole et les Antilles, la compagnie nationale conserve néanmoins une large partie du trafic. À ces liaisons s'ajoutent celles assurées par des compagnies nord-américaines et les entreprises régionales Air Martinique et Air Guadeloupe. Ces deux dernières ont développé une coopération commerciale. Pour améliorer la desserte des îles, on compte aussi sur l'extension des aéroports du Raizet à Pointe-à-Pitre (Guadeloupe) et du Lamentin à Fort-de-France (Martinique). Ces deux aéroports connaissent en effet un trafic important, atteignant respectivement 1 961 000 et 1 696 000 passagers en 2007.

Les Antilles s'efforcent aussi de développer les infrastructures destinées à l'accueil des passagers effectuant des croisières dans les Caraïbes. Pointe-à-Pitre dispose d'une centre d'accueil spécialisé, dénommé « Saint-John Perse », disposant d'hôtels, de restaurants et de galeries marchandes. De même, Fort-de-France a construit un appontement de vaste dimension pour réceptionner les navires de croisière. Au total, les recettes touristiques contribuent aux côtés de la production agricole à assurer une large part du P.I.B..

B La Guyane

1. L'« Amazonie française »

La Guyane couvre près de 90 000 km² mais n'est peuplée que de 209 000 habitants, en majorité créoles. Autant dire que la densité, inférieure à 2 habitants/km², est la plus basse enregistrée dans un département français. Une très forte immigration clandestine venue des pays limitrophes et en partie liée à la recherche de l'or, pose aujourd'hui des problèmes. Située au nord-est de l'Amérique du sud, entre les 2° et 6° de latitude Nord, la guyane fait figure de *région vide*, surtout à l'intérieur. Ceci s'explique par le contexte naturel et l'histoire.

Le relief est discret. Le littoral atlantique est bordé par une large plaine, basse et humide où la mangrove * avec palétuviers abonde, laissant place à la savane entre les rivières. Vers le sud, se succèdent des collines, généralement parallèles au rivage et résultant de l'érosion d'un massif granitique. L'altitude augmente progressivement mais sans jamais dépasser 850 m.

Le massif guyanais est totalement recouvert par la forêt équatoriale, qui s'étend sur plus de 80 000 km², faisant de la Guyane le département le plus boisé (94 %). Cette forêt, toujours verte, est particulièrement dense près des rivières. Elle comprend des centaines d'espèces d'arbres qui s'étagent jusqu'à près de 60 mètres de haut, souvent mêlés de lianes et de plantes épiphytes *.

Comme le relief et la végétation, le climat rappelle celui de l'Amazonie voisine. Il s'agit d'un climat équatorial, tempéré par les alizés près de la côte et marqué par :

– **une chaleur presque constante**. La température moyenne est de 25 °C et l'amplitude thermique annuelle ne dépasse pas 3 °C. Les touristes doivent donc prévoir des vêtements adaptés et réserver, de préférence, une chambre climatisée. D'ailleurs la grande majorité des hôtels en dispose ;

– **des précipitations abondantes** (3 m sur le littoral) et fréquentes. Les pluies sont surtout abondantes d'avril à juillet et de décembre à janvier, périodes correspondant au passage du soleil au zénith. Le meilleur moment pour visiter la région se situe entre août et novembre.

2. Du bagne à la conquête de l'espace

C'est en 1604 que les premiers Français s'installèrent en Guyane. Disputée ensuite par les Anglais et les Hollandais, elle fut définitivement reprise en 1677. Elle demeura longtemps isolée, terre de mission pour les jésuites puis terre d'exil lorsque Napoléon III décida en 1851 d'y transférer le **bagne**. Plus de 70 000 forçats y vinrent durant presque un siècle. Contribuant à la mauvaise renommée de la région, le bagne offre au touriste quelques témoignages des terribles conditions de vie des prisonniers évoquées dans le roman de Henri Charrière, *Papillon*. Ces vestiges se trouvent à Saint-Laurent-du-Maroni et aux îles du Salut. La découverte d'or au milieu du XIXe siècle attira des milliers d'orpailleurs dont le nombre ne cessa de décroître dès le début du siècle suivant, les découvertes restant bien en deçà des espoirs.

C'est à la faveur de la création de la base de lancement de **Kourou** (1964) que la Guyane sort réellement de son isolement. La construction du centre spatial, puis son fonctionnement amènent une population métropolitaine importante. Le centre et l'entreprise Arianespace fournissent aujourd'hui près de 2 000 emplois directs et de nombreux emplois induits. Ils ont conduit aussi à d'importants investissements hôteliers, notamment à Cayenne et à Kourou. Dans le même temps, le réseau routier fait l'objet de vastes aménagements et les liaisons aériennes sont renforcées. La Guyane est désormais prête à recevoir des touristes.

3. Tourisme d'affaires et tourisme d'exploration

Il y a une dizaine d'années encore, la Guyane n'enregistrait que peu d'arrivées ; celles-ci étaient surtout le fait de métropolitains venus voir des parents, ce qui ne nécessitait pas la construction d'hébergements spécifiques. La situation a bien changé. En 2007, l'aéroport de Cayenne a enregistré 387 000 passagers, chiffre quadruple de celui de 1976. La majeure partie de la clientèle vient de France (70 %) ou des îles voisines. États-Unis et Canada complètent les arrivées. S'ajoutent à ces touristes venus par avion environ 10 000 passagers faisant escale lors d'une croisière. Le développement du tourisme est cependant freiné par la concurrence des Antilles et l'enclavement relatif de la région. Ce dernier est cependant progressivement réduit grâce à l'essor des liaisons aériennes avec la Martinique et la Guadeloupe ainsi qu'avec le Brésil. Le trafic est dominé par Air France et quelques autres compagnies telles Air Guyane et Surinam Airways.

L'activité touristique régionale est d'abord liée à la **base de Kourou**. Celle-ci conduit à une intensification des relations avec la France mais aussi avec l'étranger, d'autant plus que les succès d'Ariane ont amené de nombreux Américains et Japonais, notamment des cadres de sociétés souhaitant recourir au lanceur européen pour placer un satellite sur orbite. Le départ de chaque fusée provoque une arrivée importante de techniciens et, dans une moindre mesure, de touristes et de journalistes, ce qui contribue aux fluctuations des taux d'occupation des hôtels. Un nouveau pas de tir est actuellement en construction, en collaboration avec la Russie.

Pour accueillir ces arrivants, la Guyane a plus que doublé sa capacité d'hébergement depuis dix ans. Les 25 hôtels classés disposent de 2 328 chambres en 2008. Cet équipement est concentré à Kourou-Sinnamary, devenu le 1er pôle hôtelier du département, et à Cayenne. Les autres hôtels se situent autour de Saint-Laurent du Maroni. On compte aussi 40 meublés et 57 chambres d'hôtes ainsi que quelques gîtes d'étapes.

Le déséquilibre est donc flagrant entre un littoral attractif, qui concentre la presque totalité de la population et des capacités d'accueil et un intérieur délaissé, encore insuffisamment équipé pour répondre à la demande croissante d'une clientèle avide de dépaysement et de nature. C'est pour remédier à ce déséquilibre que la région s'efforce de développer les hôtels dans le Sud et l'intérieur. Au tourisme d'affaires, (71 % des arrivées) encore très dépendant de la base spatiale en dépit de l'essor de l'agriculture, des pêcheries et de l'exploitation de la forêt, s'ajoute un **tourisme de découverte ou d'exploration** de plus en plus important. Cependant, un quart seulement de la clientèle vient en Guyane pour passer des vacances ou rendre visite à la famille et aux amis.

La Guyane offre à l'Européen ou à l'Américain du Nord soucieux de dépaysement bien des possibilités. Il suffit de quitter le littoral et d'abandonner les routes asphaltées pour retrouver la vie sauvage, dans l'immense forêt équatoriale.

Bien que les avions d'Air Guyane relient quelques villages intérieurs à Cayenne, la pirogue reste le meilleur moyen de découvrir l'arrière-pays. Des tribus indiennes vivent encore de la chasse, de la pêche et de la cueillette : Roucouyennes sur le Maroni, Oyampis et Émerillons sur l'Oyapock. Certains de ces Indiens se teignent encore la peau. Dans ces villages où le hamac est de rigueur durant les haltes dans les carbets * d'hôtes, le touriste peut acquérir des objets artisanaux (poteries, vannerie). Des Noirs vivent également en forêt. Descendants des esclaves ayant fui leurs maîtres au XVIIIe siècle, ils font fréquemment office de piroguiers ou de guide.

Les circuits en forêt donnent aussi l'occasion de découvrir une **faune** particulièrement riche. Il faut tout d'abord citer les papillons et les oiseaux : aras, perroquets, toucans, oiseaux bleus, perruches… Les singes, les jaguars, les pumas et les serpents (l'anaconda) sont également nombreux. Certains de ces animaux servent à la préparation de la cuisine locale.

C La Réunion, l'« île à grand spectacle »

La Réunion est située dans l'hémisphère Sud. entre les 20° et 22° de latitude. Elle est à plus de 9 500 km de la France métropolitaine et à 800 km à l'est de Madagascar. Appelée autrefois l'île Bourbon, elle forme avec les îles Maurice et Rodrigues l'archipel des Mascareignes. La Réunion a une superficie de 2 510 km^{2}, c'est-à-dire environ la moitié de celle d'un département métropolitain.

1. Une île volcanique

La Réunion est une île volcanique au relief tourmenté qui offre au visiteur les joies de la mer et de la montagne.

La Réunion

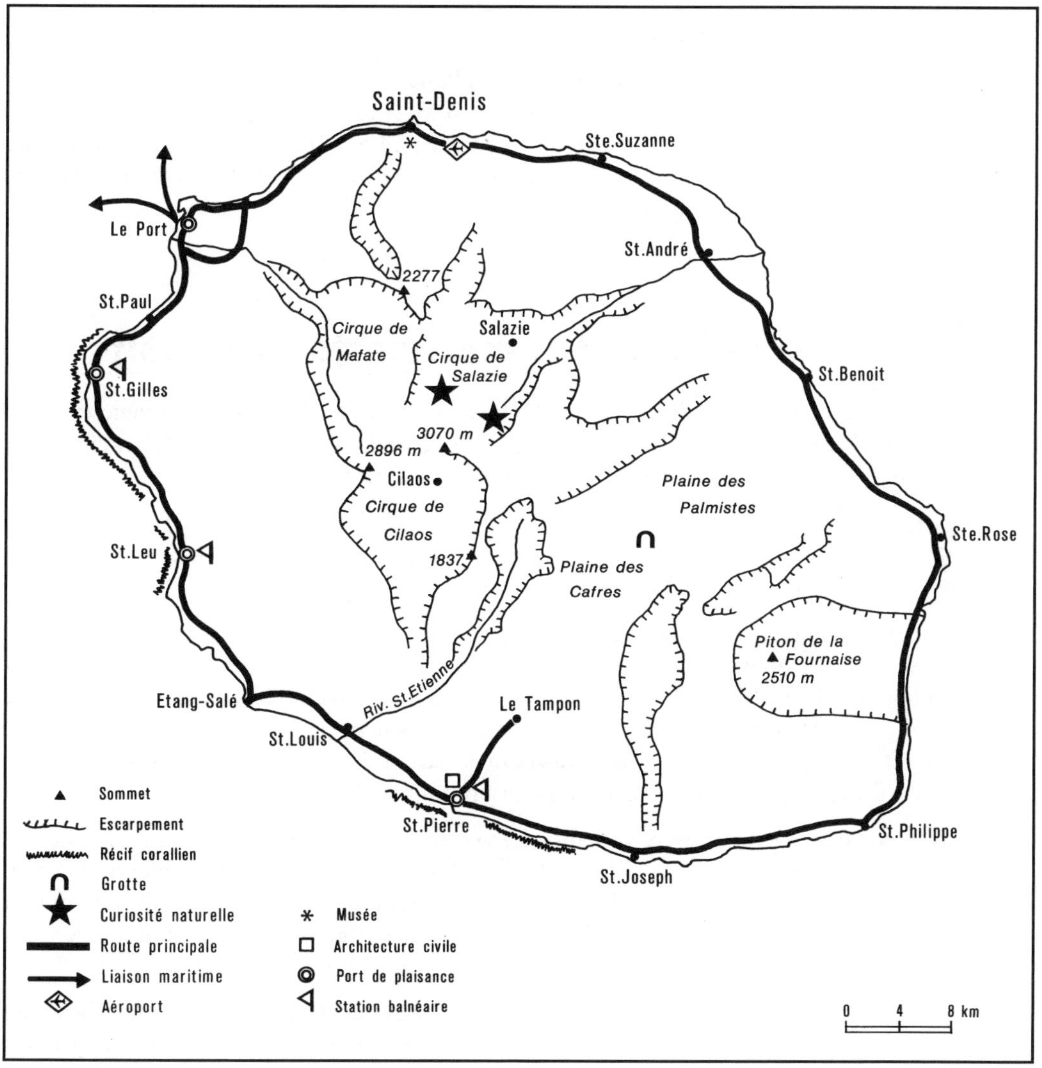
Saint-Denis
Ste.Suzanne
Le Port
St.André
St.Paul
2277
Cirque de Mafate
Salazie
Cirque de Salazie
St.Gilles
St.Benoit
3070 m
2896 m
Cilaos
Cirque de Cilaos
Plaine des Palmistes
St.Leu
1837
Plaine des Cafres
Ste.Rose
Piton de la Fournaise 2510 m
Riv. St.Etienne
Etang-Salé
Le Tampon
St.Louis
St.Pierre
St.Joseph
St.Philippe
Sommet
Escarpement
Récif corallien
Grotte
Curiosité naturelle
Route principale
Liaison maritime
Aéroport
Musée
Architecture civile
Port de plaisance
Station balnéaire
0 4 8 km

Deux grands ensembles volcaniques couvrent la majeure partie de l'île. Celui du nord-ouest, très ancien, a été buriné par l'érosion. De larges cirques, aux parois impressionnantes (cirques de Mafate, de Cilaos, de Salazie) sont dominés par le **piton des Neiges** (3 069 m) et le Gros Morne (2 992 m). Ces cirques offrent d'intéressantes possibilités de promenades, grâce à l'aménagement d'un sentier de grande randonnée, et à la présence de gîtes. La végétation, des cascades gigantesques et le spectaculaire découpage du relief contribuent au dépaysement du touriste qui peut aussi profiter de la présence d'une station thermale à Cilaos, qui dispose d'un hôtel 3 étoiles. Au sud-est, un complexe volcanique plus récent, **le massif de la Fournaise** (2 631 m), présente des paysages minéraux où se mêlent les couleurs variées des coulées de lave. Toujours en activité, le volcan est cependant peu dangereux, et le cratère est facilement accessible.

À ces hauteurs, les « Hauts », s'opposent la **plaine des Palmistes**, voie de passage intérieure, et les étroites plaines littorales (les « Bas »), résultant de l'alluvionnement des nombreux cours d'eau qui dévalent des montagnes. Les côtes sont souvent dépourvues de plages. Celles-ci ne couvrent qu'une trentaine de kilomètres sur les deux cents que compte le littoral. Elles sont surtout situées à l'ouest de l'île, ce qui est un atout, cette côte étant « sous le vent ».

2. Un climat séduisant... mais parfois excessif

La Réunion connait un **climat tropical**, chaud sur le littoral (27 °C en janvier, 22 °C en juillet), plus tempéré en altitude (15 °C et 10 °C dans la région de Cilaos), la neige étant possible sur les plus hauts sommets. Ce climat est caractérisé par :

– **des contrastes diurnes** assez marqués. Si l'amplitude annuelle demeure faible, les écarts entre le jour et la nuit peuvent atteindre 10 °C, même sur le littoral, ce qui facilite le repos du touriste arrivant des latitudes tempérées ;

– **un été humide**. Plus de la moitié des pluies tombent en janvier, février et mars. Elles peuvent être très violentes lorsqu'elles accompagnent le passage d'un cyclone. C'est d'ailleurs la Réunion qui détient le record mondial des précipitations en 24 heures, avec 1,870 m à Cilaos en mars 1952. Les cyclones provoquent parfois de graves dégâts lors de leur passage au-dessus de l'île, les vents pouvant atteindre plus de 200 km/h. La meilleure saison touristique correspond donc à la saison fraîche, de mai à novembre.

– **l'opposition entre les deux versants**. Le versant oriental, exposé aux alizés, reçoit plus de 3 m d'eau par an, et même plus de 6 m sur les hauteurs. Le versant occidental, « sous le vent » enregistre des totaux pluviométriques bien plus faibles, de l'ordre de 750 mm sur le littoral et de 1 500 mm sur les hauteurs. Le climat conforte ainsi la suprématie de la côte occidentale, où se localisent les principales stations touristiques.

Comme les Antilles, la Réunion est un véritable **jardin exotique**. La forêt tropicale, dense sur le versant oriental, laisse place dans les plaines aux bougainvillées, aux flamboyants et aux innombrables orchidées. Les arbres à épices, comme le poivrier, le giroflier, le muscadier, le cannelier, alternent avec les plantations de géraniums et de vétyver dont les essences servent à la fabrication des parfums. Île des couleurs, la Réunion est aussi l'île des senteurs. La faune ravit également le plongeur sous-marin : poissons-perroquets, poissons-papillons... Quant à la pêche, elle est surtout active entre Saint-Philippe et Saint-Pierre, sur la côte sud.

3. Une population bigarrée

« La population réunionnaise est un vrai manteau d'Arlequin. Elle est composée de descendants des premiers colons ("Petits Blancs") surtout dans les "hauts" de l'île où ils vivent difficilement ; d'une bourgeoisie créole depuis longtemps fixée sur les terres à sucre ; de "Z'Oreilles" (surnom des métropolitains) ; d'Indiens tamouls ("Malabars") arrivés au XIXe siècle des régions de Madras et de Calcutta ; d'Indiens musulmans (souvent nommés "Z'Arabes") ; de familles chinoises contrôlant le commerce de l'épicerie. Une des caractéristiques de cet assemblage disparate est son extrême jeunesse : plus de 45 % des Réunionnais ont moins de vingt ans. »

Les Beautés du Monde, Larousse.

En 2008, l'île compte 793 000 habitants. Les métis et les Africains sont les plus nombreux (36 %), devant les Européens (30 %), les Indiens et les Chinois. Cette diversité explique la richesse du folklore local qui associe les fêtes religieuses des Tamouls, les danses des descendants d'esclaves africains, les fêtes chinoises. L'artisanat est également développé : broderies de Cilaos, figurines de lave et de corail, objets de bambous... Quant à la cuisine, elle traduit aussi la diversité des traditions. La cuisine créole donne une large place aux épices mélangeant les recettes indiennes, malgaches et européennes. Le menu créole typique n'est constitué que d'un seul plat ; celui-ci est fait de riz blanc, accompagné d'un carri (bœuf, cabri ou poulet ou encore poisson revenu avec des tomates, de l'ail, du safran et des piments), de haricots, de lentilles, de pois, de brèdes (bouillon d'herbes ou de lianes) et de rougails (sauces plus ou moins pimentées). L'île fournit des fruits abondants – bananes, ananas, mangues, papayes, letchis – qui servent aussi à la fabrication de nombreuses boissons distillées ; le café, le rhum et le punch sont toujours à l'honneur sur la table insulaire.

4. Un tourisme jeune mais prometteur

Tous ces attraits expliquent l'importance croissante du tourisme dans l'économie réunionnaise dominée par la canne à sucre et les cultures maraîchères et fruitières. L'île n'est pourtant venue que tardivement au tourisme, souffrant de son **éloignement** des principales zones émettrices et de l'insuffisance de ses infrastructures d'accueil : en 1963, on ne dénombrait que 4 hôtels de tourisme, totalisant 68 chambres, et le nombre de touristes n'excédait pas 3 000. Depuis cette date, le potentiel d'hébergement a plus que décuplé, et s'est considérablement diversifié :

La capacité d'hébergement de la Réunion en 2008

Hôtels homologués (nombre)	Hôtels homologués (lits)	Résidences de tourisme (lits	Villages de vacances (lits)	Gîtes (lits)	Campings (emplacements)
82	5 370	*362*	350	1 260	0

Source : Centre régional d'observation des Activités Touristiques (Réunion) et Direction du tourisme.

Le littoral concentre une large part de la capacité d'hébergement, notamment à Saint-Denis (53 %) et autour de Saint-Gilles (45 %), station la plus fréquentée du littoral sud-ouest qui concentre le tourisme balnéaire.

Ce développement des infrastructures s'est accompagné d'un essor rapide de la fréquentation touristique. Le trafic aérien de l'aéroport de Saint-Denis (Roland-Garros), qui accueille les avions gros porteurs depuis 1975, atteint 1 595 000 passagers en 2007. Malgré ces progrès, la Réunion ne figure pas encore au nombre des grandes zones d'accueil. À l'éloignement des principales zones émettrices et au coût toujours élevé des transports aériens s'ajoute la concurrence d'autres îles de l'océan Indien (les Seychelles, les Maldives). La libéralisation du trafic aérien depuis 1986 a conduit à un abaissement significatif des tarifs aériens et contribué ainsi au désenclavement de l'île. Air France a multiplié ses vols et de nouvelles compagnies sont apparues sur le marché. De plus, la mise en place de liaisons avec plusieurs métropoles régionales de l'hexagone a contribué à étendre la zone de recrutement touristique.

En 2007, 380 500 touristes ont débarqué dans l'île, ce qui traduit une hausse sensible par rapport à l'année précédente. Il est vrai que l'épidémie du chikungunya avait pesé sur l'activité touristique et économique durant plus d'un an. Les Français de la métropole représentent l'immense majorité de la clientèle (74 %). Parmi eux figurent de nombreux Réunionnais, fonctionnaires dans la métropole, qui regagnent leur île tous les deux ou trois ans dans le cadre de leurs congés annuels. Viennent ensuite, loin derrière, les Mauriciens (6 %). On note cependant une progression des arrivées de ressortissants de l'Union européenne. Le tourisme d'agrément domine. Il devance, comme motivation, la visite à la famille et aux amis et le tourisme d'affaires qui demeure bien modeste.

Si l'hébergement dans la famille et chez les amis reste prépondérant (54 %), l'hôtellerie accueille 31 % des visiteurs et l'offre se diversifie. Gîtes d'étapes et gîtes de montagne se multiplient à l'intérieur de l'île, soulignant ainsi l'existence d'un capital touristique remarquable et le désir de mieux intégrer les régions élevées dans l'activité économique insulaire.

La volonté de développement touristique se traduit aussi par la création au milieu des années 1980 d'un comité départemental du Tourisme et d'une association régionale du Tourisme et des Loisirs. Ces organisations s'attachent à promouvoir l'île auprès de la clientèle européenne, à moderniser les infrastructures d'accueil et à diversifier les services offerts à la clientèle, notamment la location de véhicules.

> *« Le comité de Tourisme de la Réunion (C.T.R.), association créée en 1989 et financée par la région et le département, a pour mission principale de promouvoir la destination Réunion en métropole et à l'étranger. Il a poursuivi en 1998 ses actions promotionnelles sur les marchés éxtérieurs, l'objectif affiché étant de réaliser 2 milliards de francs de recettes extérieures en l'an 2000.*
> *Dans ce cadre, le C.T.R. a notamment participé à 12 salons touristiques en métropole et a multiplié la présence de la destination Réunion dans les émissions de jeux d'audience nationale sur les grandes chaînes métropolitaines de télévision et dans les stations de radio généralistes, en partenariat avec les voyagistes et les compagnies aériennes (Air Liberté, A.O.M., Jet Tours, Air France...). Une campagne d'affichage a par ailleurs été réalisée en mars et avril 1998 à Paris et en région parisienne. Des actions ont également été menées dans les pays étrangers jugés prioritaires (Allemagne, Suisse, Belgique, Afrique du Sud et dans une moindre mesure en Italie et en Espagne), l'objectif visé étant de tripler dans les prochaines années la clientèle européenne non française. »*
>
> *Institut d'émission d'outremer*, Réunion, 1998.

Le tourisme figure désormais parmi les premières activités économiques de l'île et il fournit environ 3 000 emplois directs ou induits, ce qui contribue à dynamiser l'économie locale dans les principaux centres d'accueil. Les dépenses touristiques totales dépassent 1,6 milliard de francs.

D La Nouvelle-Calédonie

Ce territoire d'outre-mer est constitué par un archipel regroupant de nombreuses îles entre les 18° et 23° de latitude Sud. L'île principale, qui porte le nom du territoire est à plus de 17 000 km de la France et à environ 1 500 km de l'Australie. Découverte par Cook en 1774, l'île reçoit un pénitencier en 1864 et accueille les communards déportés. La libre colonisation ne commença réellement qu'au début du xxe siècle, après l'abandon du pénitencier. Ce fut à l'occasion de la seconde guerre mondiale et de l'avènement des transports aériens que la Nouvelle-Calédonie entra réellement dans le xxe siècle.

L'île principale de la Grande-Terre s'étend sur 16 750 km^2 ; les îles secondaires couvrent 2 350 km^2 (île des Pins, îles Loyauté…), l'ensemble totalisant un peu plus de 200 000 habitants. La Grande-Terre s'allonge sur plus de 400 km ; sa largeur moyenne est de 40 km. Une longue chaîne de montagne, étirée sur toute la longueur de l'île (1 634 m), explique l'opposition climatique des deux littoraux précédés d'un récif corallien qui isole un magnifique lagon.

En effet, si **le climat est sub-tropical** (moyennes mensuelles comprises entre 20 °C et 26 °C), avec une saison sèche et humide de décembre à mars et une saison fraîche de juin à août, la côte orientale enregistre des précipitations deux à trois fois supérieures à celles de la côte sous le vent qui concentre les principaux sites touristiques. Parfois victime de redoutables cyclones durant l'été austral, la Nouvelle-Calédonie est en large partie recouverte de forêts et de savanes à niaoulis (arbre le plus fréquent). Si la faune terrestre est pauvre, la faune sous-marine compte parmi les plus riches du monde et fait l'admiration des plongeurs.

Vivant surtout de ses richesses minières et en premier lieu du nickel (3e rang mondial), l'île ne s'est que tardivement tournée vers le tourisme. Elle a vu sa clientèle augmenter au cours des dix dernières années, grâce à l'attrait de ses plages (près de Nouméa, au nord, à l'est et dans les îles), à ses côtes pittoresques (calcaires sculptés de Hienghène), à ses grottes (Koumac), et bien entendu aux possibilités sportives offertes par « **le plus beau lagon du monde** ». En 2007, l'aéroport de Nouméa a enregistré 445 000 passagers qui ont séjourné sur l'île et 21 350 personnes en croisière ont débarqué sur le sol calédonien.

Desservie par Air France, mais aussi bien reliée à l'Australie et à la Nouvelle-Zélande, l'île reçoit une bonne part de ses touristes de ces deux derniers pays. Le territoire dispose d'ailleurs depuis 1988 d'agences touristiques à Brisbane et Auckland. La métropole tient encore une place importante (environ le quart des arrivées), mais la clientèle japonaise a rapidement augmenté lors de la dernière décennie. Elle bénéficie de la relative proximité de l'archipel et de l'intensification des liaisons aériennes.

Pour accueillir ces touristes, le territoire développe ses infrastructures qui demeurent cependant trop modestes. En 2008, les 65 hôtels classés offrent 4 412 chambres. La province Sud, au sein de laquelle **Nouméa** tient une place prépondérante, en rassemble plus de 80 % et concentre notamment les établissements de classe internationale. La province Nord vient ensuite (13 %), loin devant les îles Loyauté.

Le tourisme emploie environ 6 % des actifs et assure près de 3 % du P.I.B. Il est désormais considéré comme fondamental pour diversifier l'économie locale, d'autant que l'extraction du nickel connaît de fortes fluctuations et que la pêche demeure modeste, malgré des progrès récents. De nombreux obstacles subsistent cependant pour développer l'attractivité de l'île.

En effet, la Nouvelle-Calédonie a connu à la fin des années 1980 une grave agitation politique et sociale, née de la coexistence de différentes populations ayant des traditions et des activités différenciées mais aussi et surtout des niveaux de vie très disparates. Les Européens (30 %), métropolitains pour la plupart, vivent à Nouméa, les Mélanésiens (68 %) sur la côte orientale et dans les îles Loyauté. Le reste de la population est constitué surtout par des Wallisiens, des Tahitiens, des Indonésiens et des Vietnamiens.

Les événements tragiques de 1988 avaient contribué à freiner la fréquentation touristique, mais le retour au calme survenu à la suite de la signature d'un accord entre les deux communautés et l'octroi d'un nouveau statut ont permis un nouvel essor des arrivées. Les lois de 1998 et de 1999, ont doté la Nouvelle-Calédonie d'un statut spécifique, fixé pour une période de 15 à 20 ans. Il est prévu un transfert progressif des compétences de l'État aux institutions calédoniennes, l'identité kanak est reconnue et une citoyenneté néo-calédonienne est définie. À terme, l'indépendance pourrait être proposée à la population.

E La Polynésie

La Polynésie regroupe 150 îles et îlots – dont 120 habités – répartis sur plus de deux millions de kilomètres carrés d'océan, et répartis en quatre archipels principaux :

– les îles de la Société, avec les îles du Vent (dont Tahiti et Moorea) et les îles Sous-le-Vent (dont Bora-Bora) ;

– les Tuamotou-Gambier, à l'est de Tahiti ;

– les Marquises ;

– les îles Australes.

Il faut ajouter à ces archipels l'îlot inhabité de Clipperton au large du Mexique.

Ces îles sont d'origine volcanique pour la plupart d'entre elles. À ce titre, elles présentent un relief souvent accidenté, avec des sommets dépassant parfois 2 000 m (mont Orohena 2 241 m), et des littoraux échancrés de baies, offrant de bons abris aux navigateurs. À ces îles hautes s'opposent les îles basses d'origine corallienne : les atolls, qui enserrent un lagon, et sont particulièrement nombreux dans l'archipel des Tuamotou.

Sur ces îles de faible superficie (4 500 km² pour toute la Polynésie) la population est peu nombreuse : 232 000 habitants. Les indigènes, ou Maoris, constituent le principal groupe, loin devant les métropolitains – fonctionnaires souvent – et les Chinois, spécialisés dans le commerce.

Le climat est tropical, chaud et humide. La température oscille autour de 26 °C, favorisant la croissance d'une végétation luxuriante où les cocotiers se mêlent aux bougainvillées, aux flamboyants et aux gardénias. Cette végétation, associée à de longues plages de sable blond et au sourire des vahinés, a largement contribué à faire de ces îles l'image d'un paradis terrestre pour de nombreux habitants des latitudes tempérées.

Le tourisme est cependant relativement récent. La Polynésie souffre en effet de son **isolement géographique.** Elle est à 16 000 km de la métropole, à 6 000 km de l'Australie et à 7 000 km de l'Amérique. Ce n'est qu'avec la construction du nouvel aéroport de Papeete (1 511 000 passagers à Tahiti-Faa en 2007) et la relative démocratisation du transport aérien que le tourisme s'est réellement développé. Il a connu une première phase de croissance rapide au cours des années 60, pour marquer ensuite le pas durant la décennie suivante, faute d'un parc hôtelier suffisant pour répondre à la demande. Retard hôtelier qui s'expliquait par une desserte aérienne insuffisante, incapable d'assurer un taux d'occupation satisfaisant des chambres.

Depuis une dizaine d'années la situation s'améliore. La capacité des 311 hôtels (classés ou non) atteint 9 522 chambres en 2007. Tahiti en rassemble plus du tiers, devançant Moorea et Bora-Bora. À ces lits hôteliers, il faut ajouter les villages de vacances et les bungalows privés loués par les Polynésiens. 2 000 lits sont aussi disponibles dans les différents gîtes et meublés. Les liaisons aériennes se densifient, et l'archipel bénéficie d'un taux de change favorable pour les clientèles nord-américaine et japonaise. La Polynésie accueille de 160 000 à 200 000 touristes par an. Ils viennent en premier lieu de métropole (30 %) et d'Amérique du Nord. Les autres pays européens (15 %) et les pays du Pacifique Sud, en premier lieu l'Australie et la Nouvelle-Zélande, complètent les arrivées, loin devant le Japon. La plupart des arrivants effectuent un séjour d'une douzaine de jours et les recettes touristiques de l'archipel atteignent 352 millions d'euros en 2006.

Le tourisme est presque exclusivement balnéaire et nautique. Plusieurs types de flux peuvent cependant être distingués :

– la clientèle effectuant un séjour exclusif dans l'archipel, souvent dans le cadre des villages du Club Méditerranée ;

– la clientèle européenne faisant escale à l'occasion d'un voyage autour du monde ou la clientèle nord-américaine effectuant un circuit dans le Pacifique. Le territoire présente cependant certains handicaps face à ses concurrents. Ils tiennent d'abord à des prix relativement élevés, tant au niveau des transports aériens que de l'hébergement. Ils résident aussi dans l'insuffisance de la prospection des marchés asiatiques et américains, dans le manque de formation du personnel local, dans une certaine dégradation de l'environnement et dans l'éventail trop réduit des infrastructures de loisirs. Pour remédier à ces handicaps, la Polynésie dispose de deux groupements d'intérêt économique, le G.I.E. Tahiti Tourisme et le G.I.E. Tahiti Animation. Ils ont pour objectifs de promouvoir la Polynésie sur les marchés étrangers. D'autre part, un fonds spécial pour le développement du Tourisme s'efforce de promouvoir l'équipement de l'île en acquérant des terres et en les viabilisant pour la construction d'hôtels, en aménageant des zones touristiques et des sites naturels et en participant à la formation du personnel.

> *« Depuis l'arrêt du centre nucléaire de Mururoa, le chômage tient en deçà du seuil de pauvreté plus du tiers de la population. Dès 96, un fonds de reconversion économique et un plan de créations d'emplois ont été financés par une prestation compensatoire qui jusqu'en 2005 formera 15 % des transferts financiers publics venant de Paris. Le P.N.B./hab., réduit de 10 % en 97, se situait encore au delà de 9 000 dollars en 99, mais il faut accélérer le développement pour éviter un désastre après 2005. On mise sur la perliculture (11 tonnes exportées en 99, +45 %) et le tourisme (240 000 visiteurs espérés en 2000). Le parc hôtelier (3 720 chambres, assez haut de gamme) progressera de 8,5 % en 2000. Les recettes touristiques, près de 1/5 du P.I.B., doivent croître de moitié pour gagner le pari. Renchérissant le coût de la vie déjà élevé, une T.V.A. de 1 % à 3 % créée en 1998 n'aide pas à allonger la durée de séjour très brève des touristes. La Polynésie attire, ce que traduit le trafic aéroportuaire (…) Une nouvelle compagnie aérienne, Air Tahiti Nui, créée fin 1998, devrait drainer Japonais et Américains. »*
>
> A. Delobez, *Images économiques du monde 2001*, SEDES, 2001